회로분석과 진단기술의 力

스마트자동차실무

Smart CAR Diagnostics

지인근 지음

머리말

최우수 저술상에 갈음하여

과거의 자동차는 전장 제어에 필요한 제어 모듈이 제한된 기계적 장치나 통신의 개념을 일부 모듈에만 국한시켰다. 그러나 지금의 자동차는 지능형 자동차 전자기술의 발달로 ECU(Electronic Control Unit)의 액추에이터(Actuator) 뿐만 아니라 보디전장시스템(Body Control System) 모듈(Module) 통신을 통해 제어함으로써 정비사는 진단 장비를 이용, 센서 데이터를 통해 진단하고 판단해야 하는 시점이다.

이 책의 집필 목적은 회로 분석과 진단기술 이해의 폭을 넓히기 위해 현장에서 흔히 발생하는 고장 위주로 수록하였다. 더욱이 학생들과 생생한 교육 현장의 결과물을 수렴하여, 초심자에게 쉽게 이해가 되도록 난해한 내용을 풀어 설명하고자 노력하였다.

지금 이 순간에도 자동차의 발전은 거듭되면서 과거의 정비 기술로는 진단을 내리고 문제를 해결하는 데 한계에 부딪히고 있다. 한마디로 '진단정비공학'으로 거듭나야 한다고 집필자는 생각한다.

이 책의 집필 방향은 회로를 보는 방법과 용어들을 풀이하였고, 순수 정비하는데 보탬이 되고자 하였다. 현대 및 기아자동차는 일반인에게 GSW(Global Service Way) 회로도를 쉽게 접할 수 있게 하여 현장과 학습자에게 회로분석에 많은 도움을 주고 있는 게 사실이다.

사람마다 전기회로를 분석하는 방법은 다르지만, 원인을 찾고 이해하는 것에는 별반 차이가 없으리라. 회로 분석하는데 도움이 되고자 기초적인 내용을 수록하였고, 학교에서 각 장의 이론과 실습 과정으로 자동차 편의장치 및 안전장치 위주로 엮었으며 회로 분석을 글로 구현하는데 많은 시간을 할애하였다. 또한 각 장 말미에는 스스로 이해의 정도를 묻는 과제를 실어 학습 능력을 가늠하였다.

여기 게재한 차종의 고장 현상은 교육을 위한 시뮬레이션이므로 자료를 인용한 제조사에 대하여 흠집을 내기 위한 것은 결코 아님을 양지하기 바란다. 회로도의 출처는 현대・기아자동차 GSW에서 인용하였음에 정중히 감사함을 표한다. 아쉬운 건 다른 메이커 자동차를 싣지 못한 것은 전장회로도를 입수할 수 없었기 때문이다.

사실은 애초에 이 책의 발간 목적은 학생들을 위한 자체 교육 자료로만 사용하고자 했던 것이다. (주)골든벨 측에서 (사)한국과학출판협회가 주최한 제38회 한국과학기술도서에 품위를 올린 것이 5월 26일 과학기술정보통신부 최우수 저술상이라는 과분한 상을 받게 되어 영광스러움의 뒤편에는 부끄러움과 책임감이 밀려온다.

본서는 초판의 오류를 다잡고 보완하여 새해를 맞는 길목에서 새롭게 단장하였다. 30년이 넘도록 오직 자동차전문출판사로 고집해 온 대표이사 김길현 님과 본부장 우병춘 님 그리고 편집진 여러분께 심심한 감사를 전한다.

2021. 1

지 인 근

Contents

Contents

Contents

스마트 자동차 실무

1-1편

01 실무 정비를 위한 자동차 전원 특성

02 자동차 실무 회로 보호 장치

03 실무 정비를 위한 기초전기

04 실무 정비를 위한 용어 이해와 접지 점검

01

실무 정비를 위한 자동차 전원 특성

1-1 자동차 전원의 종류

필자가 자동차 정비를 시작할 무렵 1992년도를 거슬러 올라가 본다. 그때는 모든 게 생소하고 자동차 전원이 뭐 배터리 12V에서 움직이겠지. 뭐 다른 게 있겠어! 라고 생각했었다. 지금 생각하면 웃을 일이지만 그때는 무모하게 덤볐다. 지금은 스마트키가 나와서 많은 진화를 하여 또 다른 시스템으로 가고 있다. 기초가 중요하니 차근차근 가자! 자동차 정비하는 데 있어 자동차 전원은 중요하다. 정비를 처음 접하는 우리 학생들과 초보 정비사들이 꼭 읽어 주었으면 한다. 그리고 많은 도움이 되길 기대한다.

큰 틀에서 보면 키 전원에서 Key on 시 평상시는 전원이 출력되는데 시동 시 부하(負荷) 작동 시에만 순간 죽어서 키(Key) 박스로부터 나오지 않는 전원이 있다.

이것을 확인하기 위해선 이 장을 공부하고 실습이 필요할 것인데. 그 예로 과부하 작동 시에는 죽지 않는 전원이 있다. 자동차가 동작하려면 이 전원이 필요하고 순간 부하 작동으로 인하여 전압 강하된 전원이 컨트롤 유닛(Electronic Control Unit)에 입력되면 불안정한 전압으로 아무 일 못해 엔진을 제어하는데 문제가 생긴다.

자동차 전원의 종류에는 키 박스(Key Box) Off, Acc, On, St가 표시되어 있고 자동차는 여러 가지의 전원을 사용하는 구조이다. 자동차는 엔진 구동하기 직전과 구동 할 때의 전원을 구분 지었다. 일상적 상시 전원과 시스템의 작동 전원을 달리하므로 키 박스 전원을 구분 짓는다. 표 1-1의 B1, B2는 자동차 전장의 편의장치와 전장품의 증가로 부하(負荷)를 나눌 목적으로 2개의 접점이 Key Box에 사용된다. 현재는 스마트키가 장착되는 추세로 자동차 열쇠 홈은 삭제되었다.

표 1-1. 자동차 전원의 종류

전원종류	이 름	설 명	자동차 예
B1	Battery Plus	상시전원공급	key box
B2	Battery Plus	상시전원공급	key box
ACC	Accessory	악세서리 전원 공급	오디오
IG1	Ignition 1	시동에 필요한 전원공	ECU, 점화코일
IG2	Ignition 2	일반 전장에 필요한 전원공급	에어컨, 헤드램프, 와이퍼, 미등, 안개등
ST	Start	스타트 모터 (시동에 필요한 전원공급)	기동전동기 (스타트 모터)

그림 1-1. 키 박스 (Key Box) 홀

Key On 경우 IG1, IG2 (Ignition 1, 2)로 이루어지는데 차이점을 간단히 말하면, IG1은 시동 시 시동성과 관련된 전원 즉, 기동 전동기와 ECU(Electronic Control Unit)와 같은 시스템 전원이다.

예를 들어 자동차의 배터리는 12V 전압을 가지고 있으니 부하(기동 전동기)를 작동할 때 전압 강하가 발생하는데 배터리 전압이 약 9.6V~11.6V의 전압이 측정된다. 따라서 3~4V의 전압이 강하가 생긴다. 그도 그럴 만한 것이 정지하고 있는 엔진을 돌려야 하고 돌아갈 때, 배터리 전압이 기존 전압보다 낮아지는 현상이다.

시동 걸 때 가장 좋은 것은 온전히 부하에 의한 전압 강하가 없는 것이 좋지만 정지하고 있는 엔진을 구동하는 데는 반드시 에너지가 소모되고 최적의 소모를 위해 분산된 IG1 전원을 두어 시동 시 ECU에 전원을 원활히 공급하기 위해서이다. 같은 전원이 부하에 의한 전압 강하로 제어하지 못함을 방지하기 위해서 IG1 전원을 두었다 하여도 과언은 아니다.

만약 정비사가 시동하여 전원을 측정할 때 평상시는 12V 전원이 측정되나 시동을 거는 동시에 키 박스의 단자 전압이 죽는다면, 이 전원은 IG2 전원이 된다. 따라서 IG1, IG2는 시동을 걸지 않고 키(key) ON 상태를 유지하면, 두 전원 모두 12V가 공급된다. IG2는 시동을 ON(크랭킹 시) 하는 순간 전원이 차단된다. 이 전원은 자동차에서 시동 이후 발전기의 충전에 의한 소모되는 전원으로 사용된다. 대표적으로 전조등 전원이 여기에 해당된다.

따라서 라이트를 켜고(ON) 시동 거는 순간 대부분 자동차는 순간 전원이 죽었다 살아난다. 전조등을 켜고 시동 걸면 다른 쪽으로 전원이 빠져나가는 것을 방지하고 오로지 그곳의 일을 수행하기 위해서이다. 대부분 자동차는 그렇다. 그러므로 전조등 전원은 IG2 전원에 해당한다. IG2 전원을 기동 전동기와 엔진 ECU의 주 전원으로 사용한다면, 모터는 작동하지 못하고 ECU 제어를 못 할 것이 뻔하다.

제대로 된 Control은 자동차뿐만 아니라 사람 살아가는 인생도 동일(同一)한 것 같다. 만약 이것을 구분하지 않는다면 부하가 걸릴 때마다 죽어서 작동이나 제대로 하겠는가. 그래서 IG1 전원은 첫 번째 으뜸인 전원이라는 것이다. 우리 사회는 가끔 첫 번째만 따지는 경향이 있는데 첫 번째도 중요하지만 두 번째도 중요하다. 세상이 빠르게 돌아가면서 조금 뭐가 잘못된 것 같기도 하지만 때로는 희생정신이 필요하기도 한데 말이다. 2등이 있어 1등이 있는 것처럼. 누군가는 아무도 보지 않는 곳에서 묵묵히 자기 일을 해나가는 사람이 있기에 어쩌면 자동차의 전원처럼 지금 필요하냐! 아니면 조금 뒤에 필요하냐에 따라 조금 지켜봐 주는 것도 중요하다 하겠다.

IG1(Ignition 1) 전원은 시동 시 배터리의 시동과 관련 없는 시스템에 의해 불필요하게 소모되는 전류를 막고, 시동과 점화 연료를 제어하는 ECU(Electronic Control Unit)에 필요 충분한 조건이 되어 주는 전원이다. 따라서 ECU가 정상적으로 일을 할 수 있도록 만드는 전원이라 해도 과언이 아니다.

시동 거는 순간에 각종 컨트롤 하는 입력 전원이 부하에 의해 죽는다면, 사령관으로서 역할을 못 하게 되고 그 내부조직은 무너질 게 뻔하다. 그것이 국가(國家)든 개인이든 모든 것은 중심이 있어야 한다고 필자는 본다. 따라서 다른 곳으로 분리되면 전압강하로 악영향을 끼치고 이를 방지하기 위해 분리해놓았다 하여도 될 것이다.

자동차 전원의 근본은 배터리 아닐까. 가장 좋은 배터리가 어떤 배터리일까? 여러 가지 답변들이 있겠지만, 좋은 배터리는 오랜 시간 동안 사용 가능하고 대용량이며 고온과 저온에 강하여 내구성이 좋아야 한다. 자주 방전이 되어도 시동 성능을 갖추어야 한다. 무게 또한 가벼워야 한다.

그림 1-2. HEV 고전압 배터리(180V battery)

배터리(Battery)는 단시간 충전으로 장시간 사용할 수 있는가 하는 과제를 낳는다. 순수 전기자동차로 갈지 수소 연료전지 자동차 상용화가 될지 모르지만, 배터리는 소형이며 오래가는 배터리 개발 연구가 활발히 진행되고 있다.

따라서 현재와 미래의 자동차는 전기적 부하가 증가하고 전기, 수소 자동차, 하이브리드(hybrid) 자동차가 상용화되면서 배터리 무게는 덜 나가면서 한번 충전하면 오래가는 EV(Electric Vehicle) 자동차의 수요층 증가로 배터리 개발이 활발히 이루어지고 있다.

현재 국내 자동차는 한번 충전으로 약 500km 이상을 운행하는 자동차가 출시되었다. 앞으로도 많은 제조사가 신형 자동차를 개발할 것으로 보인다.

자동차에 있어서 전원은 기술의 발달로 성능은 물론 현재의 배터리보다 향상되었다. 각 제조사에서는 많은 연구를 기울일 것으로 보인다. 배터리 종류로는 우선 1차 전지와

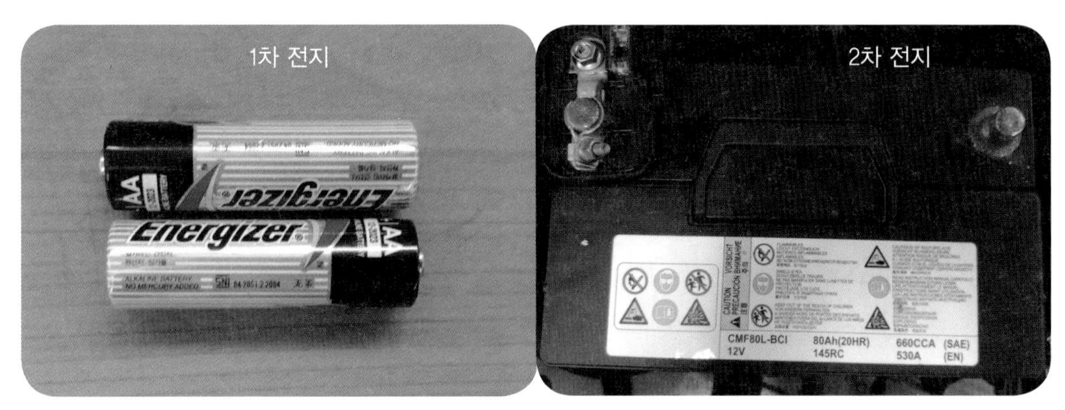

그림 1-3. 자동차 배터리 및 1차 전지

2차 전지로 구분되며, 1차 전지는 방전된 후 재충전이 안 되는 전지를 말한다. 자동차에서는 1차 전지는 사용하지 않으며 2차 전지를 사용한다. 2차 전지는 외부 전기의 힘을 이용해 충, 방전이 이루어지는 배터리를 말한다. 따라서 충, 방전 시 화학 반응하여 전해액의 종류와 반응하는 금속에 따라 기전력은 다르다.

그림 1-4는 하이브리드 자동차의 고전압 배터리를 분해하여 본 그림이다. 현재 3.75V의 셀(Cell) 충전(Charge) 중이다. 일반적으로 현 국내 하이브리드 자동차는 약 270V~360V의 전압을 사용하는데 리튬 이온 폴리머 배터리의 화학 반응을 이용한다. 물론 전기차의 경우 배터리 셀 당 전압의 다양성으로 해당 3.75V의 셀을 직렬로 몇 개를 연결하였는가에 따라 전압은 다르다. (화학 반응에 따른 셀 당 전압도 다르다.)

그림 1-4. 리튬이온 폴리머 배터리(Li-ion Polymer) 분해

따라서 셀당 3.75V의 기전력이 발생하는 배터리 최소 단위에서 몇 개의 셀을 가지고 직렬연결을 하느냐에 따라 전압이 결정된다. 270V라면 3.75V × 72개 셀을 탑재한 배터리이다. 그림 1-4는 3.75V×48셀을 직렬로 연결한 180V의 하이브리드 리튬 폴리머 배터리(Hybrid lithium polymer battery)이다. 국내 EV 자동차의 경우 98개 셀에 3.63V의 356V의 기본형 배터리를 탑재, 90셀의 327V 경제형, 향후 많은 배터리가 출시될 예정이다.

1-2 자동차 배터리 AGM(Absorbent Glass Mat)

기존의 일반 자동차 배터리는 납산 배터리이다. 일반적 한 개의 셀에는 3~12장의 양극판이 있고 셀당 전압이 2.1~2.3V로 6개 셀로 구성되므로 배터리 순수 전압은 약 12.6V~13.8V가 측정된다. 납산 축전지는 극판은 과산화 납으로 다공성이며 색깔은 암갈색을 띤다.

그림 1–5. 자동차 배터리 155 RC

음극판은 해면상 납으로 색깔은 회색을 띤다. 양극판의 과산화 납은 황산의 침투가 잘되어 화학작용이 잘 되나 붙어 있는 결합력이 어려워 오랜 시간 사용하면 격자에서 분리가 쉬워지고 케이스 밑에 가라앉아 플러스 극판과 마이너스 극판을 단락시키는 주된 원인이 된다. 물론 단락을 방지하기 위해 엘리먼트 레이스의 공간을 두어 단락을 방지하였다.

한편 음극판은 해면상 납은 순납(Pb)으로 결합력이 크므로 쉽게 탈락하지 않으나 다공성이 부족하여 황산 침투가 어려워 음극판이 한 장 더 많다. 따라서 양극판을 감싸고 있는 구조로 되어있다. 격리판은 다공성이며 비전도성이어야 한다. 이것이 기존 배터리의 원리이다. 이는 전해액 묽은 황산($2H_2SO_4$)의 유동성이 있고 가스가 외부로 방출하는 구조로 되어 있다.

저자는 이렇게 앞으로의 정비는 이론적 측면의 접근과 실무적 접근 방식의 고장진단을 병행해야 한다고 생각한다. 하여 각각의 항목에서 가장 손쉽게 접근할 수 있는 분야는 센서 출력값에 대한 분석으로 제어장치의 기본 회로 분석 그리고 장비 및 센서 활용으로 고장진단 능력 향상과정에 있다고 본다. 앞으로 우리 폴리텍대학이 지향해야 하는 기본 이념이다.

자동차 정비공학은 어렵기도 하지만 즐거움의 연속이기도 하다. 공부하는 데 있어 어렵지 않다면 공부할 가치를 느끼지 못한다. 해당 차종의 오실로스코프 파형이나 데이터를 비교 분석하는 과정을 가지고 여러분은 진정한 명의가 될 것이다. 나와 함께 우리 대학에서 자동차와 씨름 한판 해보지 않겠는가. 꿈이 있다면 도전하길 바란다.

우리 대학은 2020년 미래성장동력학과 스마트자동차 학과개편으로 전기 자동차 및 자율 주행 자동차 정비할 수 있는 미래형 정비사 양성에 최선을 다하고자 한다.

배터리 설명을 하다 그만 다른 곳으로 가고야 말았다. 최근 배터리는 MF(Maintenance Free) 납산 배터리에서 AGM(Absorbent Glass Mat) 배터리로 전환 추세에 있다. AGM 배터리는 흡습이 잘 되는 유리섬유가 들어 있어 전해액을 흡수시켜 전해액 유동을 방지하는 배터리이다. 내부에 릴리프 밸브를 두어 충전 중에는 가스가 빠져나가지 못하고 방전 중에 가스가 재결합하여 전해액으로 돌아오며 전해액의 감소를 방지하고 외부의 불순물이 배터리 내부로 들어가 안 좋은 화학 반응을 돕지도 않는다.

그러므로 전지 내부의 불순물이 없으며 사고 시 충격으로 인한 묽은 황산이 흘러내릴 염려가 거의 없다. (유리 섬유에 묽은 황산을 적셔 놓았다.) 이 배터리는 전해액이 줄어 배터리 단락을 막는 효율적인 배터리이다. 최근의 배터리를 나타내 보았다.

그림 1-6에서처럼 배터리 문구에 대하여 알아보겠다. 자동차 정비사가 반드시 알아야 할 내용이다. 800 CCA란 문구는 저온 시동 능력(Cold Cranking Ampere)으로 충전된 배터리를 저온 -17℃에서 15시간을 내버려 두고 배터리 전압이 7.2V~7.6V가 될 때까지 지속시간이 30초 이상 될 수 있는 방전 가능 최대 전류를 말한다.

그림 1-6. 자동차 배터리 800 CCA

이것은 배터리에 있어서 아주 중요한 부분을 차지한다. 저온일 때 배터리 내부의 화학 반응이 적어지므로 추운 겨울날 시동이 걸리려면 매우 중요하다. 800 CCA란 30초 동안 800A로 방전 시 방전 종지 전압이 7.2V~7.6V 이상 만족 하는 배터리를 말한다. 배터리 가격을 결정하는 중요한 요소이며 반드시 알아야 하겠다. 그림 1-7은 배터리에서 80L의 문구를 나타내었다. 우리 학생들이 취업 후 현장에서 종종 혼나는 일이 있다. 뭐 좀 잘 못 하면 가르쳐 주면 되지. 처음부터 잘하는 사람은 없다.

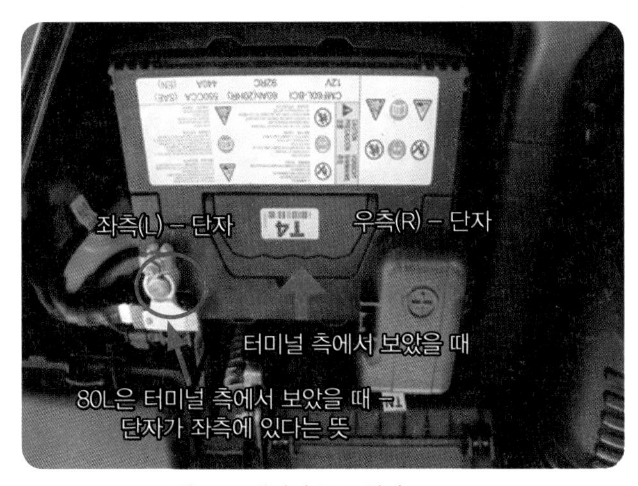

그림 1-7. 배터리 80L 의미

그 옛날 본인을 생각해서 한 번 더 가르쳐 주는 센스(Sense) 있었으면 좋으련만 현장에서 있었던 일인데 어느 추운 겨울 배터리 방전으로 시동 불가하여 선배 고참(古參)이 배터리 80L 가지고 와! 하고 부하 직원에게 시키는데 이 정비사는 초보 정비사로 이제 2주밖에 안 된 때라 잘 몰라 배터리 80 AH라 적힌 것만 보고 낑낑대고 들고 갔더니 그 추운 겨울에 신나게 혼쫄이 나더라! 이 말입니다. 날씨는 춥고 서글프기도 하고 그 누가 그 마음을 알겠습니까. 그도 그럴 만한 것이 배터리 터미널 방향이 다르다는 것이다. 자동차마다 배터리 터미널 단자 배선 길이가 달라 장착 못 한다.

그림 1-7에서 80L이라는 용어는 배터리 터미널 단자가 나와 가까운 쪽에서 바라보고 좌측에 마이너스(-) 터미널이 있다면 “L”이라 칭하고 우측에 마이너스(-) 터미널이 있다면 “R”이라고 표기합니다. 80은 용량으로 단위로 암페어(A)입니다.

만약에 완전히 충전된 배터리에서 4A로 20시간을 방전시켜 방전 종지 전압이

10.5V에 측정되었다면 이는 20시간율을 적용한 용량 표기법입니다. 4A×20h는 80AH의 배터리가 되는 것입니다.

또 다른 표기법으로는 5시간율이 있는데 계산하면 16A로 5시간을 방전시켜 방전 종지 전압이 10.5V가 측정되면 이는 5시간 율이 적용된 80 AH의 배터리이다. 따라서 5시간 비율 80 AH를 적용한 배터리를 20시간 비율로 표기한다면 100 AH가 된다. 이는 많은 전류로 방전을 하는데, 그릇은 같으나 물을 순가락으로 퍼 버릴 거냐! 아니면 바가지로 퍼 버릴 거냐! 하는 얘기이다.

과거에는 20시간율 표기법을 사용하였다면 최근은 5시간율 표기법을 사용하는 추세이다. 최근의 자동차는 많은 전류가 사용되는 자동차가 출시되고 시동을 걸 수 있느냐 없느냐 결정하는 포인트이기 때문이다.

자동차에서 배터리는 매우 중요하며 시동 전의 기동 전동기로 에너지 공급하여 멈춰진 엔진을 돌려 시동을 거는 목적을 가지고 있다. 자동차에서 배터리는 시동이 걸리면 배터리라는 그릇에서 써버린 에너지만큼 발전기가 배터리 측으로 빌려다 쓴 에너지를 갚게 되고 이것은 화학 에너지를 통해 자동차 플러스배선으로 발전기가 전류를 충전하여 배터리를 보존한다. 결국 시동이 걸리면 발전기는 배터리를 부담스러운 존재로 느끼게 되고 빌려 쓴 전기에 대한 부담감은 지속적으로 가지고 있다. 그래서 발전기는 배터리를 항상 부하로 생각한다.

멈추어 있는 친구! 배터리가 엔진을 돌려놓았더니 이제 와 부하(負荷)라 힘들다고 하니 그래서 최근에는 자동차 연비 문제로 배터리의 상태 및 부하에 따른 발전기의 발전 제어 시스템이 나온 것이다. (연비 개선 목적)

평상시 발전기는 충전하지 않으며 전기적인 작동을 하게 되면 예를 들어 에어컨 작동, 라이트 작동, 열선 작동, 와이퍼 모터 작동, 열선 시트 작동 등 이때 발전하며 배터리 상태를 모니터링(monitoring)하여 발전할 것인가 결정하게 되는데 이것이 발전제어 시스템이다. 하여 자동차 배터리의 상태를 모니터링하고 가속 시는 충전을 하지 않으며 감속 시에만 충전하는 것이다. 보통 배터리 전압이 12.4V 이하이면 배터리 충전 시스템을 점검해야 한다.

5시간을 20시간율로 환산하면 $\frac{80}{0.8} = 100\,AH$가 된다.

그리고 이것을 20시간율에서 5시간율로 환산을 하면 80×0.8은 64AH가 된다. 이 부분 중요하니 꼭 알아두었으면 한다.

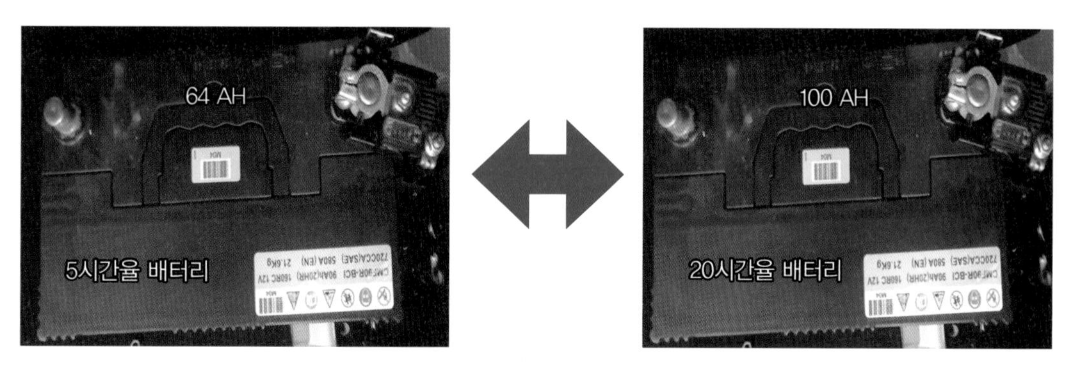

그림 1-8. 같은 용량이나 시간율에 따른 배터리 표기법

그림 1-9는 배터리 AGM(Absorbent Glass Mat) 내부를 그린 것이다. 격리판은 유리 섬유에 묽은 황산이 젖어있다. 그러므로 자주 방전을 하거나 오랜 시간 운행을 안 하여 반복된 방전이 지속해서 이루어진다면 자동차 배터리 수명은 떨어진다. 이 배터리는 방전이 되지 않는 경우 최대 사용 수명은 10~12년 정도이다.

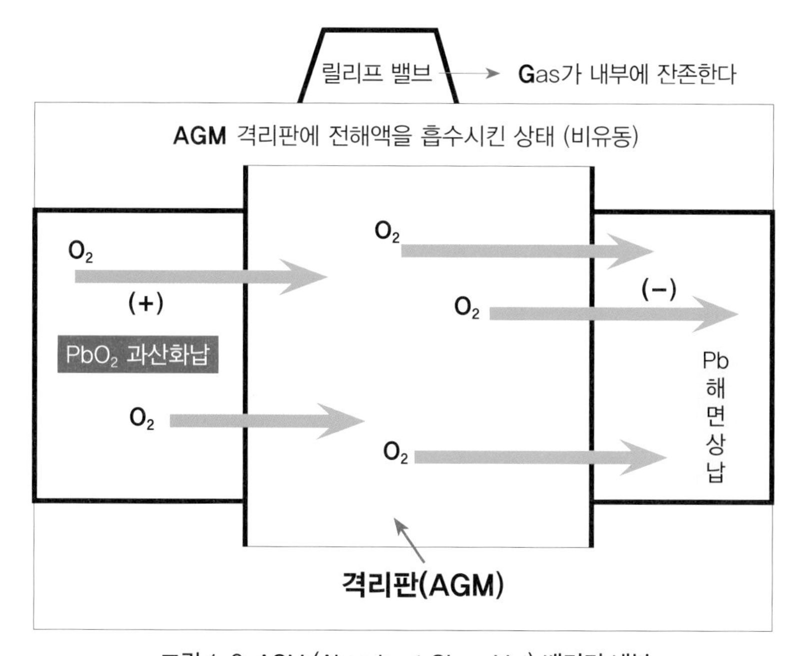

그림 1-9. AGM (Absorbent Glass Mat) 배터리 내부

방전을 지속한 상태에서 점프하여 시동을 걸면 자동차는 시동이 걸리면서부터 정전압 충전을 하니 시동 시 약 10분에서 배터리 충전상태에 따라 100% 충전이 이루어지므로 가스(gas) 발생 후 배터리 내의 전해액으로 돌아올 가스가 없어 glass mat가 마르기 쉽다는 단점이 존재한다.

그래서 되도록 방전을 많이 하지 않는 범위 내에서 사용하면 기존 납산 축전지보다 내구성이 좋다 하겠다. 배터리뿐만 아니라 우리가 일상생활을 하면서 보면, 양쪽 모두 만족하는 것은 거의 없다 하겠다. 다음 장은 전기회로에서 회로 보호 장치를 설명하고자 한다.

02 자동차 실무 회로 보호 장치

2-1 퓨즈(fuse)

자동차 회로에는 각종 고장 및 무리한 작동에 의한 회로나 부품의 손상을 방지 목적으로 회로 보호 장치를 적용하였다. 그 대표적인 예가 자동차용 퓨즈이다.

사람도 좋은 습관과 나쁜 습관이 존재한다. 좋은 습관은 지속해야 하나 나쁜 습관은 끊어야 한다. 우리는 가끔 자기 스스로 안 좋은 습관에 대하여 관대해 지려 한다.

자동차의 퓨즈처럼 안 좋은 습관은 끊어져야 하고 그때마다 우리는 계속 작심삼일 또 작심삼일 하면 매일매일 공부하는 것과 같은 효과를 가진다. 거기서 포기하고 노력하지 않기 때문에 기술인으로 살 수 없다.

오늘 이 시대 젊은이들은 힘든 시간 지내며 노력하고 있다. 무한 경쟁을 통한 자기 자신의 완성 아프니까 기술인이다. 아픔이 없이 어찌 기술인이 되며 노력 없이 좋은 결과를 얻을 수 없지 않은가! 힘들지만 힘들 내길 바란다.

결국, 자동차 회로는 부하를 작동하기 위한 회로로 구성되었으며, 필요 없는 저항(부하)이 생기면 그 부분을 해결하는 것이 정비이다. 기계는 많이 사용하면 고장이 나기 마련! 고장이 발생하면 회로 분석을 통해서 전류의 흐름을 이해하고 어느 부위 문제점인지 판단하고 분해하여 조건에 따라 고장 수리를 해야 한다.

부하와 회로를 보호하기 위한 퓨즈는 회로에서 배선이 단락된 경우 과도한 전류로 부품과 배선 손상 방지 목적으로 정격용량 이상의 전류가 흐르면 회로에 전류가 못 흐르도록 차단하여 회로를 보호하는 역할을 한다.

어떤 회로에서 퓨즈를 거쳐 전류가 흐른다고 가정하자! 회로에 과전류가 흘러 순간

과전류로 인한 회로를 보호하고 퓨즈가 끊겨 해당 회로에 전류의 흐름이 연속적일 수 없어 어떠한 부하를 작동할 수 없게 된다고 보면 사실 배선의 단락에 의한 과대 전류가 흐른 경우 현장에서 찾기란 매우 쉽지 않다.

왜냐하면, 자동차 배선은 인테리어(interior) 내부 보이지 않는 곳에 숨겨져 있으므로 정비사는 어느 부위의 단락이 있는지 추측하기 힘들다. 정비사는 그 주변의 인테리어 탈거, 해당 부하를 임의로 작동하기 위해 더 높은 용량의 퓨즈를 장착하여 부하 작동으로 과전류에 의한 회로의 위치를 파악하기 위해 연기가 피어오르는 것을 확인하고 찾을 때도 있다. 이때는 해당 배선 모두를 교환할 수 있다.

그러나 상황에 따라 모두 교환해야 하는 것이 옳다면 그리해야 하나 이 방법은 해당 배선을 전체 교환하기 때문에 결코 옳은 방법은 아니다 할 것이다. 그러니 이 방법이 정답일 수 없다는 뜻이다. 때론 상황에 따라 여러 가지를 모색해야 한다는 것이다.

상황에 따라 간단한 위치라면 단락된 부위를 확인하여 수정해 주는 방법도 있지만, 이처럼 배선의 끊김이나 커넥터 접속 불량 이물질에 의한 고장이라면 정비가 쉬우나 배선이 서로 붙어서 서로의 배선끼리 엉켜 고장이 난 거라면 매우 곤란해진다.

표 2-1. 퓨즈 종류

이름	형상	적용
블레이드 퓨즈= Fast-Blow (미니 퓨즈)		· 사용용량: 10A, 15A, 20A, 25A, 30A · 용도: 주로 저 전류용, 등화 장치 사용 (돌입전류가 적은 부하사용) 자체 용량보다 클 때 빠르게 단선
슬로우 블로우 퓨즈 (Cartridge Type: 카트리지 형)		· 사용용량: 30A, 40A, 50A, 60A · 용도: 잦은 구속 되거나, 돌입전류가 큰 모터 사용 (라디에이터 팬 모터, 윈도우 모터 등) 자체 용량보다 클 때 느리게 단선
볼트 타입 슬로우 블로우 퓨즈 (Bolt Down Type)		· 사용용량: 30A, 40A, 50A, 60A, 70A, 80A, 90A, 100A, 110A~140A · 용도: 60A 이상의 대 부하 발전기 사용
멀티 형 (Multi Type)		· 사용용량: 30A, 40A, 50A, 60A, 70A, 80A, 90A, 100A, 110A~140A · 용도: 60A 이상의 대 부하 발전기 사용

그래서 자동차 회로 각각에 흐르는 전류를 계산하여 회로에 맞는 배선을 결정하게 됨으로 자동차 튜닝에 있어서 특별히 주의해야 한다.

표 2-1처럼 자동차 퓨즈는 여러 종류가 있는데 전류의 크기에 따라 대전류용과 소전류용으로 나누어서 사용하기 때문이다.슬로우 블로우 퓨즈와 볼트 타입의 퓨즈를 비교하여 설명하자면, 볼트 타입은 슬로우 블로우 퓨즈에 비해 대 부하(대용량)에 사용되는 퓨즈이다.

이는 접촉성이 좋아야 하고 대 전류가 흐르는 회로에서는 후자에 설명하겠지만 조금의 접촉 저항도 용서치 않는다. 대전류 회로에서는 많은 전압 강하와 전류의 감소로 부하를 작동시킬 수 없을 만큼 힘이 떨어지게 된다.

퓨즈는 회로에서 발생하는 최대 전류의 1.25~3배 정도를 정격용량으로 사용되며 과대 전류가 흐르면 퓨즈가 단선되어 회로를 보호하는 측면도 있지만 때로는 회로에서 일시적인 과부하로 퓨즈의 잦은 단선을 방지하기 위한 목적도 있다. 그래서 정격용량을 다른 말로 안전율이라고도 한다.

예를 들어 24W의 전구를 사용하여 직렬연결한 회로가 있다면, 최대 전류는 24W/12V는 약 2A 전류가 흐른다. 그러므로 정격용량의 2배 적용 시 4A이므로 퓨즈는 4A를 선택해야 할 것이다. 전류 이야기가 나와서 말인데 다음 장에서는 돌입전류를 설명하고자 한다. 슬슬 힘들어질 시간이다. 좀 더 기운을 내서 학습하자!

2-2 돌입(In-Rush) 전류

돌입전류는 부하가 최초 작동 시 전류량이 상승 후 작동이 안정화 되고 평균적인 전류가 흐르는데 최초 작동 시 상승한 전류값을 말한다.

어떤 회로의 부하에서 최초 흐르는 전류가 있다고 가정하자! 그 부하가 모터라고 가정할 때 현재 움직이지 않는 모터는 정지되어 있어 처음 움직이는 데 힘이 들지만 움직인 이후는 힘이 적게 든다. 그렇지 않은가! 같은 예로 짐을 실은 수레도 처음은 많은 힘이 드나 서서히 속도가 생기면 힘이 덜 드는 것과도 같다. 따라서 돌입 전류 회로에 흐르는 용량의 약 3배 정도의 퓨즈를 사용하고 있다.

그래서 자동차 정비기능사 시험 항목 중 기동전동기 부하시험에서 전류계를 물리고 마음속으로 하나, 둘, 셋, 넷, 다섯이라고 세고 전류계 수치를 읽는 이유가 여기에 있다 하겠다. 안정적 작동 전류를 답안지에 작성하려는 의도이다. 이는 기동전동기 정격용량에 한한 것이다.

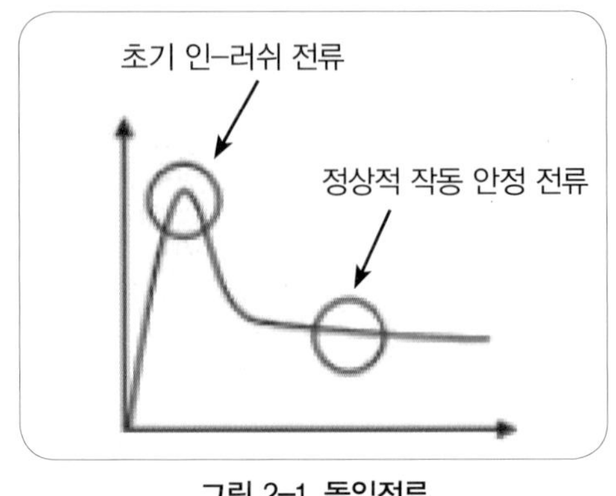

그림 2-1. 돌입전류

전류를 측정하는 의미를 정비하는 관점에서 논해야지 오로지 답안지 작성으로 양부 판정을 끝내면 큰코다친다. 결국, 정비에 아무런 도움이 못 된다는 이야기다.

2-3 퓨즈 블링크

자동차에서 퓨즈 블링크는 자동차 사고나 화재 시 퓨즈 단 이전의 소손 발생 시 회로를 보호하기 위해 적용된다. 부하로 가는 퓨즈 이전에 퓨즈와 블링크 사이의 단락에 의한 회로 보호이다. 다음은 그림은 엔진 룸 퓨즈 블링크를 나타낸다. 사실 어디가 먼저 끊어지는가 보다는 회로 보호 장치라는 의미에서는 같다 하겠다.

예전의 선배들은 어쩌면 대단하다. 회로도가 지금처럼 잘 안 되어 힘들었을 텐데. 정비를 무리 없이 잘한 것을 보면 말이다. 필자는 나라 사랑하는 게 별거 없다고 생각한다. 그 어려운 시절 할아버지에 그 할아버지 일본 식민지에 국토를 짓밟히고 우리 조상이 고통받았을 식민지(植民地) 시대에 살았던 그들을 생각하면 이 시대를 살아가는 우리가 만든 자동차가 아니고 그들이 만든 자동차를 운행하며 좋다고 다녀서 되겠나 싶다. 이렇게 얘기하면 반론을 제기할 테니 뭐 여기서 서로의 입장 차가 있으니 접기로 하겠다.

서로의 관점이 다르고 생각이 다르니 서로를 존중해야 할 터! 물론 제품이 좋다면 어쩔 수 없지 않으냐! 하지만 그래도 한 번쯤은 생각해 볼 일이다.

어찌 되었건 이건 극히 개인적인 생각이니 이거에 반대되는 생각을 하는 독자들은 오해하지 않았으면 한다. 개인적 관점이니! 돈 있어 탈 수 있다면 야! 예전에 필자가 정비할 때는 대기업 사원이 아니고서는 전장 회로도는 구하기 쉽지 않았고 지금처럼 단품의 위치, 커넥터의 형상, 커넥터 색상, 배선의 색상 등을 정확하게 알 수 없었다.

현대자동차, 기아자동차는 이러한 콘텐츠를 일반인에게 제공하여 자동차 정비의 질을 높였다. 정말 자랑할 만하다. 이 또한 개인적 관점이지만 수입차보다 정말 잘 되어 있다. 생각한다.

물론 수입차도 잘되어 있긴 하지만 아직 우리 기업처럼 잘되어 있지 않은 듯하다. 이건 순전히 본인의 생각이니 시비 걸지 않기를 바란다.

다시 돌아와서 영국의 물리학자 톰슨은 진공관의 양 끝에 양극과 음극을 연결하고 높은 전압을 걸었더니 음극에서 양극으로 빛이 흐르더라, 그 빛은 미세한 입자가 흐르는 현상으로 입자에 의해 빛과 열이 발생하는 것을 발견하였다. 이것이 전자라는 것이다.

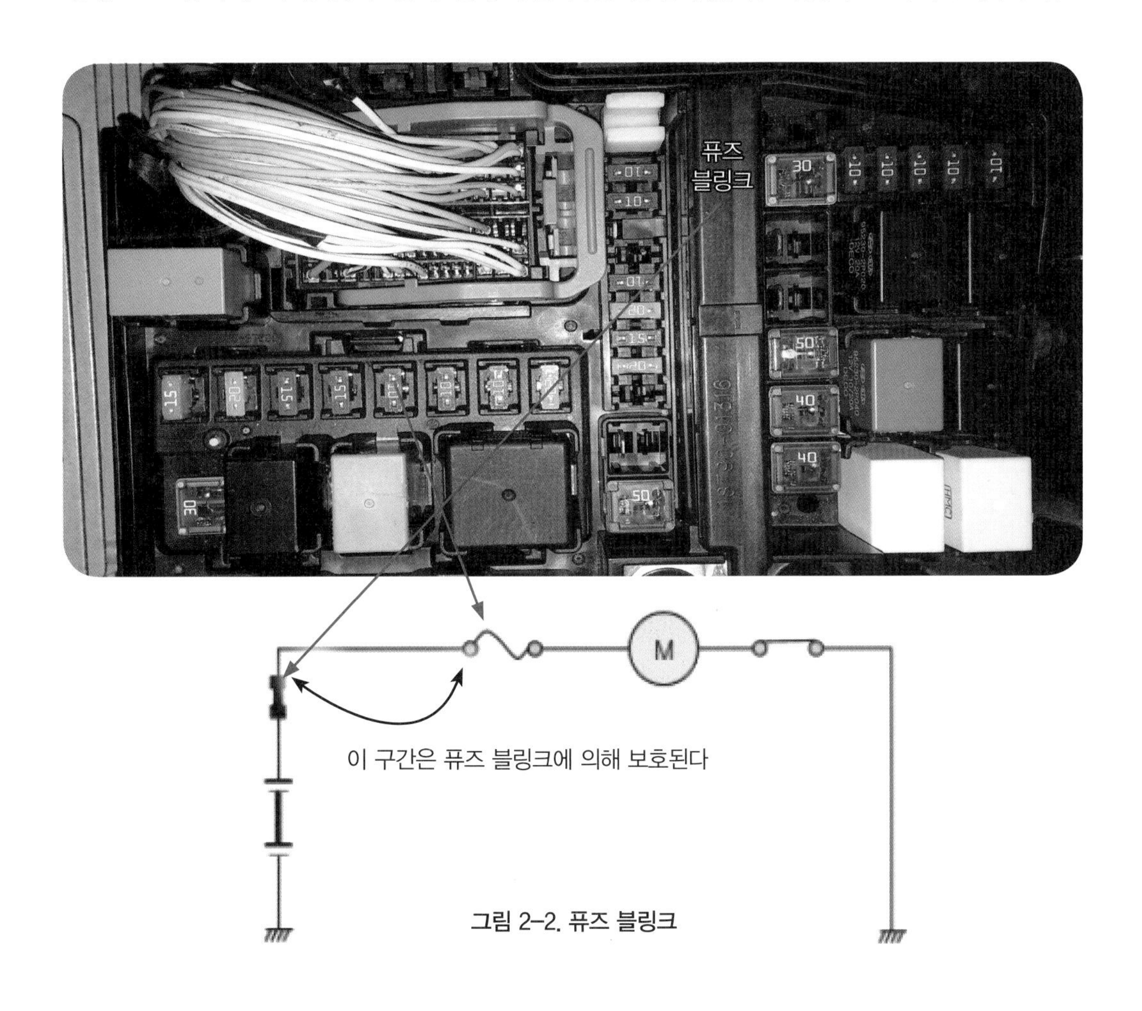

그림 2-2. 퓨즈 블링크

전기가 흐른다는 것은 눈에 보이지는 않지만, 도체 내에서 원자와 원자 사이로 이동하는 현상을 말한다. 퓨즈 블링크는 결국은 과도한 전류가 흐르면 스스로 단선되어 전자를 흐르지 못하게 하여 회로를 보호하는 것이다. 이 장 뒤에 전기를 이해하기 위한 옴의 법칙을 설명하고자 한다. 전압, 전류, 저항 각 관계에 따른 연관 관계를 풀어서 설명하고자 하니 많이 읽고 학습하길 바란다. 대학에서 배우는 자동차 진단정비 기초공학이 되길 바라며 초보 정비사들에게 많은 도움이 되었으면 한다.

2-4 서킷브레이크 회로

서킷브레이크(Circuit Break) 회로란 과부하에 의한 회로의 소손을 방지할 목적으로 빈번히 작동되는 회로 전단에 설치하였다. 이는 부하를 보호하는 목적이 있다. 여기서 퓨즈와는 조금 다른 부분이 있다. (ex) 도어 액추에이터, 와이퍼 모터 등등) 퓨즈는 회로에서 과부하에 의한 퓨즈 단선으로 회로를 동작할 수 없게 만들지만 서킷브레이크 회로는 기존 퓨즈와 다르다.

자동차의 경우 해당 부품 내부에 장착하여 전류의 흐름을 방해하는 원리로 저항과 밀접한 관련이 있다. 부하를 빈번히 작동하거나 어떠한 이유로 전류가 높아지면 내부 서킷브레이크 장치가 저항 과다로 전류 흐름을 방해하여 작동 금지하는 것이다. 이는 회로에 저항이 없어지면 다시 작동될 수 있다. 회로에 저항이 일정 부분 없어지면 작동이 가능한 경우를 말한다.

어떤 이유로 모터가 지속해서 작동되는 조건의 회로가 있다고 가정하자! 이것을 보호하고자 전단에 정특성 서미스터 PTC(Positive temperature coefficient) 소자를 두어 열이 발생하면 전류의 흐름을 방해하여 모터의 작동을 억제하는

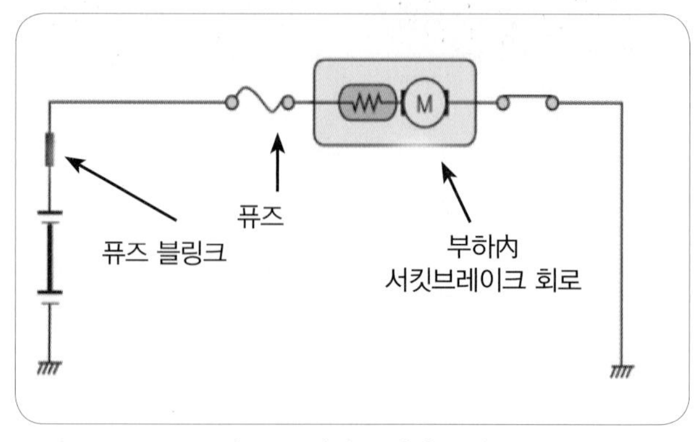

그림 2-3. 서킷 브레이크 회로

장치를 두었다.

대표적 예로 겨울철 눈이 많이 내리는 날에 운전석 와이퍼 브러시(Wiper brush) 앞측 유리에 눈이 겹겹이 쌓여 모터가 가는 위치만큼 못 가서 천천히 회전하는 상태라면 운전자는 눈 때문에 천천히 회전한다고 생각하겠지만 사실은 부하를 보호하기 위한 서킷브레이크 회로가 부품 내부에 있기 때문이다. 그래서 모터가 천천히 움직이는 것으로 비유하고자 한다. 조금 이해가 되었나 싶다. 열을 받으면 저항이 증가하여 전기가 통하기 어렵다. 서미스터도 열을 받으면 전기가 통하기 어려우며 이러한 것을 회로에서 저항이 커졌다고 말한다.

자동차뿐만 아니라 온도 센서로 많이 사용하는 부특성 서미스터 NTC(Negative temperature coefficient)는 반대로 열을 받으면 저항이 감소하는 소자로 주로 온도를 감지하는 신호로 사용된다. 이것을 전압의 변화로 컴퓨터에 전송, 이 전압값을 감시하여 연료 보정과 엔진 냉각팬 제어에 사용한다.

보통 센서의 전원은 5V 풀업 전압을 사용하는 경우가 많으며 최근에는 3.3V를 사용하는 것으로 나뉜다. 보통 서미스터에는 전원 5V와 접지 배선이 연결되어 있다. 물의 온도에 따라 서미스터의 저항값이 바뀌고 이것은 곧 저항의 변화가 생김으로 신호 전원 5V의 전압은 서미스터의 변화와 접지 때문에 바뀌게 되는 원리를 이용한 것이다.

자동차에서는 일반적으로 파워 윈도우 모터(Power window motor), 와이퍼 모터 등의 서미스터와 바이메탈을 이용해 열이 발생하면 전류를 차단하고 다시 온도가 떨어지면 연결하는 식의 서킷브레이크를 사용한다. 보통 부품 내부에 장착되며 화재의 원인을 되는 요소를 없애 준다.

만약 어떠한 조건에서 유리 기어 모터의 작동이 지속적 UP 되어 유리 기어 모터가 열 받는다면 모터의 과열로 화재의 원인이 되지 않겠는가! 그래서 퓨즈와 함께 일을 거들며 퓨즈와의 차이점을 알 수 있다. 따라서 퓨즈가 끊어질 정도의 과대 전류가 아니라면 그 중간 단계에서 회로를 보호하고 제품을 보호하기 위한 마지막 회로의 노력으로 해 두자!

2-5 현장에서 사용되는 장비

다음은 지금 현장에서 주로 사용하는 장비이며 각 메이커 마다 계측, 진단하는 장비가 있으며 여기서는 현대, 기아자동차 위주로 설명하였다. 다른 장비도 많이 있으니 취업 시 기업체 장비를 잘 활용 정비하길 바란다.

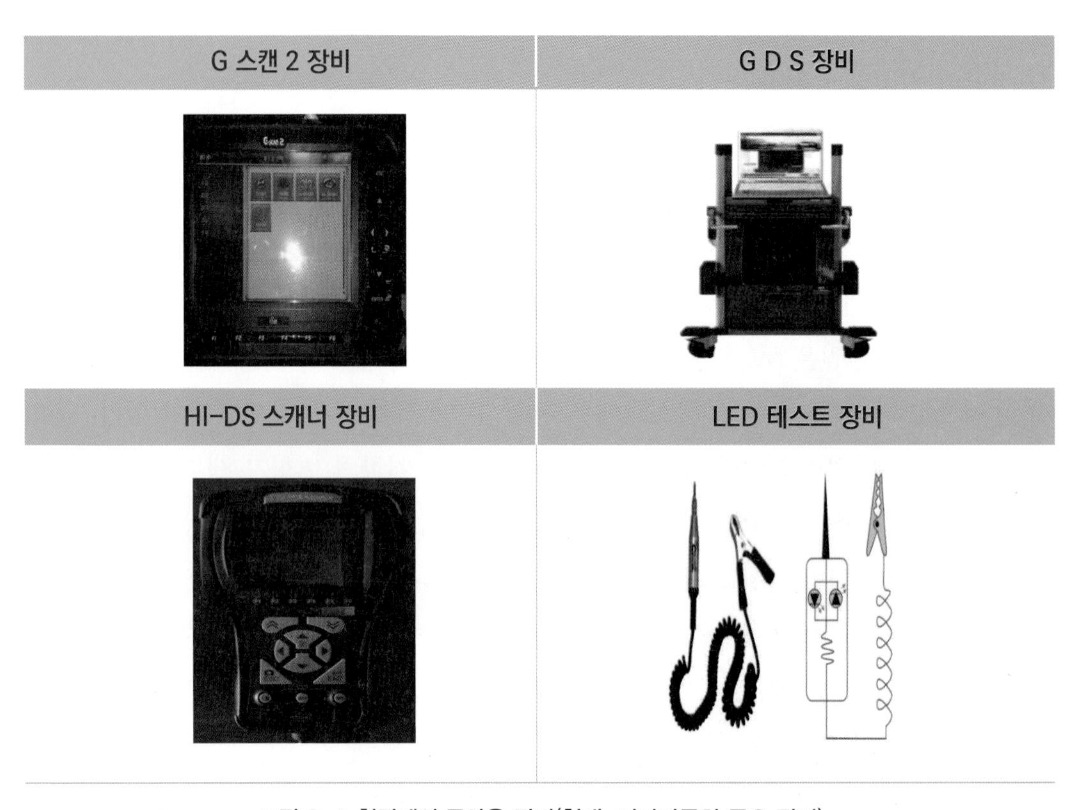

그림 2-4. 현장에서 주사용 장비(현대, 기아자동차 주요 장비)

현장에서 주로 사용하는 장비이고 메이커(Maker)마다 여러 종류의 장비가 있다. 여기서는 국내 자동차를 기준으로 현대, 기아자동차의 대표적 장비를 수록하였다. 통신을 이용해 작동되는 전기장치는 바로 이러한 장비를 통해 입, 출력을 점검 진단할 수 있다. 앞으로 이러한 첨단 장비를 잘 다루고 고장의 원인을 정확히 파악하는 기술자만이 인정받을 것이다.

03 실무 정비를 위한 기초전기

3-1 전기(電氣), 전압(電壓)

자동차 정비에서 전기를 알고자 할 때 전기란 눈에 보이는 것이 아니라서 그 실체를 파악하기 어렵기에 진단하기 어려운 것도 사실이다. 전기가 흐른다고 하는 것은 우선, 아주 미세한 물질이 도체를 통해 이동하는 현상이라 할 수 있다.

(전자는 마이너스(−)에서 플러스(+)로, 전류는 플러스(+)에서 마이너스(−)로 흐른다.) 전압은 결국 전위차이다.

이 말은 전기적으로 높이가 어디가 낮고 어디가 높나 라는 방식으로 보통 책을 보면 물탱크로 비교하는데 높은 위치의 물탱크에서 낮은 위치의 물탱크를 비교, 전위차를 발생시키는 힘이 바로 기전력(起電力)(Electromotive Force)이라고 한다. 사실 이것이 전류를 흐르게 하는 힘이 되는데 아주 미세한 전압은 사람의 인체에 아무런 영향을 주지 않는다. 그래서 도체와 부도체를 말할 때 사람의 인체에 영향이 있느냐 없느냐에 따라 결정한다. 어쩌면 이 지구상의 물질은 모두 도체가 아닐까 싶다.

전압이 나와서 얘기인데 가정용 전기를 생각해 보자! 발전소에서 송전 선로, 1차 변전소를 거쳐 송전 선로에서 배전 변전소를 거치고 배전 선로에서 주상 변압기(전주대) 거쳐 가정용 전기로 탄생하는데 얼마나 많은 배선으로 우리 가정으로 공급되겠는가? 발전소에서 처음부터 220V 전압으로 우리 가정에 오는 것이 아니다.

전압이 높으면 감전의 위험을 초래하고 발전소에서 높은 전압으로 송전하는 것은 에너지 손실을 줄이기 위해서이다. 전선은 구리를 쓰고 길이가 길면 저항은 증가한다. 전류가 흐를 때 전선은 열이 발생하는데 이 열을 줄열이라고 하며 줄열은 전류와 저항이

크고, 전류가 흐르는 시간이 길수록 많아지는 특성을 가진다. (줄열= I^2Rt〔J〕) 그러니 줄열을 최소화하기 위해서는 이것 중에 전류를 줄이면 되는데 현실적으로 불가능하다.

따라서, 같은 전력을 유지하는 조건이라면 전압을 높여 전류를 감소시키는 방법을 사용하면 된다. 전력(P)=V(전압)×I(전류)이기 때문이다. 같은 전력에서 전압을 높이면 전류는 작아지는 것처럼 전력은 전압과 전류가 커질수록 증가한다.

전압이란 "전류를 흐르게 할 수 있는 힘"을 말한다. 단위는 [V(볼트)]를 사용한다.

3-2 전류(電流)

일반적으로 자동차에 사용하는 전압은 12V로 회로상에 존재하는 스위치가 off 되면 전류(A)가 흐르지 못하게 된다. 이를 이론적으로 표현한다면 "스위치가 off 되어 저항이 너무 커져(무한대) 전류가 흐르지 못한다."라고 표현할 수 있다. 회로에서 실제 일을 할 수 있는 능력은 전류가 담당한다. 전류는 전압이 존재하면 무조건 흐른다. 즉 저항에 반비례한 만큼 전류는 흐른다는 이야기다.

배터리 전압 12V에 12Ω의 저항을 가진 부하가 있다고 가정하자! 이 회로에 접촉 저항이 30KΩ이 생겨 부하가 회전 또는 빛을 내지 못한다면 우리는 눈에 보이지 않아 흐르지 않는다고 하지만 아주 미세한 전류가 흐르고 있다.

눈에 보이지 않아 흐르지 않는다고 말한다.

여기서 도체와 부도체를 정리하자면 공기가 도체일까 부도체일까? 지구상에 존재하는 하나의 물질이고 각각의 물질들은 고유저항을 갖는다. 그래서 고유저항에 의해 잘 흐르는 물질과 전류가 못 흐르는 물질로 고유저항이 큰 물질, 고유저항이 작은 물질로 나뉜다. 하여 공기는 도체도 부도체도 아니다. 한 예로 배터리 자가 방전의 경우 공기라고 하는 물질의 고유 저항값에 의해 결정된 미세 전류가 흐르고 이를 장시간 방치 시 방전이 이루어지는 것이다. 전류는 결국 눈에 보이지 않아도 흐른다.

여기서 전류는 전자의 이동이다. 자유전자가 배선을 타고 흐르는 것이 전류이며 물체에 가진 양전하와 음전하가 뭉쳐져 양전하가 중성 또는 방전될 때까지 계속 일어나게 된다. 전류의 단위는 A(암페어: ampere)라고 하고 1A란 배선내의 임의의 한 점을 1

coulomb(쿨롱)의 전하가 통하는 것을 1 암페어가 흘렀다고 이야기한다.

전류 (I) = 전기량(Q) ÷ 시간(t),

1(A) = 1,000(mA),

1(mA) = (μA),

1(C) = 6.2×10^{18}개의 전자라고 한다.

여기서 전류의 3대 작용이 발생하는데 전류가 도체를 이동할 때 자기, 화학, 발열 작용이 바로 전류의 3대 작용이다. 국가자격증 시험에 종종 출제되곤 한다.

대표적으로 도체에 전류가 흐르면 열이 발생하는 전구, 전열기의 원리, 코일에 전류가 흐르면 모터, 발전기 전자석이 되는 원리, 전해질에 전류가 흐르면 전기 생성하는 배터리 원리이다. 자동차 정비에 있어 전류는 매우 중요하다 하겠다.

3-3 저항(抵抗)

저항이란 "전류의 흐름을 방해하는 요소"를 말한다.

단위는 [Ω(옴)]을 사용한다. 도체의 저항 관계는 길이에 비례하고 단면적에 반비례한다. 따라서 도체의 고유저항을 알면 저항값을 구할 수 있다.

$R = \rho \times \frac{l}{A}$ (ρ(Ω㎝): 도체 고유 저항, A(㎠): 단면적, l (㎝): 길이)

전기회로에서 전류는 전선에 단선이 되지 않으면 (+)에서 (−)로 흐르려고 하는 특징을 가진다. 그러나 어떤 형태의 저항이든 전류의 흐름을 방해하여 전류를 감소시키는 역할을 한다. 즉, 저항이 너무 크면 흐르는 전류가 너무 작아져 회로에서 어떤 일을 할 수 없게 되고, 저항이 너무 작으면 흐르는 전류가 너무 많아진다. 이를 과전류라 한다. 자동차 정비는 이러한 관계를 이해하고 자동차에 접근해야 한다.

열이 발생하여 화재가 발생하는 원인이 되기도 한다. 결국, 저항은 회로에서 전류가 흐르는 양을 적절하게 제어하는 기능을 한다고 볼 수 있다. 회로상에는 처음부터 없어야 할 저항이 있고, 임의적으로 회로에 저항을 만드는 것 두 가지 회로가 있는 데 없어야 하는 회로에 저항이 생겼다면 전류의 흐름을 방해하여 부하를 작동하는데 문제가 발생한다. 바로 이것을 제거하는 것이 정비이다.

저항은 온도와 밀접한 관계를 가진다. 금속은 온도가 증가하면 저항이 증가하는 특성을 가지며 온도가 증가하면 금속 내의 전자의 이동이 활발해져 전자와 원자의 충돌이 증가하기 때문이다. 하지만 이와 반대로 온도 상승 시 저항이 감소하는 물질이 있는데 이를 우리는 반도체라고 부른다.

3-4 릴레이(Relay)

자동차는 회로에는 릴레이가 있다. 릴레이는 "연결하다"라는 의미가 있으며, 전기회로에서 전원과 전기 부하를 연결하는 역할을 담당한다. 릴레이의 가장 큰 특징은 작은 전기로 큰 전기를 제어하는 데 있다. 예를 들어 전조등(55W 2개)을 점등시키려면 약 10A의 전류가 필요하다.

만약 릴레이가 없다면 전조등 스위치가 직접 이 전류를 공급해야 하며, 큰 전류를 단속하는 과정에서 발생하는 서지 전압에 의해 스위치의 내구성이 나빠지게 된다. 반면, 릴레이를 적용하면 릴레이 코일을 전자석으로 만드는데 약 0.12 A밖에 필요치 않는다.

그림 3-1. 릴레이 형상 (ISO 국제규격)

릴레이 접점은 스파크가 잘 일어나지 않는 접점을 사용하는데, 은 – 산화물계 (카드뮴 프리 Cd–free)를 사용하고 있다.

현재도 사용하고 있으나 과거보다는 릴레이 사용이 줄고 있다. 최근에는 제어 회로 내부에 장착하여 사용하고 외부에는 줄어드는 추세에 있다. 따라서 전조등 스위치는 0.1A의 작은 전류만 제어함으로써 높은 내구성을 유지하면서 전조등 작동에 필요한 큰 전류(10A)를 제어할 수 있다. 릴레이의 특징 및 장단점은 다음과 같다.

첫째 작은 전류로 큰 전류를 제어할 수 있다.
둘째 제어 스위치의 접점 손상을 방지할 수 있다.
(서지에 의한 스위치 손상)
셋째 동작 속도가 늦어 정밀 제어부에는 적합하지 않다.
넷째 ON/OFF시 코일에서 서지(Surge) 전압이 발생하여 시스템에
손상을 줄 수 있어 보호 장치가 필요하다.

그래서 릴레이 내부 코일 부에 저항과 다이오드를 사용하여 서지 전압을 줄여 주기 위한 목적으로 저항과 다이오드 타입의 릴레이를 사용하고 있다.

서지는 매우 짧은 시간 동안 발생하여 사라지는데 비정상적인 고전압이다. 보통 코일에 흐르는 전류를 차단하면 전류가 흐르는 반대 방향으로 발생한다. 이때 전압은 전

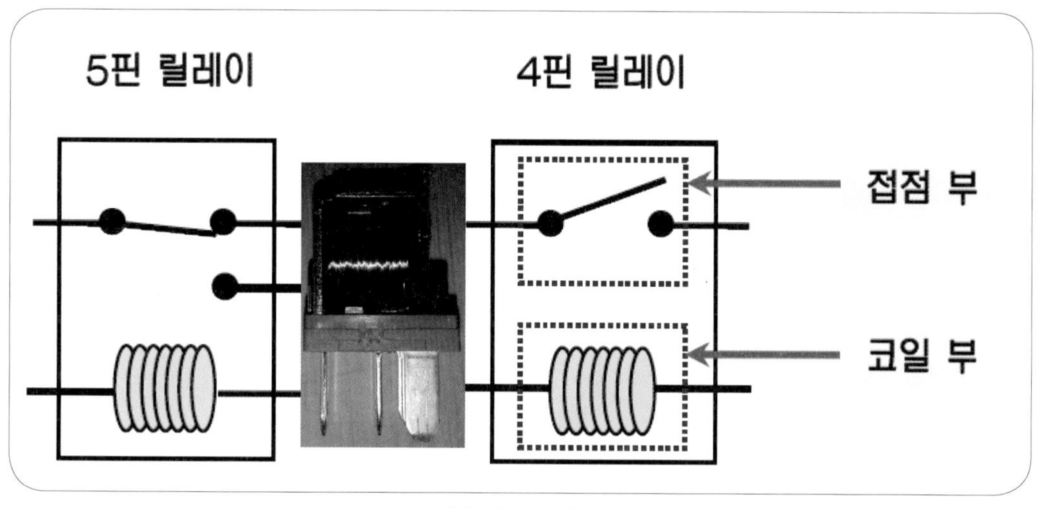

그림 3–2. 릴레이 구조

원 전압의 수십 배에 이르며 외부로 흐르지 못함으로 코일을 제어하는 제어기 손상이 불가피하다. 그래서 릴레이 사용은 정격 릴레이를 반드시 사용해야 한다. 이를 방지하고자 릴레이는 다이오드와 저항 타입이 존재한다. 릴레이 코일 내부에 저항과 다이오드를 병렬로 설치하여 폐회로(Close Loop)를 만들어 서지 전압을 억제하였다.

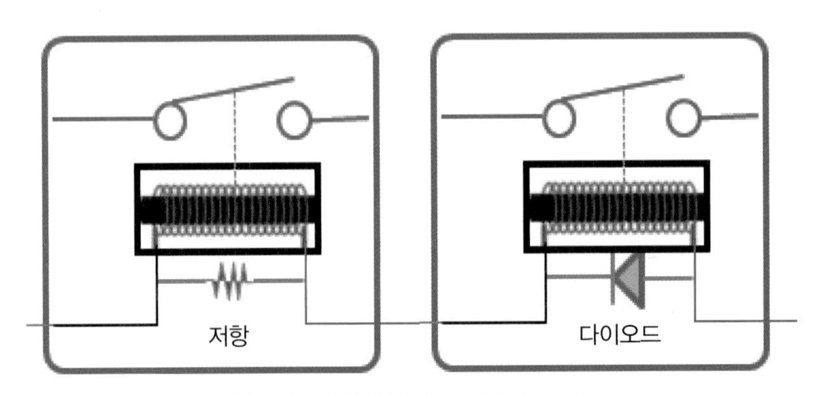

그림 3-3. 저항 릴레이와 다이오드 릴레이

릴레이가 크기 및 모양이 비슷하다고 하여 사용해서는 안 된다. 반드시 품번을 보고 사용해야 하며 용량을 확인해야 한다. 서지 전압은 릴레이뿐 아니라 코일의 형태를 띤 것은 모두 발생하는데 CPU(Central Processing Unit) 제어용의 릴레이는 규격에 맞는 릴레이를 사용해야 한다.

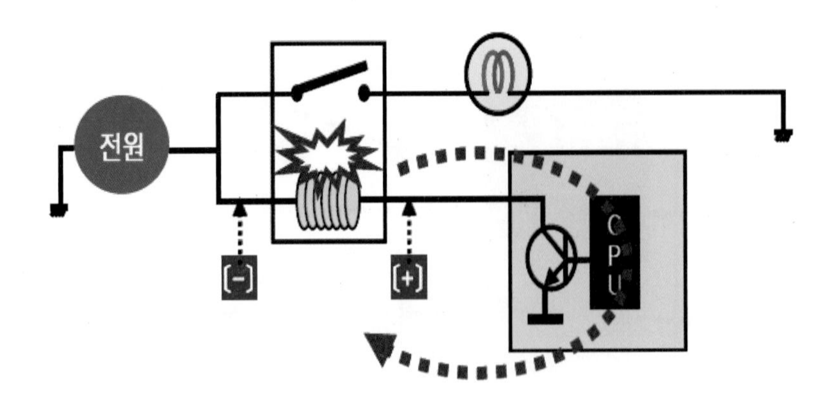

그림 3-4. 서지 전압

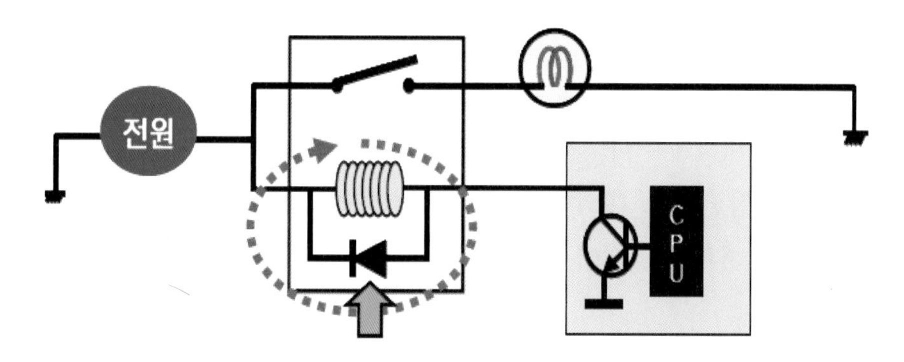

그림 3-5. 서지 전압 방지 회로

전자제어 모듈이 릴레이를 제어하는 과정을 살펴보면 자동차 전원이 릴레이 코일 부를 통해 내부 TR(Transistor)로 대기하고 CPU 동작으로 코일을 접지하면 릴레이 코일은 전자석이 되고 릴레이 접점을 통해 전구는 점등된다. 물론 CPU 내부로 스위치 신호가 입력되고 작동되며 작동 스위치 OFF 후 전류가 흐르는 반대 방향으로 서지 전압이 발생한다.

이때 릴레이 전기의 전위는 반대쪽으로 전위가 바뀌고 순간 전기는 ECU 내부로 흘러갈 수밖에 없어 트랜지스터나 IC(CPU)에 전기적 충격을 작동할 때마다 주어 결국 CPU가 맛이 가는 결과를 초래한다. 서지 전압은 약 200V 이상으로 강한 스파크를 발생시킨다. 그래서 그것을 방지 목적으로 저항과 다이오드 내장 타입을 사용한다. 또한, 릴레이 코일의 저항은 매우 중요하다.

릴레이 용량은 발생하는 서지 전압에 따라 그리고 저항에 따라 달라져 릴레이 용량이 크면 접점 면적이 커져서 릴레이 내부 스위치를 잡아당기는 힘이 커야 한다. 그렇다면 릴레이 용량을 키우려면 당연히 코일의 저항은 작아져야 하고 열 또한 많이 생긴다는 단점도 내포되어 있다.

자! 릴레이 설명은 이쯤하고 최근 전조등은 스마트 정션 박스(Smart Junction Box), BCM(Body Control Module)를 통해 외부 스위치를 장착하여 전조등과 같은 램프를 작동시킨다. 다기능 스위치를 이용하여 스위치 ON/OFF 신호가 BCM 내부로 입력, 인터페이스 박스에서 디지털 입력 신호 처리 CPU(Communications Programs Unit)는 IPS 1, 2, 3을 이용 전원을 외부로 출력한다.

스위치 입력은 바디 컨트롤 모듈(BCM)로 입력이 되고 이 전기적 신호를 받은 바디 컨트롤 모듈은 스마트 정션 박스로 신호를 보내고 이를 근거로 하여 Body-Can을 통해 작동 신호가 보내지게 된다.

그러면 스마트 정션 박스 내의 IPS(Intelligent Power Switch) 소자를 통해 전원을 램프 쪽으로 직접 기존의 릴레이를 거치지 않고 전원을 바로 램프 쪽으로 인가하는 방식이다.

최근에는 해당 릴레이가 삭제되어 어떤 부위의 고장이 발생한 것인지 원인을 파악하는 일이 과거보다 다른 양상을 가지고 있다. 앞으로는 자동차의 통신을 통해 원인을 찾아야 한다. 고임금을 받는 정비사는 여기에서부터 차이가 날 것으로 생각된다.

필자가 처음 정비를 시작할 무렵, 92년도가 생각난다. 그때는 초년병이라! 지금 생각하면, 무엇을 할 수 있었겠는가! 싶을 정도로 고참(古參)에게 보고 듣는 것이 전부였다.

전조등 Low 양쪽 모두 점등 불가한 자동차가 입고하여 전구를 바로 분해하고는 선임이 전조등 램프를 맨눈으로 확인 후, 전구를 흔들어서 어. 끊어졌네! 교환하고 부품과 수고비를 받고 보내더란 말이지! 그래서 나도 또한 같은 현상으로 입고되는 차량이 오면 저렇게 하면 되겠구나! 하고 마음을 먹었던 적이 있었다. 참으로 어리석은 생각이지 않은가!

이처럼 자동차의 기술은 변화무쌍(變化無雙)으로 많은 발전을 하고 있고 가르치는 사람이나 배우는 사람이나 연구하고 업그레이드(Upgrade)를 하지 않는다면 많이 힘들어지고, 높은 보수를 받지 못할 것이다. 그러다 보면 이직을 하는 사람도 생기고 순환의 순환이 되풀이될 것이다. 자동차의 정비 시장은 현재 답보(踏步) 상태에 있지만, 언제든지 자동차는 도로를 굴러다닐 것이고, 공부하는 정비사와 노력하는 정비사는 인정을 받고 살지 않겠는가. 그리고 앞으로 사람을 치유하는 의사분들처럼 처우가 나아지지 않겠는가!

점점 갈수록 자동차의 고장은 적어지고 있지만, 실상 고장이 나면 고치기 힘든 난해한 고장이 발생하고, 이때 어떤 정비사가 멋지게 수리할지 생각해 볼만 한 일이다. 필자는 정비에 종사하는 분의 얼굴에 환한 미소가 가득하길 기원한다.

과거에 어떤 분이 말하기를 앞으로 많은 시간이 흐르면 정비사도 흰옷을 입고 정비할 시대가 돌아온다고 누군가 말을 하였는데 그것은 원인과 결과를 도출하여 과학적

정비할 수 있는 의사로서의 마인드를 갖춘 명 정비사를 의미하였다 할 것이며 우리 모두 지향하여야 할 것이다.

우리는 병원에 가서 치료를 받고 설상 병원비가 많이 나왔다 하여 저렴하게 해 달라고 말하지 못하는 것은 그만큼 병원에 대한 신뢰와 의사의 품격에 있는듯하다. 우리 정비사도 의사와 다른 것이 무엇인가! 하지만 현 정비의 문제점은 개인적인 측면에서 고객과의 신뢰도이다.

1인 1대씩 자동차는 사용하고 있는데 고장이 나면 명확한 설명과 정확한 진단 그와 더불어 정당한 공임을 받는다면 더 신뢰받는 직업이 되지 않을까 생각해 본다. 물론 모든 정비사가 그렇지 않다는 것은 아니므로 오해하지 않았으면 한다.

릴레이 코일과 접점에 흐르는 전류의 크기는 자동차 전압이 12V로 가정하고 릴레이 코일의 저항이 대략 100옴 정도가 사용됨으로 코일 측에 흐르는 전류는 약 120mA가 흐르게 된다. 코일에 흐르는 전류는 이 정도지만 릴레이 접점에 흐르는 정격전류는 10~30A 정도로 릴레이 코일에 흐르는 전류에 비하면 큰 편이다.

I(전류) = V(전압) ÷ R(저항) 따라서(12V/100Ω)=0.12mA

이것 외에도 키르히호프의 제1 법칙과 2 법칙은 자동차 정비에 있어 매우 중요한 법칙이니 미리미리 공부해 두자!

04 실무 정비를 위한 용어 이해와 접지 점검

4-1 용어의 이해

자동차 정비에 있어 단선이란 전류가 흐르는 회로가 끊어진 현상을 말한다. 단락이란 전류가 정상적인 경로로 흐르지 않고 특성이 다른 배선과 연결된 경우를 말하며 쇼트라고도 한다. 접지는 어스 또는 그라운드(ground) 라고 하는데 본래의 뜻은 지구(地球)를 의미한다. 우리가 살아 있는 지구의 표면은 물리적으로 전위가 거의 제로(zero)에 가깝다. 자동차에서는 전위가 제로(zero)인 차체를배터리의 (−) 단자로 의미한다. 따라서 접지는 전위가 제로인 것을 의미한다. 배터리에서 마이너스는 물리적으로 0V의 전압이 발생한다. 그러므로 영구적으로 방전이 안 되면, 12.6V의 전압을 가진다. 정비에 있어서 전압은 이렇게 절대 전압과 상대 전압으로 나뉜다. 우리에게 중요한 전압은 배터리가 12V라는 개념도 중요하겠지만 어디에서부터 어디 전압을 측정하였더니 몇 V가 측정되는지 하는 것이 더 중요하지 않을까 필자는 생각된다.

이것은 측정 부위의 전위가 어디가 높고 어디가 상대적으로 낮음을 알기 위해서이다. 결국, 이것이 옴의 법칙이다. 자동차에서 배선의 이상 유무를 측정하는 데 있어서 이렇게 상대 전압을 측정하는 것이 배선의 이상 유무를 빨리 파악하는 지름길이다. 부하를 작동시키고 같은 전위의 구간을 측정하면 전위는 제로(zero)에 가까울 것이다. 자동차 회로에서 끊어지지 않은 정상적 회로에 나타난다. 만약 같은 회로에서 같은 전위의 구간임에도 전위가 발생한다면 그 배선 어디에는 저항이 존재한다는 의미이다.

회로에서 어떠한 저항이든 결국은 전류의 흐름을 방해함으로 그것이 모터라면 회전수가 느려질 것이고 정확한 작동이 어렵다. 물론 이러한 측정은 상대 전압을 검출할 수 있는 장비로 해야 정확하다. 여기서 반론을 제기하는 사람은 좀 더 내공을 쌓아 공부하길 바랍니다. 저항은 측정 조건과 온도에 따라 달라지고 변화하므로 배선의 굵기와 상관없이 저항이 측정된다. 이는 배선이 10가닥 중 한 가닥만 살아 있어도 저항은 0Ω에 가까운 저항이 측정될 테니 말이다. 살아 있는 이 배선 한 가닥으로 회로에서 어떤 일을 제대로 할 수 있겠는가?

+[플러스]와 −[마이너스]란

우선 자동차에서의 전원은 기본적으로 배터리 전압(일반적으로 12V)을 의미한다. 또한, 접지는 0V를 의미한다. 그러나 플러스(+)는 반드시 12V를 의미하지 않고, 마이너스(−)는 항상 0V를 의미하지 않는다. 플러스(+)는 전압의 높고 낮음을 나타내는 말로 어떤 점과 어떤 점의 전압을 비교할 때 높은 쪽은 플러스(+), 낮은 쪽은 마이너스(−)가 된다는 뜻이다. 가끔 정비사가 착각하는 것이 바로 배터리의 전압을 연관 지어 배터리 플러스(+)를 생각하고 절대 전압 12V를 생각하는 경향이 있다. 여기서 전압이 나와서 말인데 필자는 가끔 대학생에게 질문한다. 전조등 +(플러스)에서 배터리 +(플러스)까지 전압을 측정하면 몇 V가 측정되냐고! 한참을 망설이며 대답을 하건대 12V가 측정된다고 하는데 이는 전압의 개념이 정확히 서 있지 않아서 그렇다. 배선의 이상 유무를 판단하는 것은 매우 중요하고 의미심장한 말이니 처음 정비하는 우리 학생들과 일반인들이 한 번쯤 글을 읽어보고 보탬이 되었으면 한다.

주파수란 (Frequency)

자동차 진단 장비에서 파형 측정 시 주파수와 듀티라고 하는 말이 나오곤 하는데 이는 진동이나 파동 현상에서 단위 시간 내에 똑같은 상태가 되풀이되는 횟수, 즉 초당 진동수를 말한다. 주파수의 단위는 헤르츠(㎐)가 쓰인다. 1초 동안에 n 회 되풀이될 때 주파수를 n ㎐라 한다.

사이클 (Cycle)

사이클이란 위 주파수의 개념에서 반복되는 1회의 주기를 말한다. 주로 오실로스코프 장비 사용으로 타이밍 벨트의 코 넘음을 확인하기 위하여 상사점 센서(CAM

Position)와 비교하여 크랭크축(Crank Position)을 연산하게 된다. 이것은 기준 파형을 알고 기준 파형에서 점화 1차 파형의 1번 실린더 기점으로 상사점 센서가 몇 번째 크랭크축 돌기와 일치하는가 판단하여 타이밍 벨트 코 넘음을 확인할 수 있다.

이 방법으로 측정하면 복잡한 엔진을 장시간 동안 분해하여 눈으로 확인하지 않아도 된다는 시간 절약형 정비를 할 수 있다. 대표적으로 지르코니아(바이러니 타입) 산소센서(O_2 Sensor)의 진폭과 전압 파형에서도 많이 활용한다.

듀티 (Duty)

자동차 정비에서 듀티란 1 사이클(Cycle) 동안 High가 되는 부분과 Low가 되는 부분의 비율을 말하는 것으로 단위는 %이다. 듀티는 회로의 설계기준으로 작동 여부를 나타내는데 ON 듀티 또는 OFF 듀티로 나뉘며, 전압 기준으로 (+) 듀티 또는 (−) 듀티로 구분된다. 엔진 ECM(Engine Control Module)이 액추에이터(Actuator) PWM(Pulse Width Modulation) 제어를 할 때 듀티 제어로 전류를 일정하게 하고 전압을 제어 일정한 주기를 말한다.

그림 4-1은 자동차 발전기의 발전제어 시스템을 파형으로 측정하였다. 예를 들면,

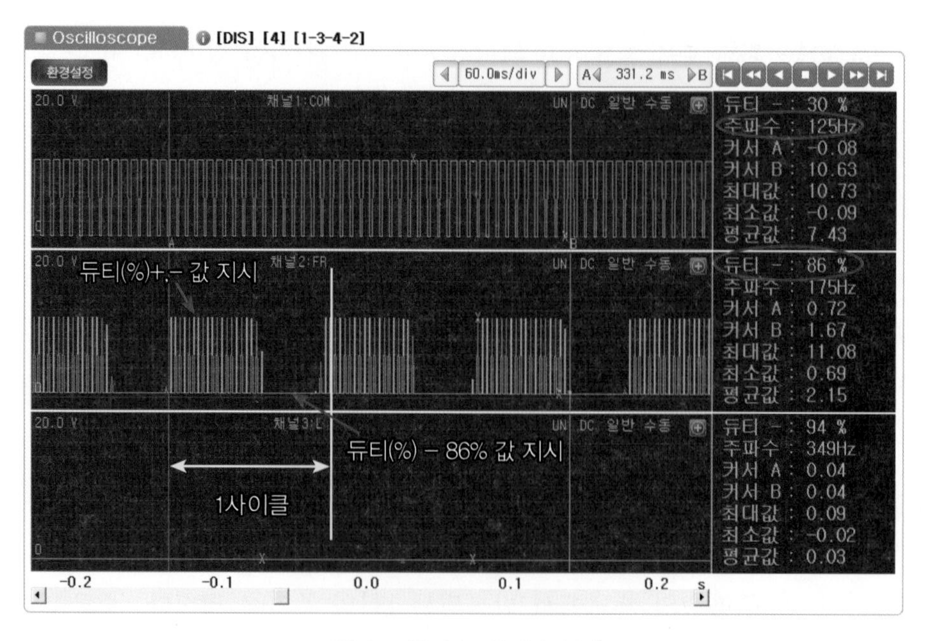

그림 4-1. 주파수, 사이클, 듀티

듀티(Duty) 비를 변화시켜 평균 전압을 제어하는 방식을 현재 사용하고 있다. 따라서 COM 단자는 ECU로부터 충전 명령을 발전기에 내리고 현재 발전기 충전상태를 FR 단자를 통하여 발전기 상태를 ECU로 피드백(feedback)한다. 또 다른 예로 자동차에서 대표적인 듀티는 여러 가지가 있겠지만 현재는 사라진 ISC(Idle Speed Controller)가 대표적 예이다. 현재는 사라지고 없지만 말이다. 결국, ECU가 솔레이드 밸브의 열림과 닫힘 위치를 원활하게 제어하기 위해서 사용한다.

부하의 이해

전기회로에서 부하란 넓은 의미에서 전류의 흐름을 방해하는 모든 요소를 말한다. 그러나 보편적으로는 전류가 흐를 때 어떤 일을 수행하는 각종 전기 부품을 말하는 것이다.

자동차에 사용되는 부하에는 모터, 램프, 전열기(電熱器) 등등이 있는데 램프는 전류가 흐르면 빛을 내는 부품으로 자동차에서는 등화 장치나 조명 장치. 그리고 각종 표시장치에 사용하고 있으며 모터는 전기적 에너지를 기계적 에너지로 바꾸는 부품으로 자동차에서는 많은 편의장치에 각종 램프와 함께 일반적으로 사용되는 대표적인 부품들이다.

전열기는 전기적 에너지를 열로 변환하는 장치로 자동차에서는 시거라이터, 열선, 시트 열선, 핸들 히터, 공조시스템의 PTC(Positive Temperature Coefficient) 히터 등에 사용된다. 이처럼 없어야 하는 부하를 찾아내서 정상적 작동하게 하는 것. 이것이 우리가 공부해야 하는 정비공학이다.

이건 필자가 경험한 것인데 예전에 정비할 때 실화이다. 한창 오실로 스코프 장비에 많은 관심을 가질 때 어떤 고객이 자동차가 예전보다 덜 나간다는 것이다. 그래서 이것 저것 살펴보는데 딱히 원인이 나타나지 않았다. 교환할 소모품은 죄다 교환한 상태였고 필자 역시 할 수 있는 것은 없었던 터라 점화코일과 발전기 본선, 접지 선간 전압을 측정하는데 참으로 보기 힘든 파형이 측정되었다. 그때부터 나는 자동차 정비의 새로운 눈을 뜨게 되었고 공부만이 살길이라 생각하였다. 원인부터 말하자면 배터리 (+)플러스와 발전기 B 단자의 선간 전압이 약 1.8V 오실로스코프 장비에 측정되었다.

측정 방법은 이렇다. 시동을 걸고 채널 1번을 배터리 +(플러스)에서 발전기 B 단자까지 선간 전압을 측정하였더니 0V에 가까운 전압이 측정되어야 하는데 1.8V라 이건 배선이 거의 끊어진 상태. 이로 인해 힘이 떨어지고 점화코일의 1차 전류가 약해지면서 완전 불꽃 방전이 어려워진 자동차는 뒤에서 잡아당기는 듯한 현상이 발생하여 앞으로 나가지 못했다.

고객 말에 의하면 처음엔 충전 경고등이 계기판에 희미하게 보여 정비소에서 발전기를 교환하고 배터리 경고등은 사라졌는데 그 뒤부터 서서히 자동차가 덜 나가는 것 같다고 하더라 말이지요! 이처럼 배선 수정으로 고객 만족과 고객의 신뢰를 얻어야 한다. 어쩌면 기술인으로서 기본 자존심이 아닐까. 자동차에는 이외에도 여러 전기 부하가 있으며, 넓은 의미에서 회로에 사용되는 각종 배선 접촉 저항도 부하이며 이 부하는 없어야 하는 부하이다. 운행하면서 생기는 것으로 자동차는 여러 다방면으로 노면의 스트레스를 받아 운행하는 부품임으로 고장은 현재 진행형일 것이다.

그러므로 언제 어떠한 형태로든 고장 날 수 있으며 모든 조건을 갖추고 있다. 사람도 나이가 들면서 조금씩 예전과 다르듯 기계 또한, 힘이 들 것이다. 그래도 기계는 고장 나면 교체라도 하지만 사람은 병이 들면 다시 회복되기가 쉽지 않으니. 기계에 생명을 넣는 우리는 기술인이다. 기계의 아픔을 치유하는 사람이 아닌가! 기술이 살길이다. 그래서 아프니까 기술인이다. 배울 때까지 고생스럽지 아니한가.

전압 강하는 회로에 존재하는 저항 때문에 전압이 떨어지는 현상을 말한다. 물 통로에서 수로가 막힘에 의해 수압이 떨어지는 현상과 비유할 수 있다. 회로에 전류가 흐른다는 것은 전위차가 있기 때문이며, 직렬회로에서는 전류가 흐르는 저항(부하) 양단에 반드시 전압 강하가 발생한다. 앞에서 말한 것과 같이 선간 전압은 그림 4-2 같이 A ↔ B 및 A ↔ C 간의 전압을 측정하였을 때 나타나는 값을 선간 전압이라 한다. 물론 부하를 작동시키고 작동하는 전압이다. 책에서 표현은 디지털 테스터기로 표현을 하였으나 사실 선간 전압은 상대 전압을 측정할 수 있는 진단 장비를 사용해야 한다. 이런 것이 다 되면 무엇 때문에 몇천만 원대 장비가 필요하겠는가.

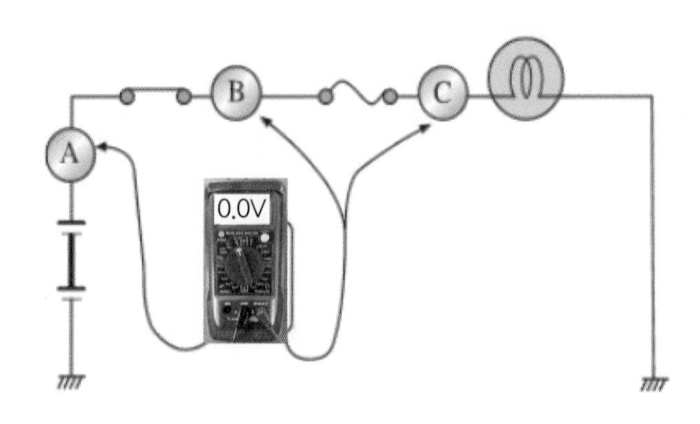

그림 4-2. 선간 전압 측정

디지털 테스터기는 절대 전압 즉, 평균 전압이 측정된다. 그것을 증명하듯 빨간색 테스터기 탐침봉을 배터리 플러스에 대고 검은색의 마이너스 탐침봉은 중지 손가락에 붙이고, 중지 손가락을 마이너스 터미널에 대면 전압이 발생 되는가! 안 되는가. 해보고 이야기하길 바란다. 이 테스터기로 모든 정비 다 하면 이 테스터기 회사 재벌이 되었을 것이다, 다할 수 있다면 얼마나 좋으랴!

이렇게 회로에서 전압을 측정했을 경우 이론상으로는 0V가 측정되어야 한다. 하지만 스위치 및 퓨즈의 기계적 접촉 저항이나 커넥터와 같은 곳에 접촉 저항으로 조금이라도 저항이 존재하게 된다. 따라서 이 저항 성분만큼 회로에는 전압 강하가 발생하고 이 값이 클 경우 자동차에서 고장 현상으로 나타나게 된다.

이것이 회로를 점검하는 요점이라 할 수 있다. 측정에 있어서 회로를 작동시키고 전류를 흘려보내고 측정을 하여야 한다는 사실을 반드시 기억해주길 바란다.

4-2 접지 포인트 점검

실무 정비 시 접지 포인트의 점검은 자주 수행되는 항목이다. 접지 포인트 점검은 어떻게 하는 것이 좋을까. 이 또한 선간 전압을 측정하면 된다. 자꾸 선간 전압을 이야기하는 것은 회로의 접촉 저항은 필자가 보는 관점에서는 이보다 더 좋은 방법은 없다고 생각한다. 그림 4-3과 같은 회로에서 접지 포인트 접촉 불량이라면, 램프에 흐르는 전류가 감소하게 되어 램프는 점등되지 않거나 흐려지게 된다. 또한, 부하가 큰 회로라면 접지 포인트 측의 접촉 저항에 의한 열이 발생하여 타서 못 쓰게 될 수도 있다.

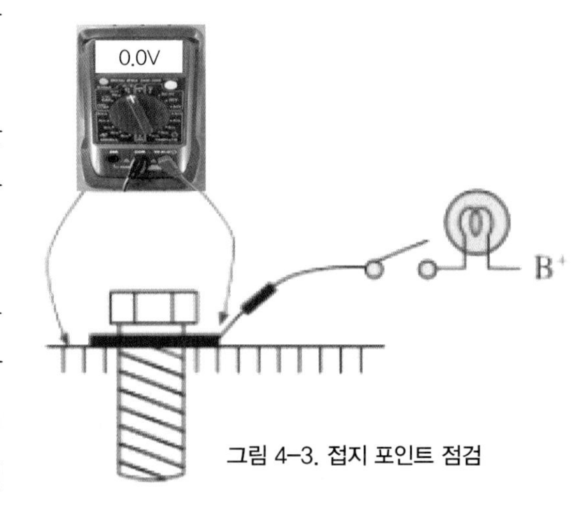

그림 4-3. 접지 포인트 점검

지금은 접지 볼트도 한번 풀면 재사용을 금한다. 이유는 소성 형 볼트로 일반 나사 선과 달리 볼트를 조이면 볼트 조임 부위를 변형시켜 접지가 바디(body) 쪽으로 잘되게 하는 볼트로 일반 볼트와는 호환성이 없다. 정비 시 주의하여 정비하여야 하며, 현장 사고 수리 차량에서는 엔진 및 변속기를 내리고 정비하므로 중대 수리일 경우 배선 탈거 후 바디(body)를 수정. 배선 장착 시 접지 볼트를 일반 볼트와 바꾸어 조립하지 않도록 주의하여야 한다.

이로 인한 고장이 종종 발생하기도 한다. 당장 문제가 되지는 않으나 이 경우 간헐적 고장 사례의 원인이 된다. 지금까지 설명한 내용을 정리해 보는 시간을 가져 보았으면 한다. 결국, 전류의 시작은 플러스에서 이 접지 볼트로 흐르는데 접지가 흔들리면 전류의 최종 종착지는 접지 볼트로 전류가 흐르지 못해 해당 부하가 작동 불량 된다.

다음은 배선의 표기 방법을 나타내었다. 잘못 표기된 것으로 전기회로도의 배선 색상을 알아둘 필요성이 있다. 전류가 흐르는 도체는 99.9% 이상의 전기용 황 인동선을 가동한 전기용 연동선이나 주석 도금 연동선이 사용된다. 일반 전선은 전류나 신호 전달용으로 사용하고 사용 환경이 열악하지 않는 환경에 사용된다.

차폐 전선은 센서 신호 외부로부터 잡음(Noise) 유입을 차단하고 있는 환경에 사용된다. 트위스트 페어 전선은 주로 스피커 및 CAN 통신라인에 사용되며 두선 간의 신호 잡음 차단에 사용된다. 마지막으로 광 화이버는 유리 섬유 재질로 대용량의 신호를 고속으로 전송할 때나 광통신 기반의 멀티미디어 장치에 적용된다.

자동차 회로도 분석 시 회로도에 배선에 나타내었다. 그림 4-4는 0.3L/O는 0.3은 배선의 단면적을 나타내고 L은 파란색, O는 오렌지색을 나타낸다. 바탕색은 파란색에 줄무늬가 오렌지색이라는 것이다.

그림 4-4의 경우 줄무늬가 노란색이라면 Y로 표현해야 하고 노란색이라고 해야 할 것이다. 위 그림은 잘못된 표기를 나타내었으며 참조하여 배선의 색상과 전선의 굵기 색상을 알아두길 바란다.

(전선 표시가 0.3W일 경우)

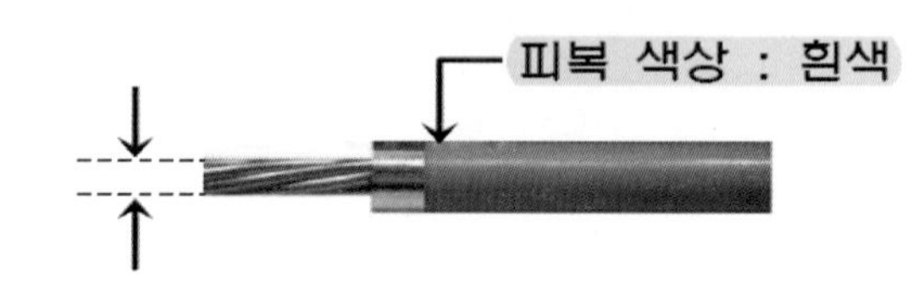

(전선 표시가 0.3L/O일 경우)

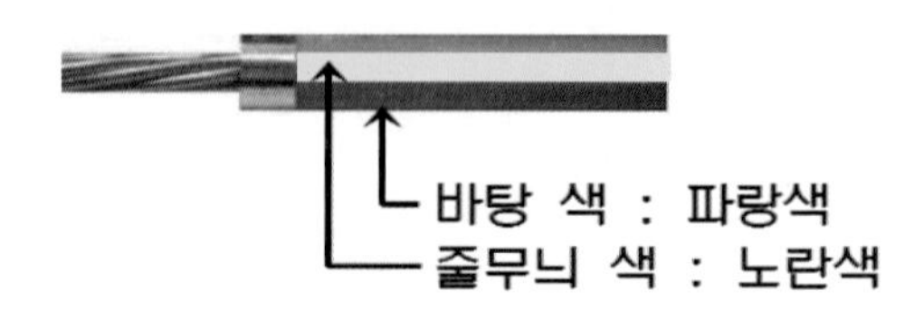

그림 4-4. 배선 색상 표시

과제 1 전장 회로도 색상을 작성하시오.

과제 1. 실습 과제

기호(항목)	배선 색상 기재	기호(항목)	배선 색상 기재
B(Black)		T(Tawny)	
Br(Brown)		P(Pink)	
G(Green)		W(White)	
Gr(Gray)		R(Red)	
L(Blue)		Y(Yellow)	
Lg(Light Green)		Pp(Purple)	
O(Orange)		Li(Light Blue)	

과제 2 용어를 정리하시오.

과제 2. 실습 과제

용어 정리	용어 설명	용어 정리	용어 설명
단 선		사이클	
단 락		릴레이	
주파수		선간 전압	
쇼 트		전 압	
접 지		전 류	
전압 강하		저 항	
듀 티		IG/1	

스마트 자동차 실무

1-2편

05 실무 경음기 정비

이번 장은 경음기 회로이다. 가장 기초적인 회로이며 매우 중요한 회로이기도 하다. 자동차 정비를 처음 하는 학생들은 반드시 이해하고 넘어가야 하는 중요한 회로니 여러 번 읽고 공부하였으면 한다.

앞에서 설명한 릴레이는 다시 설명하지 않도록 하겠다. 먼저 모든 회로의 기본이 되고 고장 발생 시 모든 회로는 릴레이 단에서 점검해야 한다. 해당 고장 회로의 릴레이 위치를 확인하고 릴레이를 분리 후 릴레이 단의 배선 핀 단자에서 점검하는 것이 가장 빠른 진단이다. 이는 필자의 생각이다. 하지만 최근 자동차는 릴레이는 삭제되어 있어 스캔 툴(Scan Tool) 진단 장비 이용하여 입, 출력데이터를 판독하여 점검 정비해야 한다.

현장에서 경험한 것을 위주로 설명하겠다. 처음 자격증을 취득하고 현장 정비 업소에서 근무할 때 일이다. 경음기가 고장 나서 입고한 차량인데 결론부터 말하자면, 사실 고장은 경음기 스위치였다. 나는 고장 부위가 스위치임을 진단하지 못했다. 간단한 회로임에도 말이다. 회로 분석을 정확히 하면 많은 시간이 정비하는데 필요하지 않다. 보통 간단한 회로는 3분 안에 회로 분석이 끝나고 고장 난 자동차에서 진단이 이루어져야 하는데 그때는 그렇지 못했다. 왜냐하면! 어디를 어떻게 점검해야 할지 몰랐던 것, 그것이 문제였다. 누군가가 점검의 순서를 알려 준다면 좀 더 쉬운 점검이지 않았을까? 그리고 찾는다고 해도 그것이 나만의 기술이 아니니 여러 번의 교환과 소 뒷걸음에 쥐잡듯 수차례의 다른 부품을 교환하는 식의 정비, 나 자신을 획일적인 검증 없는 삶에 젖게 하였다.

곧 나는 돌팔이 의사와 다를 게 없었다. 그래서 나는 생각했고 공부했다. 여러분도 나보다 더 많이 공부하며 정진하길 바란다. 먼저 경음기 작동이 안 되어 입고하는 자동차가 있다면 가장 빠른 방법은 릴레이에서 점검하는 것이 가장 빠르다. 이는 시간을 절약하는 장점과 그다음 어디로 갈 것인지 갈 길이 명확하다. 릴레이 분리한 후 그림 5-1과 2처럼 85번 단자와 30번 단자는 12V 상시전원은 항상 입력되어야 한다.

물론 회로의 IG/ON 전원과 상관없이 작동되어야 하는 경우 두 단 모두 12V가 측정되어야 한다. 그것이 릴레이를 작동시키는 기본 전원이고 첫 걸음인 것이다. 릴레이 탈거 후 만약 4개의 단자 전원을 측정하여 네 군데 중 두 곳에 2개 전원 12V가 입력되지 않는다면, 이것은 회로에서 보는 바와 같이 경음기 15A의 퓨즈와 전원을 입력하는 내부 배선의 문제라고 할 수 있다.

회로에서처럼 경음기 15A 퓨즈가 이상 없음에도 불구하고 릴레이 85번과 30번에 전원이 입력되지 않는다면 어쩌면 엔진 룸 정션 박스(Engine Room Junction Box)를 통째로 교환해야 할지도 모른다. 왜냐하면, 회로상 나머지 부분은 배선 일수도 기판 부분일 수 있기 때문이다.

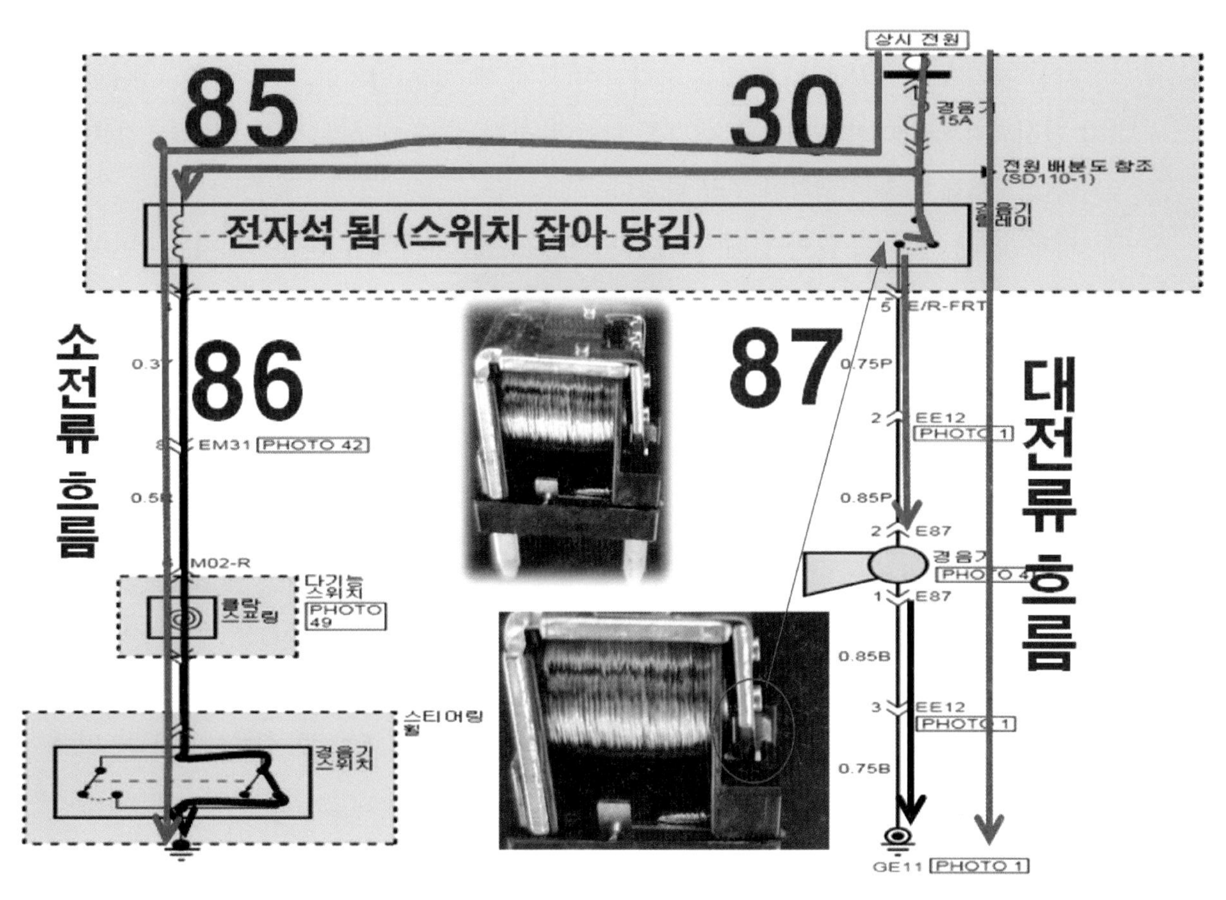

그림 5-1. 경음기 회로 (출처: 현대, 기아자동차 GSW)

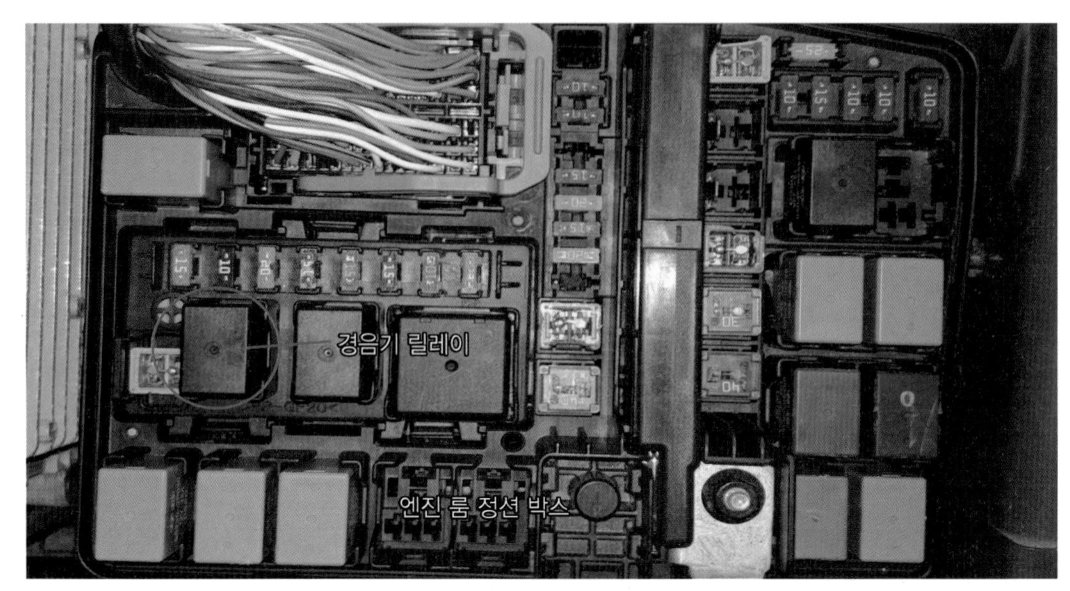

그림 5-2. 엔진 룸 정션박스 경음기 릴레이 장착 위치

사실 점검 과정에서 먼저 퓨즈를 본다하여 문제 될 것은 없지만, 시간상 퓨즈(fuse)가 단선되지 않았다면 그다음은 어디를 보아야 하겠는가? 대부분 정비사는 퓨즈를 먼저 점검하는데 필자는 생각이 조금 다르다.

이처럼 작동이 되지 않아 릴레이 85번과 30번 전원을 측정하여 전원이 입력된다면 퓨즈의 고장과 내부 배선 문제는 아니라는 결론이 도출된다. 또한, 퓨즈가 어디에 있는지 이 고장에서는 중요치 않고 단선 여부를 확인할 필요가 없지 않겠는가! 만약 반대의 현상이라면 반드시 문제는 퓨즈 계통과 전원 문제일 것이다.

이처럼 정비사는 고장 개소에 대한 확신을 가질 수 있어야 한다. 따라서 어디가 문제가 되는지 GPS(Global Positioning System)처럼 명확하게 찍을 수 있어야 한다.

만약 경음기 작동이 안 되는 상황의 자동차가 입고되었다 가정하자! 여러분들은 어떻게 할 것인가? 저자는 먼저 운전자의 자동차에 가서 여러 번 경음기를 작동하여 보고 지속적 고장인지 간헐적 고장인지 직접 확인 후 정말 경음기가 작동 불량(지속적)이라면 그림 5-3처럼 경음기 릴레이 탈거하여 85번 핀 단자를 찾은 후 회로에서 보는 거와 같이 전원을 확인할 것이다.

점등되는 것으로 보아 전원은 문제없음을 그림을 통해 알아야 한다. 필자의 점검 방법은 테스트 램프를 이용하는 것이다. 결국, 전류의 흐름을 통해 현재 자동차 배선을 점검하자는 이야기인데, 물론 이때의 테스트 램프는 전구는 주로 12V/2W에서 12V/3W용을 사용하여야 할 것이다. 그보다 더 큰 와트(Watt) 수의 테스트 램프를 사용해도 되지만 회로에 따라 달라진다. 주의할 점은 ECU(Electronic Control Unit) 제어 회로는 절대 사용하지 말아야 한다.

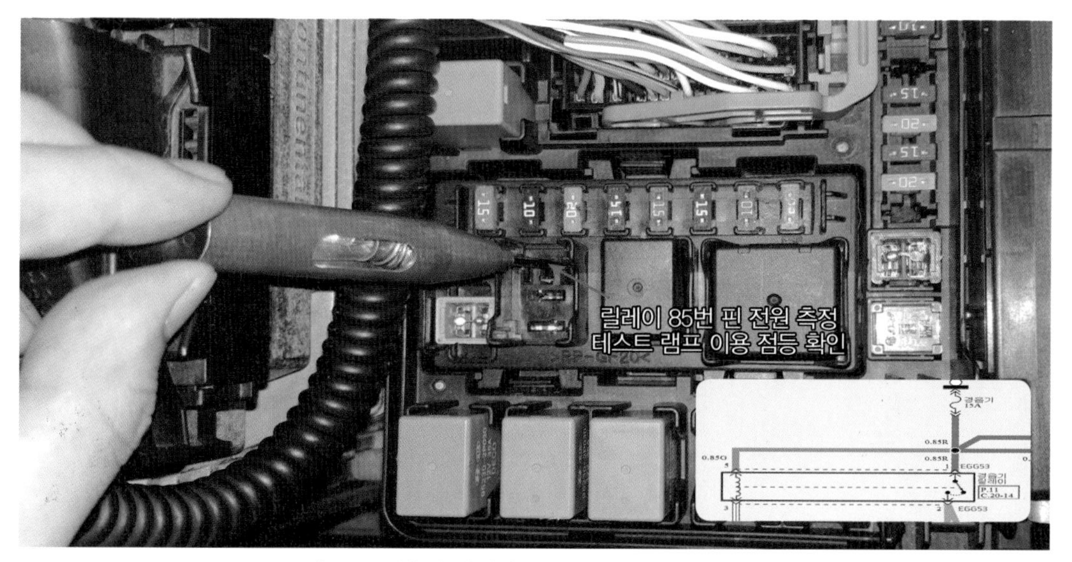

그림 5-3. 경음기 릴레이 커넥터 핀 85번 핀 전원 확인

테스트 램프 연결로 인해 전류 흐름 방향이 제어 쪽 경우 ECU 손상을 입히기 때문이다. 전류 흐름 방향이 ECU로 흐르는 회로는 연결하지 말아야 한다. 자동차는 무수히 많은 배선과 컨트롤 유닛, 액추에이터, 모터 등으로 구성된다. 즉 부하를 작동시키기 위한 회로로 구성된다. 이것들을 작동하기 위해 구성된 회로로 문제가 발생하면 작동 불량의 원인을 한 번에 알아내는 방법이라 할 것이다. 곧 이것이 진정한 명의(名醫)이며 기술자이다.

만약 퓨즈 확인하고 또 거기가 아니면 부하 앞단에서 전압을 측정하고 또 거기가 아니면, 퓨즈 박스 옆에 릴레이를 교환해 보고, 또 그것도 아니면 이제 마지막 부하(모터, 전구, 액추에이터, 혼, 열선, 기동 전동기, 배터리 등등)를 교환하는 식의 점검 방법은 이제는 지양해야 한다. 기존 방식 정비를 탈피해야 한다.

이런 방식은 우리에겐 아무런 도움이 되지 않는다. 혹 분해 조립을 정비로 여기고 자동차 관련 일을 한다면 빨리 그만두길 바란다. 하루아침에 돈 벌려고 하는 사람, 소신

없이 큰돈을 벌려고 하는 사람 빨리 그만두고 다른 일을 찾기 바란다. 기술인은 아프다. 프로로 가기 위해선 아픔이 뒤따른다. 기술인은 평생 직업을 가지고 살아가기 위해 이 길을 고집하는 것이다.

정비는 과학적인 검증이 필요한 것이다. 그러기에 진단 기술이 필요하다. 다음으로 나는 경음기 릴레이 30번 핀 전원을 확인한다. 문제가 있을 시 전원 배선은 기본 확인하여야 한다. 그림과 같이 전구가 점등된다면 전원은 문제가 없다 하겠다. 만약 해당 차종이 경음기(혼) 작동이 안 되어 센터에 입고한다면 교육을 받은 우리 학생은 학교에서 배운 것을 토대로 잘 해결할 것으로 확신한다.

그림 5-4. 릴레이 핀 30번 전원 점검

여러분! 전기회로 점검에 있어서 어떤 것이 순서에 맞고 어떤 것은 틀리다. 라고 말할 수 없지만 만약에 퓨즈를 먼저 점검하여 퓨즈 단선이 아니고 다른 곳의 고장이라면 여러분은 또 어디를 보겠는가!

그래서 저자는 큰 틀에서 어디가 문제여서 안 되는지 나누어 보자는 얘기다. 그러므로 테스트 램프를 이용하여 점검하는 방법을 기술하였다. 만약 릴레이가 있는 회로에서 점검 절차가 최초 퓨즈를 제일 먼저 점검한다면, 정비하는 사람 입장은 시간적 측면, 정신적인 측면에서 매우 혼란스럽다. 필자는 생각한다.

이유는 한곳의 원인만 점검하는 방법이기 때문이다. 단순히 퓨즈 점검이지 아니한가! 고정의 원인이 퓨즈의 문제로 해결된다면 정비사는 안심하겠지만 만약 퓨즈 단선이 아닌 다른 개소의 문제라면 정비사는 매우 혼란스러울 게 뻔하다.

릴레이가 있는 회로에서는 릴레이에서 점검하는 것이 가장 빠르며 정신적인 혼란이 없다. 이유는 고객에게 어디가 문제인지 명확한 길을 제시하고 여기가 문제인가 저기가 문제인가 왔다 갔다 하지 않으므로 정비사 스스로 정신적 안정을 가질 수 있다는 얘기다. 이것은 정비사 측면에서 이야기니 뭐 다를 수 있지만 수십 년 정비하고 일깨운 지식이니 받아들여 내 것으로 만들면 되지 않겠는가! 그리고 나서 자기만의 정비 방법을 만들면 될 것이다.

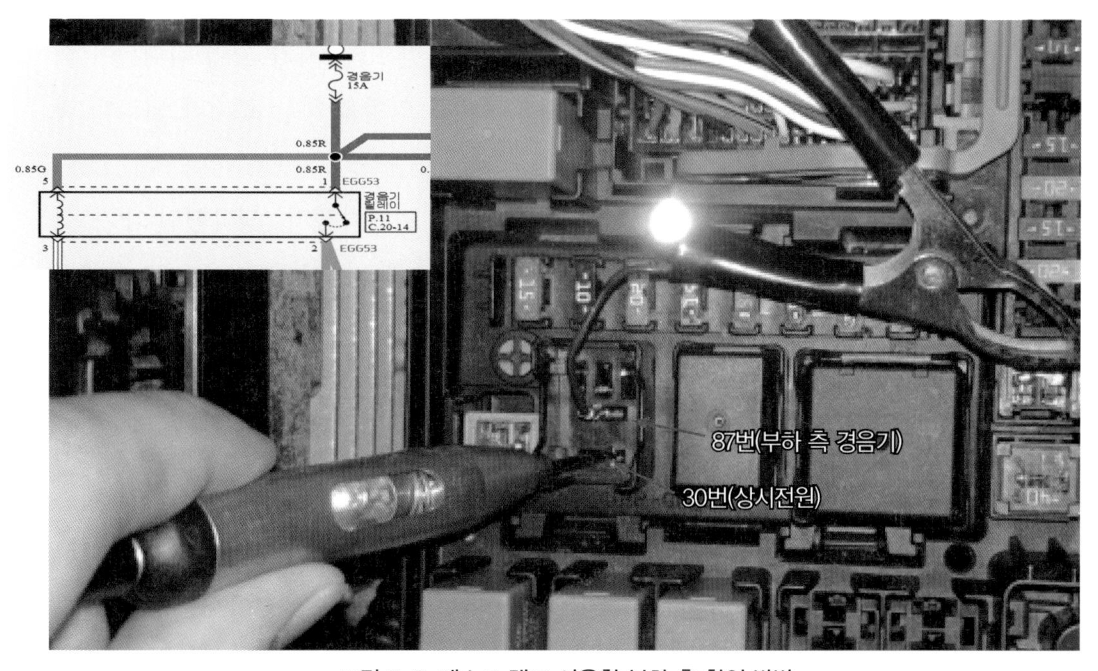

그림 5-5. 테스트 램프 이용한 부하 측 확인 방법

다음으로 릴레이 전원 30번과 부하 87번을 테스트 램프를 이용하여 서로 연결하면, 이 회로에서 램프는 점등이 될까 안 될까 이는 테스트 램프(test Lamp)의 W(WATT) 수에 따라 다르지만, 램프는 점등이 되어야 정상이다.

다시 말해 부하 측보다 테스트 램프의 높은 저항이 걸리면 테스트 램프 양단엔 그보다 많은 전압이 걸리고 이는 램프를 점등시키는 원동력이 되는 것이다. 부하 측 저항이 적기 때문에 배선 역할을 하고, 또한 부하의 코일 상태를 미루어 알 수 있고 또한 자동차 배선 상태를 알 수 있다. 이 테스트로 부하의 접지 상태도 간접적으로 알 수 있는 대목이다. 따라서 램프 점등되는 이유는 릴레이 30번 전원과 부하 87번이 연결되어 테스트 램프가 점등되는 형상이다.

이는 부하로 가는 배선과 경음기 내부 코일이 끊어지지 않았음을 뜻하며 부하가 배선의 역할을 하므로 전류는 플러스(+)에서 마이너스(−)로 흐르고 전구가 점등되는 것이다. 따라서 그림과 같은 연결은 접지 배선과 부하를 확인하기 위한 간접적 조치이다. 전원은 이전에 먼저 확인하여 12V가 입력되므로 부하의 상태와 이후 접지 배선을 알려고 하는 것이다. 사실, 이 방법은 책에도 없고 필자가 생각하고 어떻게 하면 자동차의 가려진 배선을 한 번에 빠르게 점검을 할까? 고민하고 생각한 방법이다. 현장의 경험 18년은 나에게는 큰 재산이다. 어느덧 교단에 선 지 어언 10년 차가 되어 간다. 이 책이 대학 교재로 사용되면서 초보 정비사의 정비 가이드 역할을 하는 교재가 되기를 기원해 본다.

책을 집필하고 편집의 중요성을 느낀다. 출판사에서 편집하겠지. 생각했던 내가 실수다. 지금 다시 수정해 본다. 문맥과 띄어쓰기 등등 조금 너그러운 마음으로 이해해 주길 바란다.

자! 그럼 램프가 점등된다는 것은 경음기 단품의 코일과 관련 배선, 접지가 문제없음을 뜻한다. 만약 반대의 결과가 나온다면 이는 고장의 원인이 경음기로 가는 전원 배선과 경음기 단품, 그리고 접지, 접지로 가는 배선이다. 물론 여기에서 경음기 커넥터 핀을 빼놓을 수는 없다. 자동차에 따라 경음기 장착 위치는 모두 다르며 보통은 라디에이터 그릴 뒤나 범퍼 안개등 뒷부분에 장착되어 정확한 고장이 아니라면 교환이 쉽지 않다. 이 얼마나 빠른 점검이고 정비사로서 고객을 앞에 두고 근심하지 않아도 되는 상황인가!

이렇게 테스트 램프는 퓨즈를 점검할 때도 사용하지만, 회로의 어느 부분의 문제인지 확인할 때 필자는 대부분 사용한다. 얼마나 좋은가! 이미 자동차에는 회로가 연결되어 있고 테스트 램프로 어느 부위 문제인지 확인하여 어디를 볼 것인가 결정할 수 있으니 말이다. 정말 빠른 방법이다. 테스트 램프는 전류의 흐름을 통해 전구가 점등됨으로 결국 배선과 부하(혼)가 정상이니 점등되는 것이 아니겠는가.

그림 5-6처럼 혼 스위치를 작동하고 아래의 그림 5-7처럼 테스트 램프를 연결하였을 때 램프 점등된다면, 조금 전 부하(혼) 측을 확인했으니 경음기 스위치로 가는 배선 상태는 정상이라고 말할 수 있다.

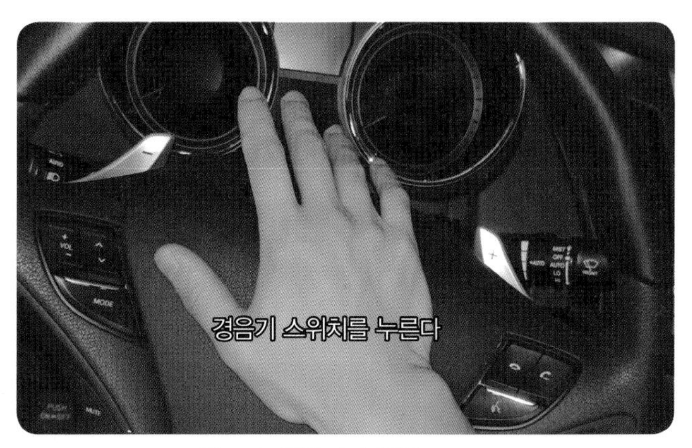

그림 5-6. 경음기 스위치

또한, 경음기 스위치를 OFF 하면, 정상적이라면 테스트 램프(test Lamp) 전구는 소등되어야 할 것이다. 물론 이것을 통해 부하 단인지 스위치 단인지. 확인 가능하며 점검 과정에서 핸들을 분해할 것이냐! 부하(경음기) 단을 분해할 것이냐, 결정하는 중요한 단계가 된다. 개인적으로 각 대학의 자동차과에서 실무 교육으로 진단 기술과정 향상이 되도록 학습 지도해야 했으면 한다.

이것으로 86번과 87번을 구별할 수 있고 실습 통하여 단자 측의 핀이 경음기 스위치 단자임을 확인 구별할 수 있다. 이 얼마나 빠른 진단 방법인가! 수입차든 국내 차든 회로만 있다면 언제 어떻게든 점검하고 진단을 내릴 수 있지 않은가! 생각된다. 참고로 전기적 고장에는 와이어링 하네스(Wiring Harness) 쇼트(Short) 등 간헐적 작동 불량, 지속적 작동 불량으로 나누어지며 해당 연관성 있는 공통된 사항을 파악하여 접근하는 방식이 필요하다. 자동차의 배선은 배터리에서부터 릴레이, 스위치, 제어 유닛까지 하나의 전선으로 연결할 수 없기에 특성에 따라 와이어링 하네스로 이어진다.

나누어진 하네스 전장품들은 유기적으로 연결되어 제 기능을 수행할 수 있기에 커넥터라는 매개체를 통해 연결되어 전기적 일을 수행한다. 터미널은 주로 주석 도금을 사용하며 방청성과 납땜이 우수하며 일반적으로 널리 사용한다. 또한, 니켈 도금도 사용하는데 고온이 발생하는 부위에 주로 사용한다.

다음은 스위치 부분인데 이 부분도 마찬가지로 릴레이 탈거(脫去)한 후 점검하자. 이미 자동차에 설치된 회로를 이용해 테스트 램프 활용하여 스위치 86번과 전원 30번 단자를 연결하여 보자! 연결한 테스트 램프에 점등이 되는가 안 되겠는가! 물론 점등이 되지 말아야 정상이다.

그림 5-7처럼 점등되는 조건은 실내에 있는 혼 스위치를 눌러야 한다는 점이다. 경음기 스위치를 누르면 테스트 램프가 점등되고 누르지 않으면 점등되지 말아야 한다. 경음기 스위치를 눌러 테스트 램프가 점등된다면 86번 릴레이 단자에서 핸들의 경음기 스위치까지 정상임을 나타낸다. 곧 이 단자를 추측하면 현재 86번 핀은 경음기 스위치로 가는 스위치 부임을 확인할 수 있다.

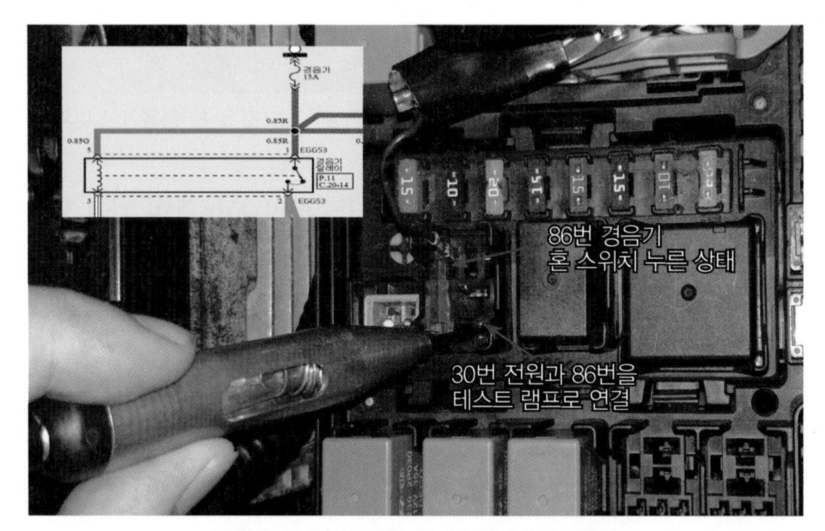

그림 5-7. 테스트 램프 이용 관련 배선 점검

이것은 매우 중요한 결론이며, 실내에 있는 운전대를 탈거(脫去)하지 않아도 된다는 뜻이 되고, 또한 다기능 스위치에서 클럭스프링(Clock Spring)으로 가는 배선과 스티어링 휠(Steering Wheel)의 스위치는 문제없다는 뜻이 된다. 도출된 내용과 반대라면 이쪽 부분에 문제가 있다는 것이다. 결국, 이곳이 유력할 것이다. 이처럼 어느 부위가 고장인지 파악되었다면 이제는 식은 죽 먹기가 아닌가!

여기까지 정상이라면, 나머지는 릴레이 단품과 릴레이가 꽂히는 암컷의 핀 부분이 벌어져서 고장이 발생한 것이 되고 그 부분을 확인하면 될 터이다. 현장에서는 주로 클럭스프링 저항 과대로 경음기가 작동이 안 되는 경우가 많다. 이러한 고장은 에어백에도 영향을 준다. 에어백 저항 과대라는 고장 코드가 출력된다. 따라서 주 고장의 원인은 자동차 주행할 때는 핸들을 돌려 운전함으로 그때마다 클럭스프링이 좌, 우로 감기고 풀리고를 반복하는데. 이 때문에 클럭스프링 저항 과다나 단선으로 고장이 종종 발생한다. 마지막으로 부하 측 점검하는 방법을 실습해보도록 하겠다.

테스트 램프를 30번과 87번 연결 시 램프 점등 안 되면 부하 측으로 가는 배선과 경음기 단품 그리고 접지 문제로 압축된다. 그림 5-8처럼 전원 30번과 부하 87번을 테스트 램프로 연결 시 테스트 램프 전구가 점등되지 않는다면, 전원(VOLT)은 이미 릴레이 30번을 통해 확인하였고, 부하 측의 단선을 의미한다. 고장 원인은 경음기 내부 코일이 단선이거나 접지 체결 불량으로 좁혀진다.

그림 5-8. 테스트 램프 이용한 부하 측 문제 확인 방법

그림 5-9는 그림처럼 테스트 램프가 점등 안 되는 조건으로 그다음 점검 방법을 나타내었다. 이 경우라면 전원이 들어오기에 결국은 경음기 장착 위치를 확인하여 경음기를 분해해야 한다.

현대자동차의 경우 기업에서 지원하는 회로도 영역에서 경음기 회로도 EGG 62 커넥터에 PC의 마우스를 가져다 클릭하면 해당 차종의 경음기 장착 위치와 관련된 사진 파일로 볼 수 있다. 그림 5-9는 경음기 배선 커넥터를 임으로 탈거(脫去)하여 경음기 작동 못 하게 하고 테스트 램프를 활용하여 경음기 릴레이 전원 30번과 경음기 쪽으로 가는 경음기 릴레이 87번을 테스트 램프로 연결하여 테스트 램프 점등 상태를 점검하였다. 이는 현장에서 일어날 수 있는 고장을 시뮬레이션하여 이해하기 쉽게 설명하고자 하였다. 아래 그림은 테스트 램프가 점등되지 않는다. 그 부분을 나타내었다.

그림 5-9. 경음기 커넥터 탈거 시 릴레이 핀 (30번과 87번 부하 측 연결)

결국, 지금은 커넥터 탈거로 고장을 나타내었지만 실무에선 배선의 노후로 핀 접속 상태와 핀 밀림, 핀 빠짐, 핀 부식, 배선 단선, 배선의 핀 헐거움 등 여러 고장이 나타날 수 있다. 하여 배선의 고장을 찾았다면 납땜(Soldering)하는 방법으로 확실한 배선 처리와 2차 고장이 없도록 마무리하는 것이 좋다. 자동차 배선의 경우 두 배선을 수평으로 붙여 인두의 열기로 전선을 가열하고 납을 녹여 두 전선을 연결하고 절연 테잎을 사용하여 이 배선이 다른 배선과 단락되지 않도록 해야 한다.

사실 현장에서는 접지 배선의 커넥터 헐거움, 또는 경음기 및 에어백 클럭스프링의 고장이 대부분이데 경음기 단품 고장이 아니라는 사실만 알아도 이렇게 앞 범퍼를 탈거하지 않고 점검할 수 있고 운전석 핸들을 분리하거나 핸들 스위치를 확인하는 일은 없을 것이다. 따라서 회로 분석은 중요하고 시간을 절약하고 정비하는 데 있어 다른 길로 가지 않는 과정이다.

이처럼 릴레이 단에서 스위치 부, 부하(경음기), 전원 2곳을 확인하여 어디에 문제되는지 방향을 잡는 것이 먼저 수행되어야 한다. 여기까지 정상이라면 마지막 점검으로 탈거한 경음기 릴레이를 연결하고 부하 측으로 와서 그림 5-10과 같이 접지를 기준으로 경음기 커넥터 2번 핀에 테스트 램프를 연결하고 경음기 스위치를 누르면 12V 전원과 램프가 입력 점등되어야 한다. 입력되지 않으면 전자(前者)에서 설명한 것과 같이

그림 5-10. 경음기 커넥터 핀(테스트 램프 점검 방법)

동일한 방법으로 문제를 해결하면 된다. 그러나 입력 전원(12V)이 다음 그림 5-10과 같이 점등되는데 경음기가 작동하지 않는다면, 접지를 확인해야 한다. 접지를 확인하는 방법은 다음과 같다.

실내의 혼 스위치 ON하고 전원이 그림 5-10처럼 입력되었다면 경음기 릴레이와 경음기 스위치, 릴레이 2곳의 전원은 문제없다. 그래도 혼 작동이 안 되면 경음기 배선의 접지와 경음기 단품을 의심해야 한다. 이러한 관계를 이해해야 하는데(이것은 경음기 릴레이를 장착. 혼 스위치 누르고 있는 상태) 테스트 램프를 경음기 2번 단자에 연결하고 경음기 스위치 작동 시 램프가 점등되어야 한다.

멀티미터 테스터기(Multimeter tester) 측정 시 전압은 현 배터리 전압 12V가 측정되어야 한다. 전원이 입력됨에도 경음기 혼 작동이 안 된다면 경음기 단품과 접지 배선을 점검해야 할 것이다. 단품 확인 방법은 여러 가지 방법이 있지만 그에 앞서 먼저 경음기 단품에 전원과 접지 연결하고 직접 구동(소리)하여 작동, 유무를 판정할 수 있다.

그림 5-11은 경음기 단품을 측정하는 방법 중 저항 측정을 나타낸다. 저항 측정은 내부 코일 단선을 확인할 수 있다. 단품 저항 측정에 있어 주의할 점은 디지털의 경우 디지털 숫자가 안정화가 될 때까지 기다리려야 한다는 것이다. 특히 국가 자격검정에서는 항상 테스터기 0점을 맞추어 측정한다.

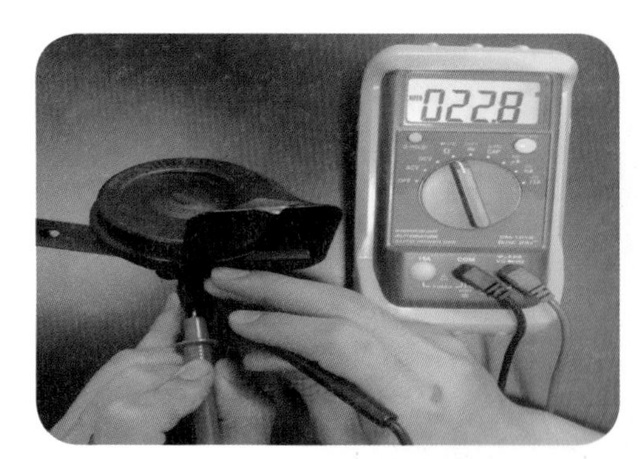
그림 5-11. 경음기 저항 측정

0점 조정은 테스터기 저항 레인지에다 위치하고 2개의 검침봉을 겹쳐서 측정하는데 이때 진단 장비에서 0옴이 측정되어야 하나 만약 0.6 옴이 측정되었다면 측정값 22.8 옴에서 0.6을 뺀 저항 수치를 적어야 한다. 다시 말해 22.2 옴으로 답안지를 작성해야 한다. 이유는 허용오차로 측정값에서 벗어날 수 있기 때문이다.

만약 대전류 회로에서 부하에 작은 저항이라면 발생하면, 약 0.6 옴의 수치는 매우 큰 영향을 미치게 된다. 작은 전류에서의 접촉 저항과 큰 전류에서의 접촉 저항은 옴의 법칙에서처럼 서로 다른 영향을 가져다준다. 이전 장에서 설명한 바와 같이 대전류 회로에서 작은 접촉 저항은 부하를 작동시키지 못한다. 회로를 구동하는데 용서할 수 없는 과오를 저지르게 된다. 저항은 있어야 할 부분에서는 있어야 하고 없어야 할 곳은 없어야 한다. 부하 작동이 안 되는 원인이 된다. 명심해야 할 것이다.

그림 5-12처럼 운전대 휠의 경음기 스위치를 눌러 2번 핀 배선에 전원이 입력되었고 그곳까지 전원이 문제없다면 그림 5-12처럼 경음기 스위치를 누른 상태에서 테스트 램프가 비 점등된다면, 경음기 배선 접지 문제이다. 접지 배선으로 좁혀졌다면 회로도를 보고 접지 쪽으로 가는 배선 커넥터 점검 및 접지를 확인하여야 할 것이다. 반대로 테스트 램프가 점등된다면 고장의 원인은 경음기 단품 문제임으로 경음기를 교환해

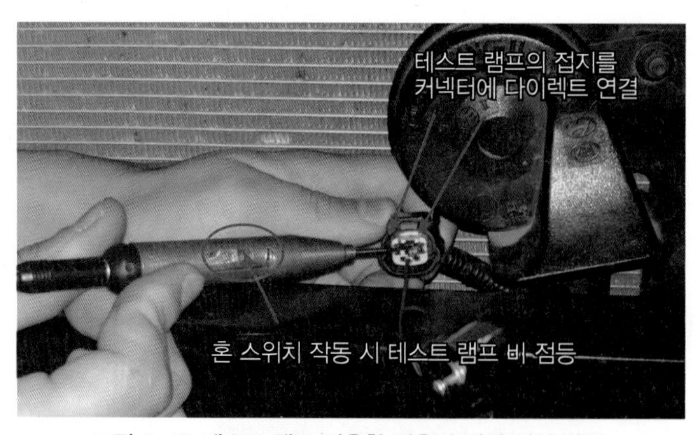

그림 5-12. 테스트 램프 이용한 경음기 접지 점검 방법

야 한다. 즉 어디를 봐야 하는지 테스트 램프로 확인하여 해당 회로를 좁혀 정확한 진단을 하자는 이야기이다.

테스트 램프를 그림 5-13처럼 테스트 램프를 2개의 커넥터에 동시에 연결하고 운전대 휠의 경음기 스위치를 누르면 점등된다. 이는 전원에 문제없고 마지막 접지 문제없으며 테스트 램프의 전구는 램프가 점등되는 것을 확인하였다. 그림 5-13처럼 말이다

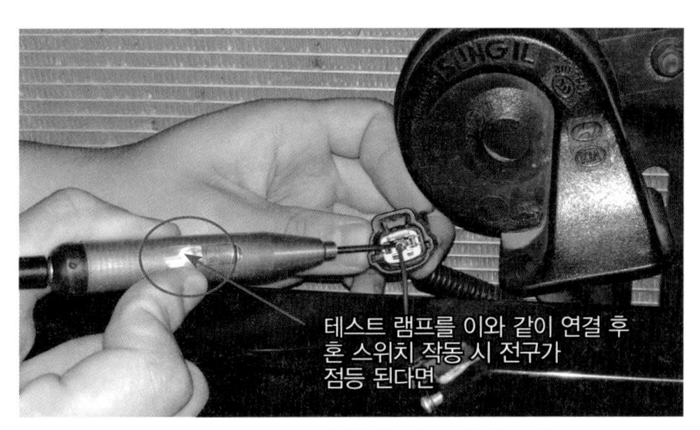

그림 5-13. 테스트 램프 이용한 혼 작동 시 램프 점등

그러므로 램프가 점등된다는 것은 전원과 접지가 정상이고 회로에는 문제가 없음을 뜻한다. 테스트 램프로 간단히 4곳의 배선 상태를 손쉽고 빠르며 합리적으로 점검하는 방법은 이 방법밖에 없는 것 같다. 저자는 이러한 방법으로 현장에서 사용했다. 만약 점검 결과 모두 정상으로 판정된다면 단품의 문제로 판단하면 된다. 이런 과정을 거쳐 경음기 단품을 교환해야 한다. 사실 장황하게 설명했지만 확인하는 방법은 3분조차도 걸리지 않는다. 여러 번의 연습을 통하여 회로를 이해하고 복습하면 현장에서 인정받는 테크니션(Technician)이 되리라 믿는다.

여기에서는 대부분 지속적인 고장으로 설명하였으나 현장에서는 이러한 지속적인 고장도 있지만, 그때그때 간헐적으로 작동이 안 되는 증상이 종종 발생한다. 그래서 작동이 안 될 때 이러한 방법을 사용하면 혼의 단품 불량으로 안되는지 아니면 배선 문제인지 가려낼 때 그나마 효과적이다. 자동차 정비 명의로 자리매김할 수 있도록 우리 모두 노력하자. 다음은 지금까지 배운 내용을 정리하여 자가학습을 통하여 본인 것으로 만들자.

과제 1 경음기 릴레이 탈거 상태에 회로 점검, 진단하시오.

표-5-1 실습

항목	점검조건	핀 번호	전압 측정(V)	배선 핀 설명	판 정
경음기 릴레이	해당 릴레이 탈거 상태	30번			양호/불량
		85번			양호/불량
		86번			양호/불량
		87번			양호/불량

과제 2 경음기 릴레이 연결 시 예상 전압 점검, 진단하시오.

표-5-2 실습

항목	점검조건	핀 번호	예상 전압 측정(V)	실제 측정한 전압(V)	판 정
경음기 릴레이	해당 릴레이 연결 상태에서 예상 전압	30번			양호/불량
		85번			양호/불량
		86번			양호/불량
		87번			양호/불량

과제 3 경음기 릴레이 연결하고 경음기 작동과 비작동 시 전압을 파형 측정하시오.

표-5-3 실습

항목	점검조건	핀 번호/역할	부하 미 작동 전압 측정(V)	부하 작동하고 전압 측정(V)	비 고
경음기 릴레이	해당 릴레이 연결 상태에서 배선 연결을 통한 파형 측정	30번(　　　)			
		85번(　　　)			
		86번(　　　)			
		87번(　　　)			

과제 4 릴레이 단품 점검, 진단하시오.

표-5-4 실습

항 목	점검 조건	통전 시험	통전 상태	판 정
해당 릴레이	릴레이 단품 저항 측정	85번과 86번	통전/비 통전	양호, 불량
		30번과 87번	통전/비 통전	양호, 불량
	릴레이 단품 85번 단자 배터리 플러스(+) 연결 86번 단자배터리 마이너스(-) 연결	30번과 87번	통전/비 통전	양호, 불량

05-1 실무 정비 릴레이 오실로스코프 정비

그림 5-1-1은 기존 정비 방법을 파형 측정을 통하여 정리하고자 한다. 전문가 과정이기는 하나 좀 더 확실한 정비를 할 수 있다.

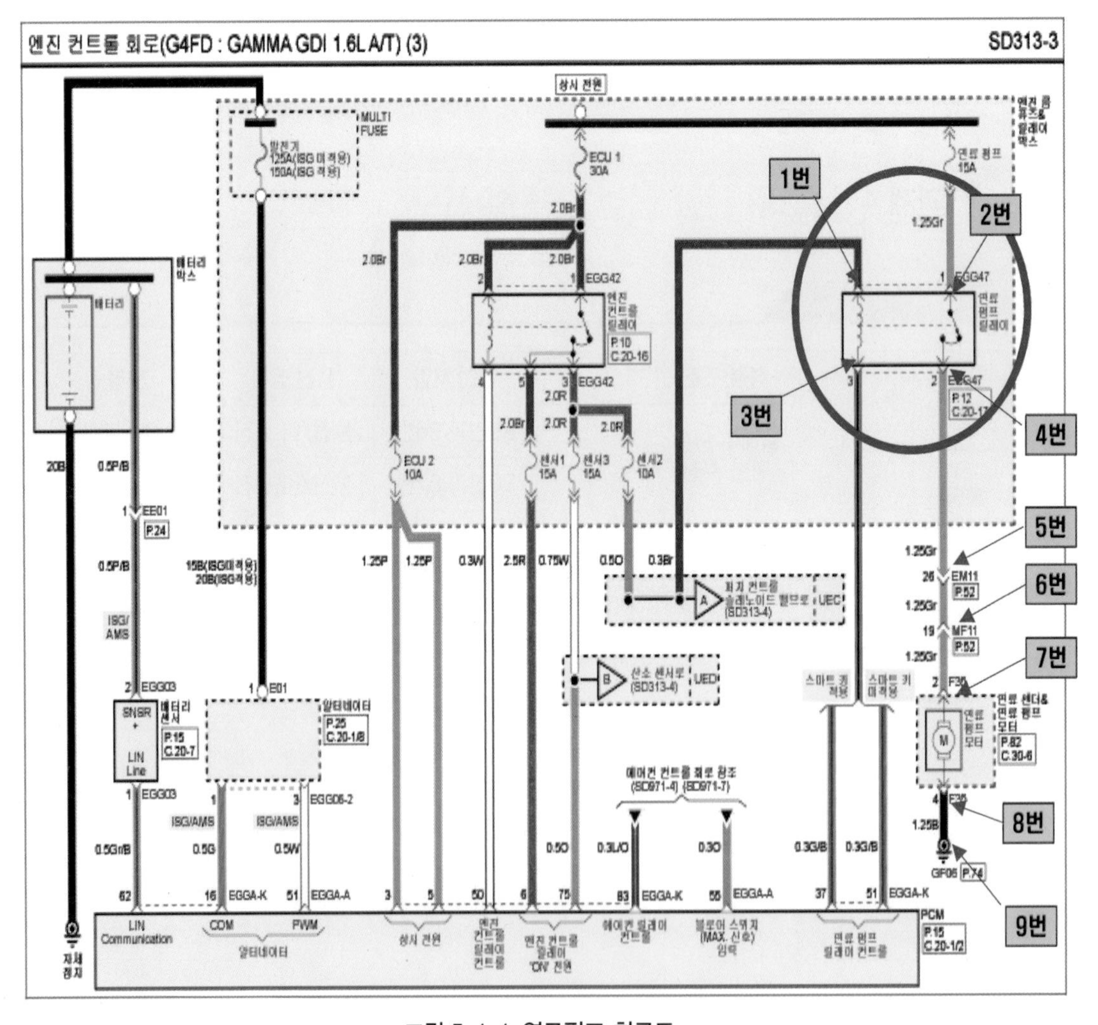

그림 5-1-1. 연료펌프 회로도

연료펌프 회로를 토대로 릴레이 점검 수행하여 배선 문제와 단품 문제를 구분하여 어디로 갈 것인지 결정하기로 한다. 연료펌프 릴레이를 탈거하여 점검한다고 전자에서 말했듯이 연료펌프 단자에서 측정하는 것이 가장 손쉽고 빠른 방법이다.

최근에는 연료펌프 릴레이도 모듈 내장 타입으로 바뀌어 점검하기 어렵지만, 연료펌프 릴레이가 있는 경우 이 방법으로 수행하면 쉽다 하겠다.

그림 5-1-2는 릴레이를 탈거하여 단자를 확인하는 방법이다.

그림 5-1-2. 연료펌프 릴레이 탈거 상태

먼저 릴레이 단에서 전압 측정하고 전류를 측정하여 연료펌프와 배선의 상태를 직 · 간접으로 알아보고자 이 방법을 택한다. 이유는 모터를 탈거하여 점검하는 방법도 있지만, 자동차 시트 탈거와 같은 시간적 낭비를 줄이고 또 그곳이 아니면 다른 곳을 점검하고 하는 식의 정비는 옳지 않다. 낭비되는 시간이 많다는 단점으로 연료 계통 고장 시 연료펌프 릴레이에서 점검하는 것이 옳다 하겠다.

그림 5-1-3은 연료펌프 릴레이에서 릴레이 장착하고 오실로스코프(oscilloscope) 파형을 측정하였다. 다음 그림 5-1-3은 연료펌프 릴레이를 장착한 상태에서 오실로스코프 파형으로 나타내었다. 먼저 채널 1번은 상시전원이다. 상시전원이 측정됨에 따라 연료펌프 작동하는 전원은 문제없음을 파형으로 나타내었다. 채널 2번은 ECU 제어선이다.

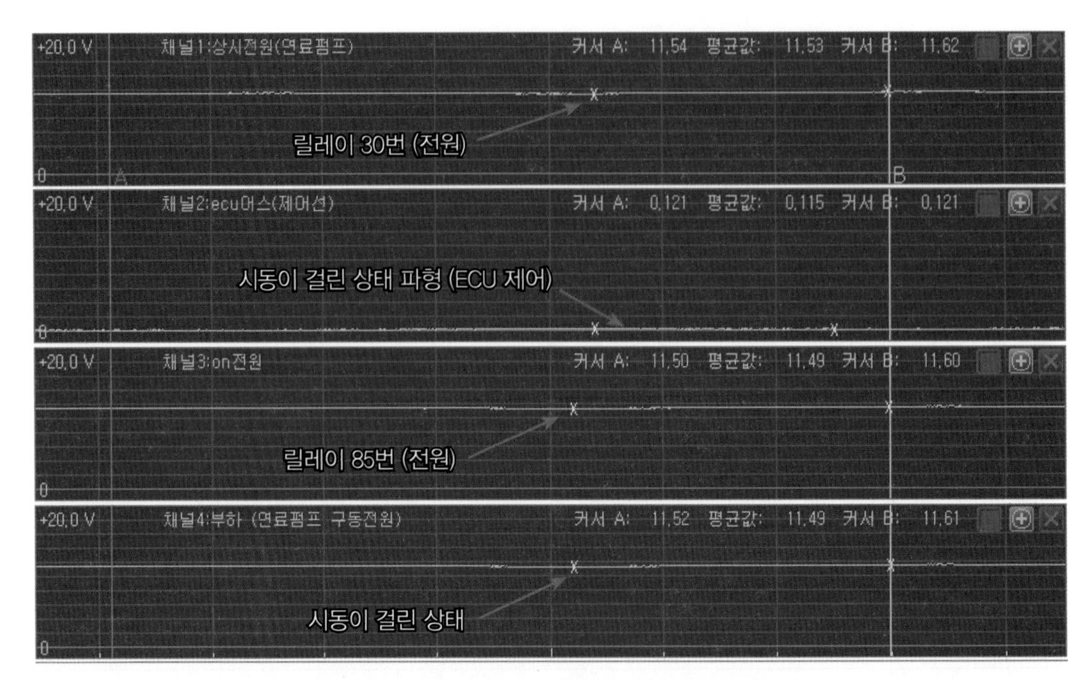

그림 5-1-3. 엔진 시동 시 연료펌프 릴레이 파형 측정

이것으로 ECU의 현 상태까지도 한눈에 알 수 있는 대목이며, KEY/OFF 시 12V 전원 측정된다. 이는 코일의 끊김 없음을 나타내고 자동차 ECU 제어도 정상임을 나타낸다. 채널 3번은 릴레이 85번 KEY/ON 전원으로 연료펌프 릴레이 작동하기 위한 구동 전원이다. 채널 4번은 연료펌프로 가는 연료펌프 구동 전원이다. 이 전원은 연료펌프 작동시켜 연료가 자동차 연료 라인으로 들어가 분사할 수 있는 압력을 만드는 구동 전원이다.

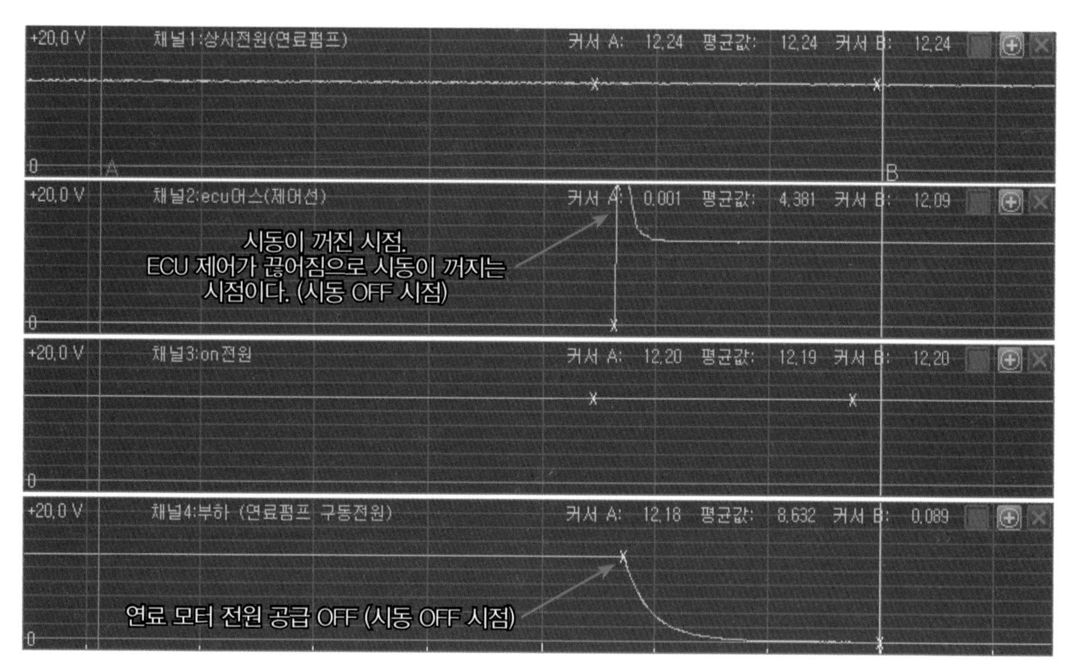

그림 5-1-4. 연료펌프 릴레이 파형 측정

이처럼 고장이 연료 계통으로 판단이 선다면 연료펌프 릴레이에서 측정하는 것이 시간을 버는 길이며 정확한 진단정비를 할 수 있다. 그리하여 정비하는 시간을 줄이고 교환할 것은 교환하고 수정할 것은 수정하고 보다 빠른 진단 정비할 수 있다.

그림 5-1-4처럼 오실로스코프 파형으로 한 번에 입, 출력을 확인할 수 있어 어디 문제인지 확인하기 좋은 검증 방법이다.

과제 1 릴레이 단품 점검을 위한 릴레이 파형을 측정하고 채널 별 그리시오.

표-5-1-1

채널명	릴레이 단자 이름	파형 그리기	설 명
채널 1			
채널 2			
채널 3			
채널 4			

06 실무 브레이크 램프 정비

이번 장은 브레이크 램프 실무 정비이다. 자동차에 있어서 가장 중요한 안전장치이자 없어서는 안 되는 것이다. 뒤따라오는 자동차의 제동 의지를 나타냄으로 고장 날 때 엄청난 사고로 이어지고 사람의 목숨까지 위협할 만큼 중요한 장치이다. 여기서는 전구 작동에 대한 것만 다루고 기계적인 측면과 제어 측면 VDC(Vehicle Dynamic Control)에 관한 사항은 다음에 다루도록 하겠다. 브레이크 스위치는 릴레이(Relay)가 없는 상태에서 스위치를 통해 뒤쪽 램프를 점등시키는 구조로 되어있다.

물론 과거의 브레이크 스위치와는 달리 현재의 브레이크 스위치는 이중 스위치로 되어있으며, 이중 스위치는 램프 점등뿐 아니라 VDC 제어와 스마트키(Smart key Module) 시동 각종 모듈과 브레이크 스위치 작동정보를 공유한다. 자동차에서 어쩌면 스위치 접점은 브레이크 스위치가 가장 크다 하여도 과언이 아니다. 그 외의 큰 접점으로 큰 스위치는 혼 스위치, 다기능 스위치, 후진 스위치, 인히비터(Inhibitor) 스위치 등을 들 수 있다.

브레이크 작동 시 전구, LED가 점등되지 않아 입고된 차량이 있다면 여러분은 어디서부터 점검을 시작해야 할까요? 어디를 먼저 해야 할까 사실 무엇이 정답이라고 말할 수 없다. 그러나 필자는 브레이크 스위치 작동에는 릴레이가 없으므로 브레이크 스위치에서 점검해야 빠르다고 생각한다. 그에 앞서 점검 포인트는 진단 장비를 활용, 스위치 신호가 어떤 모듈로 입력되는가 확인하는 것이다. 여기서 입력 유 · 무에 따라 점검 방법이 다를 것이다.

그림 6-2 회로도에서 보는 것과 같이 정지등 스위치(Switch)는 상시전원과 On/Start 전원을 받는다. 브레이크 스위치 커넥터 탈거하면 그림 6-1처럼 E18 커넥터(Connector)로 구성되어 있다. E18 커넥터 2번과 4번 단자에 12V 전원이 입력되어야

정상임을 알 수 있다. 이는 전원 부분과 배선 문제를 명확하게 구분하기 위해서이다. 전원 문제라면 해당 배선을 순차적으로 따라오면서 점검할 수 있는 여유가 생기고 단품이 아니라는 확신이 생긴다. 배선의 어려운 고장도 해결할 능력이 생긴다.

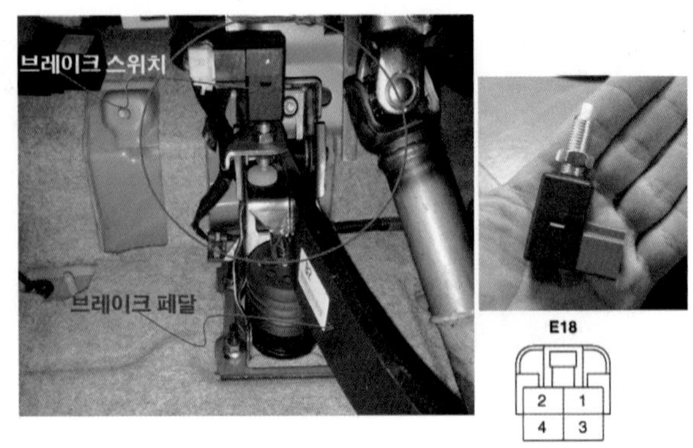

그림 6-1. 브레이크 스위치

그 예로 현장에서 경험한 사례 중 정지등 15A 퓨즈까지는 12V 전원이 정상으로 입력되는데 E18 브레이크 스위치 커넥터 2번 단자에 전원이 입력되지 않아 점검한 결과 엔진룸 퓨즈 & 릴레이 박스 내부 회로의 단선으로 릴레이 박스 통째로 교환한 적이 있다.

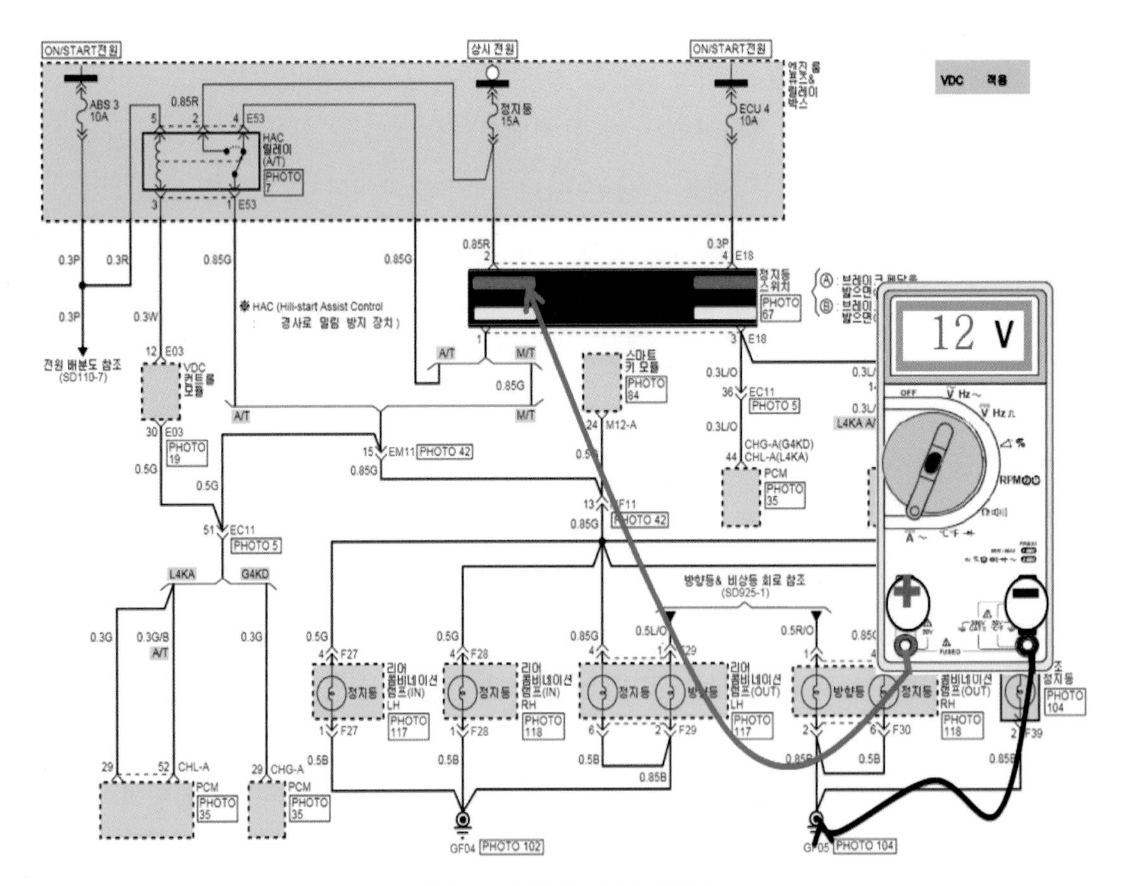

그림 6-2. 브레이크 전장 회로도

E18 커넥터 2번 전원은 브레이크를 밟으면 1번 커넥터로 연결되어 전구로 전원을 연결하는 스위치 역할을 하는 것이다. 다른 하나는 엔진(Engine), ECU(Electric Control Unit)과 같은 모듈로 평상시 12V를 공급하다 브레이크를 밟으면 12V에서 0V로 바뀌어 엔진 ECU뿐만 아니라 제동장치 VDC(Vehicle Dynamic Control)와 관련된 부분의 언덕길 정차 후 출발 시 밀림 방지 HSAC (Hill Start Assist Control), 전복방지 시스템 ROP (Roll Over Prevention), 내리막 감속장치 HDC (Hill Descent Control), 자동 정차 기능AVH(Automatic Vehicle Hold), 전자식 파킹 브레이크 EPB (Electronic Parking Brake) 전원 분배 모듈 PDM(Power Distribution Module) 스마트키 모듈 SMK(Smart Key Module) 등의 정보로 입력된다. 이처럼 통신은 전기를 이용하여 정보를 전달하고 통신(Communication)으로 모듈 간의 필요한 정보만 얻어 필요로 하는 제어에 사용되어진다.

이처럼 이제는 브레이크 신호의 잘못 입력되어 작동이 불량하거나 입력되지 않는다면 단순히 브레이크 전구 점등뿐 아니라 스마트키(Smart key)라면 시동 관련 문제와 제동장치를 포함한 여러 가지 문제점이 발생할 수 있다.

다음은 브레이크 스위치 커넥터 E18 커넥터를 연결 후 브레이크를 밟은 상태에서 E18 1번 커넥터에 전원 12V가 출력된다면 브레이크 스위치는 정상임을 알 수 있다. 그런데 여기서 이러한 고장이 간헐적인 문제에 직면했을 때 힘들어진다는 것이다. 과거 고장사례 중 대우 자동차의 누비라 자동차가 한동안 인기몰이를 할 때가 있었는데, 이 차종은 수출 차종으로 자동변속기(Automatic Transmission)를 탑재한 차종으로 P(Parking) 레인지에서 간헐적으로 이동이 어려워 레버 이동이 안 되는 사례였다. 사실 브레이크(Brake) 전구 점등은 둘째 치고 "P" 레인지에서 레버가 움직여야 자동차를 출발하여 이동하는데 이 자동차는 통상적으로는 정상이었다가 간헐적으로 변속 레버가 "P" 레인지에서 빠지지 않는 자동차였다.

점검 결과 원인은 E18 커넥터의 3번 단자 전압이 밟지 않을 때는 12V 전원이 들어와야 하고 밟으면 0V 전원이 입력되어야 한다. 반대로 2번 단자의 12V 전원은 1번 단자 쪽으로 밟으면 12V가 출력되어야 하나 브레이크 스위치 내부접점 소손으로 12V 전원이 출력되었다가 안 되기를 반복하는 것이었다.

사실 누비라 차종은 이 회로와 반대의 조건을 가지고 있었는데 부품이 없는 관계로 브레이크 스위치를 분해하여 두 개의 접점 소손 된 부분을 연마하고 접점의 높이를 동일하게 하기 위해 해당 부분을 납땜하여 정상적으로 작동할 수 있게 하였다. 그래서 해결된 문제였는데. 높이가 서로 달라 접점 내부가 접촉 불량이 발생한 것이다. 부품이 없는 수출 차종으로 접점을 납땜하여 접점 부분을 수정하여 못 쓰게 된 부분을 옆의 스위치 높이와 같게 납땜을 하고 마무리하였던 기억이 난다.

끝으로 브레이크를 밟았을 때 자동차 제동등 전구에 전원 약 12V가 입력되는데 전구가 점등되지 않는다면 F28 해당 커넥터를 탈거한다. 테스트 램프로 4번과 1번 핀 단자와 회로를 만들어 연결하면 점등되어야 한다. 이는 접지 배선을 확인하고자 하는 절차이다. 이를 통해 접지 배선 또한 문제가 없다는 결론을 확인할 수 있다. 물론 단순히 전구가 단선된 상태라면, 전구만 교환하면 될 터! 혹 여러분도 전구만 교환하면 되지 뭐 그리 어렵게 이런 과정을 거치느냐고 반문하는 사람도 있을 것이다.

그러나 만약 전구가 단선되지 않은 고장이라면 쉽게 찾아가는 매뉴얼(Manual)이 있어야 하지 않을까.

단선된 전구는 그냥 교환하면 되고 그렇지 않을 때 이런 방법으로 점검하면 절대 착오가 없을 것이다. 우리는 직장생활에 있어서 즐거운 마음으로 일해야 하고 그것이 우리 자신에게도 좋은 영향을 끼치기 때문이다. 정신 건강에도 좋으니 어쩌겠는가!

자! 그럼 열심히 학습하였으니 실습을 통해 부족한 점을 해결합시다.

과제 1 정지등 스위치 회로 및 단품 점검, 진단하시오.

표-6-1 실습

항목	점검조건	정지등 스위치 핀 번호/역할	브레이크 OFF 상태 (전압 측정V)	브레이크 ON 상태 (전압 측정V)
정지등 스위치	정지등 차량에 장착된 상태에서 전압 측정 (시동 ON)	1번 핀(　　　　)		
		2번 핀(　　　　)		
		3번 핀(　　　　)		
		4번 핀(　　　　)		

과제 2 정지등 스위치 단품 점검, 진단하기

표-6-1 실습

항 목	점검 조건	핀 번호/역할	평상시 도통 시험	스위치를 누른 상태 도통 시험
정지등 스위치	정지등 차량에 장착된 상태에서 전압 측정 (시동 ON)	1번과 2번	통전/비 통전	통전/비 통전
		3번과 4번	통전/비 통전	통전/비 통전
		이 측정을 하는 이유를 간단히 쓰시오		

07 실무 미등 정비

그림 7-1은 자동차의 미등 스위치를 나타내고 있으며 최근 자동차는 미등, 안개등, 전조등 LOW와 HI 스위치 접점 타입에서 다기능 스위치 내부 저항을 이용하여 BCM(Body Control Module)의 입력되는 전압값의 변화를 통하여 현재 위치를 판단하며 스위치 정보를 입력받은 BCM은 현재 운전자가 어떤 작동을 어느 위치로 움직였는지 모니터링하고 해당 전구를 점등시키는 구동 조건을 가지고 있다. 그중에 필자는 접점 타입의 스위치를 이용한 실무 고장진단을 설명하고자 한다.

그림 7-1. 다기능 스위치(Multi Function Switch)

최근 자동차는 전조등을 할로겐 전구에서 HID 램프를 사용하고 있다. 또 지금 주로 많이 사용하는 것은 LED 전구로 변화하는 과정에 있다.

그림 7-2는 전조등의 H7의 할로겐 램프를 나타내었다. 그 옆이 미등 전구를 나타내었다.

그림 7-2. 전조등 클립과 미등 위치

그림 7-3 미등 회로도 1에서 미등은 운전자가 ON 하여야 작동한다. 현재는 자동차는 과거보다 좀 더 간단한 회로로 구성되었으며 릴레이(Relay)가 없이 작동하는 구조로 되어있다. 그러니 진단의 과정과 절차 또한 달리하여야 한다고 필자는 본다. 릴레이가 있는 경우는 점검하는 데 있어서 여러 가지 불편함을 가지고 있다.

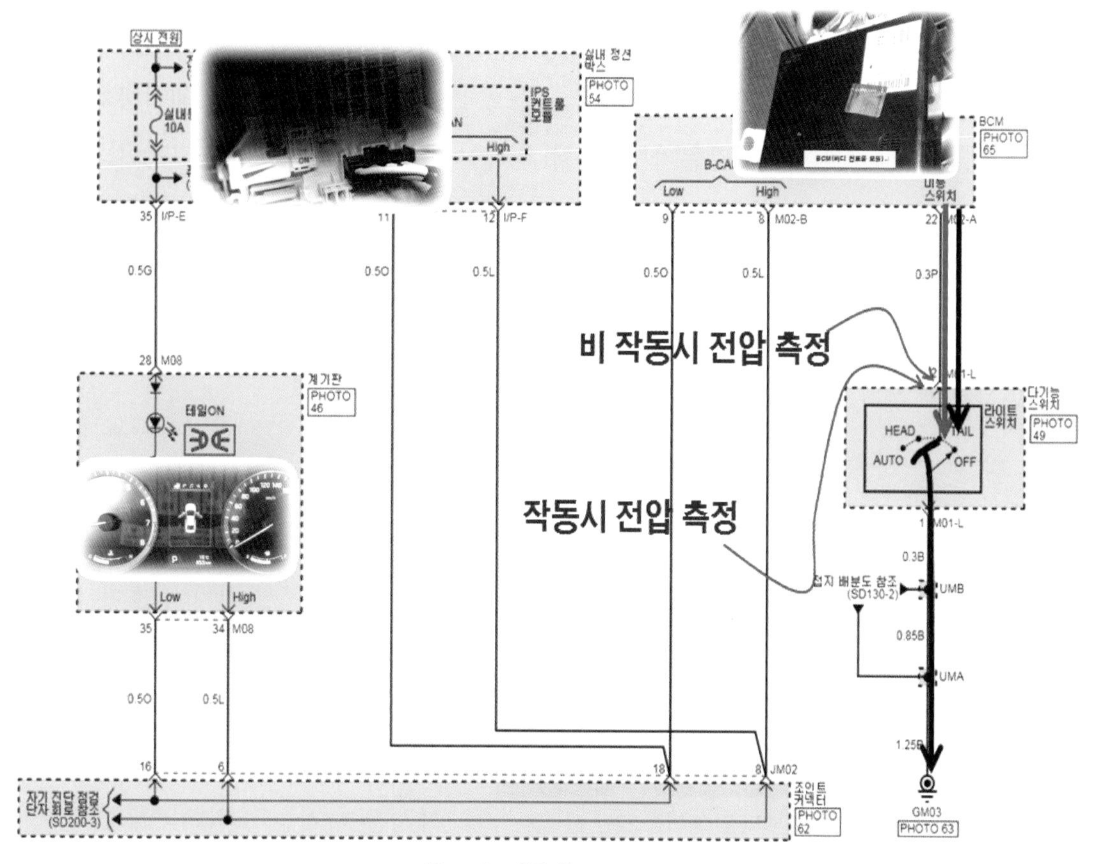

그림 7-3. 미등 회로도 1

그러나 최근에는 모듈(Module) 통신으로 진단 장비를 이용하여 입력과 출력을 나누어 보고 빠른 시간에 고장 부위를 유추해 해당 위치를 분해하여 볼지 아니면 교환으로 해결할지 점검하는 경우이다. 그 해결은 스위치 입력의 문제점을 진단 장비를 통하여 알 수 있기에 진단 장비의 활용도가 그 어느 때보다 높아지고 있다는 것이다.

운전자가 다기능 스위치를 ON 하면 이 신호는 BCM(Body Control Module)으로 입력된다. 이때 중요한 것은 고장의 유형이 미등 작동 시 모든 전구가 점등되지 않는 경우와 한두 개만 점등되는 경우로 나누어 생각해 볼 수 있다. 먼저 모든 전구가 점등되지 않는다면 해당 진단 장비를 이용해 BCM의 서비스 데이터에서 미등 스위치를 ON/OFF 하면서 검증하고 BCM 서비스 데이터의 미등 스위치 ON/OFF 작동하여 변화되는 것을 데이터를 통해 확인하는 것이다. 이유는 이 부분이 공통의 원인이 될 수 있기 때문이다.

만약 작동하면서 센서 데이터가 변화한다면 다기능 스위치 접지 부분과 다기능 스위치 단품 그리고 다기능 스위치 신호가 정상 입력되어 작동하는 BCM 배선까지 문제가 없음을 뜻하는 것이 아니겠는가! 여기서 후자인 한두 개가 점등되는 고장이라면 전자의 이 부분이 고장이 아니라는 결론을 낳는다.

이처럼 진단 장비의 활용이 그 어느 때보다 시급하게 적용하는 것이 필요하다. 참고로 모든 차종 한하여 미등 스위치 작동 전 전압값과 작동 후 전압을 차종별로 정리하는 습관을 들인다면 진정한 명의가 될 것이다.

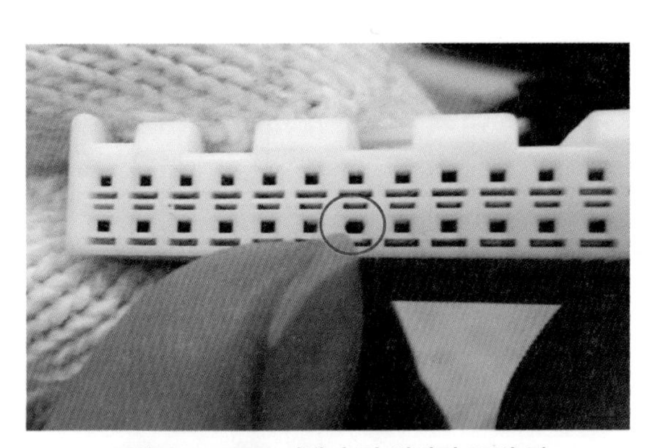
그림 7-4. BCM 커넥터 핀 벌어짐 22번 핀

그림 7-4처럼 현장에서는 배선 핀 헐거움으로 인하여 고장 나는 사례를 자주 접한다. 이처럼 다기능 스위치의 ON 하면, 스위치 신호가 BCM으로 입력된다. 이 신호 는 약 0V가 입력된다. 배선이 넓어져 있는 고장의 경우라면 서비스 데이터의 센서 항목에서는 다기능 스위치 ON/OFF 신호는 OFF에서 변화가 없을 것이다. 점검을 위하여 측정할 때는 커넥터 앞부분이 아닌 뒷부분을 측정하는 것이 좋으며 그림 7-4처럼 탐침봉으로 앞부분을 찔러 커넥터를 넓히지 말아야 한다.

위에서 설명한 것과 같이 작동 전의 전압을 미리 알고 있다면 BCM의 상태와 배선 상태를 한 번에 알 수 있지 않은가? 그뿐만 아니라 현장에서는 커넥터에 삽입된 리테이너(Retainer)의 헐거움과 커넥터 하우징 핀 빌림, 핀 벌어짐, 오염물에 의한 핀 부식, 커넥터 접촉 불량 등이 자동차가 정상적인 동작을 할 수 없게 만드는 요인이 된다. 이렇게 되는 근본적인 요인은 자동차의 배선은 운행하면서 항상 스트레스의 연속이고, 운행 중 지속해서 움직임을 당하고 있기 때문이다.

다기능 스위치를 ON 하여 그 신호가 BCM으로 입력되어 실내 정션 박스(스마트 정션 박스)는 전구 측으로 12V 전원을 내보낸다. 그림 7-5처럼 내부에는 IPS(Intelligent Power Switch) 소자가 내장되어 있는데 대 전류 제어 기능과 쇼트에 의한 보호 기능이 있다. 이는 릴레이와 퓨즈가 한꺼번에 있다고 생각하면 될 듯하다.

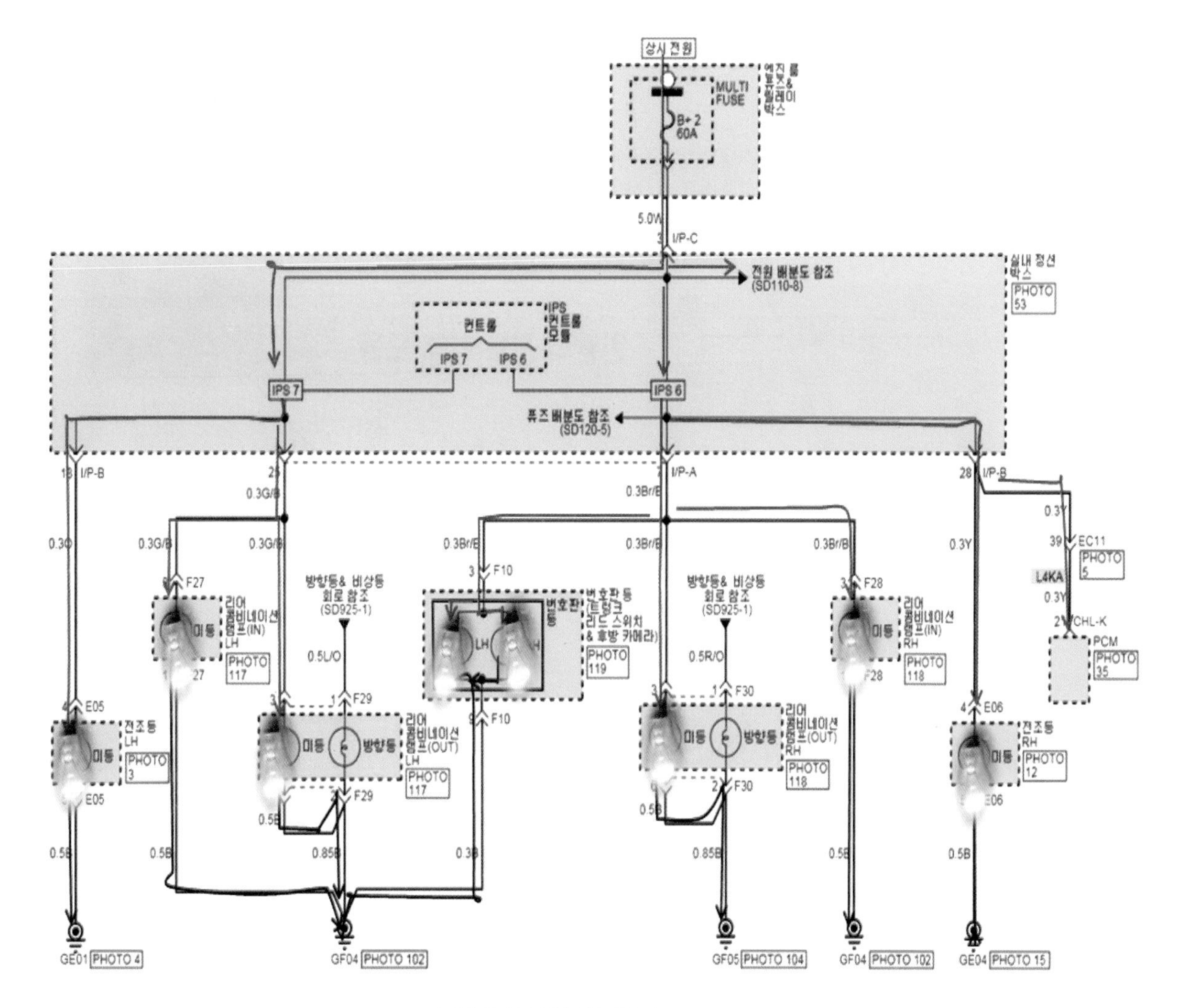

그림 7–5. 미등 회로도 2

그래서 퓨즈 교체가 필요 없고 수명이 길어 최근에 많이 사용된다.

진단 장비를 통하여 액추에이터 검사하는 방법도 있다. 미등 램프 작동 ON/OFF 시켜 해당 부분의 문제점을 빠른 시간에 알 수 있다. 이러한 여러 가지 이점이 있어 최근에는 과거의 정비보다 손쉽다고 할 수 있다. 물론 내부의 ECU는 더욱 복잡해졌지만 말이다. ECU는 내부에 입력 인터페이스(Interface)가 있고 CPU, A/D 컨버터, ROM, RAM, 출력 인터페이스, 정전압 레귤레이터 등이 있다.

그림 7–6은 다기능 스위치가 멀티 펑션 ECU로 된 것도 있어 수록하였다. 여기서 풀–업 전압이 나오는데 정전압 레귤레이터(regulator)를 사용하여 풀–업 전압 5V를 걸고 풀–업 저항을 만들어 이를 CPU에 연결하고 외부에는 접지를 기준으로 스위치를 통해 풀–업 저항과 병렬연결하여 스위치 ON 시 0V가 CPU에 입력되고, OFF 시 CPU

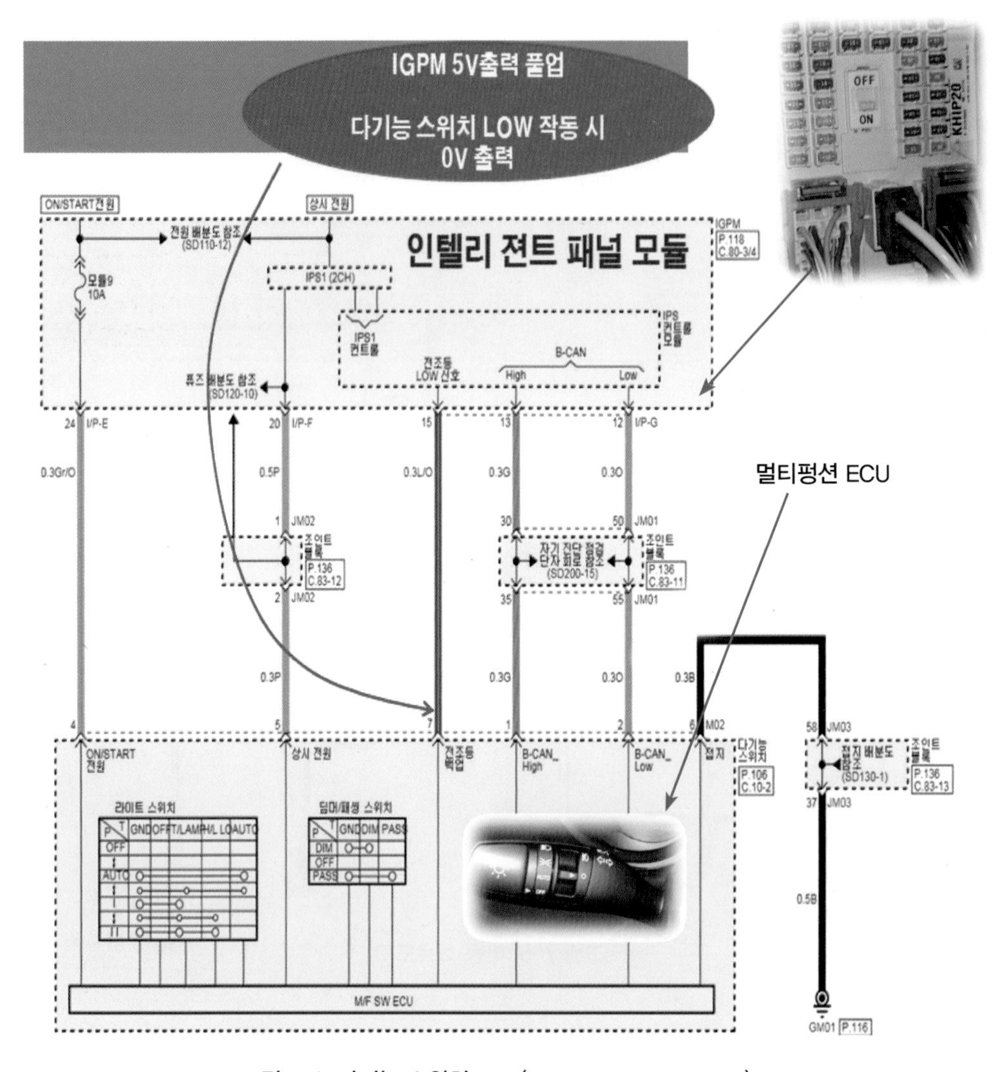

그림 7-6. 다기능 스위치 ECU(Electronic Control Unit)

내부로 5V가 입력되어 CPU 측면에서는 현재 스위치 상태를 알고 그에 따른 스위치의 ON/OFF 상태 전압값을 알기 위해 이런 방법을 사용한다.

풀-다운 전압은 외부에서 전압을 공급하고 내부 CPU와는 풀-다운 저항을 병렬로 연결하여 외부에 스위치를 두고 이것과 12V 전원을 연결한 구조이다. 이는 스위치 OFF 시는 0V가 측정되고 스위치 ON 시는 12V가 CPU로 입력된다.

과제 1 다기능 스위치 미등 점검, 진단하시오.

표-7-1. 실습

항목	점검조건	배선 핀 번호 배선 색상	전압 측정(V)	판 정
다기능 스위치 커넥터 M01-L (해당 스위치)	배선 연결 상태 시동 ON 스위치 OFF	1번 (　　　　)		양, 부
		2번 (　　　　)		양, 부
	배선 연결 상태 시동 ON 스위치 ON	1번 (　　　　)		양, 부
		2번 (　　　　)		양, 부

과제 2 다기능 스위치 미등 단품 점검, 진단하시오.

표-7-2. 실습

항목	점검조건	단품 연결 단자	통전 상태	판 정
다기능 스위치 단품	다기능 스위치 OFF 상태	1번과 2번	통전, 비통전	양, 부
	다기능 스위치 ON 상태	1번과 2번	통전, 비통전	양, 부

08 실무 전조등 정비

8-1 전조등 회로 분석

바디 전장 고장진단에 있어서 전기장치는 가장 중요한 핵심 포인트(Point)이며 어떤 회로가 어떻게 작동되고 전류 흐름 방향이 어느 쪽이며 무엇을 작동하기 위한 회로냐는 것이다. 그를 통해 고장 시 진단 측면에서 어디를 봐야지만 효율적인 정비가 될 수

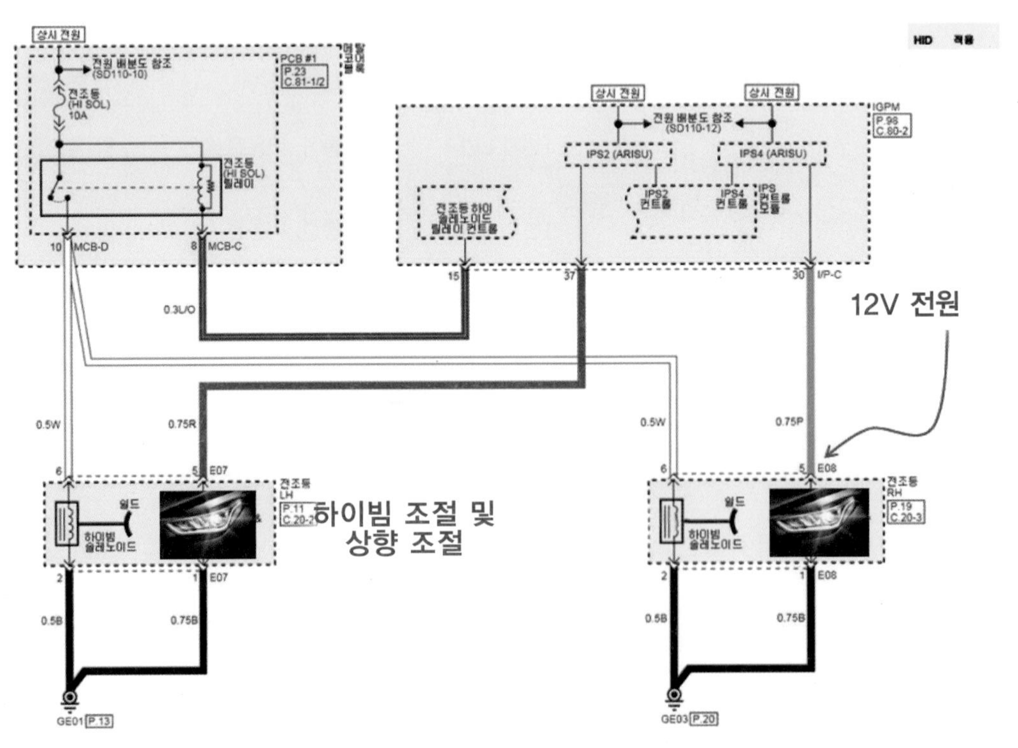

그림 8-1. 전조등 회로도

있느냐는 것인데 사실 처음 정비에 입문하는 초보 자동차 정비사들에겐 조금 어려운 것도 사실이다. 이번 장은 전조등 회로를 분석하겠다.

자동차의 고장은 연관성을 유추하여 해석하며 빠른시간에 정비하는 것이 중요하다. 하겠다. 그래서 필자는 그 첫 번째를 회로 분석에 역점을 두었다. 대학은 이제 문제원형 실습과 프로젝트 과제로 학생들이 현장에 나아가 바로 접목하고 현장과 같은 실습으로 부족한 부분을 반복적 학습하는 것이 필요하다.

4차 산업혁명에 발맞추어 앞으로의 자동차는 자율주행 자동차, 무인 자동차로 발전할 것이고 자동차의 진단 기술 또한 그에 따라 발전하리라 본다. 따라서 자동차 정비는 인공지능(AI) 로봇이 대신하는데 일정 부분 제약이 따르리라 본다. 그러므로 인간이 해야 하는 영역과 기계가 해야 하는 영역으로 나누어지리라 본다.

앞으로 통신 기술이 창의적 행동과 생각을 가진다면 인공지능은 인간의 감성을 얼마나 가져다줄까? 그러나 5년이 다르게 무서운 속도로 자동차 산업은 정보 기술과 통신 기술 ICT((Information & Communication Technology) 접목이 날이 갈수록 가속화되고 있다. 정비 또한 진단 장비의 진단 기술과 활용 능력이 결국 소비자를 설득시킬 수 있을 것이다.

그림 8-2에서 같이 전조등을 작동시키기 위한 회로를 구성하였다. 먼저 운전자는 전조등을 작동하기 위해 다기능 스위치(Multi Function Switch)를 ON 시킬 것이다.

이때 점등이 되질 않아 입고한 자동차가 있다고 가정을 해 보자! 정비사는 어디를 제일 먼저 볼 것인가? 우선은 전조등을 작동시켜 회로에서 전류의 흐름을 이해해야 현장에서 고장이 나면 회로를 보고 해결하는 능력이 생긴다.

사람마다 보는 것이 모두 다를 수 있고 어떤 사람은 퓨즈를 제인 먼저 볼 수도 있고 또 어떤 사람은 전구를 볼 것이다. 그 이외 많은 것을 보겠지만 여기에는 회로 분석을 통한 정비가 체계적으로 이루어져야 많은 시간이 걸리지 않는다고 본다. 물론 해당 부품을 교환하여 분석과정을 거치지 않고 전구를 교환 후 수리를 마쳤다고 하면 그것도 틀림없는 정비다. 그러나 이틀 뒤 또다시 자동차가 동일한 고장으로 입고한 자동차가 있다고 가정을 해 보자! 같은 부위의 전구 고장이겠는가? 그리고 동일 부위 고장이 또 몇 %가 되겠는가? 각 자동차 회사마다 회로도는 다르지만 본 설명은 최근 운행되고 있는 기아자동차 2011 MY K-5 통해 설명하겠다.

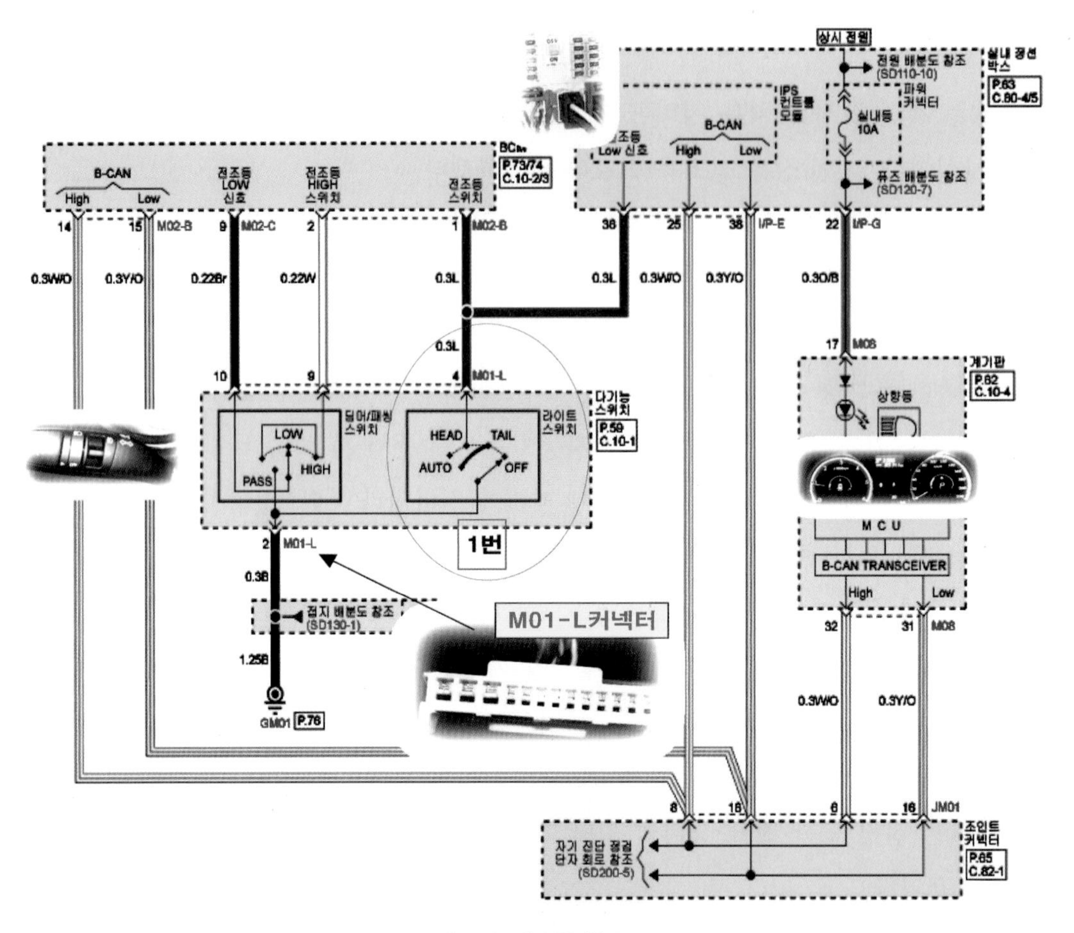

그림 8-2. 전조등 회로도 2

그림 8-2에서처럼 다기능 스위치 헤드램프 LOW를 작동한다는 것은 그림 8-2처럼 다기능 스위치의 오른쪽 위치한 Off, Tail, Head, Auto의 접점이 이동하는 것을 뜻한다. 먼저 헤드램프 LOW의 작동 시 다기능 스위치 위치한 접지(G) GM01은 항상 OFF에 대기하고 있다. 회로에서 내부의 점선은 서로 연결된 것이 아니며, OFF에서 Tail(미등)로 옮겨질 때 현재 미등은 회로에 나타내고 있지 않다. 이 회로에서는 현재 미등을 보고자 하는 것이 아니므로 미등 관련 배선은 회로도에서 삭제되었다. 이는 현재 전조등을 표현하고자 함으로 현재의 그림에는 표시하지 않았다는 얘기다.

회로에서 다기능 스위치 두 번째 포인트를 보면 Head 램프 포인트인데 접지 신호가 BCM(Body Control Module)으로 들어간다. 그러면 병렬 연결된 또 하나의 배선은 실내 정션 박스 또는 스마트 정션 박스(SJB: Smart Junction Box)로 신호를 보낸다. 지금까지의 행위는 운전자의 의지이다. 운전자가 행동을 취하지 않았는데 점등이 되면 문제니까! 말이다. 이처럼 다기능 스위치의 입력 신호는 BCM과 실내 정션 박스로 입력된다. 이 신호 입력은 진단 장비를 통하여 서비스 데이터에서 전조등 ON/OFF를 하면서 확인할 수 있다.

다기능 스위치 입력 신호가 ON/OFF 되지 않는다면 결국은 실내 인테리어(interior) 분리해야 한다. 이제는 스위치 신호가 센서 데이터에 나타나지 않음으로 이때 다기능 스위치 M01-L 커넥터에서 전압 측정을 해야 하므로 인테리어를 분리해야 한다. 어떤 검증 없이 분해하게 되면 시간만 걸릴 뿐, 불 보듯 뻔하다. 또한, 어느 부위를 뜯어 정확한 정비를 할 것인지 찾고 때에 따라 전압이나 파형 측정을 통하여 문제를 해결해 나가야 할 것이다.

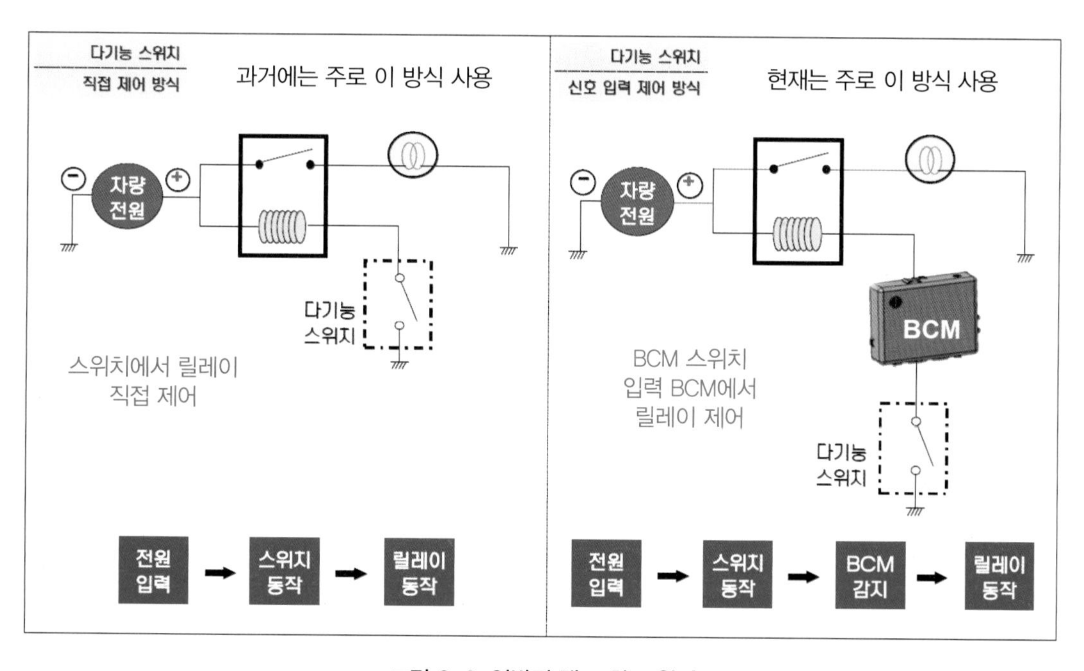

그림 8-3. 일반적 램프 회로 원리

정비사는 고장 현상을 파악하고 전조등이 점등되지 않는다면 제일 먼저 진단 장비로 BCM의 서비스 데이터에서 다기능 스위치의 ON/OFF 신호가 입력되는지 확인 후에도 들어오지 않는다면, 접지 포인트에서 다기능 스위치 그리고 BCM으로 가는 배선을 먼저 보아야 할 것이다. 이런 방법은 장비를 통하여 진단 시간을 단축하는 효과를 가진다. 점검 시간은 정비사에겐 금이질 않는가!

이처럼 다기능 스위치의 입력은 정상으로 입력되면 해당 램프(Lamp)의 입력측 제어는 정상으로 굳이 다기능 스위치를 분리하여 점검할 필요가 없게 된다. 따라서 회로의 출력 부분을 보면 될 것이다. 이것이 과거보다 진화된 부분이다.

자동차와 진단 장비 간의 통신으로 현재 좀 더 시간을 단축할 수 있다. 과거의 릴레이 회로의 제어에서는 일일이 분해하여 순차적으로 확인하면서 정비해야 하므로 좀 귀찮을 정도로 찾아가는 과정이 복잡했다고 할 수 있다. 정비를 잘하는 것! 그것은 아마도 사람을 치유하는 마음과 진정한 명의가 되고자 하는 부단히 노력하는 자세가 아닐까 필자는 생각해 본다. 요즘 사람들은 얼마나 진정성을 가지고 갈까. 모든 이들이 동의보감 허준의 마음이길 기대한다.

그러므로 이제는 어떤 작동이 불량한지 자동차에서 확인 후 자동차별 회로 분석을 하고 각 램프 제어는 어떠한 모듈(Module)에서 통신하는지 네트워크(Network) 구성을 알 필요성이 있다 하겠다. 그림 8-4는 헤드램프 작동 시 BCM으로 입력되는 데이터를 측정하였다. 이 데이터로 보아 다기능 스위치와 BCM으로 입력되는 배선까지는 정상임을 직 · 간접으로 알 수 있다. 얼마나 빠른 정비라 하겠는가? 데이터를 보면 먼저 미등이 ON 되고 헤드램프 ON 되며 마지막으로 오토(Auto) 라이트(Light)가 ON

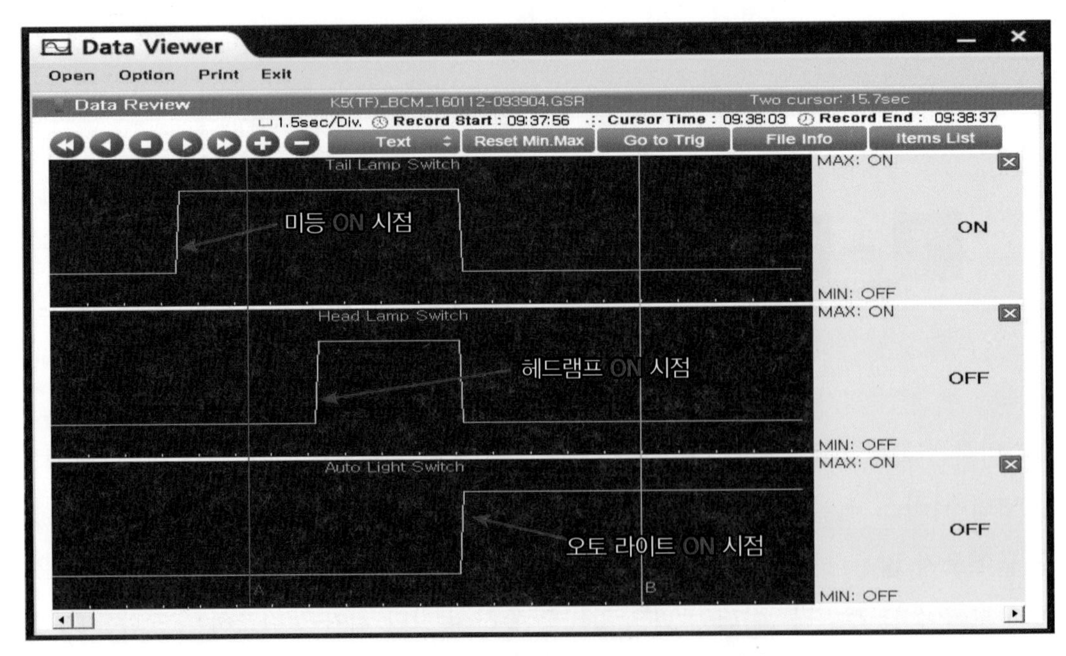

그림 8-4. BCM 미등 램프 스위치 동작 시 데이터

되어 다기능 스위치에서 BCM까지 정상임을 알 수 있다. 입력이 정상이란 뜻이다. 대단하지 아니한가. 예전에 이 부분이 통신이 되질 않아 일일이 점검해야 했다는 것이다.

그래도 전구가 점등되지 않으면 출력 부분을 점검 · 진단하여야 한다. 이때는 해당 부품을 분리하여 배선 점검이 우선시 되어야 한다. 다음은 통신의 개념이 아닌 회로에서 고장 난 사례를 설명하고자 한다. 고장 현상은 간헐적 전조등 LOW 작동 불량 조금 구체적으로 설명을 하면, 전조등 LOW를 ON 시 램프가 점멸 거리거나 점등되지 않는 고장이었다. 또 어쩌다가 점등되기도 한다.

이 차종에서 작동되는 것은 미등과 전조등 HI는 정상 작동이 되고 전조등 LOW만 작동 불량이다. 현장에서 이런 부류의 고장이 발생하면 조금은 난처하다. 이유는 지속적 고장도 아니고 어쩌다 한번 작동이 되었다 안 되었다 하니 말이다. 어찌 되었든 고장은 찾아야 하고 처음 정비를 하는 우리 초보 정비사에겐 그리 쉬운 일만은 아니다.

그림 8-5의 회로를 분석하자면, 고장 현상을 보아 좌측의 다기능 스위치는 정상임을 알 수 있다. 그 이유는 미등은 정상 작동되고 HI 램프 또한 정상 작동되기 때문이다.

미등과 HI 작동 시 회로를 분석해 보면 헤드램프 HI가 동작한다는 것은 HI는 정상이다. 말할 수 있다. LOW 작동 시 만 간헐적으로 작동 불량, 패싱 또한 정상 작동되어 고장의 원인을 찾기 위해서는 다기능 스위치 ON 시키고 나서 M02-L 8번과 14번의 도통 시험과 선간 전압을 측정하여 이 부분의 문제점을 확인할 수 있다.

여기서 HI가 정상 작동된다는 의미는 그림 8-5의 회로에서 좌측 라이트 스위치 내의 헤드램프 접지와 헤드램프 스위치 그리고 우측의 딤머/패씽 스위치 내의 HI 접점은 정상이라는 말이다. 이는 전류가 HI 전구를 통해 다기능 스위치 딤머/패씽 스위치의 HI 접점을 지나 좌측 라이트 스위치 헤드(HEAD)를 통해 GM03 접지로 흘러 HI 전구가 점등된다. 이것이 정상이라면 전조등 Low는 왜 작동이 안 되는 걸까? 선간 전압 측정 결과 2.4V 이상의 전압이 측정되었다.

측정조건은 시동"ON"하고 전조등을 작동 위치로 위치하고(전조등 Low가 안되어 좌측 헤드램프 스위치를 우측 2단으로 돌린 후) 우측 딤머/패싱 스위치는 Low 접점에 그대로 있는 상태를 말한다. 여기서 고장의 원인은 도출되었다. 다기능 스위치 내부접점의 불량으로 다기능 스위치를 지나 접지가 이루어지는데 다기능 스위치 내부접점 불량으로 전조등 Low 전류가 접지로 흐를 수 없게 되어 고장 난 사례이다.

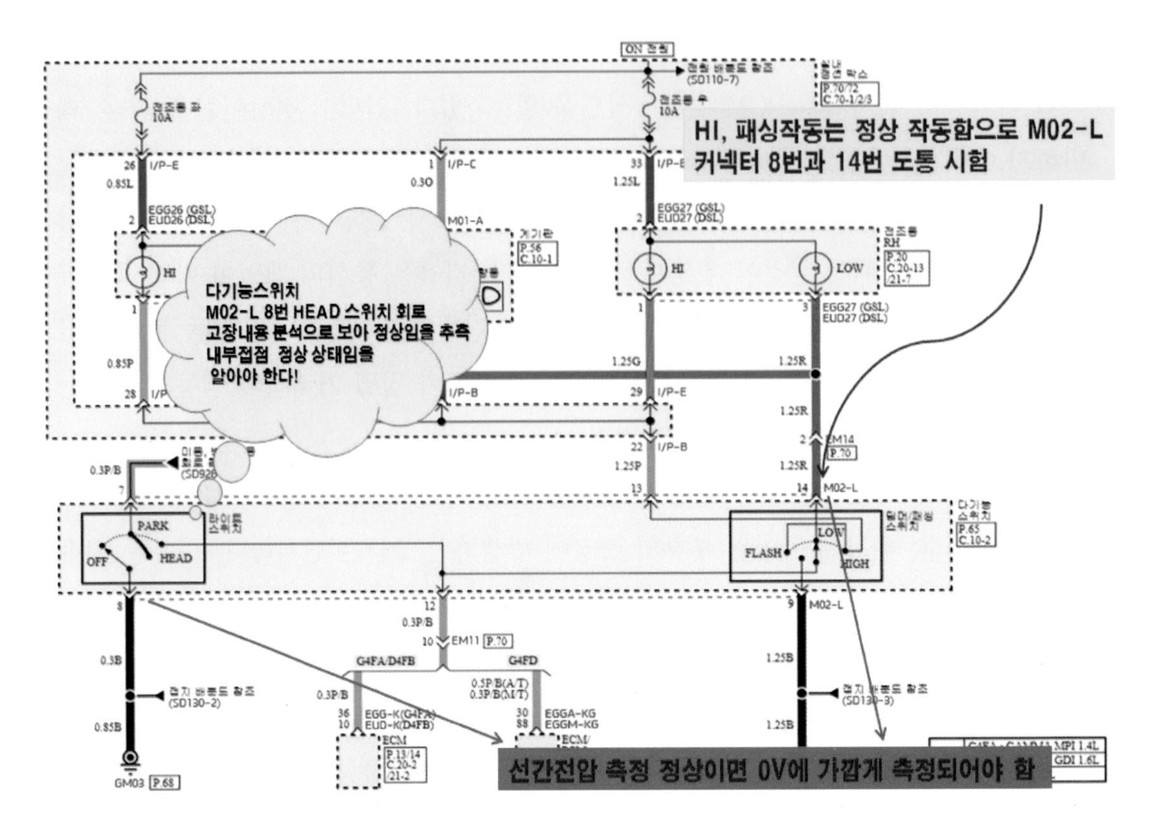

그림 8-5. 고장사례 회로도, 전조등 LOW 작동 불가

선간 전압의 측정은 부하를"ON"하고 같은 전위의 배선을 측정하여 전압이 0.3V~0.5V 이상 발생한다면 이는 측정한 구역 해당 배선 어딘가에 저항이 발생한 것으로 간주해야 한다. 물론 회로에 영향을 주지 않을 정도의 저항이라면 상관이 없지만 이렇게 많은 저항은 부하 작동을 방해한다. 즉 전류의 흐름을 방해한다. 필자가 자주 쓰는 방법이며 오실로스코프(Oscilloscope) 파형 측정으로 원만히 해결된다.

같은 전위의 회로에서 부하를 작동하고 측정하는 전압을 우리는 선간 전압, 다시 말해 상대 전압이다. 이 선간 전압이 많이 나오는 회로 내부는 끊어진 회로이다. 정상의 경우 전위가 같으므로 0.3~0.5V가 측정되어야 한다. 그래서 나는 다기능 스위치 단품 문제임을 알았다. 이렇게 정확한 지점을 회로 분석으로 고장이 될 만한 곳을 찾고 정말 분해하여 점검해야 한다면 명확한 회로 분석을 통해 정비 손실을 줄이는 일이다.

다음은 다기능 스위치 단품을 분해한 결과는 그림 8-6과 같았다.

자! 이처럼 이 차종의 전조등 회로는 통신이 아닌 기본적인 회로에 의해서 전조등이 점등되는 조건이다. 저자의 핵심은 회로 분석을 통하여 부품을 분해하여 배선 점검할지 아니면 다기능 스위치 단품 내부접점 불량으로 확인되었으니 신품으로 교환하거나 결론을 내야 한다. 현재 이 차종은 다기능 스위치는 BCM을 통하여 제어 입력되지 않고 단순히 스위치 역할을 한다는 것이다. 그러므로 회로 분석을 통하여 진단기 이용하여 점검할 것인가 아니면, 지금처럼 회로를 분석한 후 어디를 볼 것인가가 결정되어야 한다는 말이다. 조건 없이 진단기 사용하는 것은 바람직하지 못하다.

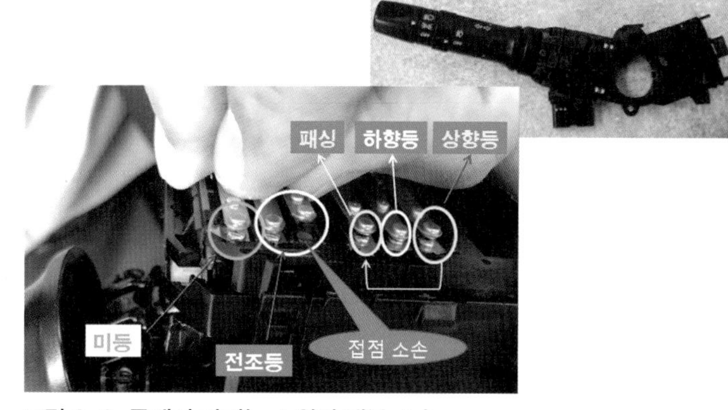

그림 8-6. 문제의 다기능 스위치 내부 소손

상기 차종은 우리 대학에 다니는 제자의 차에서 나타난 증상으로 대학 실습수업을 통하여 점검한 사항이다. 이처럼 현장은 수많은 증상과 배선의 접촉 불량 등과 같은 여러 가지 현상들이 고장의 원인이 된다. 이러한 고장은 정확한 진단과 신뢰를 통하여 이루어져야 한다는 것이다. 이 과정이 정비사가 살길이고 기술인으로서 살아가는 길이며 깨달음이 없으면 발상은 전환되지 않는다. 아니 그러한가.

그림 8-7은 문제의 차량에서 전구 LOW의 전류 흐름을 나타내었다. 이해하기 쉽게 전원을 빨강으로 표시하였고 접지를 검은색으로 표시하였다. 결국 부하(전구)와 전원, 접지가 잘 이루어져 있어야 한다는 의미이다. 우리는 그것을 확인하고 실수 없이 해결해야 한다. 그것이 기술인으로서 자부심과 긍지가 아닐까 생각한다.

결국, 남들이 다하는 손쉬운 고장은 인기가 없으며 남들이 못 고치는 고장이야말로 우리 학생들이 사회에 나아가 기술인으로 인정받는 삶을 살지 않을까 생각한다. 기술인은 하루아침에 되는 것이 아니다. 그러므로 끊임없는 노력과 고뇌와 실패가 뒤따른다. 이 자동차는 고장이 배선의 문제 때문이 아니라 단품의 문제이므로 단품 점검진단과 교환으로 정리를 하고자 한다.

각 시스템에 따라 이론을 바탕으로 기본적인 점검에서부터 응용에 이르기까지 현장실무에 적용하면 된다. 처음 정비하는 사람이 이 책을 통하여 한 계단 한 계단 올라가 현장에서 초보 정비사로서 계급장을 떼길 바라는 마음 가득하다. 많은 도움 되길 기대한다.

자동차를 정비하다 보면 무수히 많은 증상들이 있다. 이 차량의 경우 단품의 원인으로

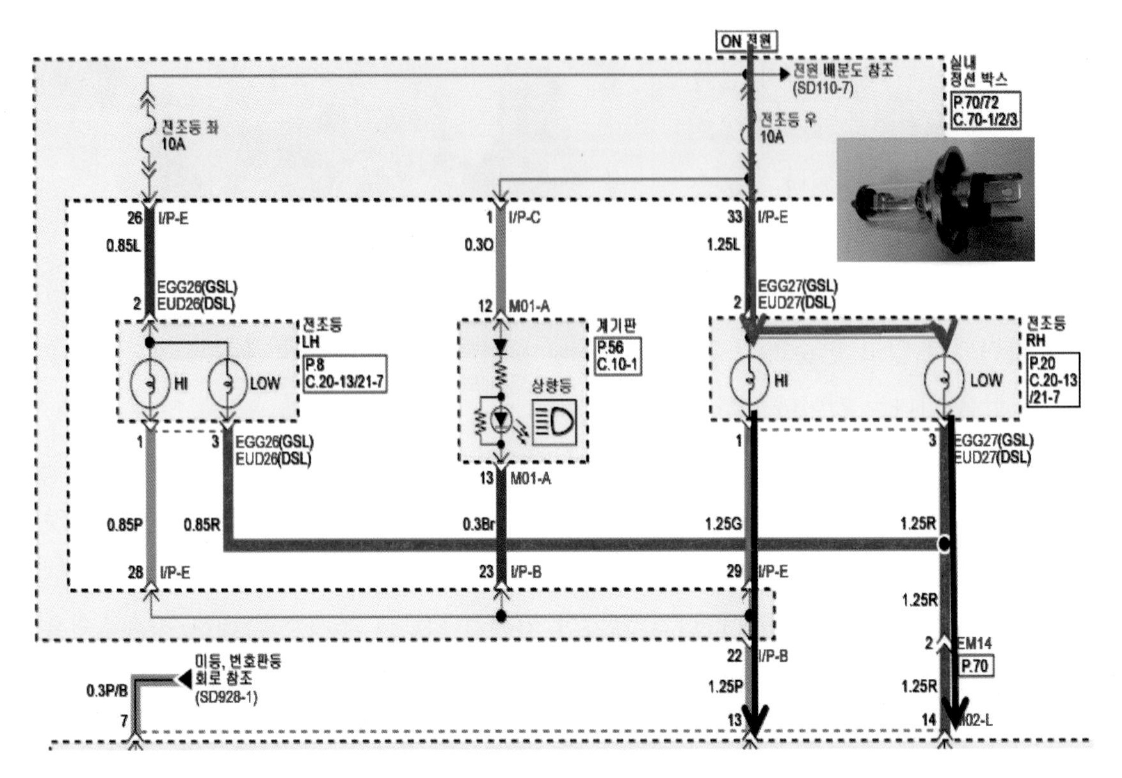

그림 8-7. 전류의 흐름

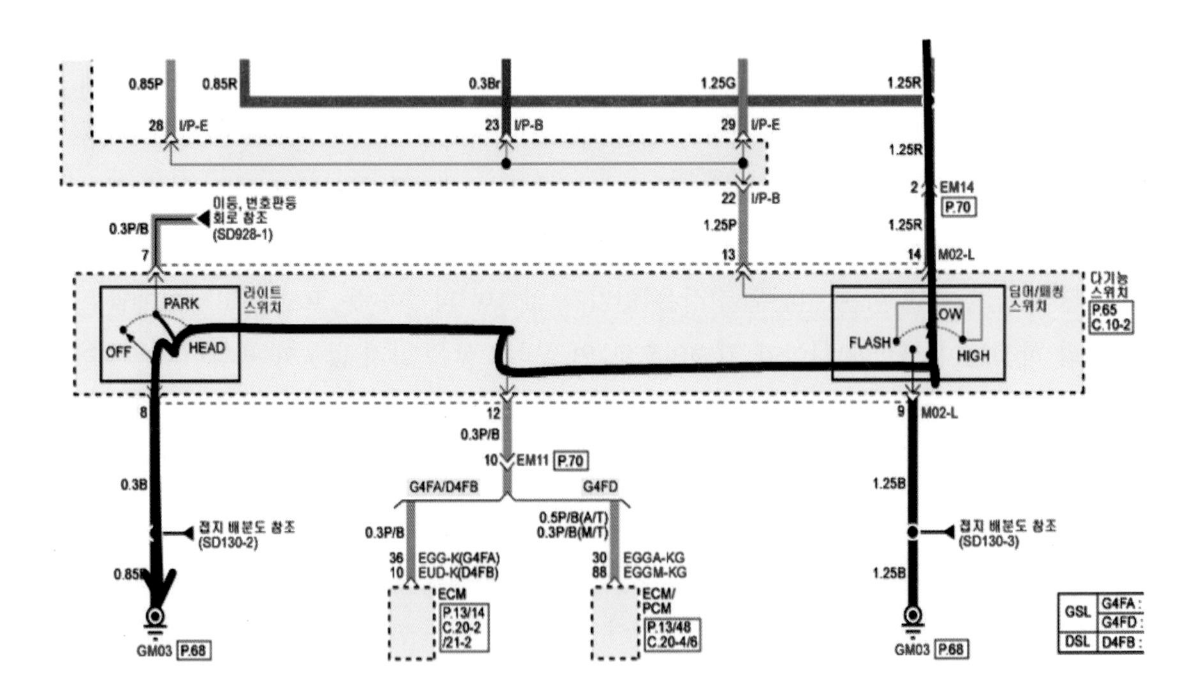

그림 8-8. 다기능 스위치 접지

정비를 마무리하였다. 정리하면, 헤드램프 LOW 작동 시 다기능 스위치 회로의 좌측 스위치는 HEAD 측으로 접점이 이동되어 연결되며 우측에 있는 스위치는 움직이지 않고 LOW 접점으로 위치한다. 스위치 동작하지 않을 때 항상 LOW에 접점이 항시 대기한다.

그렇게 되면 좌측에 있는 라이트 스위치를 통해 전류가 접지로 흐르게 되고 HI 작동은 우측 HIGH 측으로 스위치 접점이 연결되어 좌측의 라이트 스위치를 통해 전류가 접지로 흐른다. HI 작동은 LOW 작동 시와 다르게 LOW, HI가 모두 접점을 통해 접지되므로 LOW, HI 전구 모두 점등된다.

여기서 어디를 봐야 하는지 결정된다. FLASH는 운행하는 상대 차종으로 위험을 알리거나 여러 가지 기능으로 사용한다. FLASH도 서로의 접점을 통해 동시에 접지되므로 같다. 해당 차종은 FLASH로 스위치 작동 시 LOW, HI 전구가 점등되므로 고장 현상을 압축할 수 있다. 이처럼 여러 개소를 작동하여 무엇은 되고 무엇이 안 되는지 작동 요소를 찾고 그것을 통하여 회로 분석을 한다면 차량을 손쉽게 정비할 수 있다.

결국. 지금의 고장 현상의 자동차는 통신하는 차량과 상반되며 분해하여 교환하는 절차는 같지만, 지금의 신차는 정비 방법에서 조금 차이를 보인다. 과거의 차량은 회로 분석을 하고 원인이 될 만한 곳을 분해하여 정비했다. 현재의 차량은 먼저 회로 분석

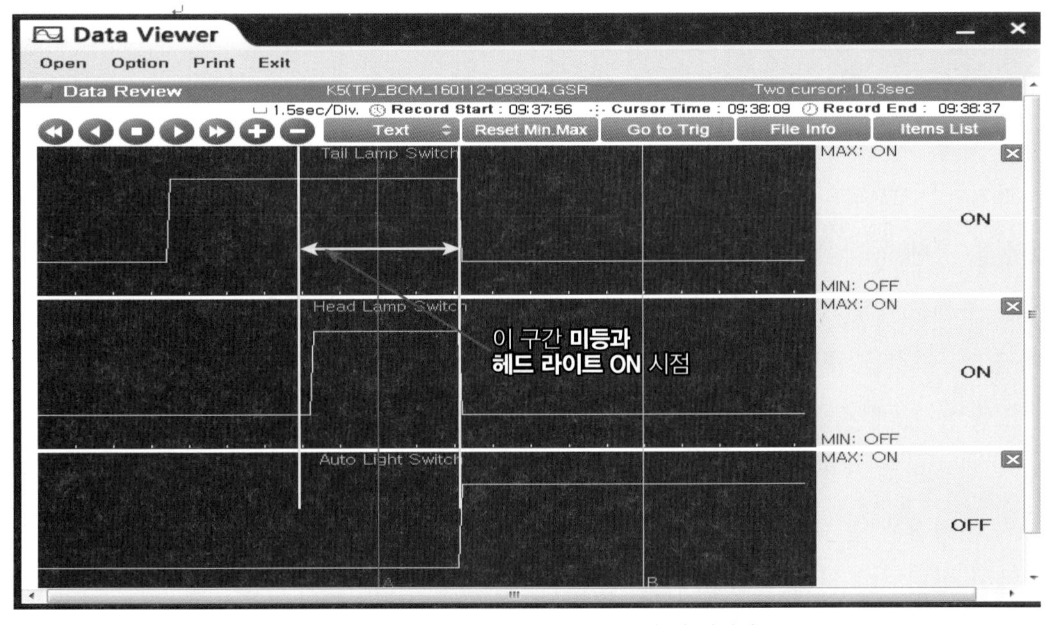

그림 8-9. BCM 헤드램프 스위치 동작 시 데이터

후 모듈(Module)을 통한 입, 출력을 확인 후 진단 장비를 사용하여 모듈과 통신하는 타입을 구분하여 진단 장비를 통해 점검해야 할지 결정해야 한다. 따라서 정비 시간 단축과 진단 장비를 통해 지원하는 입, 출력값의 의미를 알면 좀 더 정확한 정비를 할 수 있지 않을까 생각된다.

앞으로의 자동차는 많은 변화에 변화가 지속할 것이고 과거의 정비 방법으로는 따라잡을 수 없다. 어떤 자동차 전문가가 이런 얘기를 하던 것이 생각난다. 정비하는 데 있어 "망치와 몽끼"만 있으면 되지! 스패너는 왜 필요하냐고, 아는 것과 아는 척을 하는 것은 다르다. 좋은 장비가 있으면 써먹으라는 뜻에서 이런 말을 한 것이 아닌 듯싶다.

진단 장비를 적절히 활용해야 정확한 점검진단이 된다. 필자가 처음 정비를 할 때가 그러했다. "마땅히 정비하면서 공부할 책" 자동차 자격증 서적들은 많은데 정비를 쉽게 풀어서 시스템을 설명하는 책들이 없어 아쉬운 부분이 많았다.

정비하면서 정비사가 이해하고 공감하는 책을 만드는 일, 초급자에서 중급자로 노력하는 만큼 상승할 수 있는 명심보감 같은 도서가 없을까 고민했다. 독자들이 정비하면서 공감대를 같이 하고, 책 한 권이 여러분의 가치관과 내 생각을 바꿀지 모르니 말이다. 내가 그 옛날 읽었던 책처럼 말이다.

진인사대천명(盡人事待天命) 사람으로서 할 수 있는 최선을 다하되 그 결과는 하늘의 명을 기다리라는 뜻인데 참으로 좋은 말이다. 정비사든 아니든 우리 모두의 인생 속에서 포함되는 최선이 아니겠는가! 변화가 없다면 새로운 시도의 설렘이나 성공의 환희도 없을 것이기 때문이다.

과거에는 그림 8-9와 같이 이 신호가 통신이 아닌 해당 릴레이에서 해당 부품으로 배선을 통해 동작하였기에 분해하여 하나씩 하나씩 점검했다면 지금은 릴레이가 삭제되는 추세로 모듈 간의 통신이 이루어져 스마트자동차에는 불필요한 것을 버리는 과정에 있다. 이것을 공부해야 한다고 본다. 이것이 곧 실무이다.

그림 8-10에서처럼 오토 라이트(Auto light) 스위치의 경우 빛의 조도에 따라 라이트가 자동으로 작동되는 것으로 Auto 스위치 ON 시에도 이렇게 분해하지 않고 스위치의 문제점을 알 수 있다. 다기능 스위치 ON/OFF가 되지 않는다면 배선과 단품을 점검해야 하겠지만 현재는 이렇게 진단 장비를 통해 한 번에 알 수 있지 않은가?

통신을 통한 자동차 ECU(Electronic Control Unit)의 각 모듈의 작동 요소를 알고

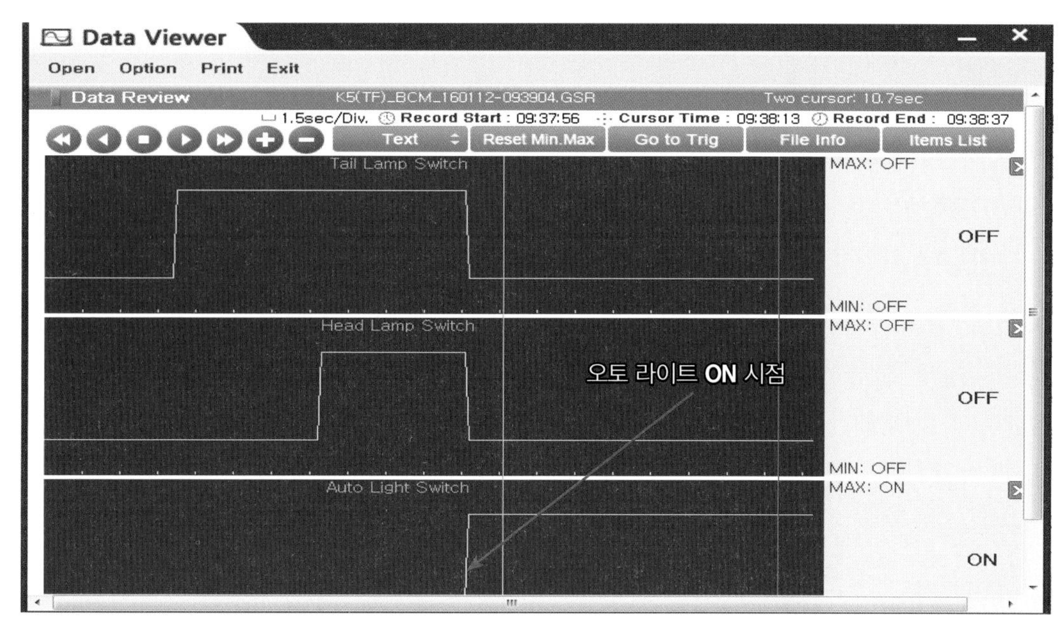

그림 8-10. BCM 오토 라이트 스위치 동작 시 데이터

진단 장비와 서비스 데이터상 다기능 스위치를 ON/OFF 하여 변화되면 현재 고장 유형은 다기능 스위치와 배선의 불량이 아니고 다른 곳의 문제점으로 보아야 한다.

무조건 교환으로 고장의 유형을 확인하는 데에는 한계가 있다 본다. 정비사의 신뢰도에도 찬물을 끼 얹는 결과이기도 하다.

여기까지가 일반적인 전조등이었다면 지금부터는 새로운 전조등을 설명하고자 한다. 최근에는 B-CAN(Body-Control Area Network)으로 캔 통신 배선이 있다. 뭐 최근도 아니다. 나온 지 10여 년이 되었으니. 이 배선은 서로 트위스트로 꼬아져 있고 두 배선을 통해 서로 간의 모듈(Module)과 통신하여 현재 진행 상황을 송수신하고 있다.

CAN 통신은 파워 트레인, 섀시 제어기 사이의 통신 및 바디 전장 제어 모듈 간의 통신에 사용된다. 바디 전장 CAN은 Low Speed CAN과 Hi Speed CAN으로 나뉜다. Low Speed CAN은 125kps 이하 바디 전장 계통에 주로 사용하고, Hi Speed CAN은 125kps 이상의 파워 트레인 계통에 사용된다.

그 기준은 ISO 11519 규정이며 바디 전장 CAN은 속도가 50kbps(Max 125k)이다. 주로 BCM, DDM, ADM, 파워시트, SMK 등에 사용된다. 그림 8-11과 같은 회로에서 점검해야 할 곳은 엔진룸 퓨즈 & 릴레이 박스의 IP B+ 2, 3의 60A와 50A의 퓨즈

일 것이다. 여기서 이 퓨즈(Fuse)는 실내 정션 박스 ARISU의 IPS(Intelligent Power Switch)의 전원 공급원이다. 사람마다 정비 방법, 정비 순서는 서로 다르고 어디가 먼저냐! 라고 말할 수 없지만 회로 분석을 통해 순리적으로 움직이면 되지 않겠는가? 필자는 본다.

다기능 스위치를 Head 위치로 ON 하면 실내 정션 박스의 그림 8-11의 I/P-D의 9번과 24번 단자로부터 12V의 전원이 출력된다. 이때 전구의 용량이 다르거나 정격용량의 전구를 사용하지 않는다면 이단자에서 12V가 출력되지 않는다는 사실이다.

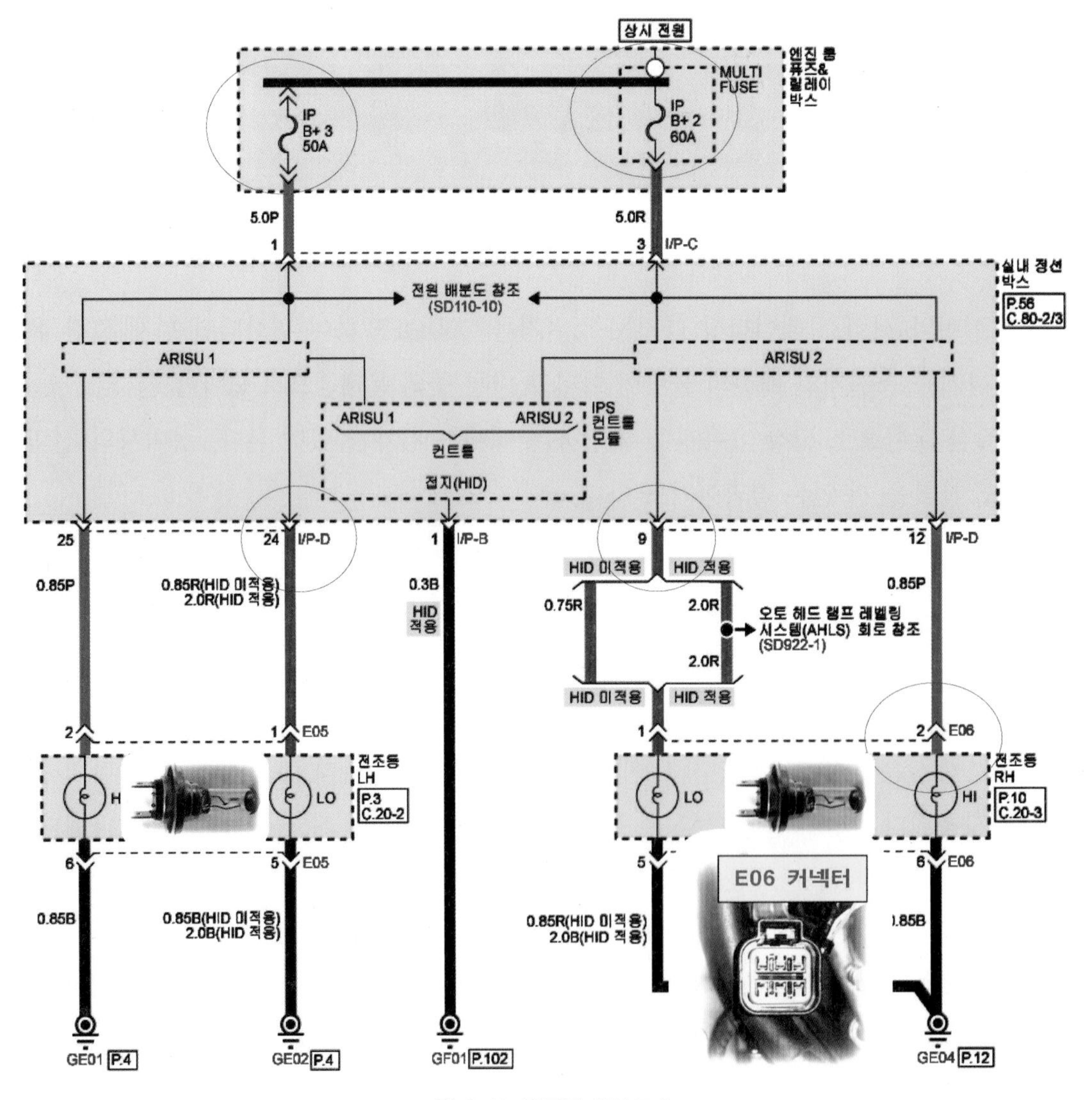

그림 8-11. 전조등 회로도 3

최근의 자동차는 종전과 다른 구성으로 전기회로가 형성되어 있는데 전기회로는 크게 과전류의 흐름을 차단하는 퓨즈와 작은 전류로 큰 전류를 제어하는 릴레이 그리고 제어에 속하는 스위치 등으로 구성되어 있다. 무엇을 하려는 회로냐에 부하가 달라지는데 요즘 입, 출력에 맞게 제어하는 모듈로 구성되었다. 그림 8-11처럼 회로에 장착된 IPS는 큰 전류를 제어할 수 있는 기능과 과전류에 대한 회로를 보호하는 기능이 추가되어 기존 퓨즈와 릴레이 대신하여 바디 전장에 사용되는 추세이다. 또한, 릴레이 서지(Surge) 전압에 의한 손상 방지와 진단 장비 확인을 간접적으로 할 수 있다는 장점이 있다. 기존의 전조등 회로에서는 퓨즈와 릴레이는 수동적이면서 직접적인 이상 부위를 확인하여 점검하였다면, 현재의 자동차는 진단 장비를 통하여 액추에이터(Actuator) 구동과 같은 입력과 출력의 문제점을 빨리 확인할 수 있다는 장점을 가지고 있다.

과거는 테스트 램프를 가지고 자동차에 접근하여 정비하였다면 지금은 더욱 빠른 정비를 위하여 회로 분석에 의한 입, 출력 관계를 판단 후 어디를 점검해야 하는지 파악하는 것이 중요하다.

최근 실내 정션박스를 스마트 정션박스(SJB) 라고도 하며 이것 또한 진단 장비로 통신이 구현된다. 고장이 발생하면 배선을 확인하는 절차상 쉬운 곳(분해하지 않아도 되는 곳)을 확인하여 다음으로 해야할 곳을 정하고 가는 것이 맞다. 우리가 목적지를 정하고 여행을 떠나듯 방향도 정하지 않고 여기 왔다 저기 왔다. 하면 곤란하다. 뭐 시간이 많으면서 여행한다면 문제는 없지만 정비는 다른 문제니까 말이다.

그림 8-11의 회로에서 보는 바와 같이 그림 8-12는 왼쪽 상단의 GE04 접지 포인트 위치와 E06 커넥터의 위치를 알려 주고 있으며, 그림 8-12에 나타내었다. 그림 8-13은 암컷 커넥터의 배열과 커넥터 하우징의 색상은 검정(Black)을 나타낸다.

그림 8-13에서처럼 상징: E06의 E는 엔진 배선 하네스 (Engine Wiring Harness)를 나타낸다. 엔진 하네스(harness)의 상징이므로 익히는 것이 중요하다. E06 커넥터를 찾는데 정비사가 엔진 쪽 고장으로 판단이 되면 엔진 관련 배선을 찾아야지 다른 곳에서 찾으면 안 된다는 뜻이기도 하다.

왜 이런 약어가 중요하냐면, 정비하다 보면 회로 보는 것이 꼬여서 서로 다른 쪽에서 헤맬 때가 가끔 있다. 그러므로 각 약어를 회로도 상으로 알 필요성이 있다.

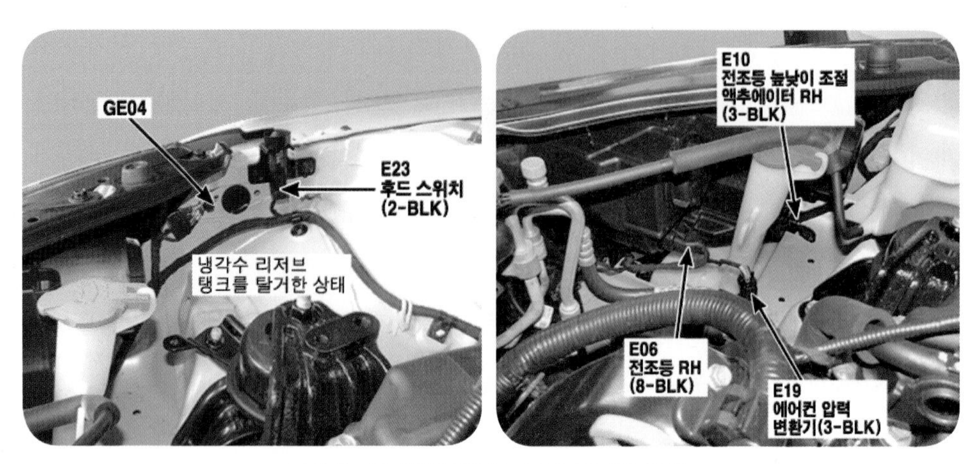

그림 8-12. 접지 포인트, E06 커넥터 위치

메인 배선 하네스 M: Main Wiring Harness (실내 크래시 패드 안쪽 배선), 컨트롤 배선 하네스 C: Control Wiring Harness (엔진 및 변속기 제어), 플로워 배선 하네스 F: Floor Wiring Harness (차량 바닥 및 트렁크), 도어 배선 하네스 D: Door Wiring Harness (도어 내부 배선), 루프 배선 하네스 R: Roof Wiring Harness (헤드 라이닝 부, 선루프 룸램프의 배선) 시트 배선 하네스 C: Seat Wiring Harness (시트 열선, IMS(Integrated Memory System) 모듈, 시트 조절 모터 시트 내부의 전장품 등.

과거의 실내 퓨즈 박스를 지금은 I/P E/R(실내 패널(Inner Panel과 Engine Room) 이라고 부른다. 또 전자에서 설명했듯이 스마트 정션박스 라고도 한다. 따라서 상징은

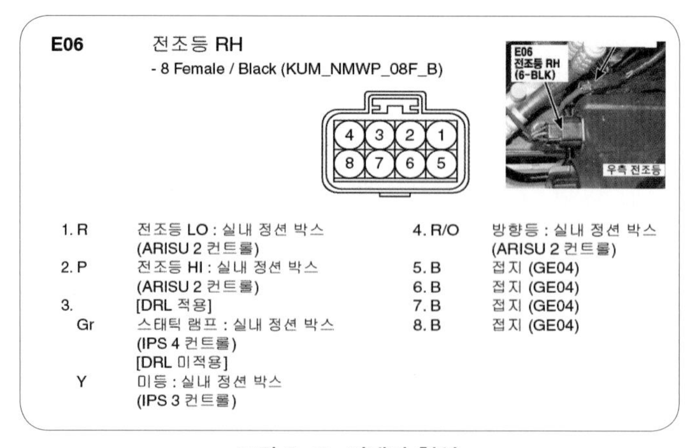

그림 8-13. 커넥터 형상

배선 하네스의 구별, 커넥터 및 회로에 구분하기 위해 사용되었다. 여기서 E06은 엔진 배선의 커넥터 일련번호가 06이고, E06-1, E06-2라면 같은 커넥터가 2개 이상 있다는 것임을 뜻한다.

F(Female)는 암컷을 말하고 M(Male)은 수컷을 말한다. 이처럼 회로를 볼 줄 모르고 배선의 고장 유무를 확인한다는 것은 사막에서 바늘 찾는 것과 비슷한 격이다. 암 커넥터의 핀 번호는 우측에서부터 번호가 부여되며, 핀 번호에 따라 배선의 색상도 각각 달리 주어진다.

색상을 예를 들면 그림 8-11에서 E06 커넥터의 2번 핀 배선은 I/P-D(Inner Panel-D) 12번 단자 핀과 연결되어 졌다. 여기서 0.85P는 배선의 단면적 0.85mm이고 색상은 P는 Pink 분홍색을 뜻한다. 다음은 표 8-1처럼 배선의 색상을 나타내었다.

표 8-1. 전선(Wire)의 회로도 색상

기 호	배선 색상	기 호	배선 색상
B	검정색 (Black)	O	오렌지색 (Orange)
Br	갈색 (Brown)	P	분홍색 (Pink)
G	초록색 (Green)	R	빨강색 (Red)
Gr	회색 (Gray)	W	흰색 (White)
L	파란색 (Blue)	Y	노랑색 (Yellow)
Lg	연두색 (Light Green)	Pp	자주색 (Purple)
T	황갈색 (Tawny)	Ll	하늘색 (Light Blue)

만약 회로도에서 0.85 B/W라면 배선의 단면적이 0.85mm이고 검은색 바탕에 흰색 줄이 갔다는 것을 의미한다. 그림 8-11에서 우측의 하단처럼 전조등 RH에서 E06 커넥터의 5번과 6번 커넥터 배선을 자세히 보면 두 배선 사이 점선으로 연결되어 있고 의미는 두 배선이 한 커넥터 E06에 합쳐져 내부에 있다는 뜻이다.

전조등 RH를 예를 들면 전조등 단품에서 부품을 점선 처리했다. 점선과 실선의 차이는 점선은 이것 외에도 다른 기능을 가진 요소가 있다는 의미이고 실선은 단품 자체를 나타내거나 단품의 작동 요소가 그것 외엔 없다. 라는 뜻이기도 하다. 이처럼 회로 분

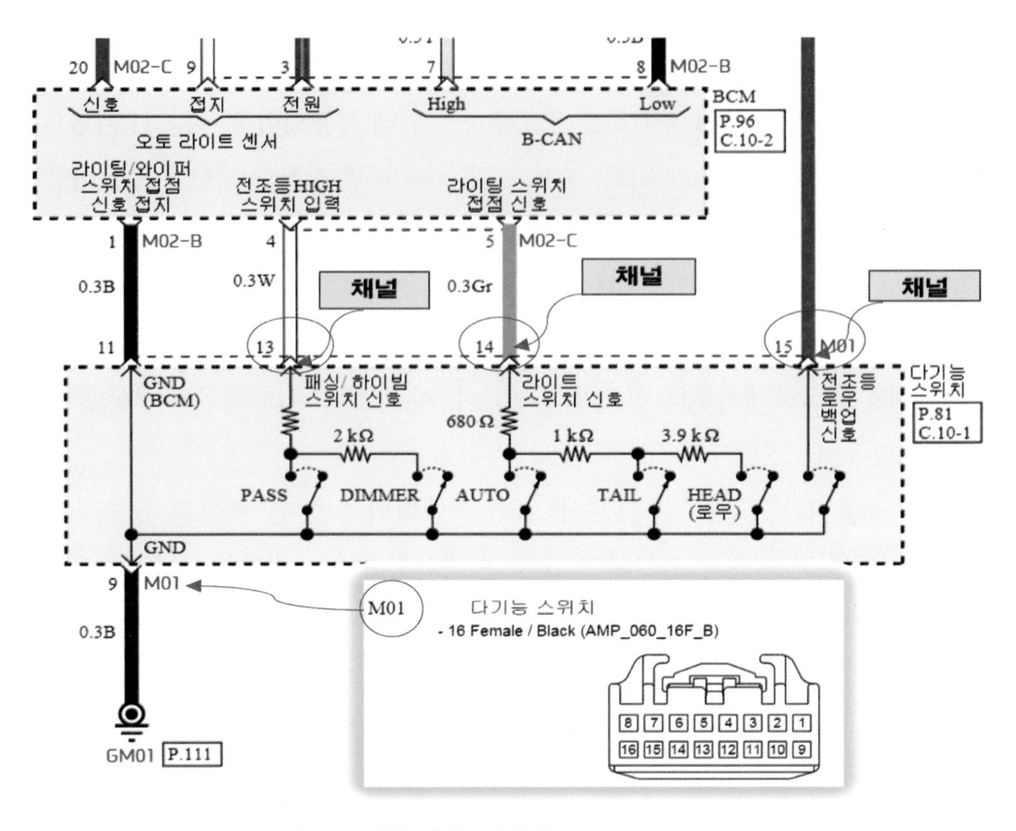

그림 8-14. 최근 다기능 스위치

석은 현 자동차를 정비하는데 많은 영향력을 가지며 우리 대학의 기본 수업 과제이기도 하다. 필자는 현장에서 전기장치의 고장을 수리하고 정비함에 고장 현상은 같으나 고장 부위는 서로 다른 경우를 많이 접했다. 현장에서 경험한 결과 이제 자동차의 정비는 시스템(System)과 로직(Logic) 등 회로 분석이 키워드(Key-Word)라 생각된다.

과거에는 다기능 스위치 신호 입력이 BCM(Body Control Module)으로 스위치 신호가 입력되었다면, 최근에는 스위치 작동하여 저항값의 변화를 이용한 전압 변화로 Auto, Dimmer, Pass, 미등, 헤드램프 Low를 작동시킨다. 각 단 별 오실로스코프 파형(oscilloscope)은 다음과 같다.

그림 8-15의 채널 1번은 다기능 스위치 OFF하고 M01 커넥터 14번 단자 핀 측정 파형이다. 이 전압은 BCM에서 내보내 주는 전압으로 BCM의 이상 유무를 알 수 있는 중요한 척도가 된다. 채널 2번은 전조등 HI 신호 전압으로 약 4.98V가 측정된다. 이 또한 중요한 전압이라고 해도 과언이 아니다. 채널 3번은 전조등 백업 신호로 5.34V가 측정되었다. 우리는 이러한 전압을 풀-업(Pull-up) 전원이라고 한다. 스위치 ON/

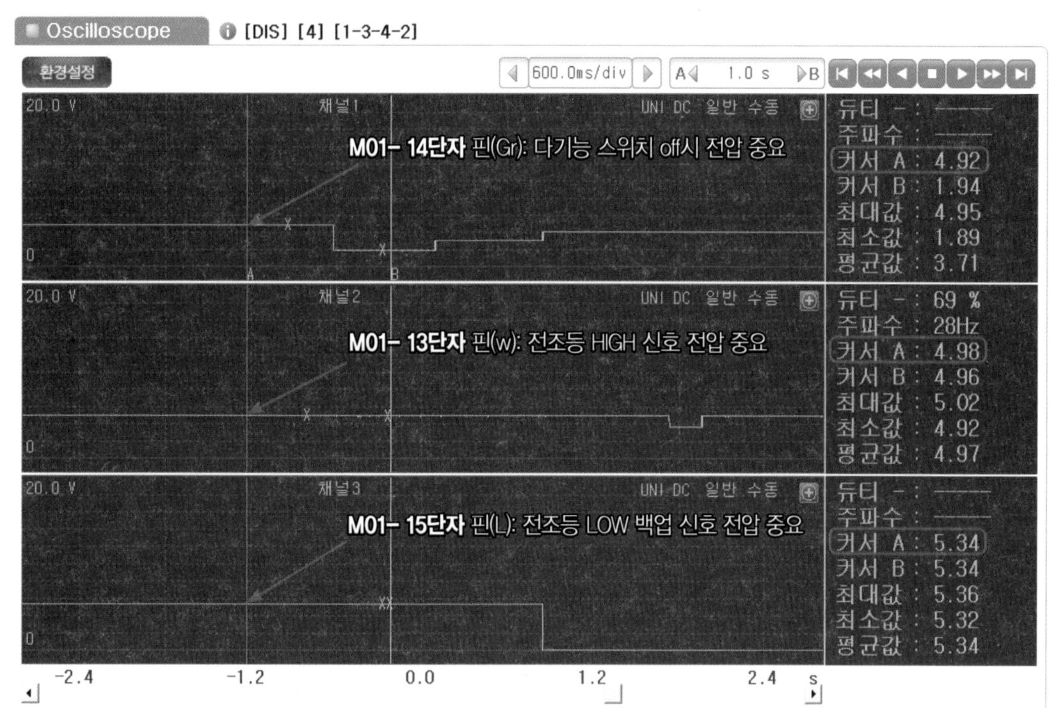

그림 8-15. 최근 자동차 다기능 스위치 OFF 시 전압 파형

OFF 상태를 모니터링(Monitoring)하기 위해 주로 쓰는 방식이다.

최근에는 암 전류 감소 목적으로 스트로브(Strobe) 방식의 전원을 출력한다. 기존은 정전압을 출력하지 않는다. 따라서 스트로브(strobe) 파형이 출력되는 입력 스위치 신호는 디지털 멀티미터를 사용하여 전압을 측정하면, ON/OFF 듀티 비율에 따른 평균 전압이 검출되므로 알고 넘어가야 한다. 기존 차량에 대비 정전압 파형에서 스트로브(Strobe) 파형 전압이 검출되며 디지털 멀티미터의 사용으로 평균값이 나타나고 주파수는 2Hz가 측정된다. 모든 스트로브 파형이 그렇다는 것은 아니며 해당 파형은 아웃사이드 핸들 안테나 신호 파형을 나타내었다. 스트로브 파형은 제어 이후 Sleep Mode 진입 시 12V 스트로브 파형을 수행하다가 즉시 제어 시 12V 이상의 정전압 파형이 나온다.

화면에 출력된 파형의 1주기 상에서 (-) 듀티 값을 나타내고 단위는 %로 나타낸다. 주파수(Hz)는 2Hz로 초당 2번 최대 16.88V에서 모니터링 전압을 96% 듀티로 제어 OFF하고 4% 듀티로 ON 하고 있음을 알 수 있다. 또한, 최대값 16.88V이고 최소는 0V에 가까운 전압을 나타낸다.

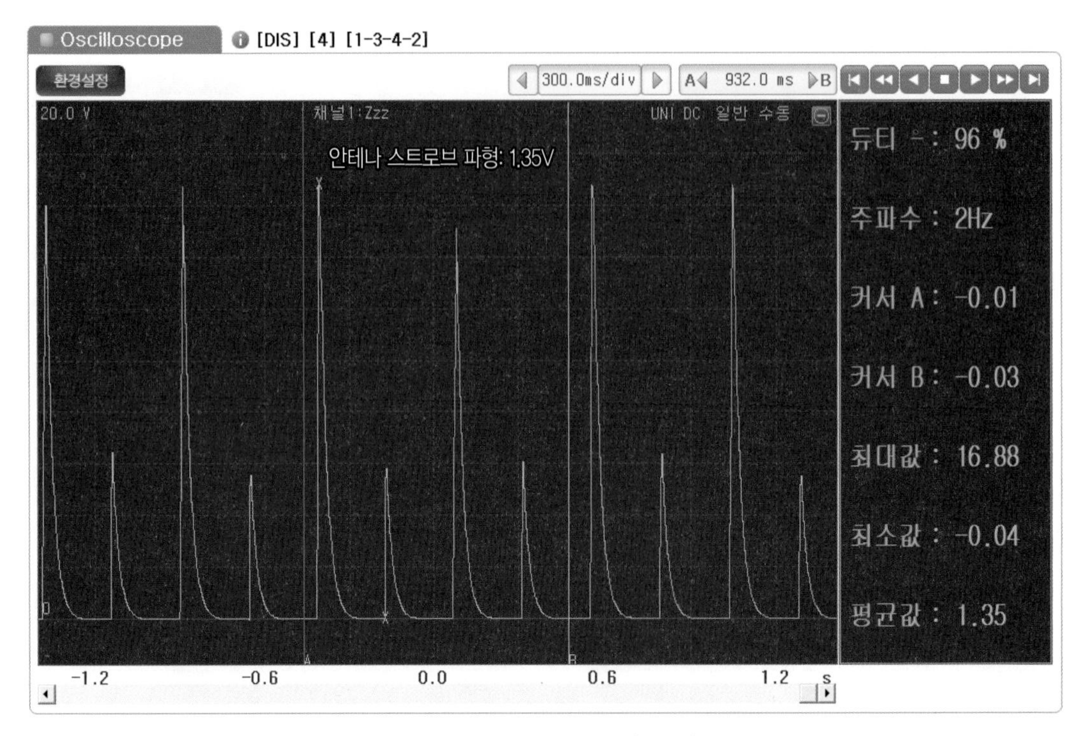

그림 8-16. 스트로브 슬립 모드(Mode) 파형

스트로브 파형은 암전류를 줄이기 위해 제어기가 휴식기에 나타나는 파형이다. 데이터 버스와 한 개의 제어선을 이용하는데 두 개의 독립적인 장치 사이의 비동기적인 데이터 전송을 위해 전송 시각을 알리는 제어 신호를 스트로브 신호라 한다.

한 개의 제어 선을 통해 상호 교환하고 수신 장치는 스트로브 펄스를 주기적으로 발생시켜 송신부로 데이터를 제공하도록 알린다. 메모리와 CPU 사이에서 정보를 교환할 때 사용한다. 그러나 단점이 있다면 전송을 시작한 송신장치는 수신 장치가 데이터를 받았는지를 알 수 없다. 과거 자동차는 다기능 스위치 OFF에서 스위치를 옮기면 미등, 전조등, 전조등 상향이었으나 최근의 자동차는 다기능 스위치 OFF에서 AUTO, 미등, 전조등, 전조등 상향 순으로 스위치 작동 순서가 바뀌었다.

위 파형은 전조등 AUTO 작동 시 파형으로 나타내었다. AUTO 스위치를 작동하면 주간에는 전조등이 작동되지 않으며 야간 운행 시 미등과 전조등이 조도에 따라 순차적으로 점등되는 편의장치를 말한다. 주행 중 터널을 지날 때나 어두운 조건의 조도에서 작동한다. 점등 조건은 차종에 따라 다르나 미등 점등 조도는 23±1.4(LUX)0.78=

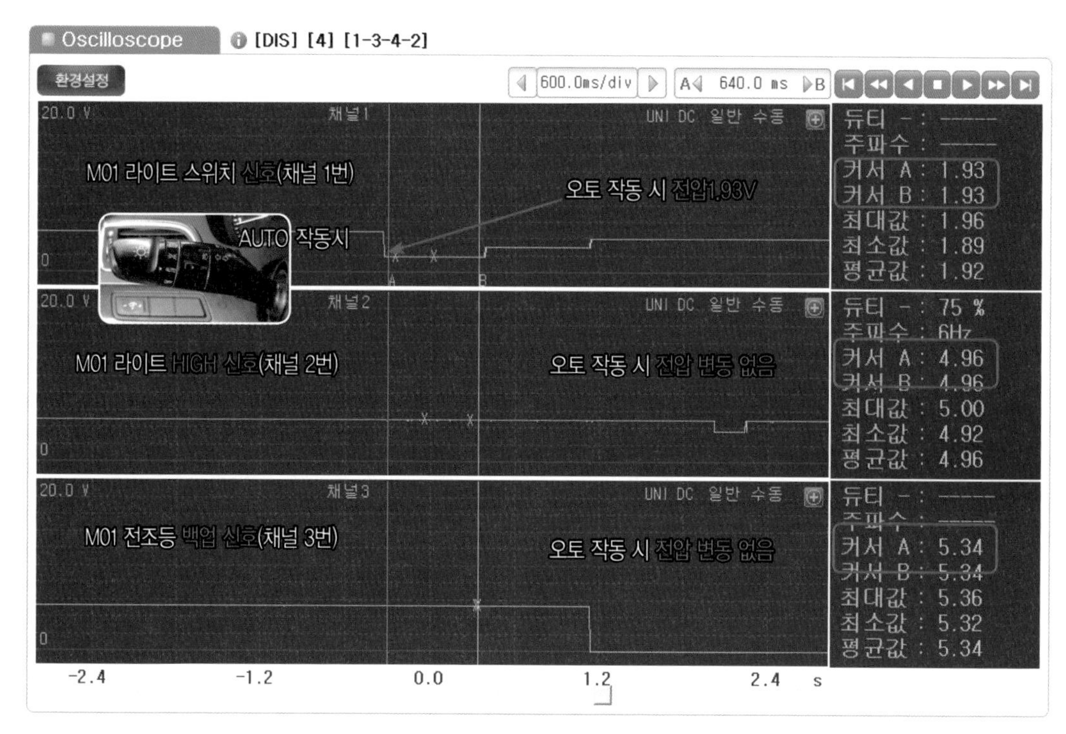

그림 8-17. 최근 자동차 AUTO 작동 시 파형

0.04V EK. AUTO 스위치를 ON 하면 이때 센서에 의한 명암에 따라 레인 센서 유닛 내부의 포토다이오드에 조사된 빛의 조도에 의해 CPU 내부 이미 설정된 전압과 같은 경우 자동으로 LAMP를 점등, 소등한다.

소등조도는 48.1±1.4(LUX)1.38=0.04V이다. 전조등 점등 조도는 6.2±1.4(LUX)0.36=0.04V이며, 전조등 소등조도는 12±1.4(LUX)0.52= 0.04V이다.

위 파형은 미등 작동 시 파형을 측정하였다. AUTO 작동에서 전압이 1.93V가 측정되었고, 미등 작동 시 약 3V가 측정되었다. 이는 그림 8-14 회로에서 보는 바와 같이 직렬 연결된 회로로 저항이 많아질 때마다 전압상승 되는 결과를 낳는다.

이것은 엔진의 냉각 수온 센서 원리를 이용한 것과 같다. 저항이 많으면 많아질수록 BCM(Body Control Module)에 입력되는 전압은 커지고 저항이 적으면 적어질수록 BCM에 입력되는 전압은 작아지는 원리이다. 저항에 따른 전압을 분배하여 BCM은 운전자가 어떠한 모드(Mode)로 작동을 했는지 알 수 있다. 점검하는 데 있어 착안해야 할 점은 진단 장비를 통하여 다기능 스위치 각 단자 별 전압 시뮬레이터(Simulator)하

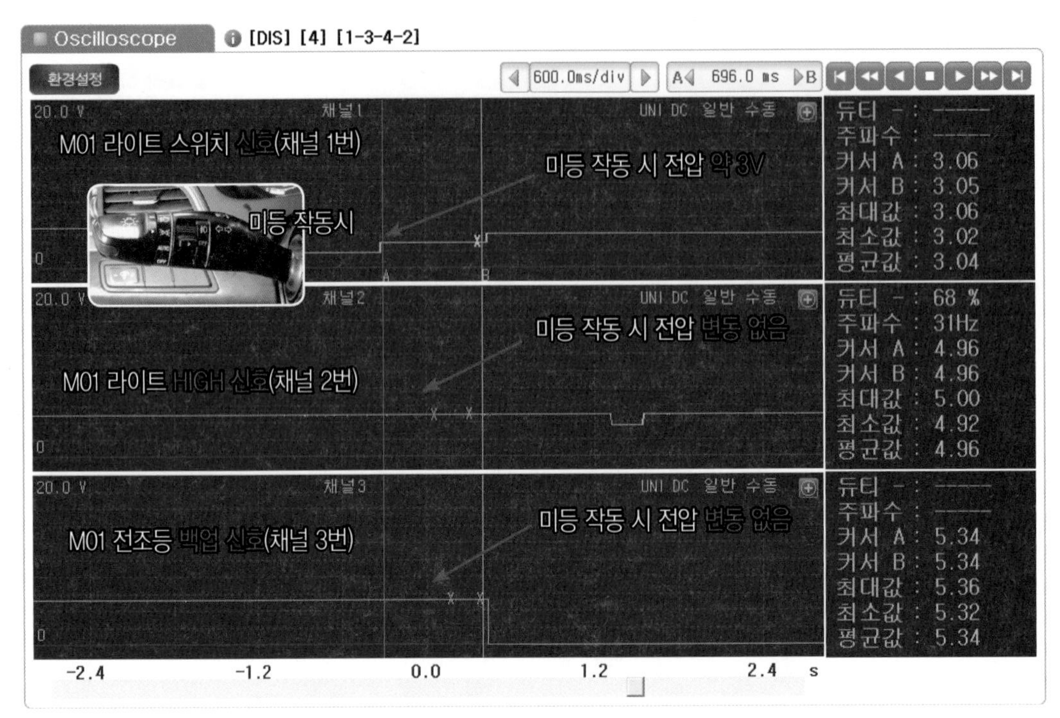

그림 8-18. 최근 자동차 전조등 LOW 작동 시 파형

여 제어기에 직접 전압을 주면서 작동되는 상태를 확인하는 것이 중요하다. 이는 대학에서 전압과 저항의 원리를 이해하고 실습 시 연구 과제로 두면 좋을 듯하다. 그러면 BCM이 어떤 제어를 하는지 알 수 있고 제어기의 고장 유무를 판단하는 기준이 된다.

그림 8-19는 전조등 LOW 작동 시는 전압이 약 4.16V 전압 파형이 측정되었고 HIGH는 전압 변동이 없다. 그러나 이 차량의 경우 전조등 백업 신호인 M01 15(L)번 배선 전조등 LOW 작동 시 0V 전압이 측정된다. 이는 과거 릴레이를 제어하는 시스템에서 볼 수 없는 광경(光景)이다. 다시 말해 릴레이 제어의 전조등 시스템에서는 전조등 회로의 다기능 스위치에 문제가 발생하면 전구의 점등이 불가(不可)했는데 최근 국내 2015년식 자동차에서 전조등 백업 신호를 BCM에 두어 전조등 LOW는 작동한다.

고장 시 백업 신호를 두어 더욱 안전하게 전조등 LOW가 작동될 수 있도록 하였다. 이것은 자동차가 전조등을 작동하는 데 있어 다기능 스위치가 고장이 나도 전조등 LOW는 언제든 작동이 될 수 있게 후속(後續) 조치한 것이다. 이처럼 최근의 자동차는 고장 발생해도 운행에 있어 최소한의 안전 시스템(System)을 갖추고 있다는 특징을 가진다.

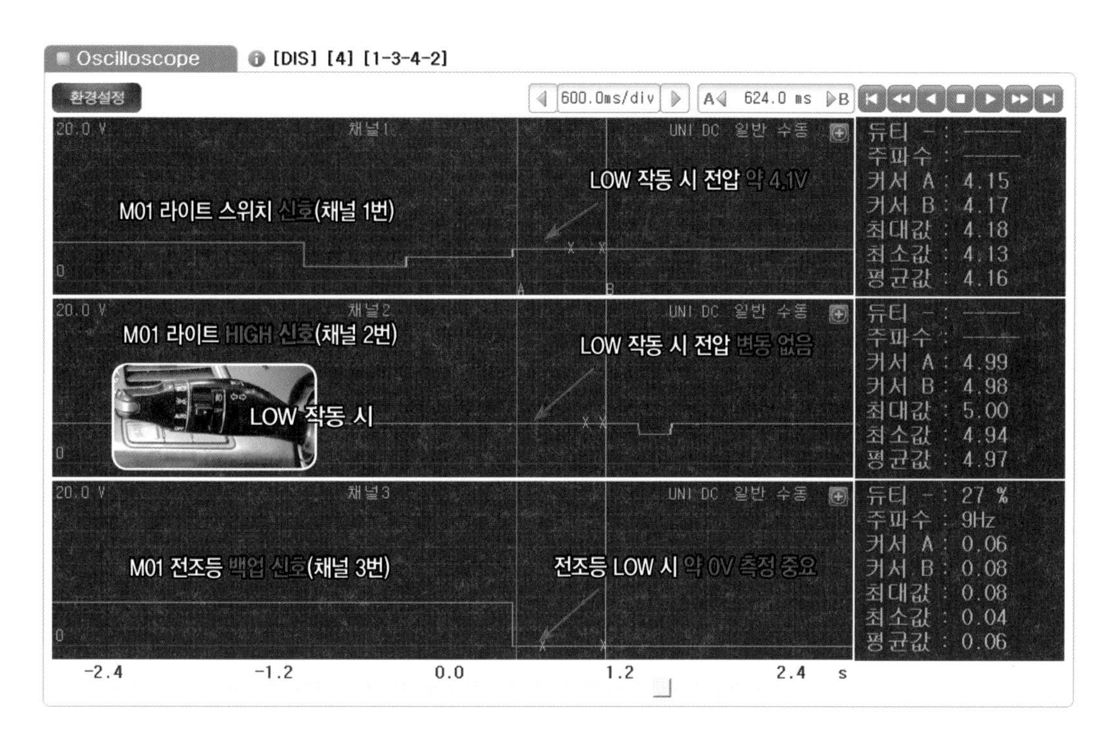

그림 8-19. 최근 LF SONATA 자동차 전조등 LOW 작동 시 파형

마지막으로 전조등 HIGH 작동은 전조등 LOW가 작동된 상태에서 스위치를 ON 하는 것으로 전조등 LOW의 전압은 그대로 있고 M01 커넥터 HIGH 신호의 전압만 3.69V로 바뀌었다. BCM(Body Control Module)으로 이 전압이 입력되면 BCM(Body Control Module) 운전자가 전조등 HIGH를 작동시켰다고 보고 전조등 HIGH 제어를 하게 된다.

이처럼 모든 고장진단은 회로를 분석 후 전조등의 입, 출력을 확인하여 정비한다. 먼저 오실로스코프 파형을 측정하는 것이 아니라 진단 장비를 통하여 해당 제어 모듈(Module)의 자기진단과 서비스 데이터 해당 항목을 선택해 필요한 데이터를 보는 것이다.

정비는 이제 이러한 데이터를 활용하여 빠른시간 안에 제어 측면에서 입력 부품을 분해할지 출력 부품을 분해할지 선택하여 신속하게 작업할 수 있도록 하기 위한 진단 장비와의 싸움이라 할 수 있다. 이것이 지금의 정비다. 자동차의 부품교환은 그다음 문제이다. 정확한 진단과 분석은 자동차 정비의 기초가 되기 때문이다.

최근 오토 라이트 시스템이 접목되어 오토 라이트를 설정하기 위해서는 이그니션 스

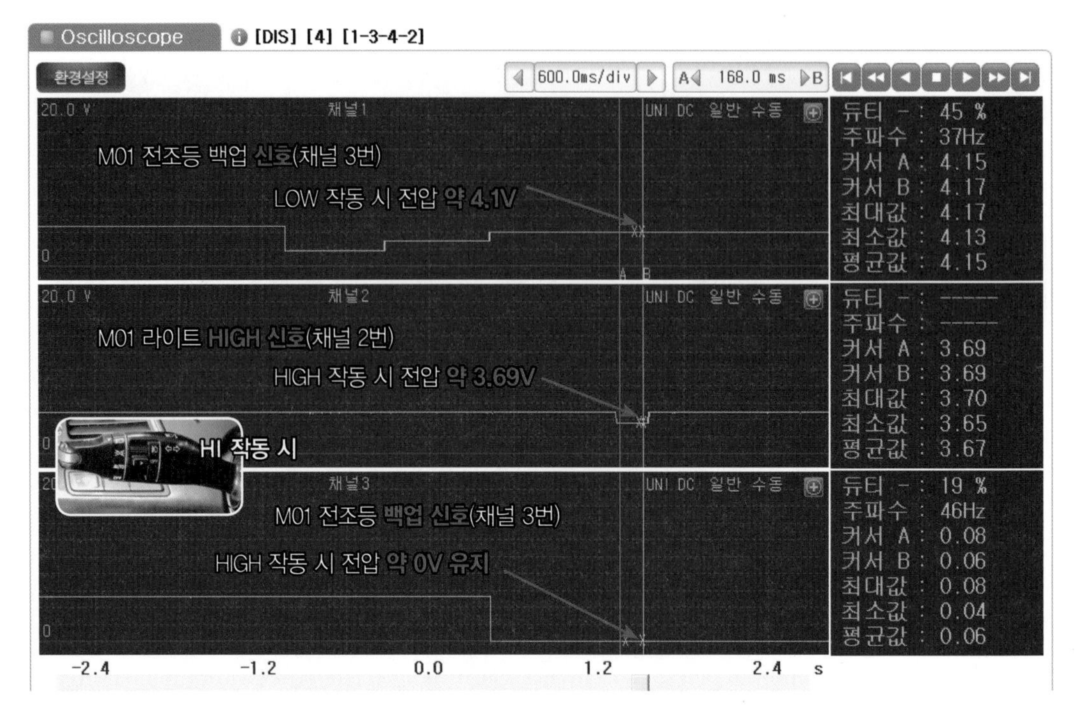

그림 8-20. 최근 자동차 전조등 HIGH 작동 시 파형

위치 ON 상태 이상에서 라이트 스위치를 AUTO 모드로 선택하여 오토 라이트 센서를 통해 주위 조도 변화에 미등과 전조등이 순차적으로 켜지는 시스템을 말한다. 따라서 AUTO 모드에 운전자가 라이트 스위치 놓으면 운전자가 따로 조작하지 않아도 AUTO 모드에서 자동으로 미등과 전조등을 ON 시켜 주행 중 터널 진입 시나 눈, 안개 날씨가 흐렸을 때 전조등이 자동으로 켜지는 안전 운전을 위한 편의장치이다.

따라서 실내조도 변화를 줄 수 있는 앞 유리의 광 차단 코팅(Coating)은 오작동을 할 수 있는 조건이 된다. 앞 유리 썬팅은 되도록 피하는 것이 좋으며 코팅으로 오작동이 될 수 있다. 신 차량 출고 시 되도록 피하길 바란다. 조도를 판단하는 센서는 보통 인스루먼트 패널 중앙에 유리 앞 가까운 곳에 장착되며 탈거 시 인스루먼트 패널과 오토 라이트 센서의 파손에 주의한다. 따라서 점검 시 주의를 요한다.

오토 라이트 센서는 배선 3가닥으로 전원 5V를 가지며 접지 0V 신호 값은 현재의 조도 값을 가진 전압, 조도에 따라 감지된 전압이 BCM(Body Control Module)으로 입력되며 0.4V에서 전조등 LOW가 점등되어 약 2.89~3V에서 소등되는 것을 볼 수 있다.

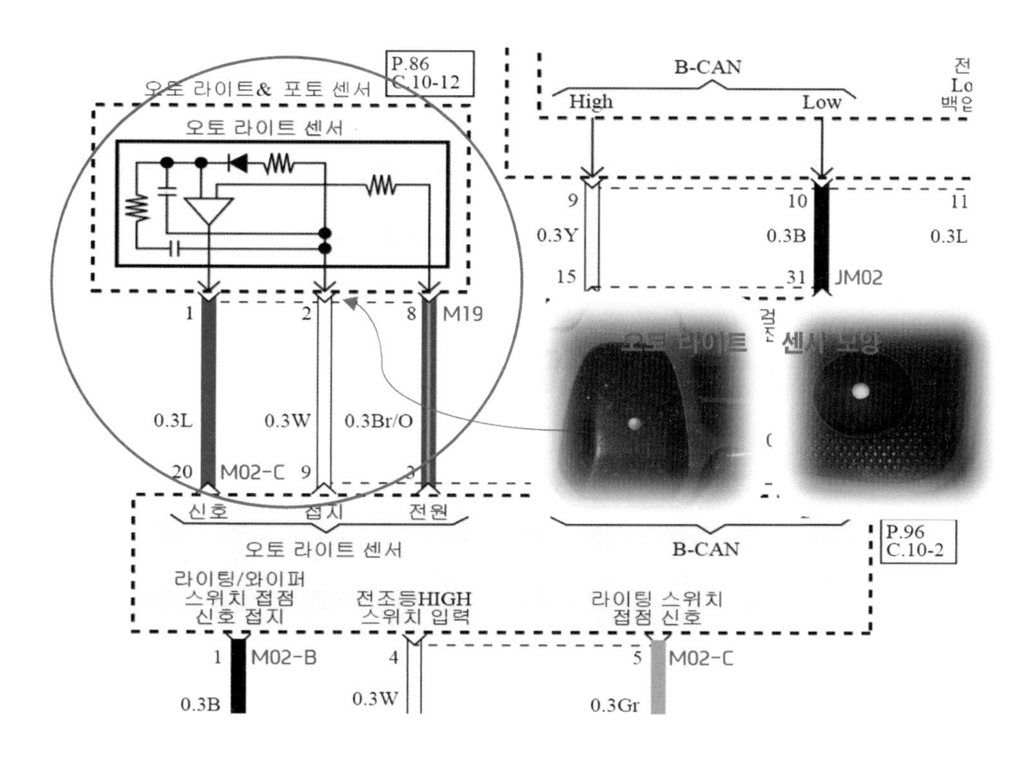

그림 8-21. 오토 라이트 센서 회로

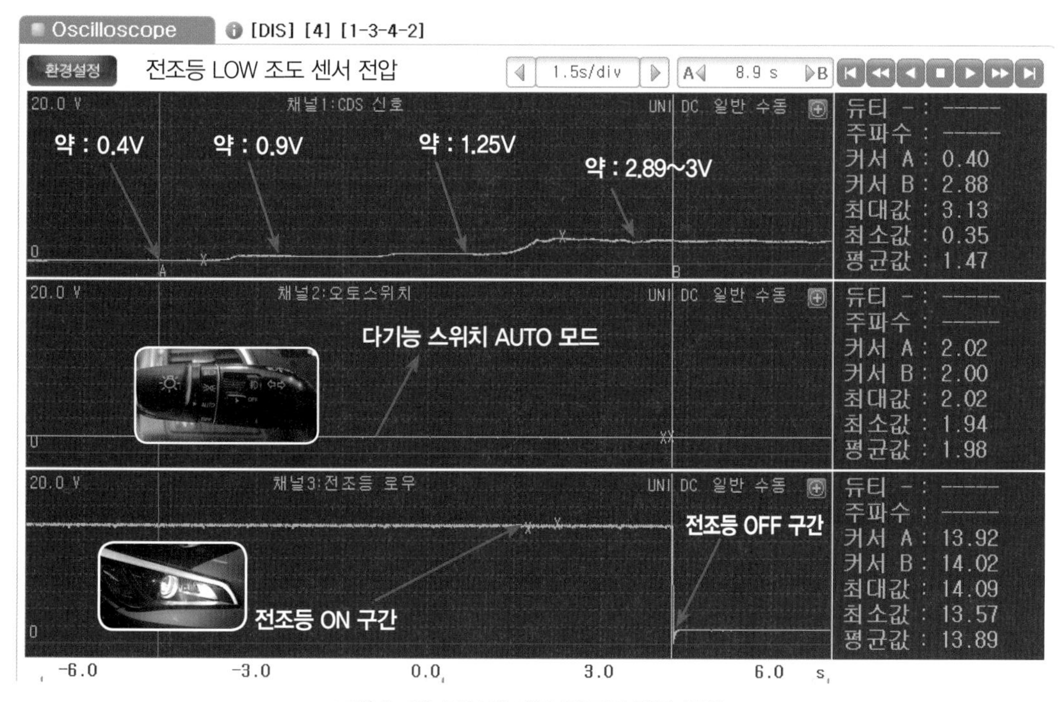

그림 8-22. 조도에 따른 전조등 점등 변화

이 전압이 BCM으로 입력되면 헤드램프 제어 신호를 CAN(Controller Area Network) 통신라인 상에 전송한다. 스마트 정션 블록(SJB)의 모듈 내부의 IC(반도체 직접 회로: IPS)를 이용하여 헤드램프로 직접 전원을 공급한다. 그리고 헤드램프 출력의 전류를 모니터링하여 고장 감지 시 CAN 통신라인을 통하여 고장 코드 정보를 전송한다.

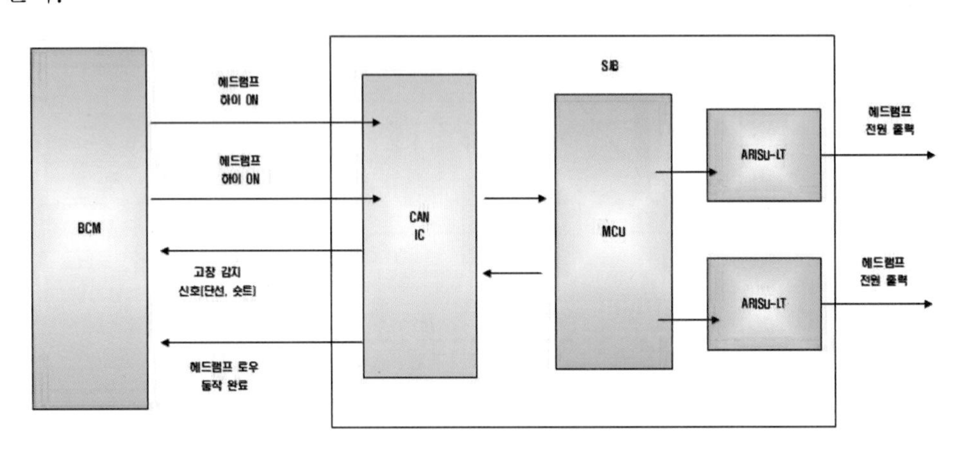

그림 8-23. 스마트 정션 박스 램프제어

따라서 조도 센서는 빛의 밝기에 따라 센서 내부 전도 특성이 변하는 광 전도성 반도체 소자를 이용하는데 BCM으로부터 5V 전원을 공급받아 작동된다. 조도 센서는 조도가 밝으면 출력 전압이 상승하고 어두워지면 출력 전압이 낮아지는 특성 가지고 있다.

과제 1 다기능 스위치에서 각 구간 별 작동 후 전압 측정하시오.

표-8-1 실습

항 목	점검 조건	배선 커넥터 핀 번호 역할	작동한 측정 전압(V)	비 고
다기능 스위치 M01-1 커넥터	커넥터 연결 상태 각 구간 작동전압	패싱/하이빔 스위치 신호 M01-13번		양, 부
		라이트 스위치 신호 M01-14번		양, 부
		전조등 LOW 백업 신호		양, 부

과제 2 오토 라이트 센서 장착한 상태에서 전압 측정하시오.

표-8-2 실습

항 목	점검 조건	배선 커넥터 핀 번호 역할	작동한 측정 전압(V)	비 고
오토 라이트 센서	커넥터 연결 상태 오토 라이트 센서	신호(M19-1번)		양, 부
		접지(M19-2번)		양, 부
		전원(M19-8번)		양, 부

과제 3 오토 라이트 센서 장착한 상태에서 전압 측정 점검, 진단하시오.

표-8-3 실습

항 목	점검 조건	배선 커넥터 핀 번호 역할	작동한 측정 전압(V)	전압 변화치 설명
오토 라이트 센서	센서 부위를 어둡게 또는 밝게 하여 전압 측정	신호(M19-1번)		
		접지(M19-2번)		
		전원(M19-8번)		

과제 4 오토 라이트 센서 장착한 상태에서 전압 측정 점검, 진단하시오.

표-8-4 실습

항 목	점검 조건	배선 커넥터 핀 번호 역할	작동한 측정 전압(V)	전압 변화치 설명
오토 라이트 센서	센서 커넥터 탈거 후 전압 측정	신호(M19-1번)		
		접지(M19-2번)		
		전원(M19-8번)		

09 실무 앞 유리 와이퍼 와셔 정비

9-1 와이퍼 회로 분석

현장에서 와이퍼 작동 불량으로 한 번쯤 정비하는 데 있어 고생한 적이 있을 것이다. 그 첫 번째가 단품 고장이 아님에도 와이퍼 모터를 교환하거나 다기능 스위치(Multi Function Switch)를 교환하는 사례인데 나의 경험을 보자면 사고 차량으로 판금 반에서 다기능 스위치를 교환하고 출고가 된 차량이다. 그런데 다른 작동은 원활하나 미스트 작동만 하면 와이퍼 퓨즈가 단선되어 모터작동 되지 않는 사례이다. 처음엔 모르고 출고한듯하다. 다른 작동은 모두 이상 없는데 미스트 작동만 하면 퓨즈가 단선되는 자동차이다. 확인 못 할만한 것도 이해가 되는 것이 미스트는 안 하고 다른 작동이 되니

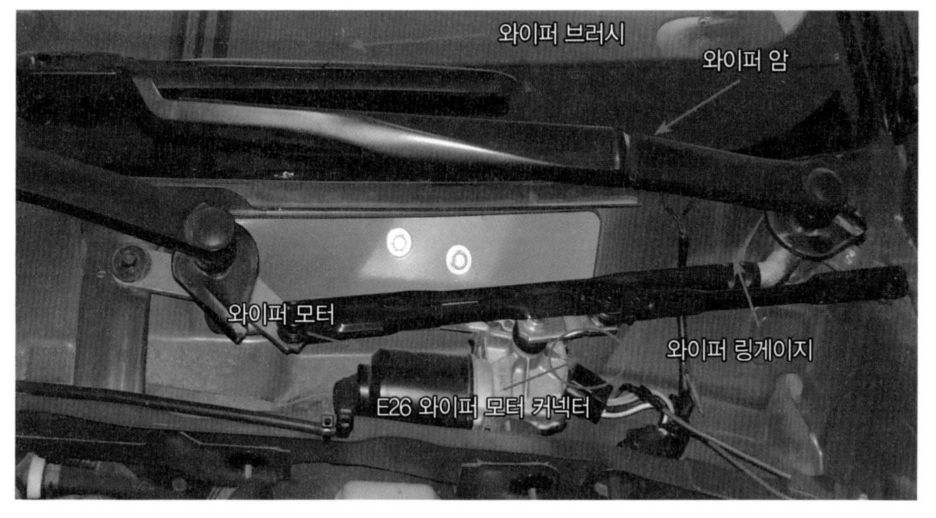

그림 9-1. 와이퍼 모터

말이다. 그때가 겨울철이었던 것으로 기억하는데 고객이 화가 무진장 났던 것으로 생각된다. 고객의 마음도 인정해야 한다. 우리는 감성 노동자이기에 차를 고치는 의사이지만 그에 앞서 고객의 마음까지도 치유해야 한다 생각한다.

비나 눈이라도 오는 날에는 와이퍼 작동 불량으로 위험한 상황까지 갈 수 있는데 출고 시 와이퍼 작동에는 문제가 없고 미쳐 미스트 작동을 확인하지 못한 상태에서 출고하였다는 것이다. 그때 저자에게 최종 입고되었고 나는 그것을 해결하였다. 최종 원인은 다른(이종) 자동차의 다기능 스위치를 장착시켜 발생한 사례인데 회로 분석으로 기막히게 잡았던 기억이 난다. 사실 고객은 엄청 화가 나 있었다. 이번에도 회로 분석을 하고자 한다. 그러기에 회로는 중요하다.

모두 차근차근 반복하여 기본적인 회로 분석과 함께 회로상에서 시뮬레이션하여 모터가 본인이 실제 동작하는 것처럼 전류 흐름을 파악하고 회로에서 이해가 충분히 되어야 필드(Field)에서 해당 자동차를 정비할 수 있을 것이다.

그림 9-2처럼 먼저 다기능 스위치, 와셔 모터, 와이퍼 모터는 실선으로 처리되었다.

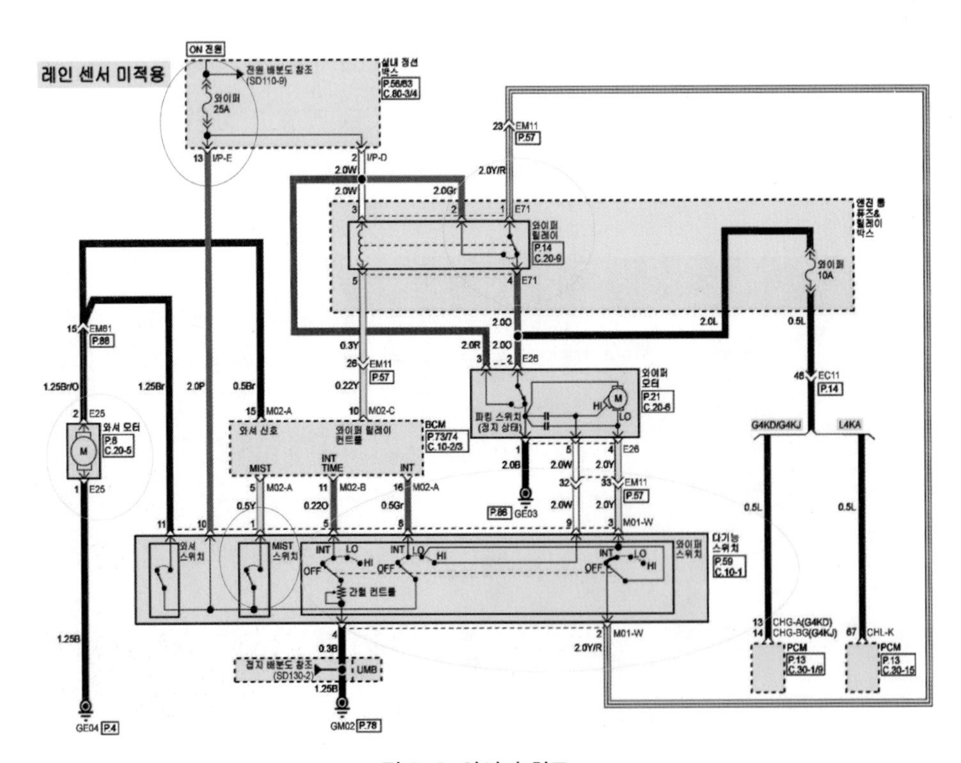

그림 9-2. 와이퍼 회로

전자에서 설명과 같이 단품과 이것밖에 없는 부품의 경우 실선으로 나타낸다. 실내 정션 박스, BCM(Body Control Module), 엔진룸 퓨즈 & 릴레이 박스 실내 정션 박스 또는 스마트 정션 박스(SJB: Smart Junction Box), PCM은(Power Control Module) 점선으로 되어있다.

이는 이 기능 외에도 여러 기능이 있어 여기에서는 이 기능만 보여주어 점선 처리되었다고 생각하면 된다. 그리고 PCM은 엔진 ECU와 TCU(Transmission Control Unit)를 합쳐진 부르는 ECU를 말한다. 따라서 점선 처리가 되어있으므로 그 외에도 많은 제어 배선이 조합되어 있음을 뜻한다. 그림 9-2는 지금 선택된 것만을 보여주고 있다는 의미다.

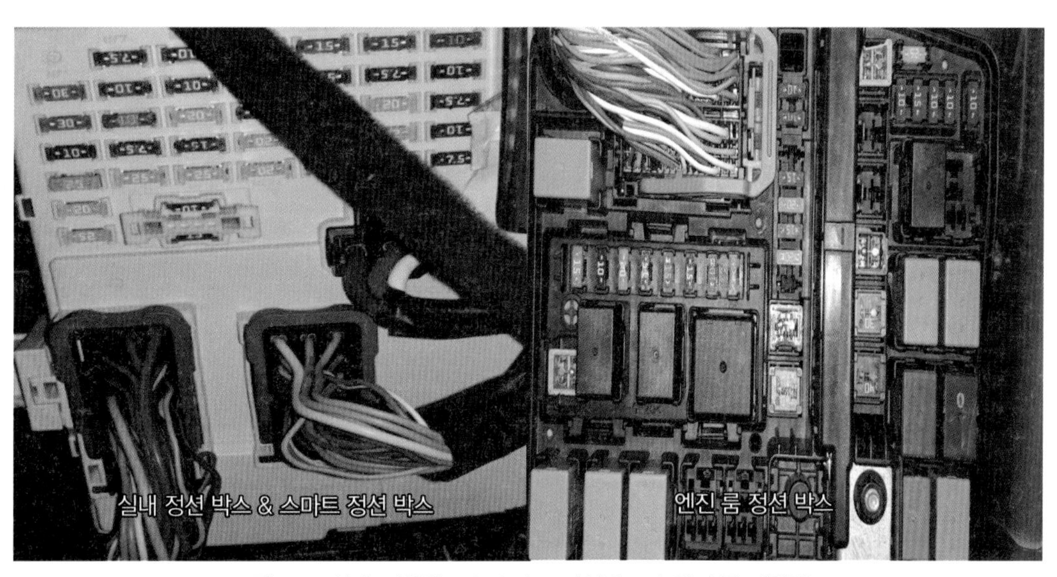

그림 9-3. 실내 정션박스 & 스마트 정션박스와 엔진 룸 정션박스

그림 9-3은 실내 정션 박스와 엔진 룸 정션 박스 그리고 BCM을 그림으로 나타내었다. 최근에는 멀티 퓨즈를 이용한 대용량 퓨즈가 나와 주로 사용되고 있다. 단점은 하나의 회로 단선 시 통째로 교환해야 하는 불편함이 있으나 정비 편의성을 증대시켰다.

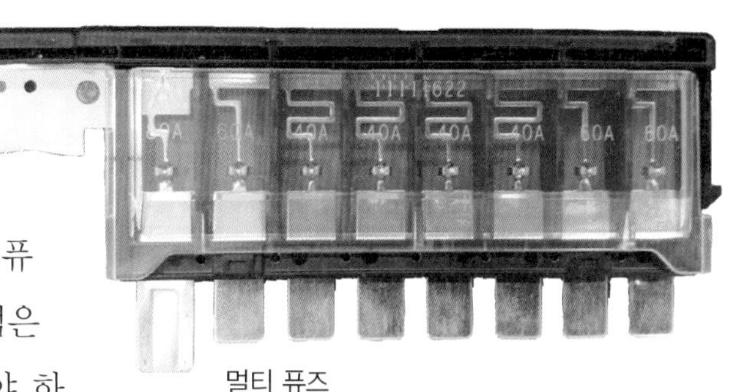

그림 9-4. 멀티 퓨즈(Fuse)

BCM은 실제로 점검하기 어려운 부위에 장착되므로 진단 장비와의 통신을 통하여 진단하는 것이 좀 더 수월하다. 자동차에서 BCM은 자동차의 편의장치뿐만 아니라 자기진단 기능, 그리고 액추에이터 구동 등 서비스 데이터 등의 출력으로 정비 편의성을 증대하였다.

그림 9-5. BCM (Body Control Module)

운행 중인 자동차에서 생성된 전기장치 작동 불량 문제점을 해결하기 위해서는 가장 먼저 정확한 동작 조건을 알아야 하고 기능별 전기장치 회로 분석을 통해 고장의 원인을 유추할 수 있어야 한다. 그것을 토대로 자동차에서 사용되는 모든 진단 장비를 통해 세부적인 입, 출력을 점검하고 정확한 고장 수리가 진행되어야 한다.

최근 BCM은 디지털 입력 신호로 배터리 전원, ACC, IGN 1, IGN 2, 브레이크 스위치, 와이퍼 스위치, 와이퍼 인트 볼륨, 와이퍼 미스트 스위치, 와이퍼 Low 백업 신호, 헤드램프 스위치 Low 스위치 신호, 헤드램프 스위치 HIGH 신호, 앞 안개등 스위치, "P" Position 스위치, 키 삽입 스위치, 미등 스위치, 스티어링 휠 열선 스위치, 선루프 열림 스위치, RPAS Off 스위치, 오토 라이트 스위치, 오토 라이트 센서 입력, 에어백 충돌 신호를 입력받아 BCM 출력한다.

그 대표적인 출력으로는 키 홀 조명 출력, 보안 표시등, 풋 램프 출력, 룸 램프 출력,

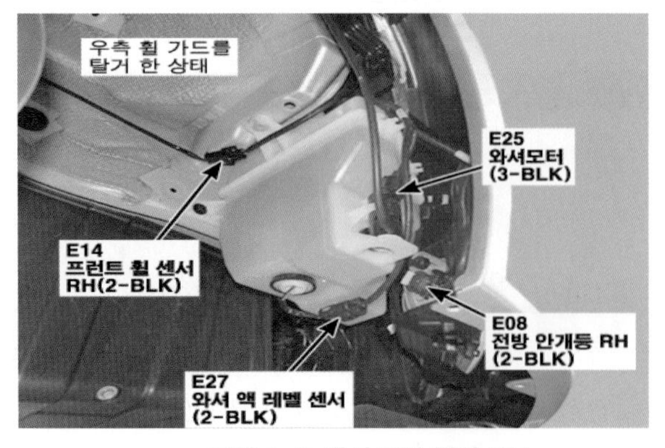

그림 9-6. 와셔 모터 위치 E25

그림 9-7. 와셔 모터 커넥터 E25

퍼들 램프 출력, RPAS(Rear Parking Assist System) 인디케이트 출력, 운전석 시트 밸트 출력, 와이퍼 Low 릴레이, 와이퍼 High 릴레이, AV 출력, 오토 라이트 전원 출력, 오토 라이트 접지 출력, 세이 프티 파워 윈도우 해제 출력, ATM 솔레노이드 출력, 스티어링 휠 열선 출력, 미러 폴딩 릴레이, 미러 언 폴딩 릴레이, 운전석, 동승석 도어 트림 램프 출력이 있다.

그림 9-6은 와셔 모터 위치를 보여주고 있다. 자동차 회로도란 이 부품이 차량에서 어디에 있고 커넥터 하우징(Connector Housing)의 색상과 커넥터 배열순서, 그리고 배선의 색상이 정확히 확인되어야 진정 회로도라 할 것이다. 현대, 기아자동차 그룹은 진정 자랑할 만하다. 우리나라도 이제는 독일과 비교해 보면 기술적 측면에서 서로 어깨를 나란히 해도 될만하다.

그림 9-7은 와셔 모터의 커넥터 형상과 핀 배열 그리고 핀의 역할을 설명하고 있다.

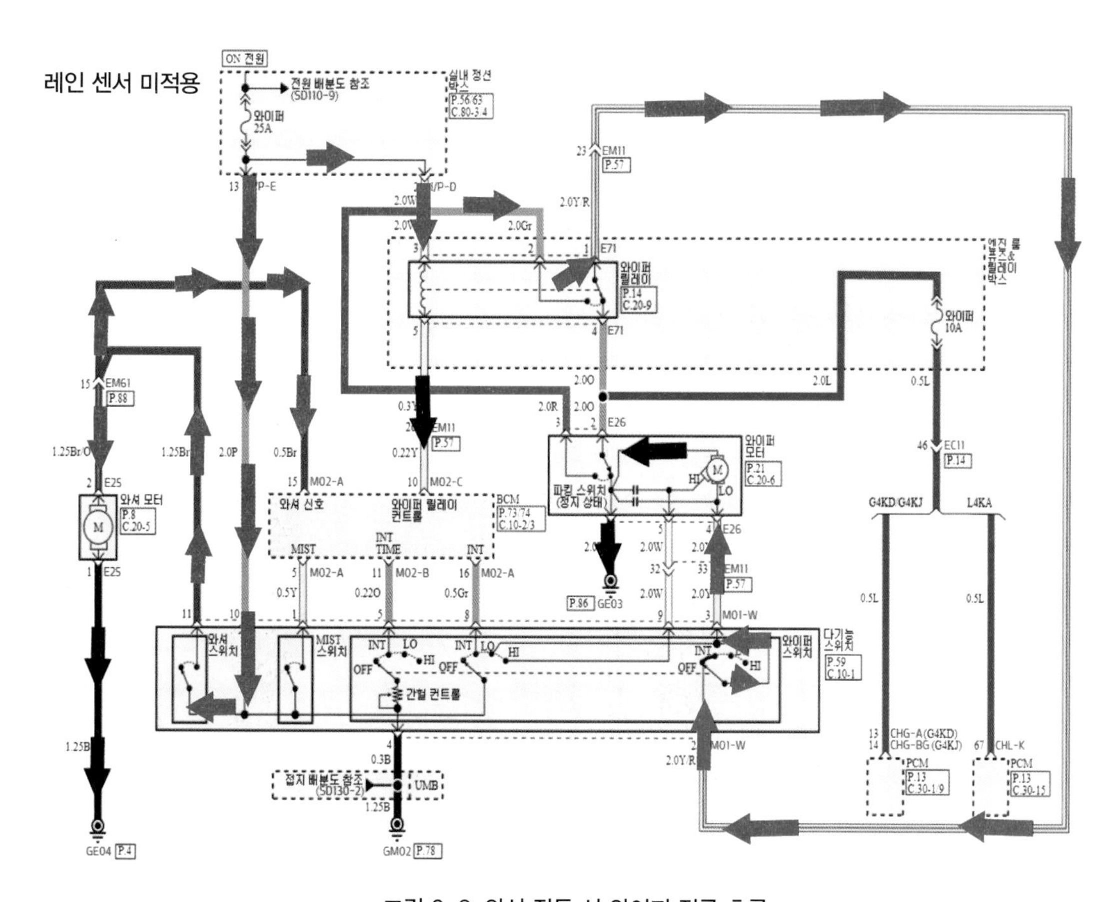

그림 9-8. 와셔 작동 시 와이퍼 전류 흐름

또한, 그림 9-7은 배선의 암컷으로 암 커넥터는 오른쪽 위에서부터 숫자를 읽는다. 회로도에 나와 있는 숫자가 암 커넥터를 기준으로 작성되었다.

그림 9-8은 먼저 와셔 작동을 나타낸다. 와셔 작동은 첫 번째 KEY/ON 다시 말해 시동이 걸려 있거나 시동키만 돌려 KEY/ON 작동 후 그림 9-8에서 실내 정션 박스 퓨즈 25A를 거친 12V 전위를 가진 전압이 실내 정션 박스 I/P-E 13번 핀 단자 2.0mm의 P(Pink) 선을 통해 다기능 스위치 M01-W(Main Wiring Harness)의 A, B, C,......W) 10번 커넥터에 대기한다.

다음은 다기능 스위치 와이퍼 관련 커넥터 형상을 나타낸다. 배선 핀의 각 역할을 설명하고 있다. 정비하는 데 있어 중요한 자료가 된다. 회로에서 좌측 상단 레인 센서 적용과 레인 센서 미적용을 나누어 설명하고 있다.

그림 9-10은 다기능 스위치의 M01-W의 다기능 스위치 커넥터와 14핀으로 구성되어 있으며 커넥터 하우징은 흰색을 나타낸다. 고장의 유형이 와셔 모터와 와이퍼가 소음으로 인한 고장이 아니고 작동 자체가 불량하다면 점검을 어떻게 해야 할 것인가? 위의 회로에서 BCM 제어로 서비스 데이터 지원이 가능하므로 와셔 작동을 하여 다기능 스위치의 이상 유무를 알 수 있는 가장 중요한 자료라고 본다.

진단 장비를 이용하여 해당 차종의 센서 데이터로 진입하여 해당 항목을 클릭하고 그래프 파형으로 변환하여 보면 좀 더 명확한 정비를 할 수 있다.

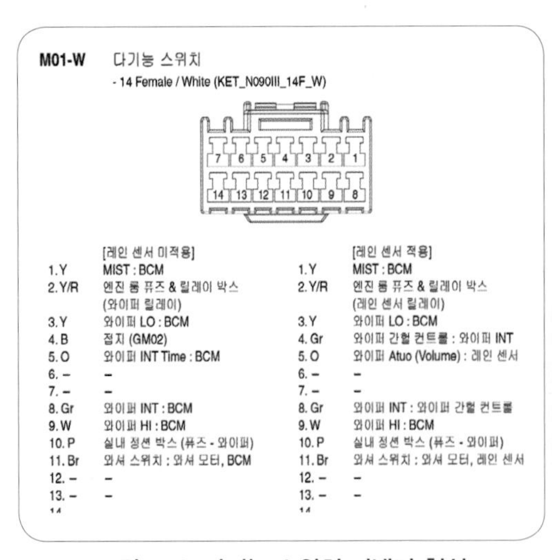

그림 9-9. 다기능 스위치 커넥터 형상

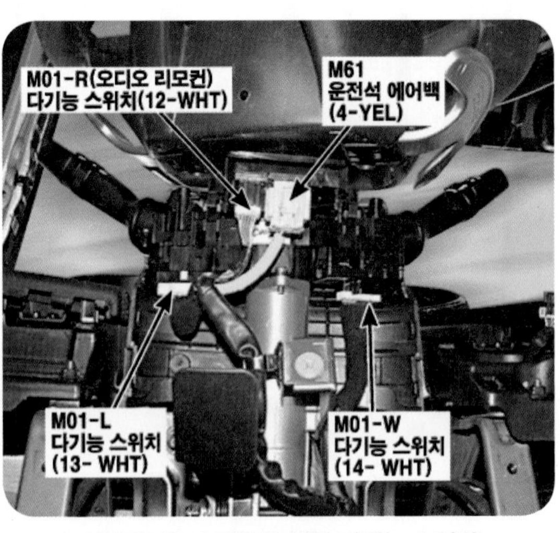

그림 9-10. 스티어링 컬럼 다기능 스위치

그림 9-11은 와셔 작동에서 와셔 스위치 작동 시간에 따라 다르지만 보통 와셔 작동 시 와이퍼 LOW가 3회 정도 작동한다. 이는 와셔 스위치의 다기능 스위치 BCM 제어선까지 정상임을 뜻한다. 만약 와셔 스위치 작동을 하면서 데이터상 ON/OFF 둘 중 데이터상 한쪽 수치로 고정되어 변화 없다면 이는 배선과 다기능 스위치, BCM과 다기능 스위치까지의 배선을 점검하여야 한다.

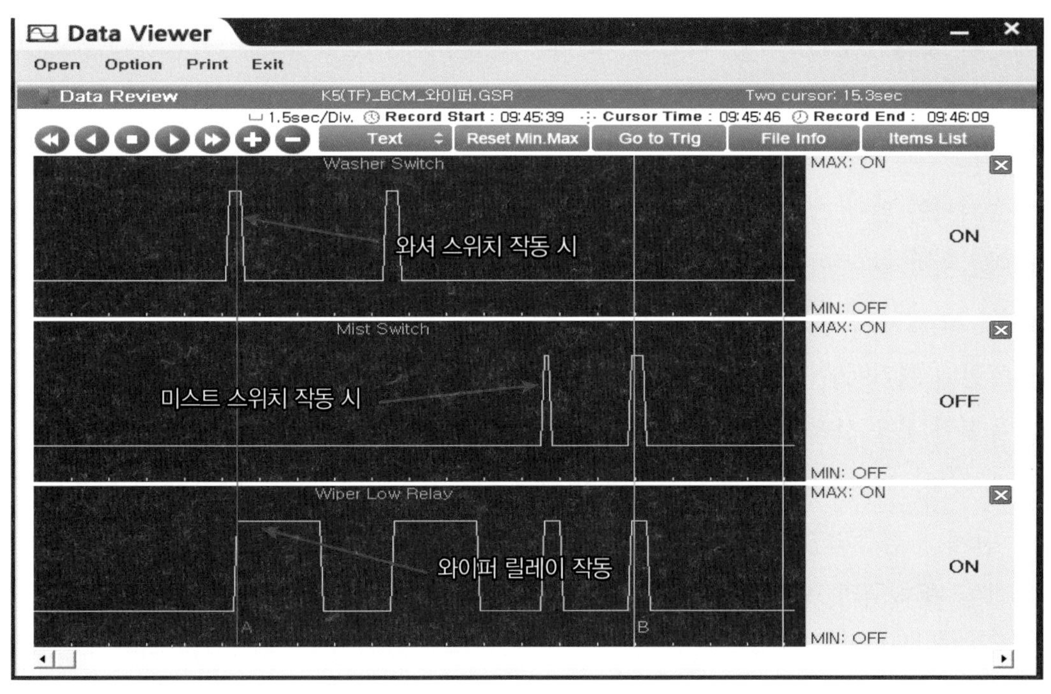

그림 9-11. BCM의 와셔 스위치 데이터

회로도 그림 9-8을 보면 미스트 스위치 작동 시에도 BCM으로 입력되는 것을 한눈에 알 수 있다. 이는 스위치와 BCM 간의 배선과 BCM의 상태까지 알 수 있는 기초적 자료이다. 그림 9-11에서처럼 와셔 스위치 신호가 BCM으로 입력되고 미스트 스위치, 와이퍼 로우 릴레이까지 작동하는 것을 알 수 있어 한눈에 입력 요소를 확인할 수 있고 입력 요소의 부품을 분해하여 볼 필요성이 없다는 이야기가 여기서 나오게 된다.

이렇게 지금의 자동차는 진단 장비를 이용하여 충분한 연습과 회로의 이해 즉 전류의 흐름을 이해한다면 좀 더 정확한 합리적인 점검이 되지 않을까 생각한다.

그림 9-8 회로를 보고 설명하고자 한다. 다기능 스위치의 M01-W에 10번 단자에

전원 12V가 측정되지 않는다면 실내 정션 박스 와이퍼 25A 퓨즈가 단선되었거나 I/P-E 커넥터의 13번 핀 단자 접속 불량이거나 텐션 불량, 배선 단선일 것이다.

확률로 따지면 배선이 끊김은 사고 차량에서 많이 발생하고 평상 운행에서는 퓨즈의 단선이나 배선 커넥터 핀 뒤로 밀림과 접촉 불량일 확률이 높다 하겠다. 어떤 작동이 되지 않느냐에 따라 다르지만 먼저 10번에 전원이 입력되어야 한다.

여기서 전원은 통상 자동차 배터리가 12V이므로 12V라 칭하는 것이지! 시동이 걸려 있으면 충전 전압 12~14.4V가 출력된다. 필자는 그냥 편하게 12V로 표현하겠다. 10번 단자에 12V가 출력됨에도 와셔 모터가 작동 불가라면 M01-W의 11번 단자 회로도 위치를 보고 단자 11번에 와셔 스위치를 작동하고 있으면서 11번 단자에 전원이 12V가 측정되어야 한다. 안 된다면 이것은 다기능 스위치 내부의 스위치 접점 및 내부 기판의 끊어짐이라 할 것이다. 이 문제점은 다기능 스위치를 교환하면 될 것이다. 단품의 상태를 알 수 있다.

그런데 여기서 어디를 먼저 봐야지만 될 것인가는 시간상이나 부품 탈, 부착 면에서 효율적인 곳을 선택해야 할 것이다. 이것이 바로 베테랑 정비사가 결정해야 할 것이 아닌 듯싶다. 배선 점검은 누구나 방법 면에서 다르고 굳이 그 부품을 분해하지 않고 그 전 단계가 검증되면, 작업하기 어려운 실내 인테리어(interior)를 분해하지 않더라도 해결이 될 테니까. 말이다.

그림 9-8에서와같이 M01-W의 다기능 스위치 11번 단자의 전원이 출력된다면 좌측

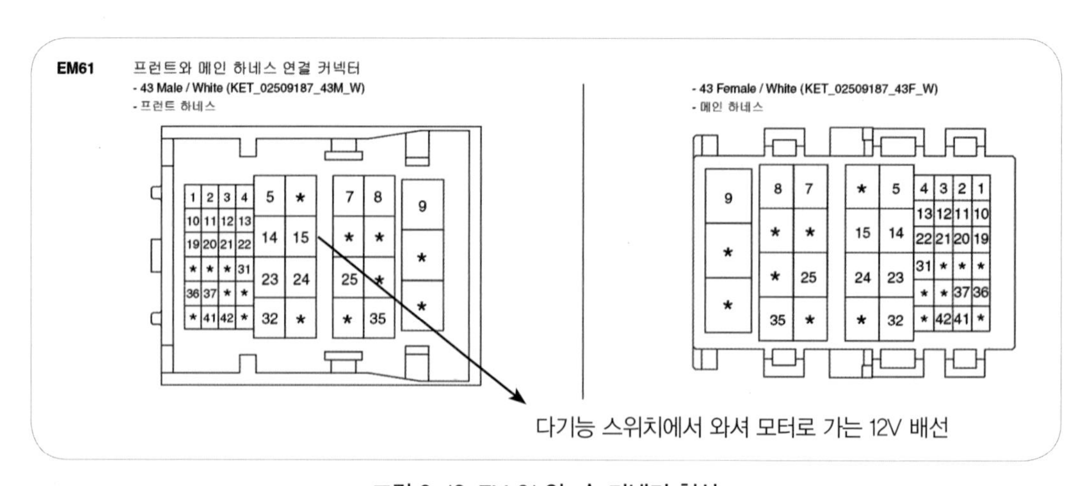

그림 9-12. EM 61 암, 숫 커넥터 형상

상단 EM61 커넥터의 15번 단자에 12V 전원 와셔 스위치를 작동시킨 상태에서 전원이 출력되는지 점검을 하면 된다. 만약 12V 전원이 출력되지 않는다면 배선 단선을 의미하고 배선 단선된 곳을 찾아 수리하면 될 터! 그러나 여러분도 알겠지만 배선 단선된 곳을 찾으려면 많은 시간이 걸리므로 디렉트(Direct) 연결이 빠를듯하다.

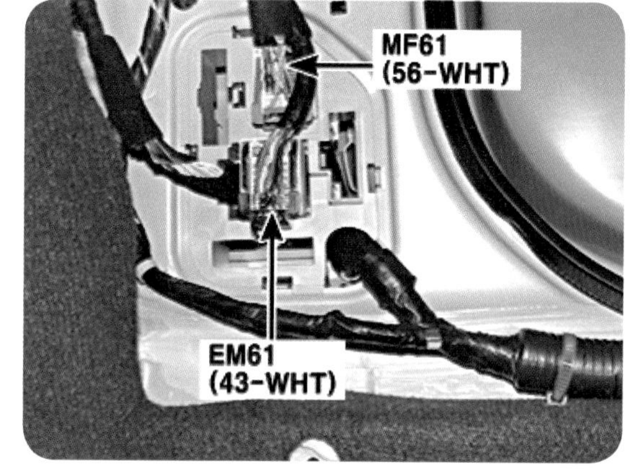

그림 9-13. EM 61 위치

다음은 그림 9-12, 13은 EM61 커넥터의 형상과 위치이다. 15번 핀 단자의 빠짐과 밀림 그리고 커넥터 헐거움 등을 검사하여 해당 사항에 맞는 조치를 하면 된다. 와셔 모터 E25 커넥터 2번 단자에 다기능 스위치를 작동한 상태에서 12V가 출력되어야 한다.

이때 전원이 EM61 커넥터 암컷 커넥터 15번 단자에 전원이 공급됨에도 E25 커넥터 2번 단자에 전원 12V가 공급되지 않는다면 배선 단선이거나 커넥터 핀 접촉 불량에 의한 저항 과다일 것이다. 또한, 전원이 출력 12V가 정상임에도 작동이 불가하다면 와셔 모터, 접지 배선, 와셔 모터 커넥터 핀 접속, 접촉 불량일 것이다.

여기서 잠깐! 마지막으로 와셔 모터 E25 커넥터의 2번 핀의 12V가 출력됨에도 모터가 동작하지 않는다면 해당 커넥터를 탈거 후 테스터 램프를 이용하여 테스트 램프에 집게 부분과 바늘 부분을 와셔 커넥터 배선 핀 두 단자에 연결하여 테스트 램프가 점등된다면 GE04 접지 포인트도 정상임을 알 수 있다. 점등되지 않는다면 이는 접지 배선을 점검하면 된다.

이 모든 것이 정상이라면 와셔 모터의 불량으로 와셔가 작동되지 않음으로 와셔 모터 교환하고 마무리하면 된다. 그리고 그전에 E25 커넥터의 배선의 헐거움과 접촉 불량을 반드시 확인하여야 한다. 현장에서는 무수히 많은 변수가 자리한다. 저자의 진단 기술과정은 꼼꼼함이 있어야 하이-테크 (high-tech)한 정비사가 될 수 있다.

이처럼 와셔 모터의 불량요소를 점검해 보았다. 다음으로는 와셔 모터작동 후 와이퍼가 작동하게 되는데 그 부분을 살펴보도록 하겠다. 와셔 작동 후 EM61 커넥터는 그림 9-8과 같이 병렬연결로 되었으며 BCM(Body Control Module)의 M02-A 15번 단자 Br(Brown)에 12V가 입력된다. 이때 와이퍼 LOW가 작동되는데 이 신호가 입력되지 않으면 와이퍼 LOW가 작동되지 않는다.

현장에서 BCM을 분리하여 정비하는 것은 시간상 많은 어려움이 있다. 전자와 같이 진단 장비를 이용하여 서비스 데이터에서 와셔 스위치 작동 시 와셔 신호가 입력되어야 정상이다.

그림 9-14에서처럼 BCM은 와이퍼 릴레이를 접지 제어하여 릴레이 내부 스위치는 왼쪽으로 연결되고 연결된 12V 전원은 배선을 타고 흘러 와이퍼 모터 LOW까지 오게 되고 접지로 전류가 흘러 모터는 LOW로 작동된다. 그리고 미스트(MIST) 작동 시에도 12V 전원이 BCM으로 입력되며 작동은 그림 9-13처럼 LOW가 작동된다. 이처럼 전류의 흐름을 통하여 작동되는 원리를 이해해야 정비를 할 수 있지 아니한가!

다음은 운전자가 인트(INT)를 작동하면 모든 다기능 스위치 내부접점 모두 인트 쪽으로 스위치가 위치하며 이 신호 전압은 BCM(Body Control Module)의 INT TIME

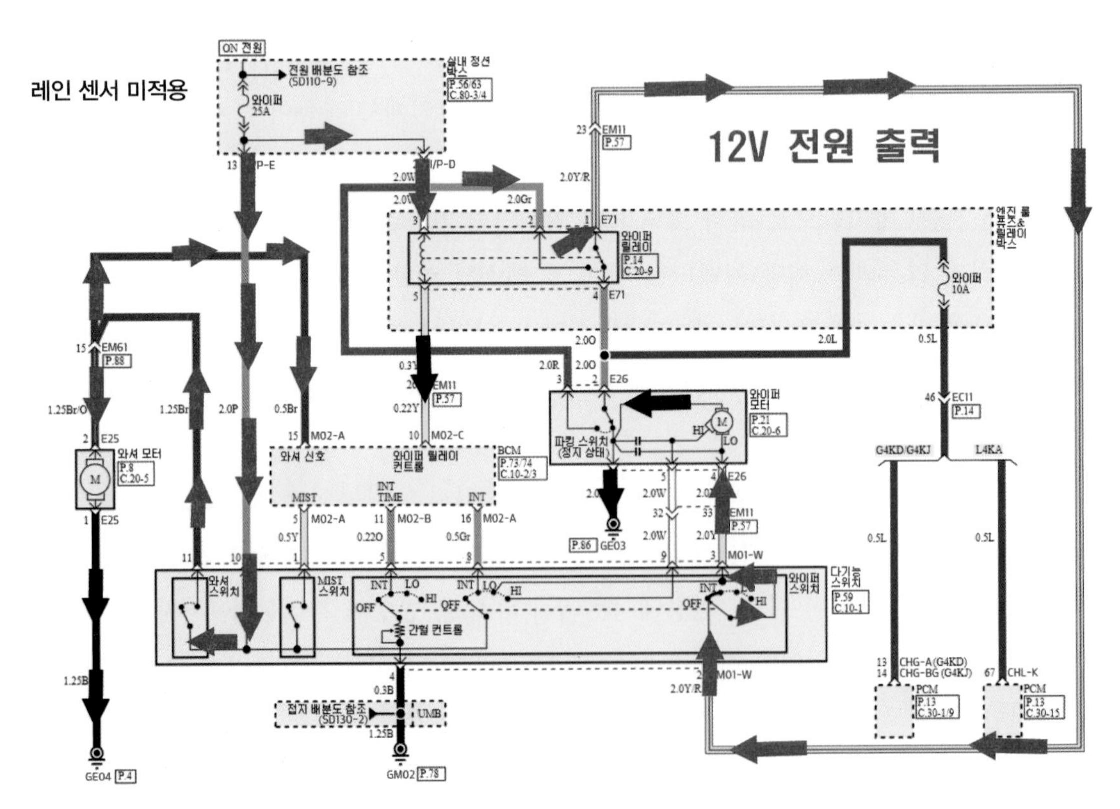

그림 9-14. 와셔 작동 시 와이퍼 전류 흐름 2

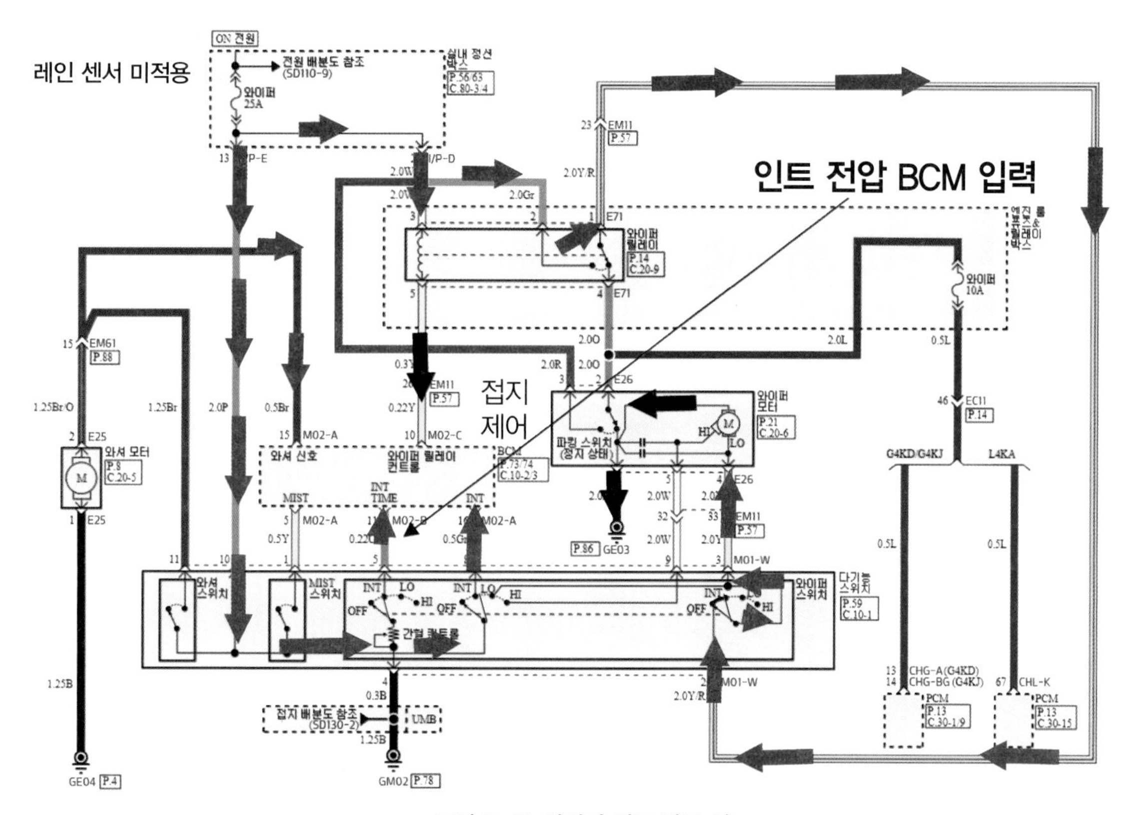

그림 9-15. 와이퍼 인트 작동 시

단자와 INT로 각각 입력된다. 이때 INT TIME의 간헐 컨트롤 전압의 변화에 따라 BCM은 와이퍼 릴레이 컨트롤 하게 된다. BCM은 와이퍼 릴레이 접지하는 시간 제어를 통하여 와이퍼 모터 LOW 측으로 전원을 보낸다.

전류는 와이퍼 모터를 지나 접지로 흘러 와이퍼 모터는 LOW로 작동하게 된다. 여기까지 문제점이 없어야 정상 작동을 하는 것이다. BCM 인트(Int)로 12V가 입력되고 BCM의 인트 타임은 다기능 스위치 내부 가변 저항기 볼륨 저항값에 따라 가변조정된 전압으로 BCM에 입력되어 현재 볼륨 위치의 전압으로 BCM에 들어간다.

따라서 그림 9-15는 다기능 스위치 M01-W의 5번 핀 단자에서 인트(Int) 작동 시 와이퍼 모터의 속도를 조절하기 위한 각단별 전압 파형이다. BCM(Body Control Module)의 M02-C의 10번 단자의 릴레이 제어 접지 시간을 얼마만큼 잡고 있느냐에 따라 와이퍼 모터작동은 계속 이루어진다. 결국 간헐 볼륨 전압에 의한 와이퍼의 시간이 변하는 것으로 느리게 움직이기도 하고 자주자주 움직이기도 하는 것이다.

인트(Int) 위치에서 운전자가 비의 양에 따라서 가변 된 볼륨 전압을 1단~5단으로 작동 시 고단으로 가변 볼륨을 조작하면 와이퍼는 빈번히 작동되어 전면 유리 시야를 확보하는 것이다. 이때의 모터 속도는 LOW가 된다. 여기의 속도는 정지(Parking) 위치에서 움직임의 빈도를 말한다.

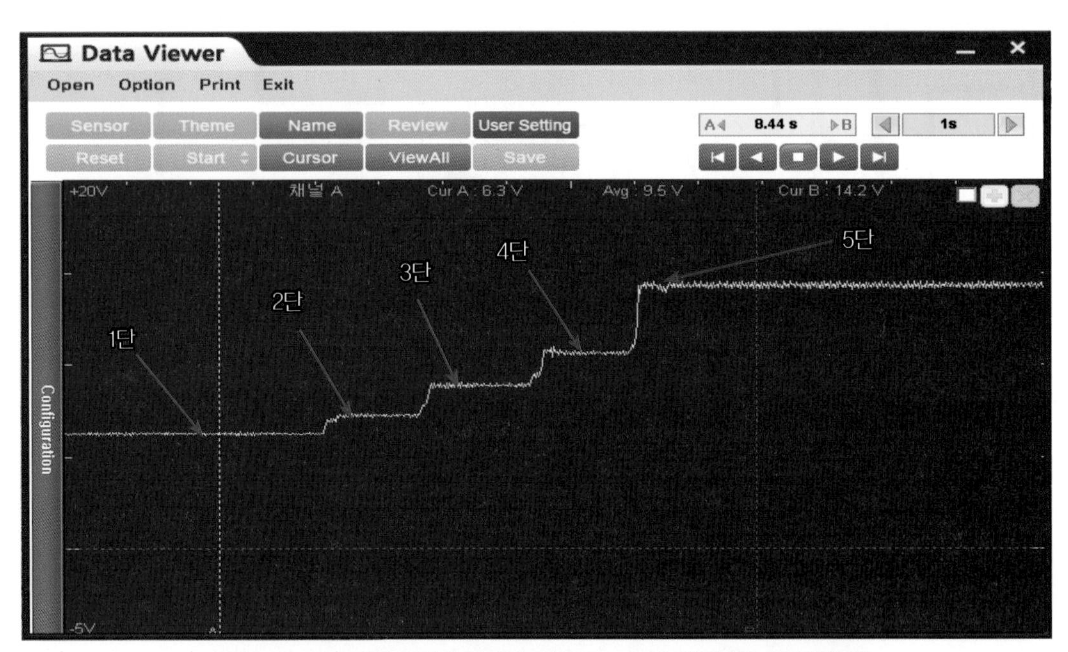

그림 9 -16. 다기능 스위치 가변에 따른 BCM 5단 입력전압 (레인 센서)

표 9-1. 레인센서 타입의 간헐 컨트롤 전압(V)

단수별 측정	레인 센서 타입, 간헐 컨트롤 전압 (V)	비고(변동)
1단	약 6.3	
2단	약 7.2	
3단	약 8.9	
4단	약 10.5	
5단	약 14.2	

또한, 다기능 스위치 인트 위치 시 인트 신호는 인트 타임은 물론 그 옆 인트 신호도 연동하여 함께 움직이므로 M01-W의 8번 핀 단자의 12V 전원이 입력되고, M01-W 커넥터 5번 핀 단자로부터 현재 설정된 볼륨 값의 전압이 인트 작동 시 BCM(Body Control Module)의 M02-C의 10번 단자를 통해 BCM이 접지 제어하여 와이퍼 릴레

이 내부접점이 항상 오른쪽에 있는 것을 왼쪽으로 잡아당겨 실내 정션 박스 내의 와이퍼 퓨즈 25A의 대기 전원과 만나 다기능 스위치 내부 인트 접점을 지나 다기능 스위치 M01-W의 3번 핀 단자를 거쳐 와이퍼 모터 E26 커넥터 4번 핀 단자를 통해 와이퍼 모터 LOW로 전원 공급을 하고, 전류는 GE03 접지로 흐르게 되어 모터는 LOW로 작동을 하게 되는 것이다. 복잡하기는 하나 회로를 하나씩 보면서 학습하길 바란다.

다음은 와이퍼 모터의 LOW 작동을 설명하겠다. 그림 9-17에서 보는 것과 같이 다기능 스위치의 첫 번째 내부 스위치는 LOW로 이동이 되어도 갈 곳이 없다. 내부 스위치도 한번 LOW로 작동하면 옆의 스위치는 함께 움직인다고 전자에서 말했으니! 같이 보면 된다.

그리고 다기능 스위치 좌측에서 내부 두 번째 LOW 스위치는 와이퍼 모터 LOW 측과 연결됨으로 실내 정션 박스 와이퍼 퓨즈 25A 퓨즈에서 12V의 전압이 다기능 스위치 M01-W 커넥터 3번 핀 단자를 거쳐 와이퍼 모터 E26 커넥터 4번 단자를 통해 12V

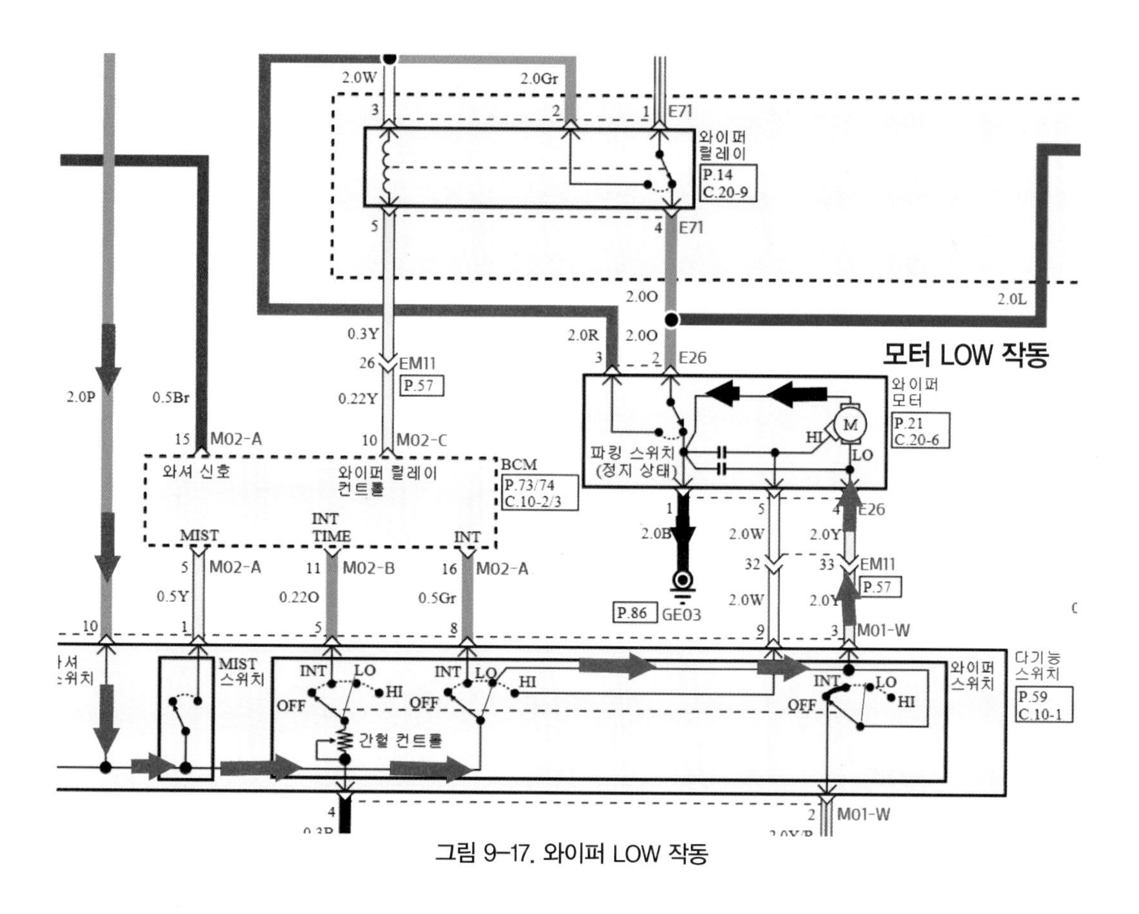

그림 9-17. 와이퍼 LOW 작동

가 인가되어 와이퍼 모터가 LOW의 속도로 작동된다. 마지막으로 그림 우측 다기능 스위치 내부 세 번째 스위치는 LOW에 연결되어 있으나 갈 곳은 없다. 회로를 작동하는 데 아무런 문제가 없다는 것이다.

그림 9-18은 와이퍼 모터의 HI 작동에 대하여 설명을 나타내었다. HI 작동 시 다기능 스위치 내부 좌측 첫 번째 스위치는 HI 이동 시 전원이 갈 곳이 없다. 이것은 회로를 구성하는 데 있어 어떠한 영향도 끼치지 않는다는 뜻이다.

두 번째 다기능 스위치 내부접점은 실내 정션 박스 25A 퓨즈의 12V 전압은 다기능 스위치 내부 HI 접점을 통해 와이퍼 모터로 12V 전압이 디렉트(Direct) 입력된다. 여기서 LOW와 HI의 결정은 모터 내부의 저항(Register) 관계로 전류(Electrical Flow)의 흐름양을 Hi는 많게 LOW는 적게 하는 차이로 모터의 속도를 결정한다. 세 번째 움직여진 Hi의 다기능 스위치 접점 또한 갈 곳이 없다. 회로에서 보듯이 모터 내부의 콘덴서(Condenser)는 모터작동 시 내부 노이즈(Noise) 전압을 방지할 목적으로 설계되

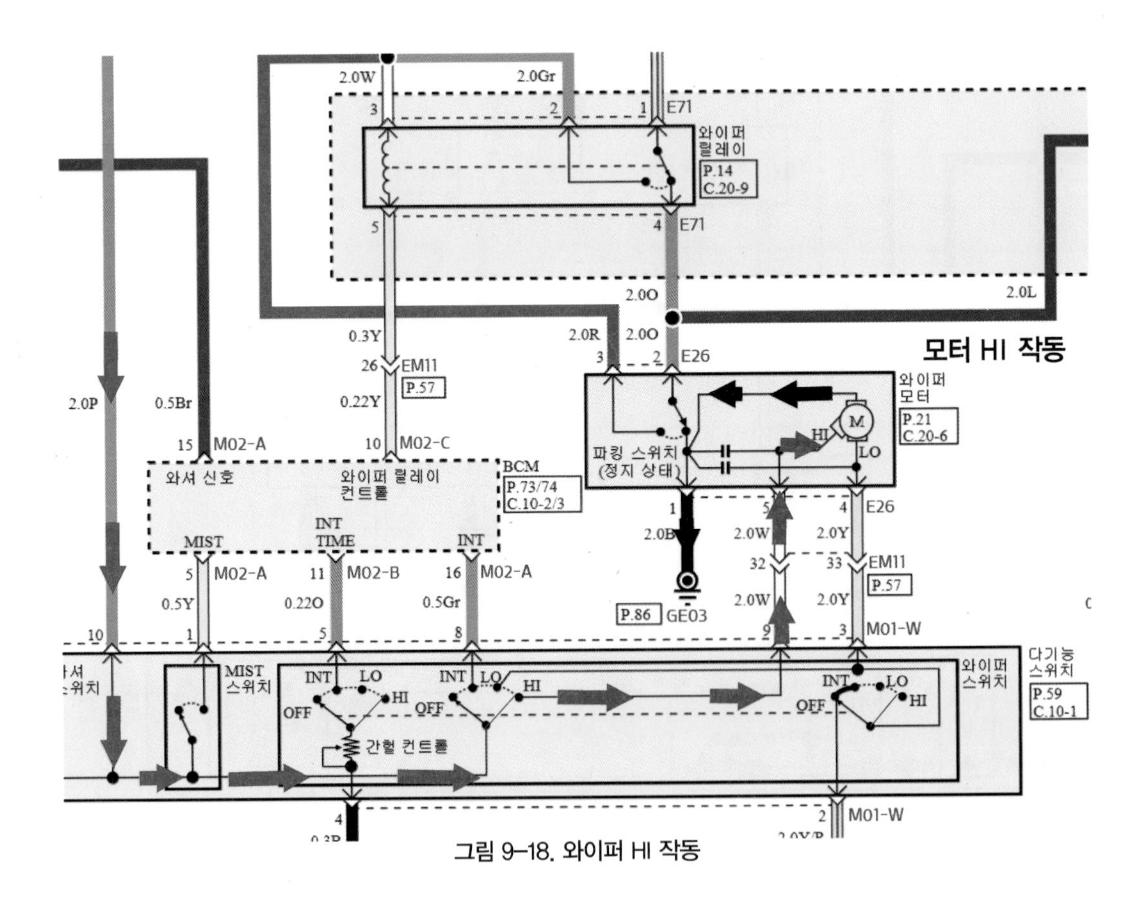

그림 9-18. 와이퍼 HI 작동

었다. 노이즈가 많으면 크랭크 각 센서나 캠 포지션 센서 그리고 점화 1차에 영향을 주어 간헐적 시동 꺼짐이 예상된다.

이처럼 실제 운행하는 자동차에서 편의장치인 와이퍼 모터작동이 불가할 때 회로 분석을 통해 와이퍼 모터가 어떻게 작동 안 되는지! 와이퍼 모터가 일부만 작동되는지! 어디를 볼 것인지! 명확하게 판단이 서야 할 것이다.

만약 아주 작은 사소한 배선 핀 하나라도 접촉 불량이 발생하면 부하를 작동하는 데 있어 문제가 생긴다. 각각의 작동 요소를 파악하여 검증된 정비를 하여야 할 것이다.

작동하는 와이퍼 모터를 OFF 시 정위치에서 항상 정지하는 것은 모터 내부 파킹(Parking) 스위치로부터 전원을 공급받아 OFF할때 까지 공급전원 선로 역할을 하는 것이다. 와셔를 작동 후 운전자는 다기능 스위치를 놓았지만, 모터는 항상 정 위치에서 고정되고 정지한다.

와이퍼 모터 처음 작동은 운전자가 스위치를 작동하여 모터로 전원을 공급했기 때문이며 모터 OFF 시는 전원을 줄 수 없는데 모터는 OFF 시에도 항상 유리를 닦고 정지 위치에서 항상 정지하지 않는가.

그 이유는 모터 내부 파킹 스위치가 있다. 회로도를 잘 보면 정지 위치가 아닌 모터는 조금이라도 작동하고 있다면 현재 그림 9-19에서처럼 파킹 스위치는 접지에서 떨어져 그림에서 왼쪽에 붙어 실내 정션 박스 와이퍼 25A 퓨즈를 거쳐 12V가 와이퍼 모터 E26 커넥터 4번 핀의 정지까지의 전원을 공급하기 때문에 정위치 할 때까지 와이퍼 모터로 전원을 공급 모터가 정지할 수 있는 것이다.

만약 모터의 내부 기계적 파킹 스위치와 와이퍼 릴레이 접점, 그리고 EM11 커넥터에서 와이퍼 모터로 오는 단품과 배선 단선되면 인트(Int), 미스트(Mist), 와셔 작동 시 와이퍼 LOW 작동이 불가하고 또한 LOW, HI는 작동이 되나 와이퍼 OFF 시 정위치가 불량하다.

우리는 와이퍼 모터를 작동시키고 OFF 시킬 때 운전자가 알아서 앞 유리 하단부에 올 수 있도록 매 스위치 작동으로 정지시키지 못한다. 그 이유는 여기에 있는 것이다. OFF 할 당시 운전자로 하여금 전원 공급은 이미 끝나고 기계적으로 와이퍼 모터 파킹 스위치로부터 전원을 공급받아 와이퍼 릴레이 내부를 거쳐 모터에 전원 공급을 하여 모터가 정 위치로 올 때까지 작동할 수 있는 것이다. 시간적 틈새를 공략하는 것이다.

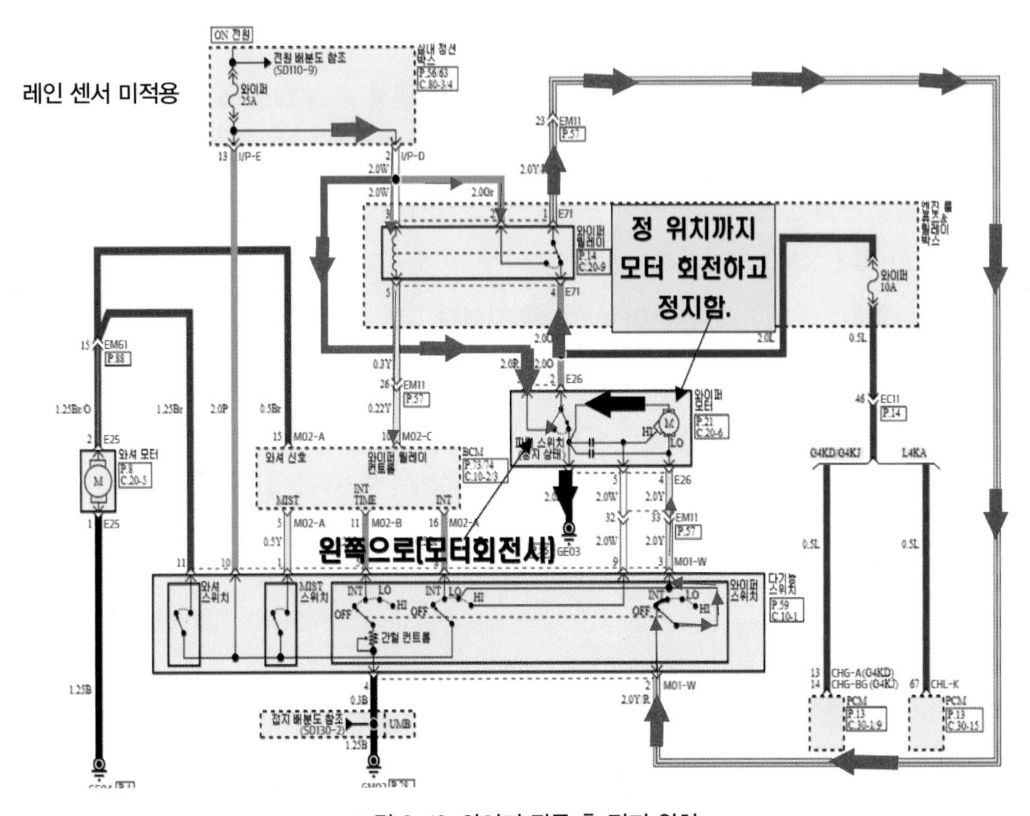

그림 9-19. 와이퍼 작동 후 정지 위치

그림 9-20은 BCM의 일부분의 커넥터 형상과 핀 배열 그리고 각 단자의 역할을 나타내었다. 차종마다 다르므로 모두 같은 커넥터로 구성된 것은 아니다. 기본적으로 위에서 보는 바와 같이 R/O는 빨간색 바탕의 오렌지 줄무늬가 간 배선을 뜻한다.

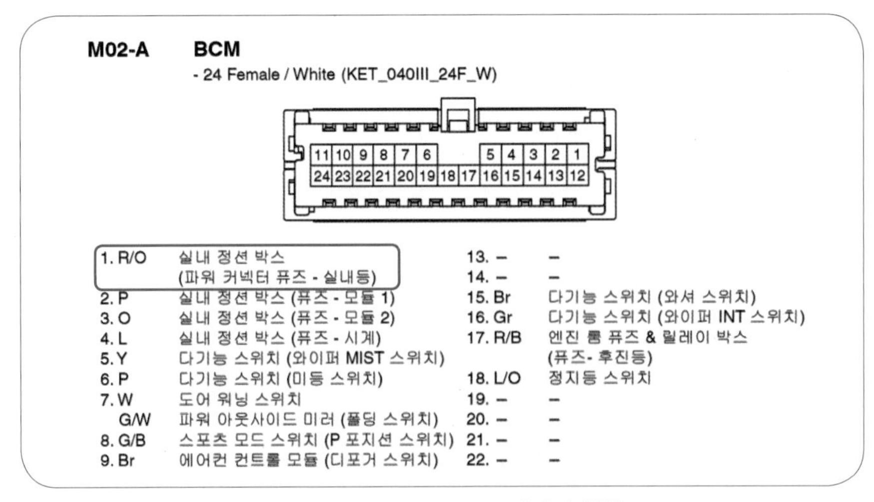

그림 9-20. BCM M 02-A 커넥터 형상

다음은 자동차에서 BCM의 위치를 나타내었다. 차종마다 다르나 실내에서 상당히 깊숙한 곳에 장착되어 있으므로 점검 시 힘든 부분이 없지 않아 있다.

그래서 점검은 진단 장비를 통하여 이루어져야 하고 확실한 고장으로 판단되거나 BCM 배선 핀 커넥터에서 반드시 점검해야 판단이 가능한 고장일 경우에만 관련 부품을 분리하는 것이 좋다. 시간적 낭비를 하지 말자는 이야기이다.

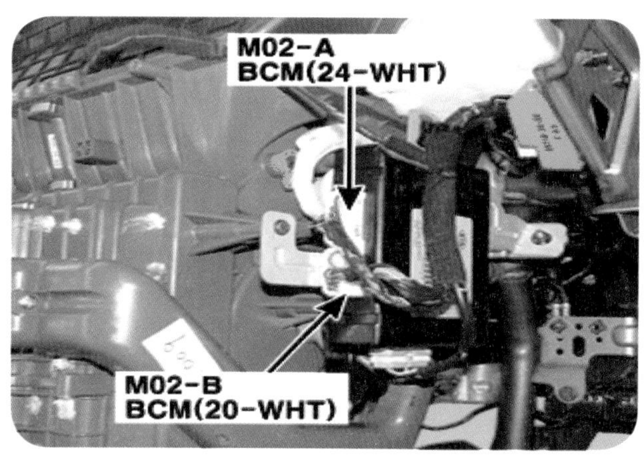

그림 9-21. 대쉬 패널 중앙 뒤 BCM 위치

최근 멀티 펑션 스위치가 전압 분배 방식으로 신규 적용되었는데 멀티 펑션 ECU는 하나의 CPU를 내장한 ECU 개념의 스위치이다. BCM은 멀티 펑션 스위치 입력 전압값을 통해 운전자 작동 의지를 파악 와이퍼 인트와 Low를 구동한다. 만약 어떠한 이유로 Low 신호를 입력받지 못하면 BCM은 Low 스위치 입력 신호와 와이퍼 Low 백업 신호 ON/OFF 스위치 상태를 통해 와이퍼 Low를 구동한다.

최근 와이퍼 릴레이 전원 입력 방식으로 변경되어 와이퍼 스위치 ON 시 와이퍼 구동 중에 전원을 OFF 하여도 BCM이 와이퍼 릴레이 Low를 접지 제어하여 와이퍼 블레이드가 중간 멈추지 않는다. 다시 말하면 항상 정위치 파킹(Parking) 상태에서 정지한다.

최근 와이퍼 회로는 저항에 따른 전압의 변화로 BCM에 전압값이 입력되면 INT 볼륨에 따른 와이퍼 작동 시간을 결정한다. 따라서 BCM의 LOW 릴레이 컨트롤 M02-A 커넥터 7번 L(파란색) 단자를 통해 12V 전원을 출력한다.

이 전원이 와이퍼 모터 LOW 배선의 E33 커넥터 6번 G(그린) 단자를 거쳐 전류가 접지로 흘러 와이퍼 모터가 작동하는 것이다. 결국, 회로정비는 입력 신호가 정상적으로 들어가는지 그로 인한 출력이 나오는지 확인하는 과정에 있다. 이것을 정확히 분석하고 신뢰 있는 정비로 배선의 문제점과 단품을 구분하여 점검, 진단한다면 좀 더 효율적인 정비가 되지 않을까 생각한다.

다기능 스위치 M01 커넥터의 와이퍼(Wiper) 1단에서 5단까지 전압을 측정하였다. 이 전압은 BCM으로 입력되어 와이퍼 모터 작동 시간을 결정하는 중요한 전압이라 할

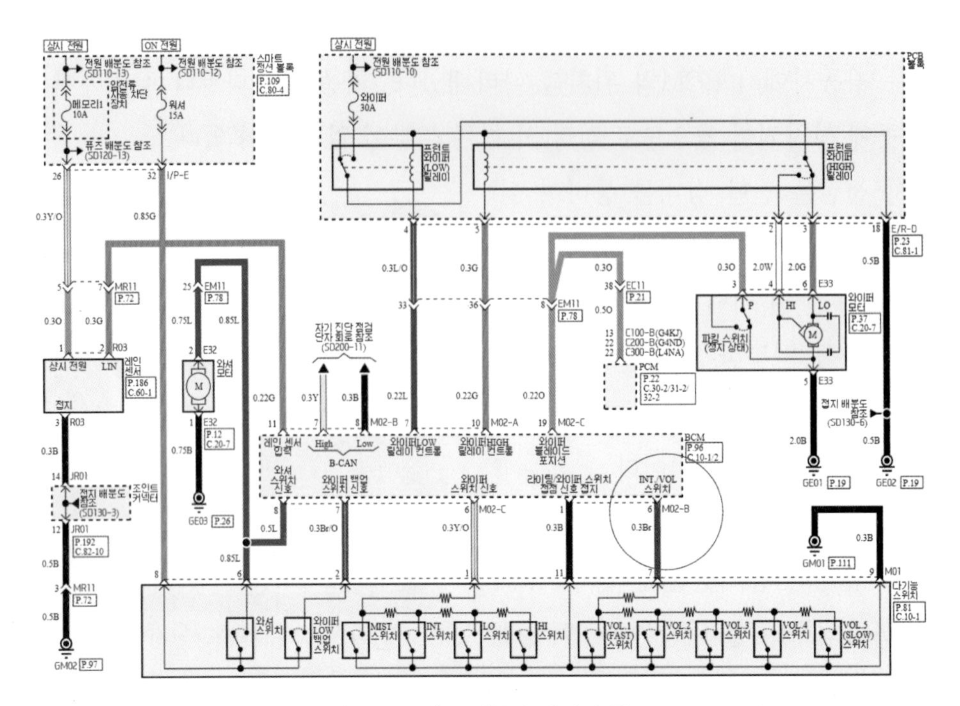

그림 9-22. 최근 자동차 와이퍼 회로

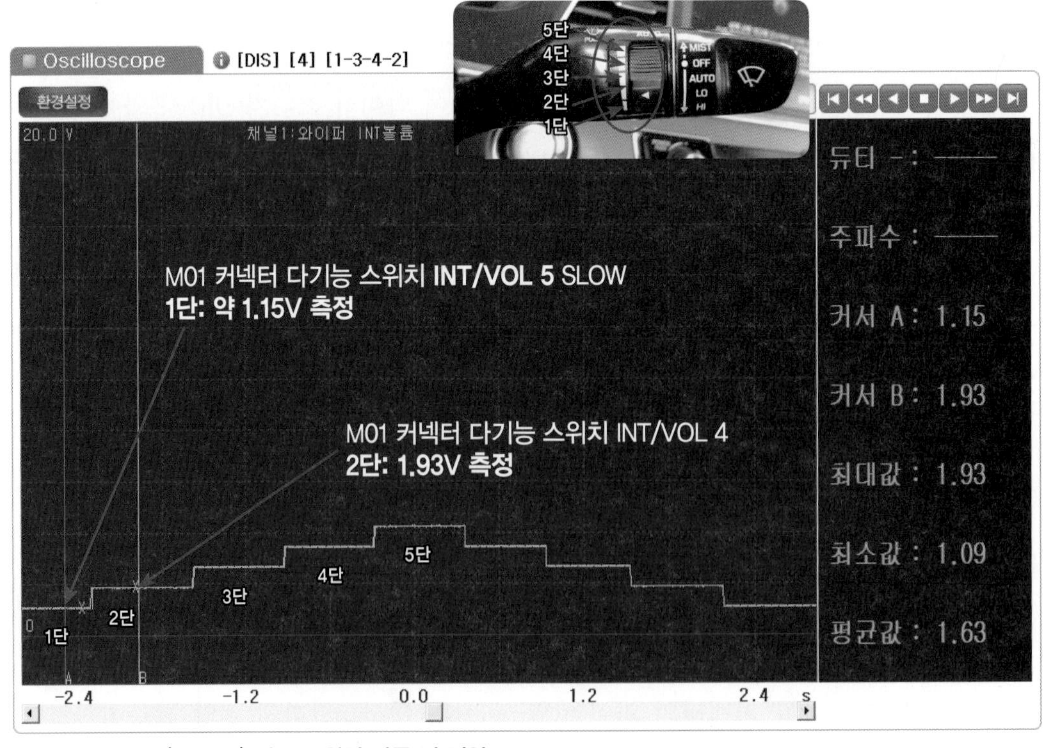

그림 9-23. 볼륨(volume) 인트 스위치 작동 별 전압

수 있다. 자동차마다 측정 전압은 다르며 이해하는 과정은 문제가 없을 듯하다. 이 측정 전압과 관련하여 자동차 정비 산업 기사 국가 자격증 시험에 단골 문제로 출제되는 경향이 있다.

이는 INT 작동 시 전압 1.15V에서 구간별 전압을 작성하여 답안지에 기재하면 되는데 이 전압을 가지고 BCM의 이상 유무와 배선 및 저항을 확인하기 위해 측정하는 것이다. 간헐 와이퍼(Int Wiper) 동작 파형은 차종별로 다르며 시험을 보기 위해 답안지 작성만으로 공부하지 말길 바란다. 작동 신호를 이해하는 것과 실제 운행하는 자동차에서 고장이 발생하여 여러분 앞에 해당 차종이 있다고 생각하고 내가 내릴 결론을 생각하며 데이터 수집하는 것이 좋다.

그림 9-24은 INT/볼륨 전압 3단과 4단을 측정하였다. 높은 단으로 올라감에 따라 전압은 상승한다. 필자가 전압을 측정하여 보여 주고 있는 주된 목적은 자격증 시험에 도움이 되고자 하는 것과 정비를 하는 데 있어 현장에서 마땅한 지침서가 없고 현재 자동차 진단 공부를 어떻게 해야 하는지 자동차 전공자로서 대학생들에게 도움이 되고 싶어서이다.

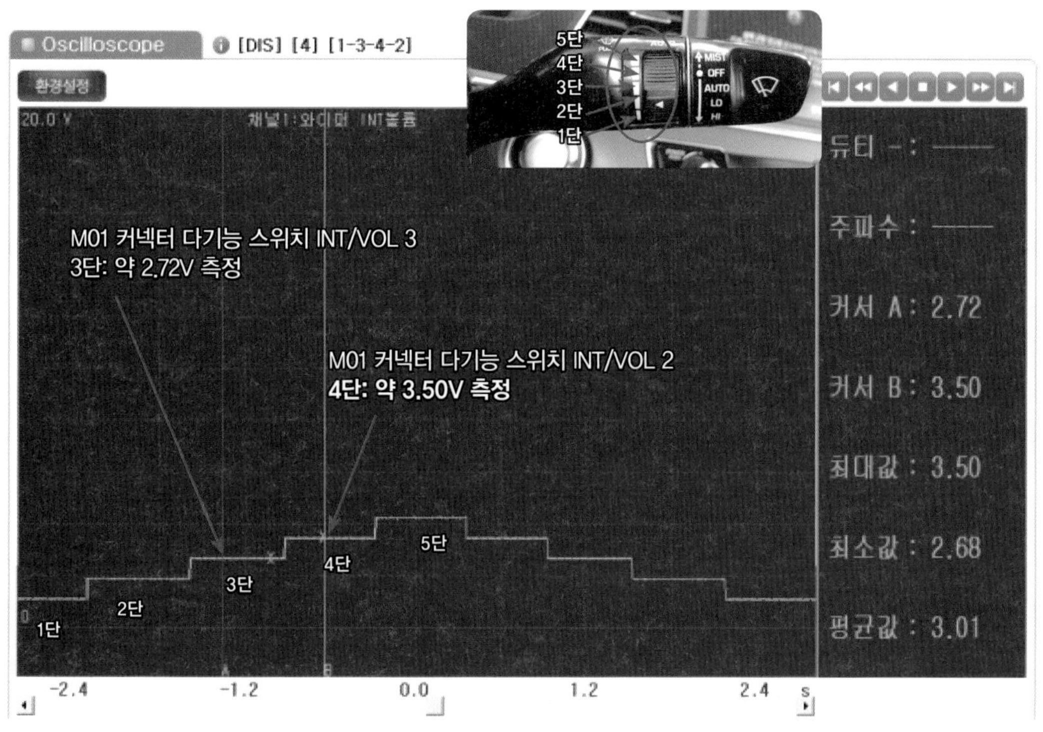

그림 9-24. 볼륨(volume) 인트 스위치 작동별 파형

사실 아무런 검증 없이 자동차 내부부품을 분리하여 파형을 측정하고 정비하는 것은 순서에 맞지 않는다. 먼저 고장 현상을 이해하고 진단 장비를 연결하여 바디전장 제어(BCM)로 들어가 입/출력 모니터링(monitoring) 분석하고 와이퍼 INT 스위치 ON/OFF 상태, 그리고 INT 볼륨 작동 상태, Slow에서 Fast까지 동작하면서 스위치 신호가 정상적으로 입력되는지 확인하는 것이 우선이다. 데이터상 확인이 불가하거나 입력 상태가 부정확하다면 그때 분리 확인하여야 한다.

스위치 동작에도 움직이지 않는다면 출력을 보아야 할 것이고 신호 자체가 변하지 않는다면 입력 상태를 확인해야 한다. 그림 9-23의 측정 전압의 경우 3단의 전압이 약 2.72V가 측정되었으며 4단의 경우 약 3.50V가 측정되었다.

그림 9-24는 M01 7번 커넥터 다기능 스위치에서 FAST 작동을 한 최고 단에서 측정한 전압 파형이다. 이처럼 다기능 스위치 회로에서 와이퍼 스위치 내부 저항을 이용한 전압 변화 방법과 INPUT INTERFACE를 이용하여 BCM과 LIN 통신으로 작동하는 멀티 펑션 ECU(Multi Function Switch Module) 제어도 있다.

예를 들어 멀티 펑션 ECU 스위치의 와이퍼 INT를 선택해 INT 볼륨 SLOW에서

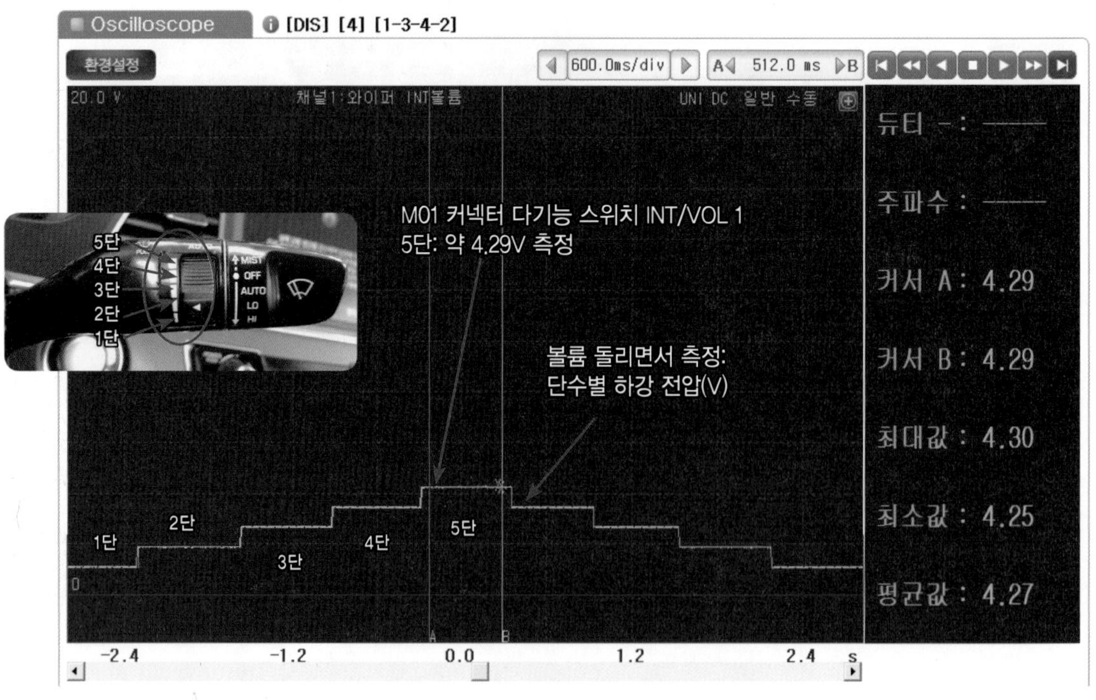

그림 9-25. 볼륨(volume) 전압, 인트(INT) 스위치 작동 별 전압(5단)

FAST 신호가 LIN 통신라인을 통해 BCM으로 전송된다. 이 두 가지 신호를 조합하여 최적의 와이퍼 작동 시간을 결정하고 와이퍼 모터 구동하기 위해 와이퍼 LOW 릴레이 구동 조건에 맞는 T/R을 제어 ON/OFF 하여 와이퍼 모터 전원을 릴레이 스위치를 통하여 모터로 공급한다.

물론 모터를 작동하는 것은 LIN(Local Interconnect Network) 통신을 활용하는 부품과 부품 간의 통신으로 제어한다는 것이 다르다. 여기서 LIN 통신은 자동차의 각종 편의장치 사양 및 스위치 간의 통신에 많이 사용하며 1라인의 직렬 통신 방식으로 고대역폭의 다기능이 필요하지 않은 곳에 사용한다. 최대 속도는 약 20kbps 전송 속도를 가진다.

그림 9-26처럼 고장 현상을 해당 자동차에서 확인 후 관련 데이터를 선택하고 제어측 회로를 분석 진단 장비를 이용하여 센서 출력을 선택한다. 선택 화면을 그래프로 바꾸고 스위치를 ON/OFF 하면서 정상적 신호가 들어오는지 점검한다.

만약 와셔 작동 신호가 BCM으로 입력되는데 와셔와 와이퍼 모터가 작동되지 않는다면 점검의 포인트는 한 부분을 줄인 샘이 된다. 그림 9-26처럼 스위치 신호가 정상

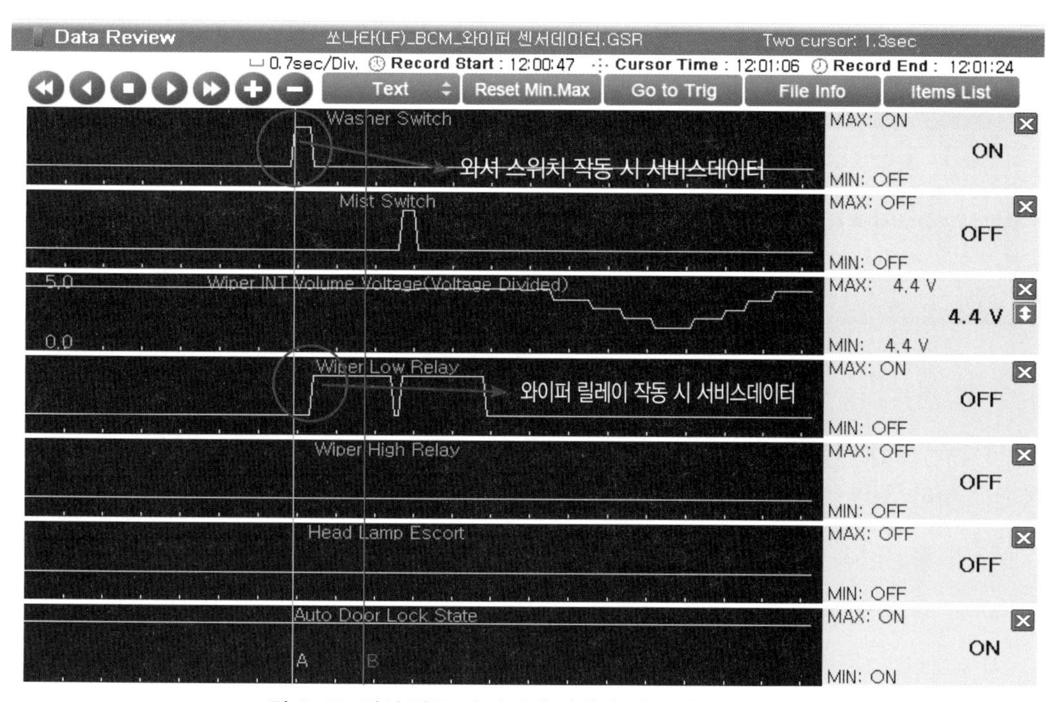

그림 9-26. 와셔 작동 시 와이퍼 릴레이 작동 서비스 데이터

으로 나타난다면 부품을 분해하지 않고도 입력단의 스위치 이상 유무를 알 수 있다.

따라서 파형 측정이라든가 부품을 분해하는 것은 선행하지 말고 작동되는 입력 요소와 출력 요소를 구분하여 스위치를 동작하여 상태를 점검한다. 정상임에도 불구하고 와이퍼가 작동 불가라면 회로를 분석해 출력 요소를 보아야 한다.

여기까지 문제가 없다면 때에 따라 자동차 진단 장비를 이용하여 해당 지원 항목에 맞는 액추에이터 검사를 사용하는 방법도 출력을 점검하는데 빠른 방법이라 하겠다.

그림 9-25에서 입력 신호가 정상적으로 들어온다면 단품을 분해하기 전에 그림 9-27에서 액추에이터 구동을 통하여 모터의 출력 부분을 확인할 필요성이 있다. 작동 스위치 입력과 출력을 구분하여 어디 부분이 문제인가 확인하는 절차라 할 수 있겠다.

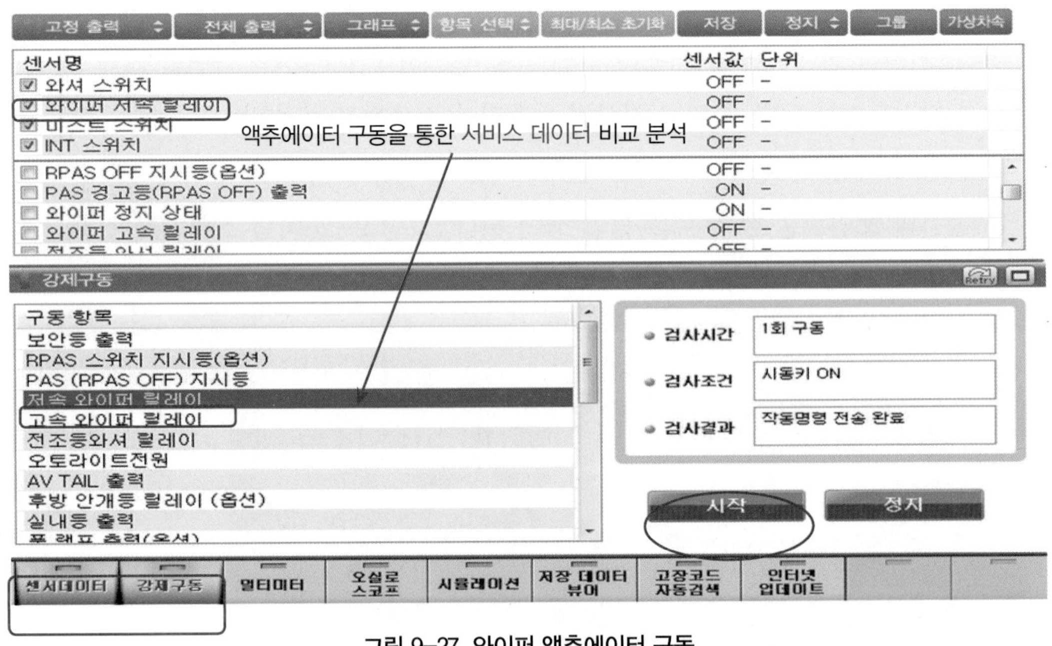

그림 9-27. 와이퍼 액추에이터 구동

다음은 저속 와이퍼 릴레이를 강제 구동하여 와이퍼 모터가 작동되는 것을 정리해 보았다. 만약 액추에이터(Actuator) 구동을 하고 모터가 구동되지 않는다면 모터와 출력 배선 커넥터 접속상태일 것이다. 필자라면 이때 와이퍼의 어떤 동작이 안 되는지 차량에서 확인 후 회로 분석을 통하여 어디를 보고 어느 부위를 분해할지 답을 내릴 것이다.

지속적인 고장의 경우는 해결하기 쉬우나 때에 따라 간헐적인 고장은 최첨단 진단 장비도 소용이 없을 때가 있다. 이때는 운전자의 문진을 통해 고장 현상을 파악하고 차량의 고장 현상과 문제의 해결을 위해 고객으로부터 정보를 수집해야 한다.

그림 9-28은 진단 장비를 통하여 액추에이터 구동 전과 구동 후의 와이퍼 암의 위치를 그림으로 나타내었다. 작동 시험 시 그림처럼 구동됨으로 BCM의 출력 부분은 고장이 아니다 할 수 있다. 액추에이터 강제 출력 절차는 진단 장비를 연결하고 다기능 스위치의 입력 신호가 BCM(Body Control Module)으로 입력됨으로 BCM을 선택하여 항목의 센서 출력에서 필요한 부분을 고정한다. 필자는 그림 9-26에서 와셔 스위치 및 와이퍼 로우 릴레이 선택하여 스위치 작동 후 센서 출력의 변화와 상태를 점검하였다.

그림 9-28. 액추에이터 강제 구동 및 작동 시험

만약 변화한다면 진단 장비와 BCM 간의 통신라인이 정상이라 할 수 있다.

따라서 스위치와 배선 그리고 BCM의 입력 회로 모두 정상이라 할 것이다. 선택한 스위치 신호가 변하지 않는다면 입력인 스위치 단품 또는 배선을 점검해야 한다.

이때는 해당 부위를 분해해서 정밀 분석에 들어가야 한다. 따라서 이러한 과정은 자동차를 정비하는 데 있어 중요한 축이 된다.

만약 모든 스위치 신호가 변하지 않는다면 스위치와 BCM 점검해야 한다. 때에 따라 진단 장비가 BCM으로 진입되지 않는다면 BCM 입력단의 전원, 접지를 점검해야 한다.

해당 모듈(module)에 따라 상시전원, KEY/ON 전원이 각기 다르게 입력되거나 안 된다면 그로 인한 오 입력으로 작동되는 것과 안 되는 것이 서로 상이하게 나타날 수 있다. 모듈의 입력 전압값에 따라 반응하는 증상이 다르기 때문이다. 하여 고장 현상이 천차만별이다. 만약 여러 과정을 통하여 점검하였는데 분명 BCM으로 의심된다면 BCM 교환 전에 BCM 커넥터의 전원과 접지를 확인하여 좀 더 명확할 때 BCM을 교환해도 늦지 않을 것이다.

보통 진단 장비와 BCM 간의 통신은 K-라인 통신과 LIN 통신을 사용한다. 이 통신은 통신 속도가 10~20kbps 이하로 접지를 기준으로 1개의 배선을 이용한 통신선이 구성된다. 응용 분야로는 진단 통신과 스위치 입력 신호로 주로 사용된다. K-라인 통신은 한 개의 배선으로 단방향과 양방향을 모두 통신할 수 있다.

주로 자동차 자기진단 단자에 사용된다. 비동기식 직렬 통신으로 마스터(Master)와 Slave 방식으로 CAN 통신 대비 저가이다. 따라서 최근에는 모듈과 모듈 간의 양방향 통신인 CAN 통신을 사용하고 있다.

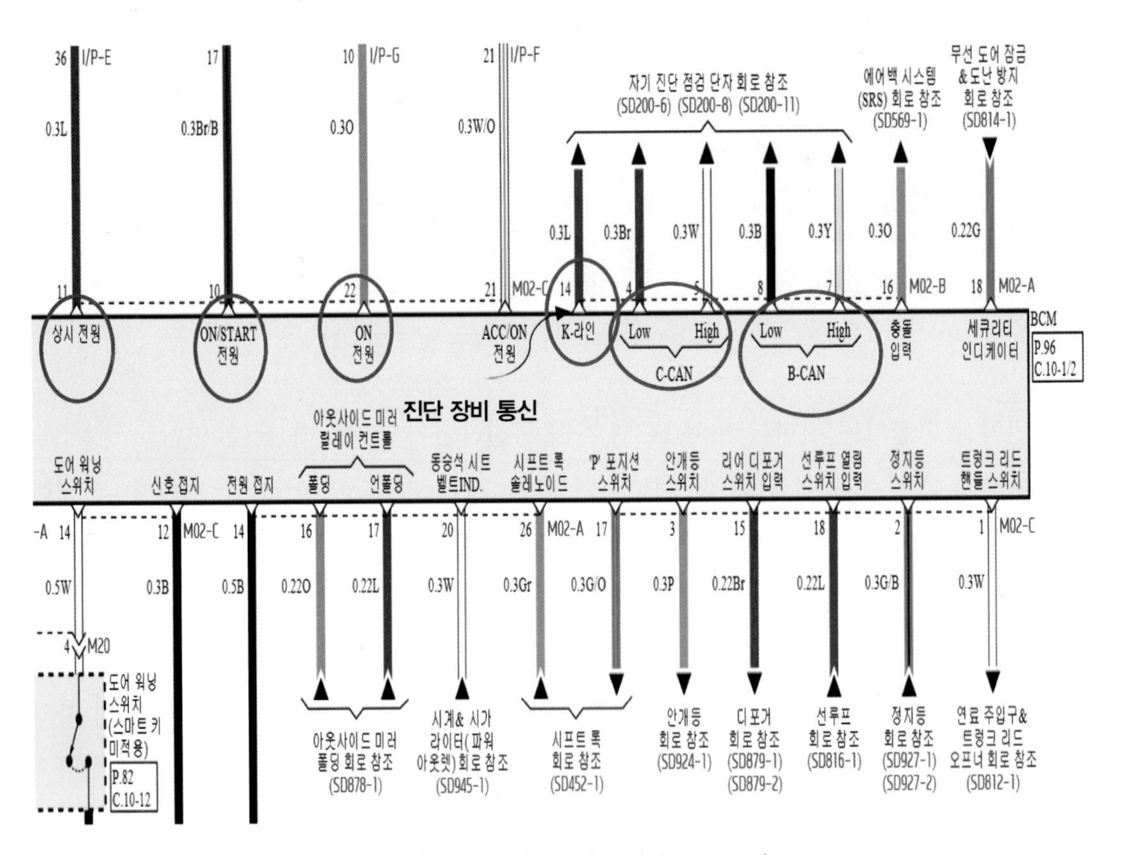

그림 9-29. BCM의 K-라인 진단 장비 통신과 B-CAN과 C-CAN

바디 전장 CAN 통신라인에는 CAN-HIGH와 CAN-LOW 두 배선으로 구성 Twisted Pair Wire(2선)로 두 배선 중 한 배선이 단선 또는 단락되더라도 정상적 작동에는 문제가 없다.

그러나 진단 장비로 자기진단 시에는 고장 코드가 출력되는데 B 코드인 B-0000 코드가 출력된다. 주로 CAN 통신선 이상 과거 고장 또는 현재 고장 등의 단어로 출력된다.

그림 9-30은 통신이 되는 과정에서 액추에이터 구동을 통하여 와이퍼 릴레이 LOW 가 ON/OFF 되는 것을 나타내었다.

저속 LOW 릴레이 액추에이터 구동하여 작동되는 파형을 나타낸 것인데 이처럼 지금의 정비는 통신을 통한 진단 장비 활용에 달려있다.

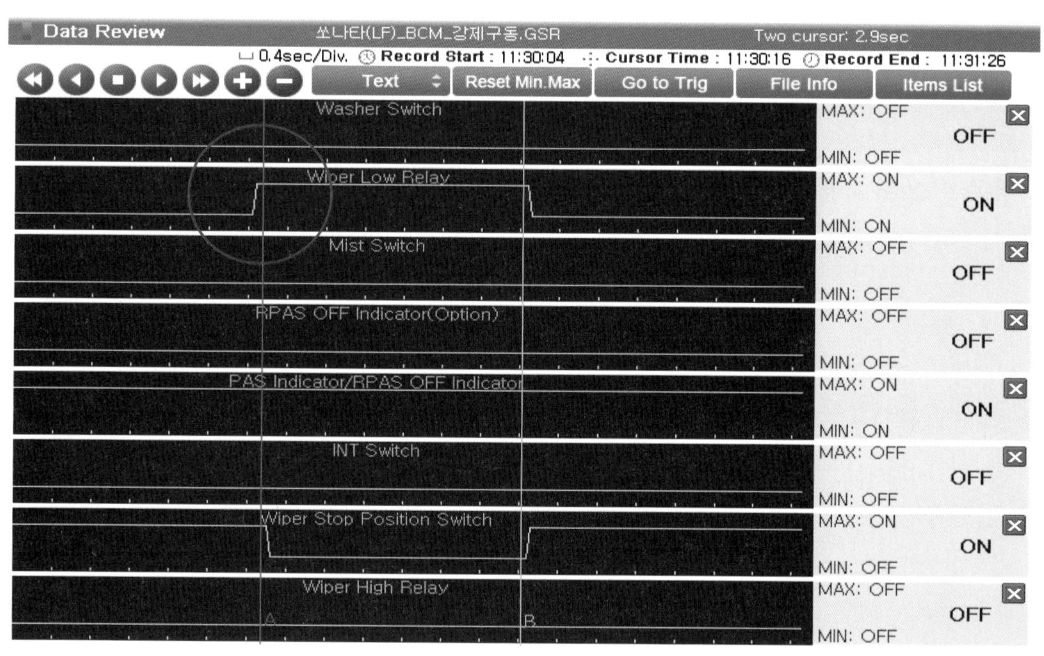

그림 9-30. 액추에이터 구동 시 서비스 데이터 그래프

표 9-2. 와이퍼 회로 단계별 전압(출처: LF 쏘나타 진단 기술 프로그램)

와이퍼 인트 볼륨 스위치 출력	출력 전압	와이퍼 스위치 출력	출력 전압
볼륨 1(FAST)	1.24±0.2V	MIST	1.24±0.2V
볼륨 2	2.04±0.2V	OFF	5.0±0.2V
볼륨 3	2.84±0.2V	INT(or AUTO)	2.22±0.2V
볼륨 4	3.61±0.2V	LO	3.21±0.2V
볼륨5(SLOW)	4.40±0.2V	HI	4.25±0.2V

표 9-2는 와이퍼 스위치 출력 전압을 나타내며 스위치 단품 합성 저항과 스위치 단품 개별 저항의 차이에 따라 달라지는 것을 확인하였다. 참조하길 바란다.

다음은 실습 과제를 통하여 진단표를 작성하여 보자.

과제 1 와이퍼 회로(M01-W 커넥터)에서 전압을 측정 점검, 진단하시오

표 9-1. 실습

항 목	점검 조건	배선 커넥터 핀 번호 역할	작동한 측정 전압(V)	전압 변화치 설명	판 정
와이퍼 회로 M01-W (다기능 스위치)	커넥터 연결 와이퍼 스위치 OFF (미작동 상태)	(M01-W-1번)			양, 부
		(M01-W-6번)			양, 부
		(M01-W-8번)			양, 부
		(M01-W-10번)			양, 부

과제 2 와이퍼 회로에서 각 작동 별 구간을 설명하시오. (전류의 흐름)

표 9-2. 실습

항 목	점검 조건	와셔 작동 설명
와셔 작동	전류 흐름	1.
		2.
		3.
		4.

과제 3 와이퍼 회로에서 각 작동 별 전압을 측정 점검, 진단하시오

표 9-3. 실습

항 목	점검 조건	배선 커넥터 핀 번호 역할	작동한 측정 전압(V)	전압 변화치 설명	판 정
최근 자동차 회로 다기능 스위치 M01 (와이퍼 커넥터)	커넥터 연결 와이퍼 스위치 OFF/ 시동 ON 와이퍼 미 작동 상태	M01-1번			양, 부
		M01-2번			양, 부
		M01-6번			양, 부
		M01-7번			양, 부
		M01-8번			양, 부
		M01-11번			양, 부

과제 4 진단 장비를 이용하여 BCM에서 강제 구동 시 센서데이터와 작동을 점검, 진단하시오

표 9-4. 실습

항 목	점검 조건	강제 구동 센서 값(정상 시)	강제 구동하고 비작동 시 조치 사항	비 고
와이퍼 LOW 작동	시동 ON 센서 데이터 화면과 BCM에서 강제구동 화면을 올린다.		강제구동 안될 때 고장 점검 방법을 나열하시오. (순차적으로)	

과제 5 자동차에서 와이퍼 릴레이를 탈거 후 와이퍼를 각 단별 작동 시 증상을 설명하시오. (레인 센서 타입)

표 9-5. 실습

항 목	점검 조건	각단 별 증상 (인트, 미스트, LOW, HI 작동)	비 고
와이퍼 릴레이	와이퍼 릴레이 탈거		
레인 센서 릴레이	레인 센서 릴레이 탈거		
인트 타임	인트 타임 배선 단선		
인트	인트 배선 단선		
EM11 커넥터	EM11 커넥터 23번 핀 단선		

스마트 자동차 실무

1-3편

10 실무 실내 도어 회로정비

10-1 실내등 도어 회로분석

그림 10-1은 실내등 회로분석을 통하여 운행차를 바탕으로 고장진단 사례를 소개하고자 한다. 그림 10-1은 실내등을 나타내었다. 도어(Door) 오픈하면 실내등 점등과 계

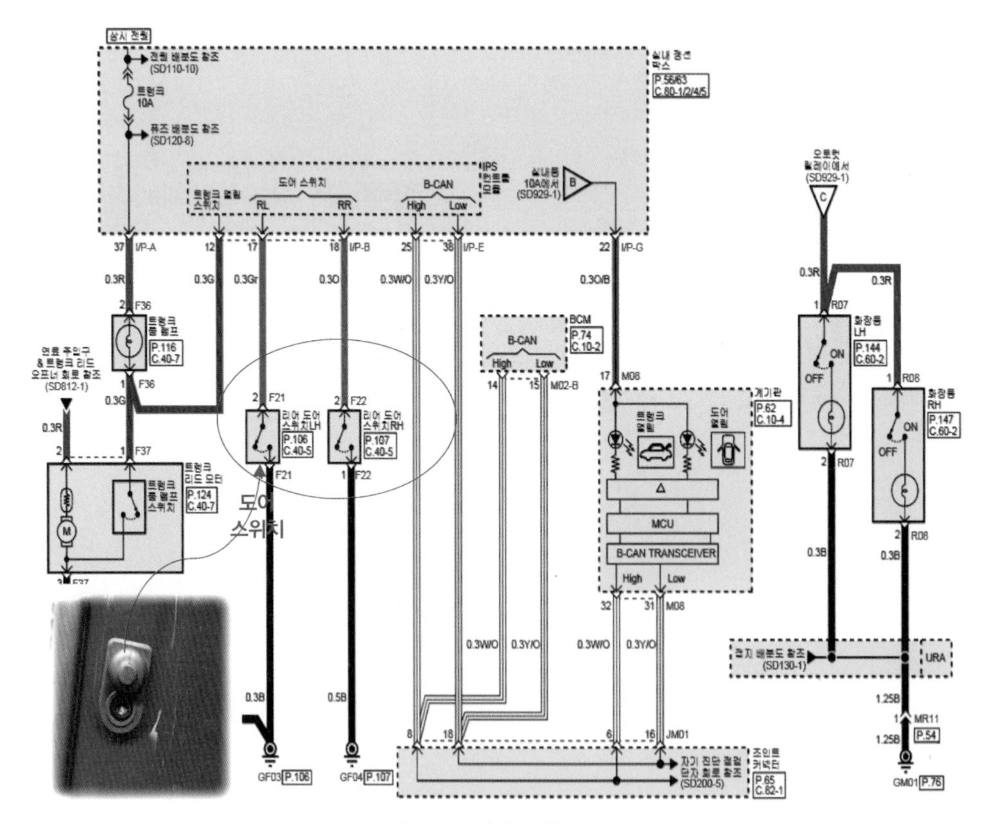

그림 10-1. 실내등 회로

기판에 도어 열림을 알리는 도어 램프가 점등된다.

먼저 도어(Door) 닫힌 상태라면 그림 10-1에서 보는 것과 같이 스위치 내부 접점이 떨어져 있는 상태이다. 고장 현상으로 도어(Door)를 닫음에도 불구하고 계기판에 도어 열림 경고등이 점등되는 현상으로 먼저 진단 장비로 실내 정션 박스(스마트 정션블록(SJB))의 센서 데이터 진단을 그림 10-2처럼 수행할 수 있다.

그림 10-2의 센서 데이터와 같이 자동차의 도어(Door)는 하나가 아니고 여러 곳이다. 차종에 따라 클러스터 계기판에 위치가 표시되는 자동차도 있지만 그림과 같이 전체적으로 도어 열림 경고만을 나타내는 자동차가 대부분이다. 이 자동차의 경우는 어느 위치의 도어(Door) 문제로 현상이 발생하는지 확인할 필요성이 있다. 가장 빠른 방법의 하나가 바로 진단 장비를 통한 측정이다. 모든 도어는 닫혀 있음에도 운전석 뒤 도어 스위치만 Open 되었다는 사실 그림 10-2에서처럼 장비를 사용해 측정을 통해 알 수 있었다. 그림 10-2의 측정에서 드라이브(Drive) 도어의 열림은 측정을 하기 위해 오픈한 상태이다.

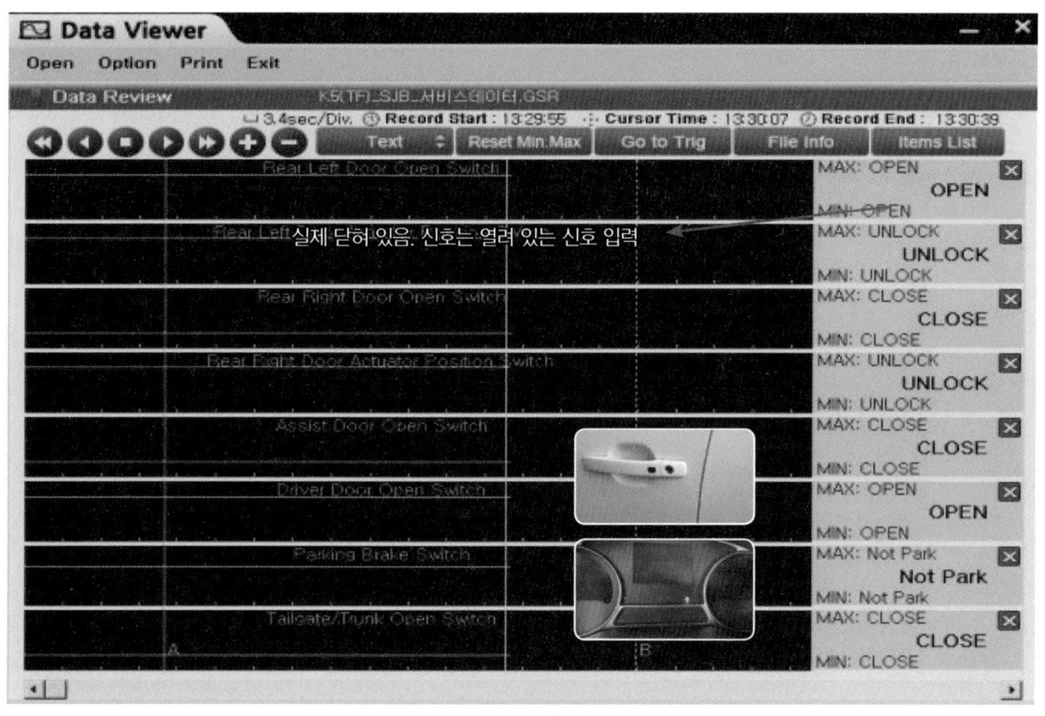

그림 10-2. 스마트 정션 박스 서비스데이터

이처럼 그림 10-1처럼 도어 스위치(Switch)의 입력은 회로를 통해 실내 정션 박스임을 알았고 이것을 근거로 그림 10-1에서 회로 분석하면 더 정확한 이해가 될 수 있다. 도어를 열면(Open) 접점이 붙어 0V 전압이 측정된다는 점이다. 그럼 결국 실내 정션 박스에서 평상시 도어 닫힘 시 열림과 닫힘을 알기 위해 어떠한 전압이 나온다는 이야기가 되고 문이 열리면 스위치 접점이 붙어 0V 전압이 실내 정션 박스로 입력된다는 것이다. 그 전압의 변화치로 도어 상태를 모니터링(Monitering)하고 이 방법으로 실내 램프를 제어한다는 의미이다.

그림 10-3은 도어 스위치 위치를 그림으로 나타내었다. 그림 10-2에서 도어 열림 경고등이 점등되는 이유를 추측하자면 실내 정션 박스(In door junction box) I/P-B 커넥터 17번 단자 핀의 배선이 차체에 접지 또는 강제 접지되었거나, 희박하지만 도어 스위치 단품의 접점이 붙은 채로 고장이 발생하였거나 하는 등 여러 가지의 원인을 들 수 있다. 이처럼 해당 도어 스위치를 교환해 본다든지 하는 검증되지 않는 방법으로 정비해서는 안 된다.

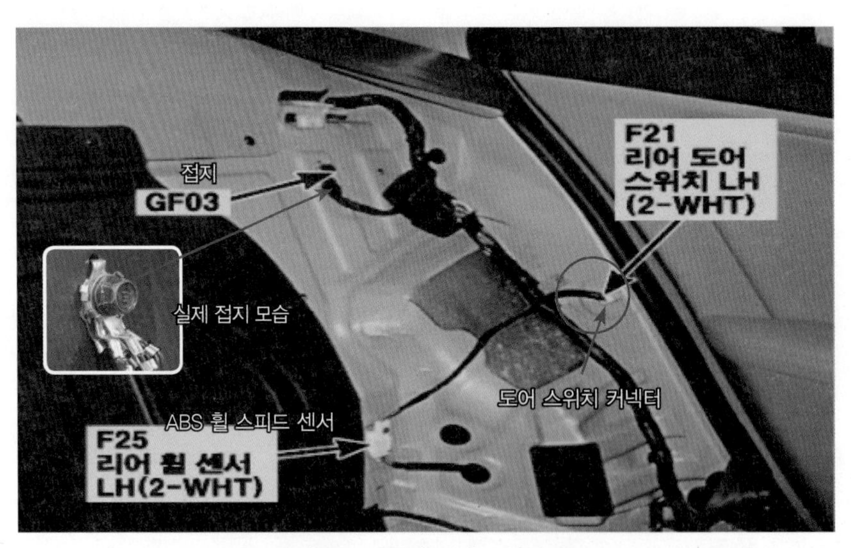

그림 10-3. 문제 도어 스위치 LH

간단히 도어 스위치의 결함은 저항 시험을 통하여 단품의 상태를 알 수 있기 때문이다. 간혹 도어 스위치 부분이 수분이나 이물질 유입으로 해당 도어가 닫혀 있다는 신호가 들러가기도 하지만 도어 스위치 접점이 이물질에 의해 도통되어 접지되는 상황은

극히 드물다. 그리고 최근의 자동차에서 도어 스위치는 도어록 액추에이터 내장 타입으로 바뀌었다. 도어 액추에이터 래치에 있으니 착오 없기를 바란다.

그림 10-4는 해당 차종의 정상적인 도어의 파형이다. 해당 도어 스위치를 탈거 후 실내 정션 박스에서 나오는 전압을 측정하여 다른 도어 스위치의 배선과 비교함으로 도어의 전압이 F21 커넥터를 탈거 후 2번 핀 단자 전압이 약 12V에 가까운 전압이 측정된다면, 실내 정션 박스에서 도어 스위치까지는 정상이다. 그러나 계속 0V가 측정된다면, 이는 배선이 운행하면서 노후에 의한 피복 벗겨짐에 따른 강제 접지나 배선의 레이아웃(Layout) 불량에 의한 고장이라 볼 수 있다. 물론 BCM의 문제점도 간과해서는 안 된다.

0V에 가까운 전압이 검출된다면 이는 실내 정션 박스 단품과 배선을 의심하여야 할 것이다. I/P-B 커넥터 17번 단자와 F21 2번 핀 단자 간의 배선 사이를 차체와 저항 측정하여 배선의 단락을 확인할 수 있고 배선의 단락이 없다면, 실내 정션 박스 내부의 불량일 확률이 높다 하겠다. 왜냐하면, 그림 10-2처럼 스마트 정션 박스(SJB, Smart Junction Box)는 다른 말로 실내 정션 박스라고도 한다.

점차 내부의 전자적 부품이 강화되고 통신의 개념으로 자동차는 점점 진화하므로 진

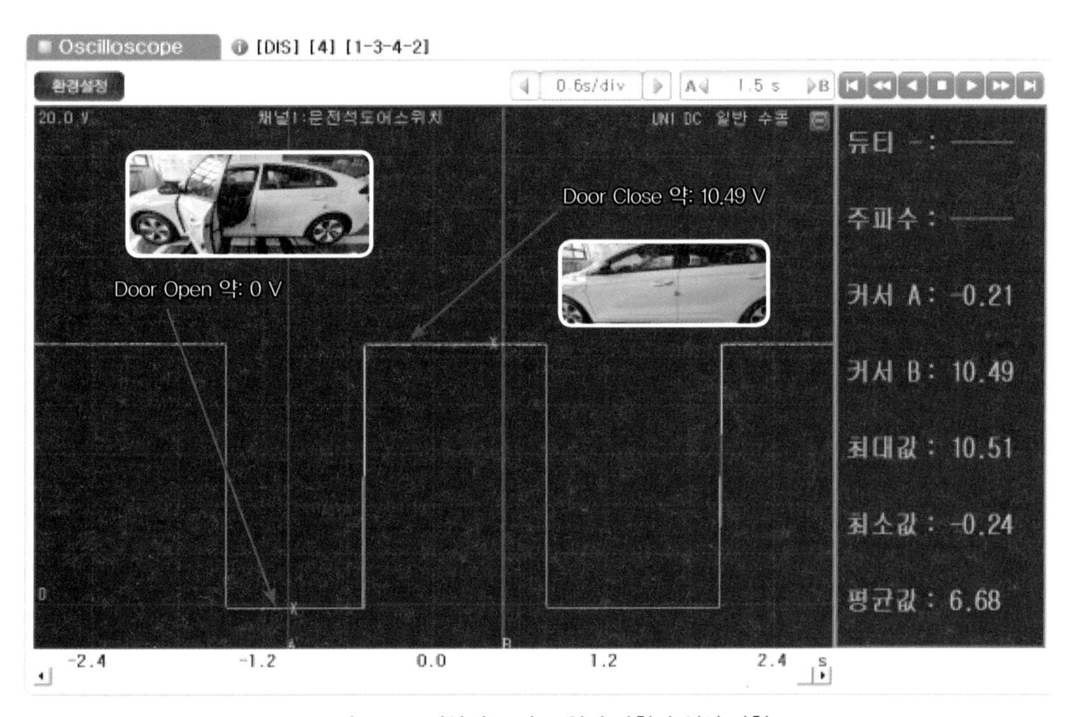

그림 10-4. 정상적 도어 스위치 닫힘과 열림 파형

단 방법 또한 많은 진단 기술 연구가 필요하고 실험되고 개선되어야 할 것으로 본다. 그 대표적인 예로 실내 정션 박스의 B-CAN의 HI와 LOW는 계기판과 연결되어 현재 도어 상태를 CAN 통신을 통하여 계기판 내부의 B-CAN Transceiver의 송 · 수신기를 거쳐 MCU(Micom)의 명령하고 인터페이스 유닛(Inter face unit)이 접지 제어를 하여 발광 LED 램프를 점등시키는 것이다.

이처럼 이번 고장 사례는 실내등에서 계기판의 도어 램프가 지속해서 점등되는 사례였다. 원인으로는 운전석 뒤쪽 도어 바닥 트림의 간섭에 의한 배선 배열(Layout)을 정리 후 마무리를 하였다.

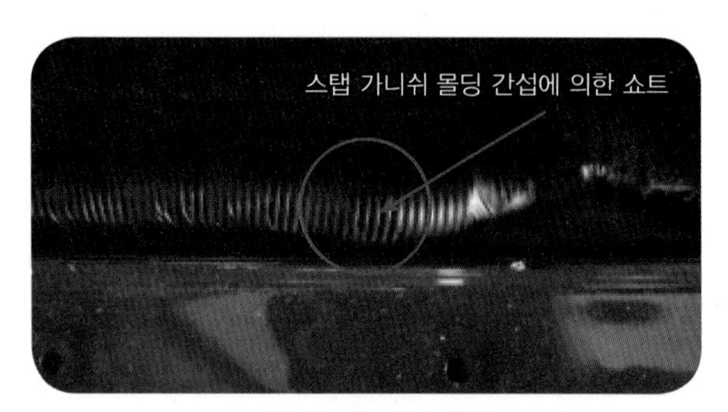

그림 10-5. 도어 배선 step garnish 간섭에 의한 쇼트 수정

그림 10-5는 배선이 차체 단락으로 도어 열림 경고등이 지속적 점등 및 간헐적으로 점등되어 자동차 도어를 열지 않았음에도 계기판의 도어 열림 경고등이 점등되는 사례는 이렇게 회로분석과 고장 유형에 따른 진단 장비 활용이 자동차 정비하는 데 있어서 매우 중요한 부분을 차지한다고 볼 수 있다.

마지막으로 출력 부분을 점검한다. 회로분석을 마친 후 지원되는 사항을 확인하여 진단 장비로 강제 구동을 통하여 부하의 상태를 미리 점검해 보는 방법으로 점검을 마무리하면 될 것이다. 그림 10-6은 실내등의 부하(전구) 측 작동 여부 확인을 위하여 회로를 분석하면 오버 헤드 콘솔 램프 액추에이터 강제 구동을 위해 먼저 내부 스위치 도어(Door) 측으로 전환 후 강제 구동을 하여야 하며 분해하지 않고도 출력 부분을 알 수 있다. 물론 이것은 실내 정션 박스, 실내등 퓨즈가 정상이고 오토 컷 릴레이, BCM이 정상이어야 가능하다.

강제 구동의 목적은 진단 장비를 통해 실내등을 점등시키기 위해 BCM의 접지 명령을 내리는 것이다. 강제 구동 시 실내등 점등이 안 된다면 실내등 램프가 불량이겠는가? 강제 구동의 목적은 빠른(FAST) 시간 작동 불량의 원인을 알아내어 정비하기 위함이다. 여기에는 배선의 고장에 의한 작동 불량도 내재함을 뜻한다.

그림 10-6을 보면 오버헤드 콘솔의 Door 측으로 스위치를 옮기고, 램프와 전원 공급 12V가 정상임에도 강제 구동 시 실내등 램프 점등이 불가하다면 이는 BCM의 제어

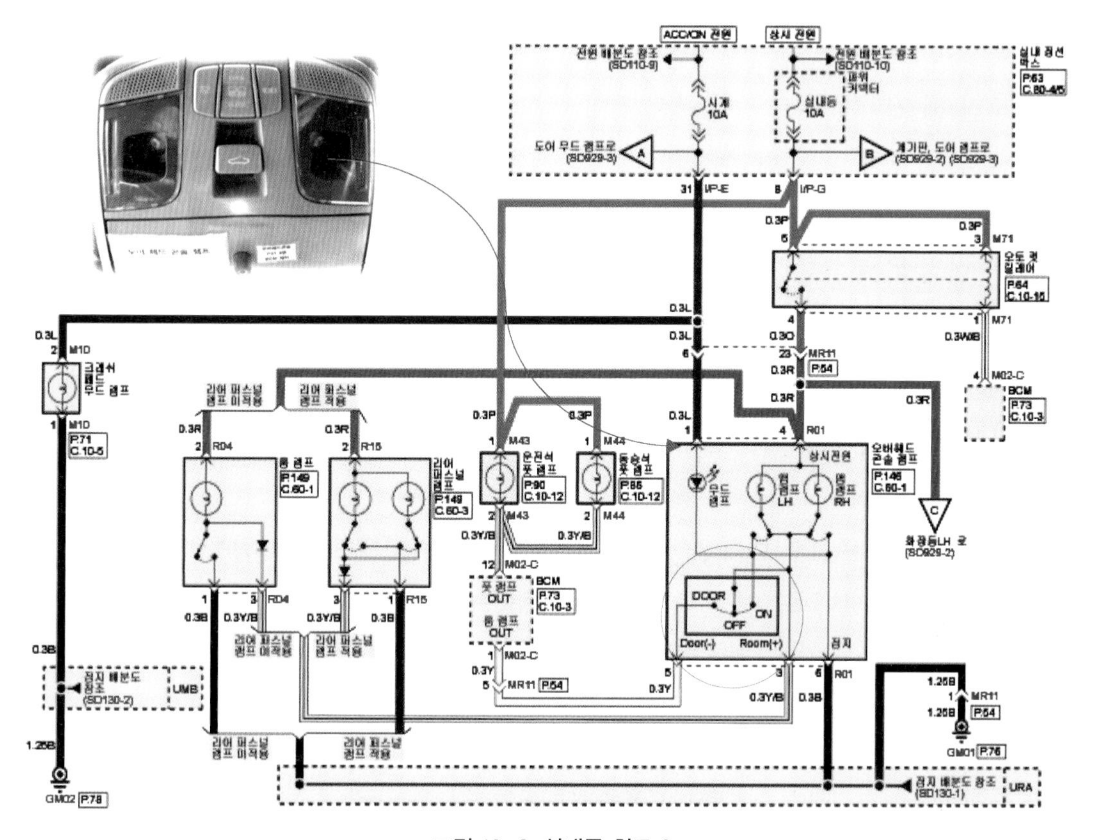

그림 10-6. 실내등 회로 2

선 문제로도 보아야 한다는 것이다. 때로는 쉬운 회로에서도 이상한 현상으로 우리 정비사를 괴롭히는 사례가 종종 있다. 그럴수록 검증과 합리적인 방법으로 인과 관계에 따라 과학적인 접근이 되어야 한다는 것이다.

물론 때때로 육안 점검 보는 것과 손으로 만지고, 맛을 보고, 냄새와 소리를 들어야 하는 것도 있을 것이다. 고장 증상별로 법칙과 원칙은 알겠는데 자동차가 입고하면 어디를 점검해야 할지 감이 안 잡히는 경우 주안점을 어디에 두어야 할지 막막할 때 이때는 진단 장비와 데이터를 믿어야 한다고 본다. 그림 10-6은 실내등 회로이다.

이로써 강제 구동을 통하여 BCM의 상태와 램프의 상태까지 알 수 있고 강제 구동이 되지 않는다면, 그림 10-6에서 오버헤드 콘솔의 R01 커넥터 4번 핀 단자 전원을 점검한다. 이 전원이 오버헤드 콘솔의 램프를 점등시키는 주전원이므로 매우 중요하다. 만약 상시 전원 파워 커넥터 내 실내등 10A 퓨즈는 정상임에도 실내등이 점등되지 않는다면 오토 컷 릴레이에서 BCM이 접지 제어를 하는지 보아야 한다. 오토 컷 릴레이 접점이 붙어 R01 커넥터 4번 핀 단자에 12V 전원이 입력되므로 전원 공급은 이 부분을 점검하면 해결된다. 빠르고 정확한 정비는 회로분석을 통해 여러 분해 과정을 거치지 않고 손쉬운 곳에서 점검하여 찾아내는 과정이라고 생각한다. 때로는 고장 부위에 따라 분해하기 어려움이 있어 무조건 순차적인 점검이 필요하긴 하나 여기서는 R01 커넥터 4번 핀 단자에 12V 전원이 공급되지 않는 것은 BCM M02-C의 커넥터 4번 핀 단자로부터 접지 제어를 해야 MR11 커넥터 23번 핀 단자로 12V가 출력된다.

만약 여기에 12V 전원이 출력되면 BCM과 오토 컷 릴레이도 정상이므로 이 이후의 배선 단선 상태를 확인하면 될 것이다. 그림 10-7과 8은 MR11 커넥터 위치와 커넥터 형상을 나타낸다.

그림 10-7은 MR11 커넥터 A 필러 상단에 위치하며 실제 차의 그림을 삽입하였다.

최근의 회로는 부품의 명칭, 부품 위치, 커넥터의 형상, 핀의 배열, 커넥터의 색상, 배선 핀 색상, 배선의 굵기 등을 자세히 표시한다. 하여 처음 접하는 자동차라도 쉽게 정비할 수 있게 정보를 제시한다.

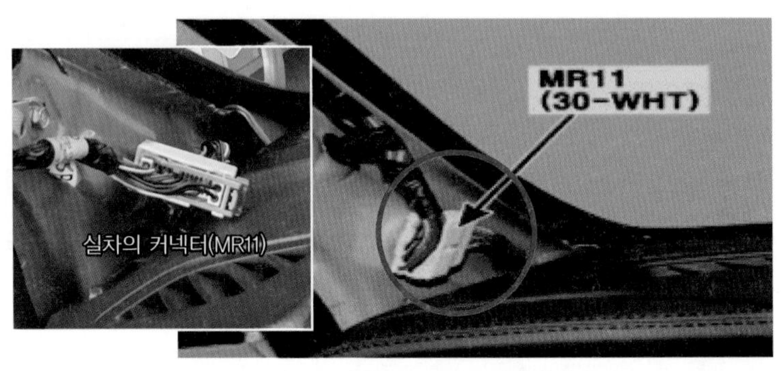

그림 10-7. MR11 커넥터 위치

그림 10-8은 결국 R01 커넥터 4번 핀 단자의 전원 12V가 출력되지 않는 것은 BCM 제어 선과 오토 컷 릴레이의 두 개의 전원선 오버헤드 콘솔로 들어오는 입력 전원 12V 이다. 그리고 오토 컷 릴레이와 BCM 단품 자체일 것이다. MR11 커넥터를 먼저 보는 이유는 다른 해당 부품에 비해 쉽게 분해할 수 있다. MR11 커넥터 23번 핀 단자에 전원 12V 입력됨의 여부로 BCM과 오토 컷 릴레이를 점검해야 할지 결정되기 때문이다.

만약 MR11 커넥터 23번 핀 단자로부터 12V 전원이 출력되지 않는다면 이는 힘들겠지만 오토 컷 릴레이와 BCM에서 점검해야 할 것이다. 여기서는 오토 컷 릴레이와 배선 상태가 정상이라면 BCM의 상태와 배선을 점검하면 어느 정도 문제점을 해결할 수

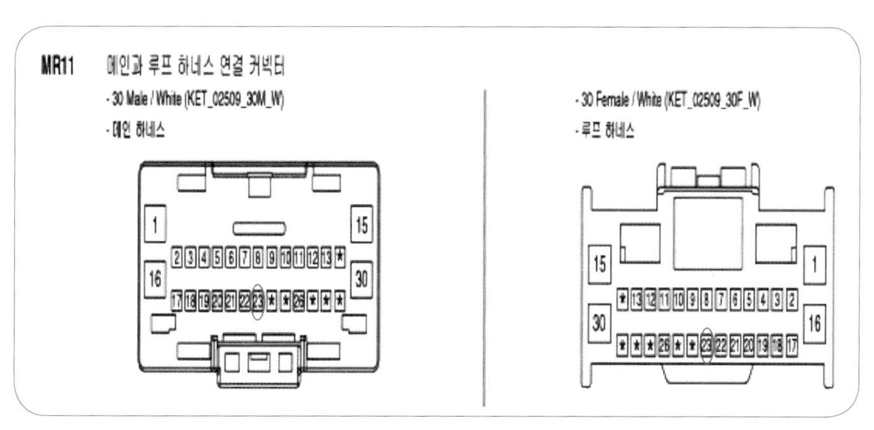

그림 10-8. MR11 커넥터 형상

있을 것이다. 공간 협소로 작업하는 데 어려움은 있겠지만 말이다. 현재의 자동차는 실내의 안전장치와 편의장치가 날로 증가하는 추세이다. 자동차는 이제 공부하지 않으면 정비할 수 없다.

그림 10-9는 오토 컷 릴레이의 위치를 나타낸다. 실제 차에서는 이러한 릴레이들이 실내 장식 내부 깊숙한 곳에 장착되어 교환하기 쉽지 않다. 하여 여러 가지 주안점을 두고 그 요령을 습득하여 정말 그 부분을 탈거(脫去)하여야 하는지를 명확히 할 필요성이 있다. 왜냐하면, 많은 인테리어(Interior)를 탈거하여 그 부분이 문제가 없다면 낭패가 아닌가! 실력 미진으로 돌릴 수밖에 없는 일이기에 테크니션(Technician) 입장에선 조금은 자존심이 상하는 일이기도 하기 때문이다.

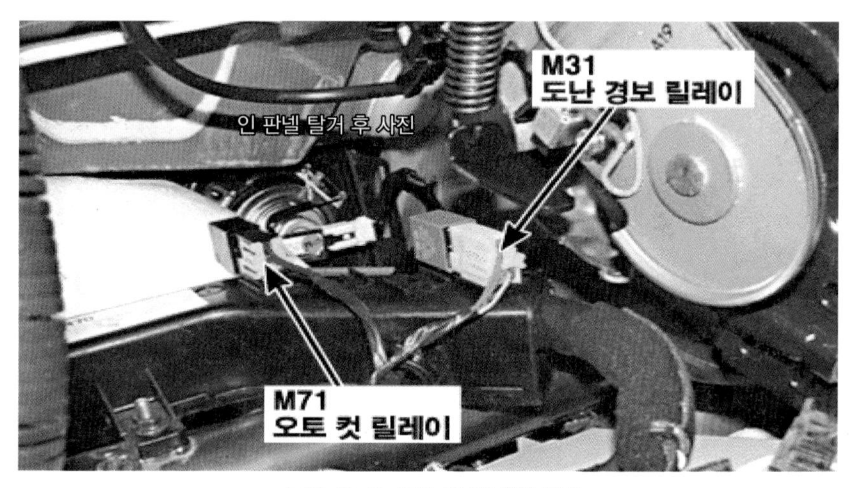

그림 10-9. 오토 컷 릴레이 위치

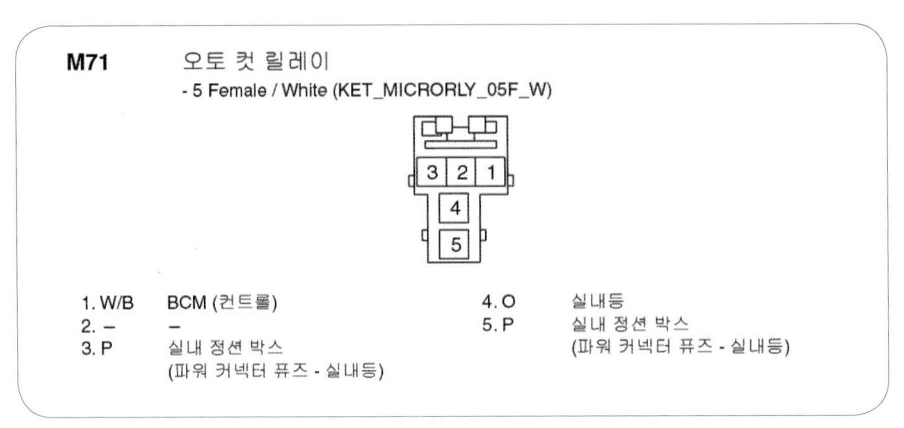

그림 10-10. 오토 컷 릴레이 커넥터 형상

그림 10-10은 오토 컷 릴레이의 커넥터 형상을 나타내었다. 커넥터는 여러 가지 형상이 있으며 핀 배열 또한 제조사마다 조금 상의하다. 핀의 역할을 나타내고 있으며 암컷의 형태를 나타낸다. 콘솔 램프의 R01 커넥터 4번 단자에 12V 전원이 공급된다. 콘솔 내부 맵 램프(LH/RH) 스위치를 ON 상태로 옮기면 램프는 점등된다면 콘솔의 내부 기판과 외부 접지(GM01)는 정상이다.

그림 10-11은 실내등 액추에이터 구동을 시현 하였다.

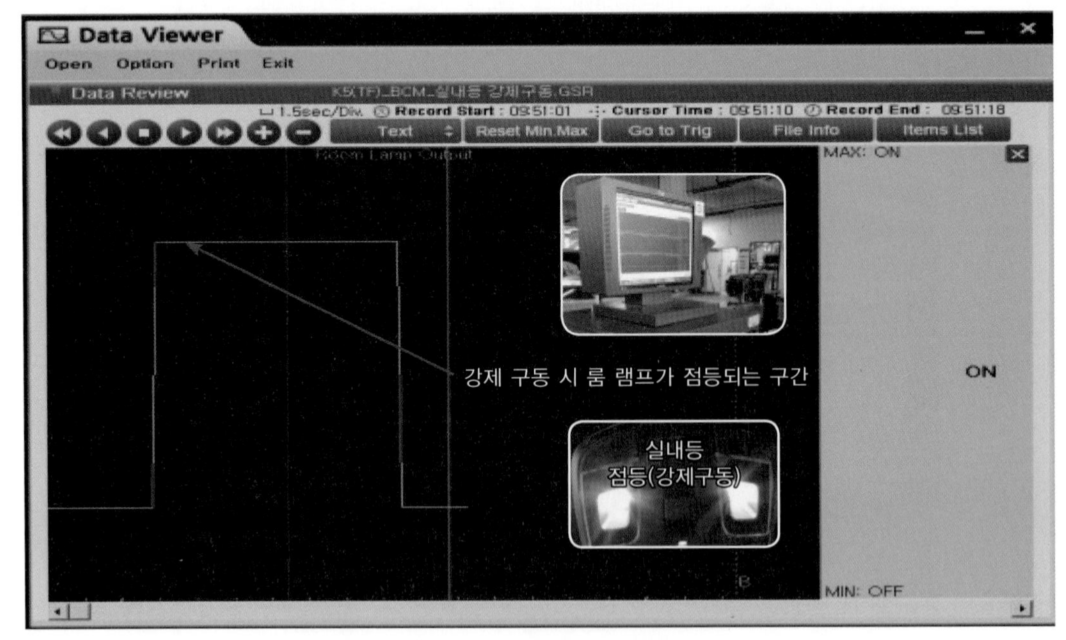

그림 10-11. 룸 램프 강제 구동

오버헤드 콘솔 램프의 Door 쪽으로 스위치를 옮겨 진단 장비로 실내등 액추에이터 강제 구동을 하여 그림 10-11과 같은 변화가 있다면 BCM의 M02-C의 4번 핀 단자와 BCM의 M02-C의 1번 핀 단자도 문제없음을 뜻한다.

다음 그림 10-12는 BCM의 장착 위치를 나타내었다. 차종별로 장착 위치는 다르다. 그림에서 보는 바와 같이 점검하기 어려운 곳에 포진하고 있으니 회로분석이 왜 중요한지 필자의 마음을 알았으면 한다. 전기통신 시스템은 이렇게 분해하기 어려운 곳에 놓아야 차량의 손쉬운 도난과 같은 위급한 상황에서 도난을 방지할 목적으로 쉬운 곳보다 깊숙한 곳에 놓았는지 모르겠다. 단점이라면 배선 점검과 교환의 어려움이 있다는 것이다. 예전 정비할 때가 생각난다.

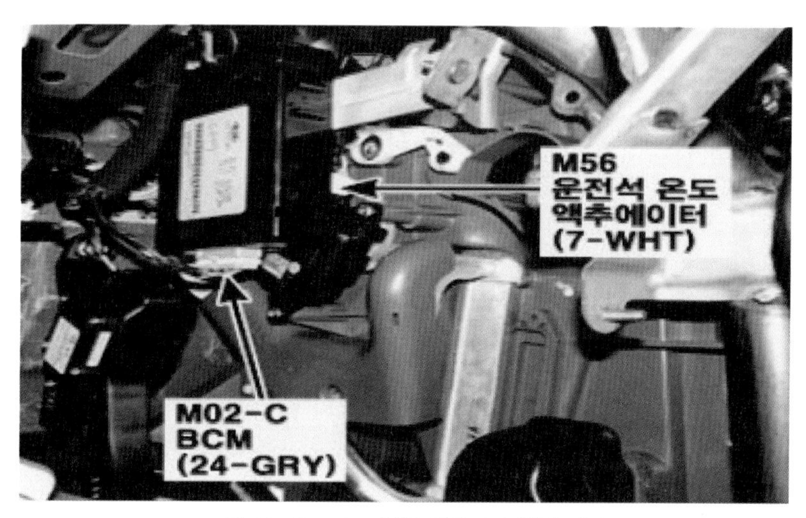

그림 10-12. BCM 위치 차종마다 위치 다름

여러 정황과 진단이 어설펐던 그 옛날 ECU 고장인 줄 알고 내부 ECU(Electronic control unit) 교환으로 여러 부품을 탈거하였더니 그 고장이 아니고 다른데 원인이 있어 황당한 사건들 아직도 정비를 뜯고 조이고 기름 치는 것으로 알아 비전(vision) 없는 직업으로 오인하는 사람들이 있는데 정비는 이제 첨단기술 하이-테크(High-Tech)이다.

고장진단 기술을 연구하고 자기만의 고장 진단법을 연구하여야 한다. 이것만이 우리 후배들이 살길이고 정비사로서 고임금을 받고 이직(移職)하지 않으며 기술인으로 좌절하지 않는 길이다. 이 세상의 모든 정비사에게 힘을 주고 싶다.

다음 그림 10-13은 BCM의 커넥터 형상을 나타낸다.

그림 10-13에서 24 Female / Gray (KET _ 040111_24F _GR_B) 설명하자면 24는 스물네 개의 핀으로 구성되어 커넥터는 암컷이며 커넥터(connector) 하우징(housing) 색상은 갈색을 뜻한다. 040은 커넥터 타입(type)을 나타내고 있다.

하우징 란스 타입이며 하우징 본체에 플라스틱 금형을 통해 커넥터 핀이 이탈하지 않도록 고정하는 장치를 말한다. 하우징에 핀을 넣으면 금형 가공된 홀에 돌출(protrusion)된 부분과 일치되어 고정되는 거의 모든 커넥터에 사용된다.

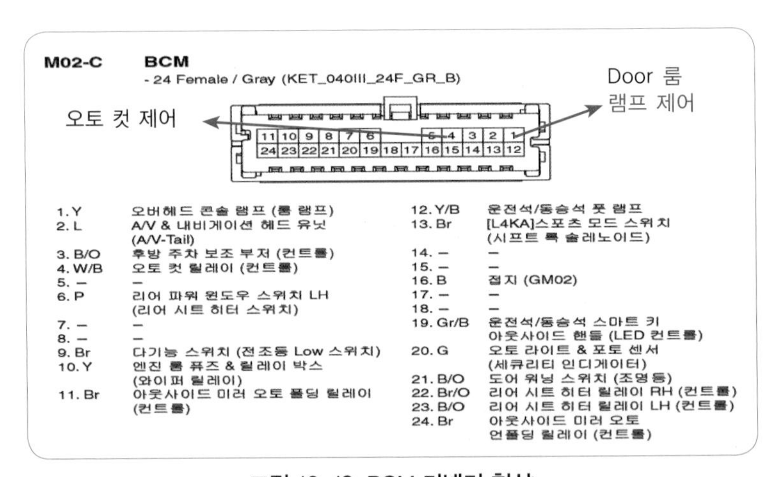

그림 10-13. BCM 커넥터 형상

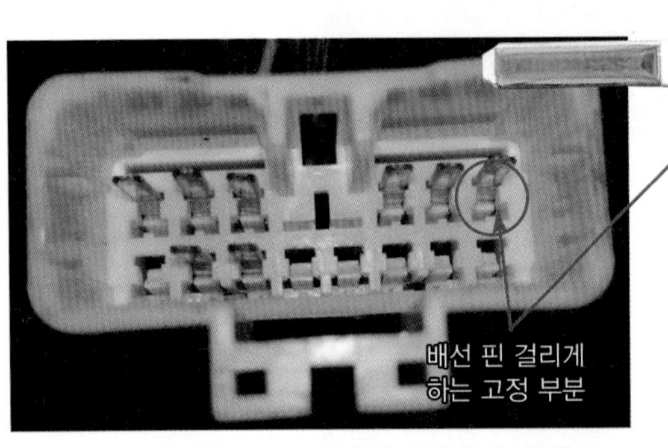

그림 10-14. 커넥터 하우징과 배선 핀

그림 10-14는 커넥터 핀 고정 부분을 나타내며 수 커넥터를 나타낸다. 현장에서는 이러한 핀의 밀림과 꺾임, 이물질 유입에 의한 부식, 접속/접촉 불량에 의한 고장이 많다.

배선 핀과 연결된 암 커넥터 연결의 헐거움 핀 밀림 등에 의한 고장으로 전류의 흐름이 연속적이지 않아 작동되다가 간헐적으로 안 되는 증상이 많다. 이런 경우 정비사의 고생이 이만저만이 아니다.

과제 1 도어 스위치 점검, 진단하시오.

표 10-1. 실습

점검 부위 (커넥터 및 핀 번호)	점검조건	배선 색상	전압 측정(V)	판 정
	도어 닫힘(앞 운전석)			양, 부
	도어 열림(앞 동승석)			
	도어 닫힘(앞 운전석)			
	도어 열림(앞 동승석)			

과제 2 도어 스위치 점검, 진단하시오.

표 10-2. 실습

항 목	점검조건	센서 데이터	판 정
운전석 도어	도어 열림		양, 부
운전석 뒤 도어	도어 열림		양, 부
동승석 도어	도어 열림		양, 부
동승석 뒤 도어	도어 열림		양, 부

11-1 실무 파워 도어록 회로 정비

11-1 파워 도어록 회로분석

현장에서 누구나 한 번쯤 도어록/ 언록 작동이 되지 않아 입고한 자동차를 정비해본 사례들이 있을 것이다. 필자는 후대에 길이길이 남을 책을 집필하기 위해 이 책을 쓰는 것이 아니다. 현장에서 정비할 때 기본적인 지식을 조금이나마 공유하고 앞으로 정비할 우리 학생들과 현장에 계신 정비사와의 동질(同質)감을 같이하고 싶어서이다. 힘들겠지만 이해가 될 때까지 읽어 주었으면 한다. 회로정비 하는 방향을 깨우쳐 현장에서 처음 접하는 초보 정비사에게 많은 도움이 되었으면 한다.

최근에는 파워 도어 래치(Power Door Latch)를 적용한 차량이 나오기 시작하였다. 중대형 자동차에 적용되고 있으며 도어의 크기가 커져 닫을 때 그대로 많은 충격이 바디에 주어 바디 변형과 도어 스트라이커 위치변형에 따른 도어 열림과 닫힘의 영향을 주는 경우가 많다. 그래서 작은 힘으로 여성 운전자가 닫기만 하면 도어 래치가 동작하여(잡아당겨) 완전하게 도어를 닫아준다.

이 도어 래치 방식은 1단과 2단으로 구분하는데 1단은 닫힘이고 2단은 완전 닫힘으로 칭한다. 시스템 구성 요소로는 도어 래치, 파워 클로우징 케이블, 소프트 클로우징 액추에이터(Soft Closing Actuator), ECU 그리고 DDM(Drive Door Module)으로 구성된다. 향후 이것은 또 다른 출판에서 다루도록 하겠다.

그림 11-2는 파워 도어록 회로도이다. 여기서 IPS 소자가 나오는데, IPS(Intelligent Power Switch)는 퓨즈와 릴레이를 대신한 소자이고 컨트롤러가 제어하여 IPS 소자에 B+ 전원을 주고 부하에 전류를 흐르게 하는 소자이다.

최근에는 4개의 IPS 소자를 통합하여 ARISU-LT 1개를 만들어 컨트롤러의 부하를 줄인다. 예를 들어 50W의 정격 헤드램프 전구를 사용해야 할 자동차에서 90W의 헤드램프 전구를 사용하면 단락으로 판단하여 전류를 차단할 수 있다.

부하 전류의 약 2배 이상의 전류가 흐르면 PCL(Programmabie Current Limit) 이 기능이 동작한다. 따라서 퓨즈 기능 대처 전류를 초과하면 차단 과전류가 300ms 이내 차단 제어하는 부품으로는 전조등, 안개등, 미등 등이 있다. 해제 조건은 과전류가 흐르지 않으면 ON 시 바로 해제를 한다. OCL(Open Current Limit) 기능은 회로 단선이 된 경우 이것을 감지하여 사용자에게 알려준다. 다만 차종에 고장 난 부품을 교환 후 전원을 OFF에서 ON 하면 차단되었던 전류를 다시 내보낸다.

이 기능은 방향지시등 단선의 경우 점멸 주기를 빠르게 제어하는 등 IPS는 PWM(Pulse Width Modulation) 제어를 부하(負荷)에 가능하게 하여 릴레이 제어를 하는 과거의 부하제어보다는 서지 전압(Surge Voltage)과 돌입 전류(In Rush Current)에 의한 부하(負荷)의 내구성을 향상할 수 있어 사용을 많이 한다.

그림 11-1은 PWM 제어를 파형으로 측정하였다. 이처럼 ON/OFF 제어를 통하여 전

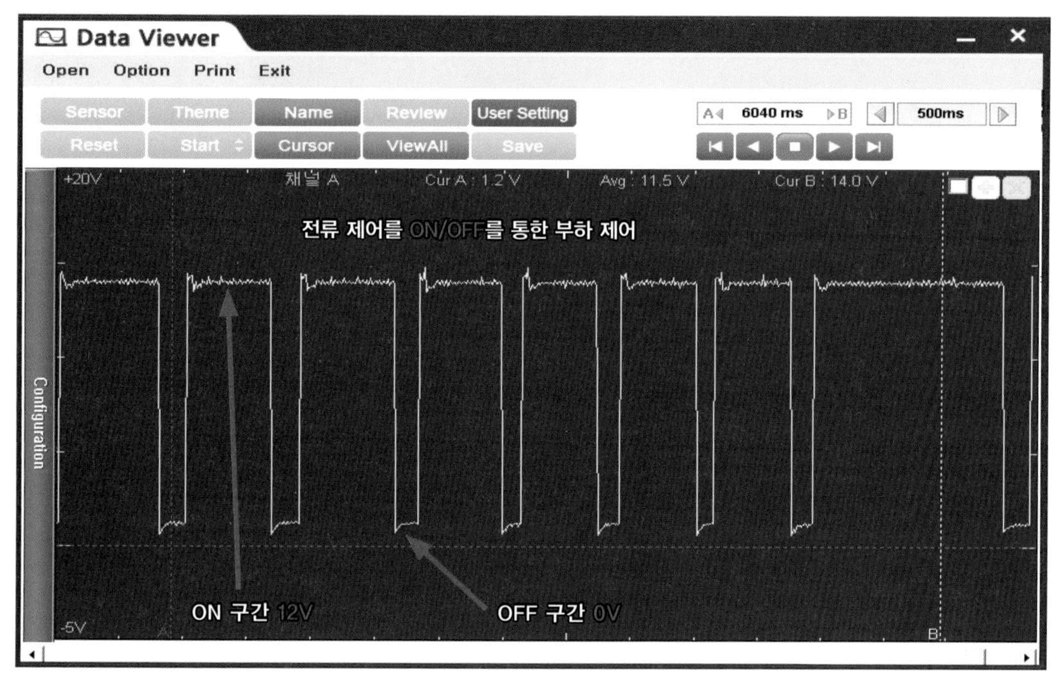

그림 11-1. PWM 제어

압의 평균치를 펄스 변조(Pulse Modulation)하여 일정 평균 전압을 얻을 수 있다. 현재 모든 부하는 PWM(Pulse Width Modulation) 제어를 한다고 보아도 무관할 정도로 많이 전장 제어에 사용되고 있다. 예를 들어 냉각팬 제어에 있어 과거에는 회로의 전류의 흐름을 저항 관계로 속도를 저속과 고속으로 제어하였다.

릴레이를 이용하여 저항을 거치느냐 안 거치느냐에 따라 전류의 흐름 변화로 제어했다면 지금의 냉각팬 제어는 전압을 듀티(duty) 폭을 제어하여 ECU가 부하(냉각팬 모터)를 직접 제어하는 방식으로 바뀌었다. 듀티 제어란 전압의 전체적 폭을 100%로 보았을 때 마이너스(-) 부분과 플러스(+) 부분이 부하를 작동하는 관점에서 몇 %를 차지하는가 나타내는 수치이다. 이것은 결국 엔진 컴퓨터나 자동변속기 컴퓨터의 솔레노이드 밸브 제어를 표현할 때 사용되는 것과도 같다. 그림 11-2는 파워 도어록 회로이다.

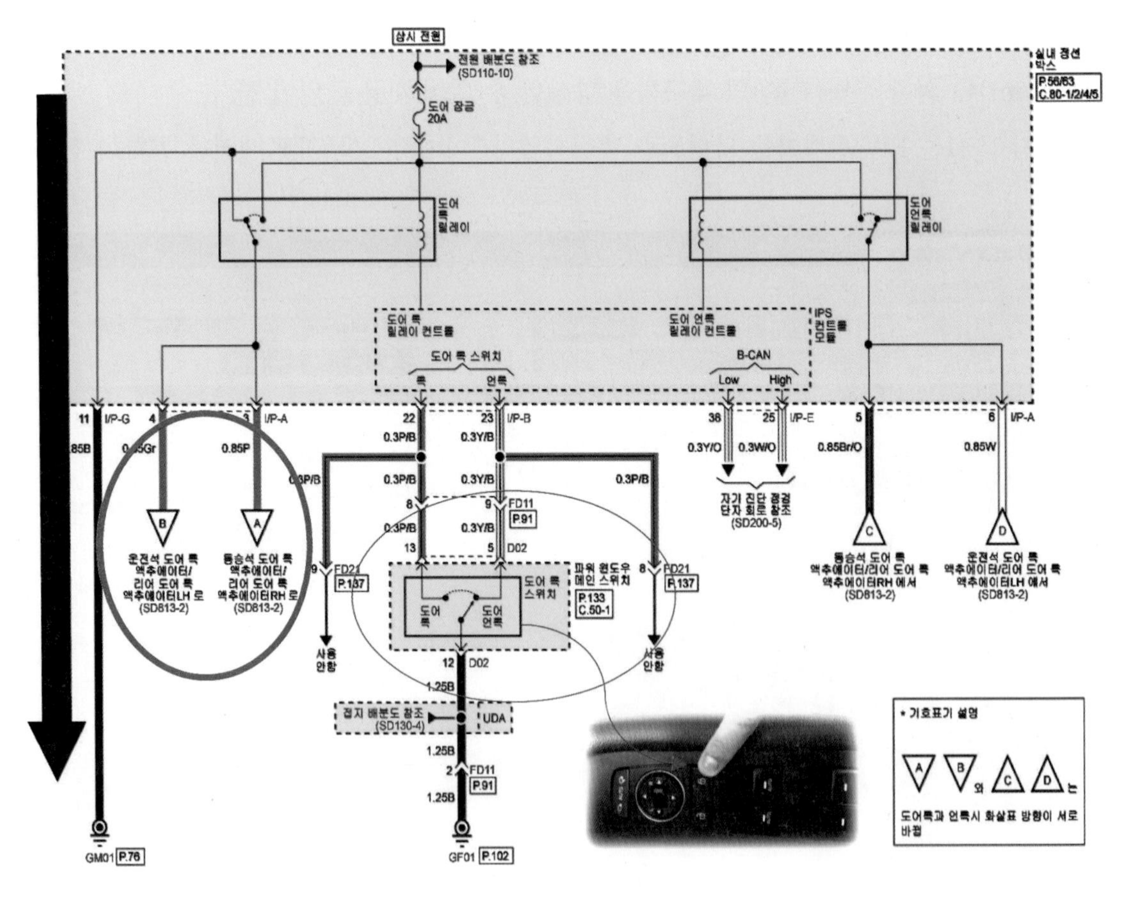

그림 11-2. 파워 도어록 회로 1

회로를 보면서 설명을 하겠다. 파워 윈도 매인 스위치에 설치되어있는 도어록(Door lock) 버튼을 작동시키면 접지 신호는 도어록 버튼을 거쳐 D02 커넥터 13번 핀 단자를 거쳐, I/P-B 커넥터의 22번 단자 핀을 통해 접지 신호가 들어간다.

그림 11-3처럼 진단 장비를 이용하여 실내 정션 박스(스마트 정션 박스)의 센서 출력을 통한 파워 윈도 매인 스위치에 내장된 도어록 스위치를 작동시켜 얻은 데이터이다. 이는 회로도 그림 11-2의 접지와 파워 윈도 매인 스위치의 내(內)의 도어록 스위치 그리고 해당 배선 실내 정션 박스(SJB)까지 정상임을 알 수 있다.

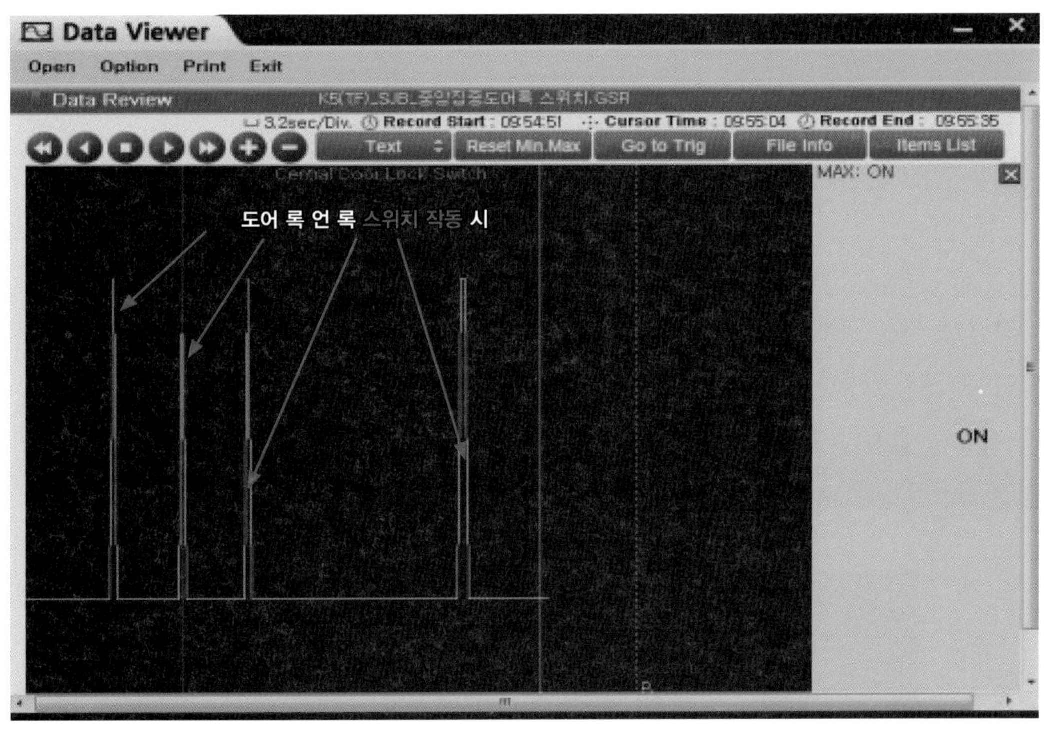

그림 11-3. 센트럴 도어록 스위치

IPS 컨트롤 모듈은 실내 정션 박스 내(內) 위치한 도어록 릴레이 코일 단을 접지 제어하여 코일을 전자석으로 만들고 그로 인하여 도어록 릴레이 내부 스위치는 오른쪽 접점으로 붙어 상시전원이 그림 11-2와 같이 12V 전압이 역삼각형 모양의 A, B로 각각 나뉘어 12V가 흐른다. 다음은 그림 11-4, 5는 파워 윈도 커넥터 형상과 파워 윈도 매인 스위치를 그림으로 나타내었다.

그림 11-2의 배선도에서 D02 커넥터의 단자 번호는 그림 11-4의 핀 번호가 일치한

다. 회로도의 핀 배열과 커넥터의 형상을 그림으로 나타내었다.

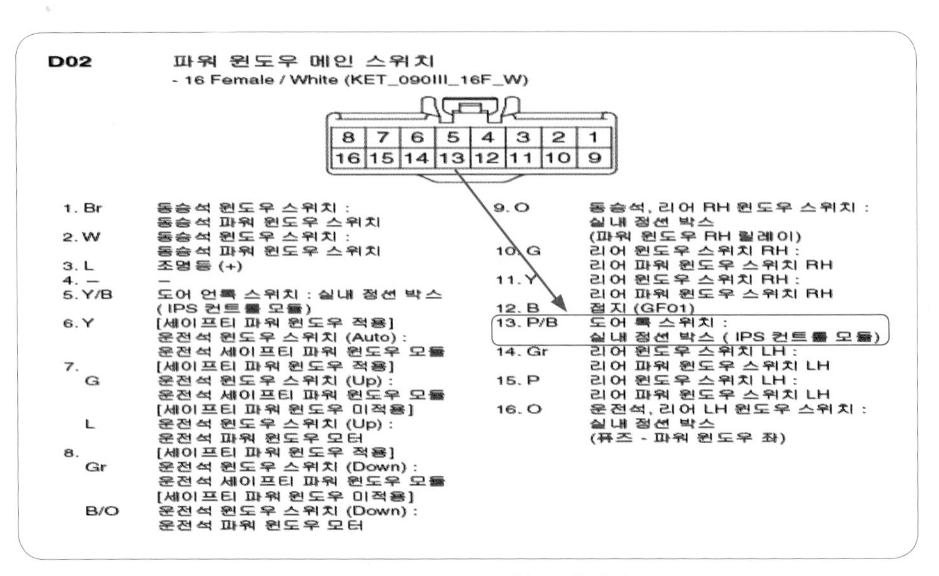

그림 11-4. D02 커넥터 형상 핀 배열

그림 11-5는 파워 윈도 매인 스위치의 운전석 도어록 스위치를 나타낸다. 도어록/언록이 작동이 불가한 경우 여러 부위의 문제점으로 나타날 수 있겠지만 여기서 파워 윈도 매인 스위치의 센트롤 록킹 스위치에서 도어록/언록 스위치를 작동하였을 때 작동 불량 현상을 회로로 설명하고자 한다.

그림 11-5. 도어록 스위치 (central Door Lock Switch)

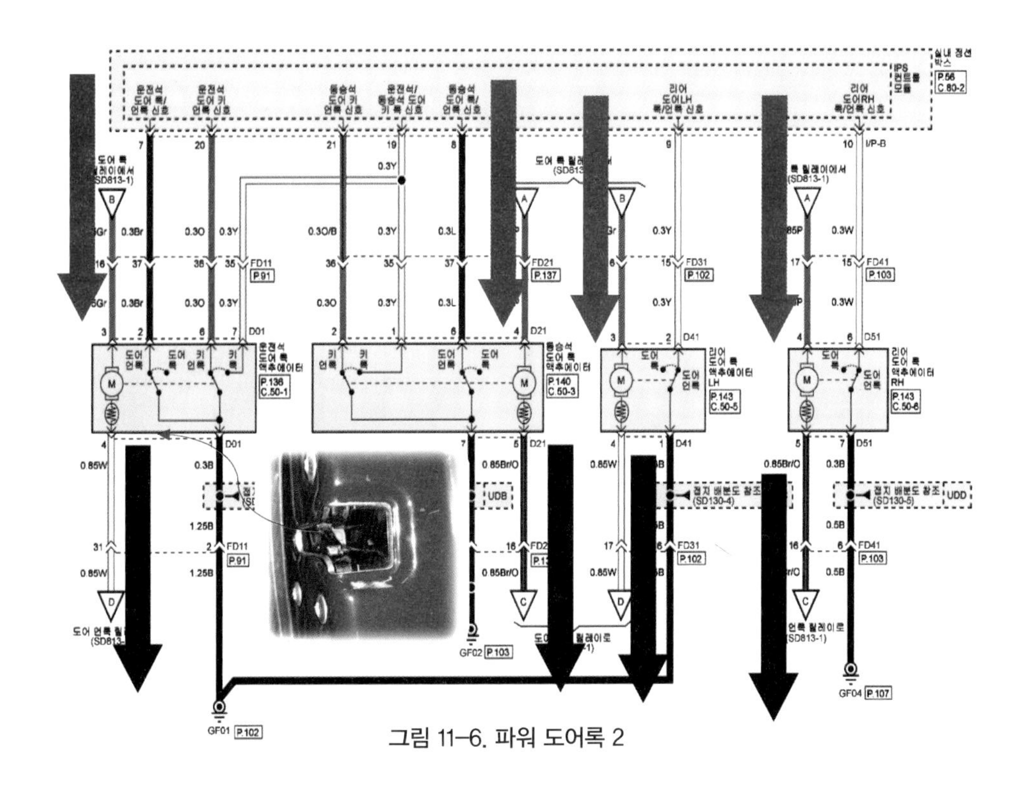

그림 11-6. 파워 도어록 2

그림 11-6은 2011년식의 자동차에서 운전석 도어록 액추에이터를 나타내었다. 회로의 운전석 액추에이터는 총 6핀으로 구성되었으나 최근의 자동차는 총 7핀으로 도어 열림과 닫힘 스위치를 내장하고 있다. 스마트 정션 박스나 BCM에서 처리하여 스마트 정션 박스 내의 도어록 언록 릴레이를 제어하여 모터를 작동시킨다.

그림 11-2에서 역삼각형 모양의 A와 B로 12V 전압은 운전석 도어록(Door Lock) 액추에이터(Actuator) 모터(Motor) 그림 11-6에서처럼(D01 커넥터 3번 핀 단자) 동승석(D21 커넥터 4번 핀 단자) 리어 도어록 액추에이터 양쪽(D41 커넥터 3번 핀 단자 D51 커넥터 4번 핀 단자)을 통해 12V 전압이 흐른다. 만약 이 배선 어느 하나라도 전원이 공급되지 못한다면 도어록(Door Lock)은 작동되지 않는다. 현장에서 많은 고장 현상이 발생되는 항목이므로 이는 정확한 회로분석이 필요하다.

최근 도어록 액추에이터는 7핀으로 제어하며 도어 스위치가 도어록 액추에이터에 내장되었다. 그러므로 파형을 측정 진단을 하거나 스마트 정션 블록이나 BCM의 서비스 데이터 분석 입력 신호를 이용해 스위치 단품을 확인하는 방법이 가장 빠른 방법이다. 그림 11-8은 도어 트림을 탈거하여 본그림이다. 고장 현상 발생 시 도어 트림을 먼저 분해하여 점검하는 일이 없도록 해야 한다.

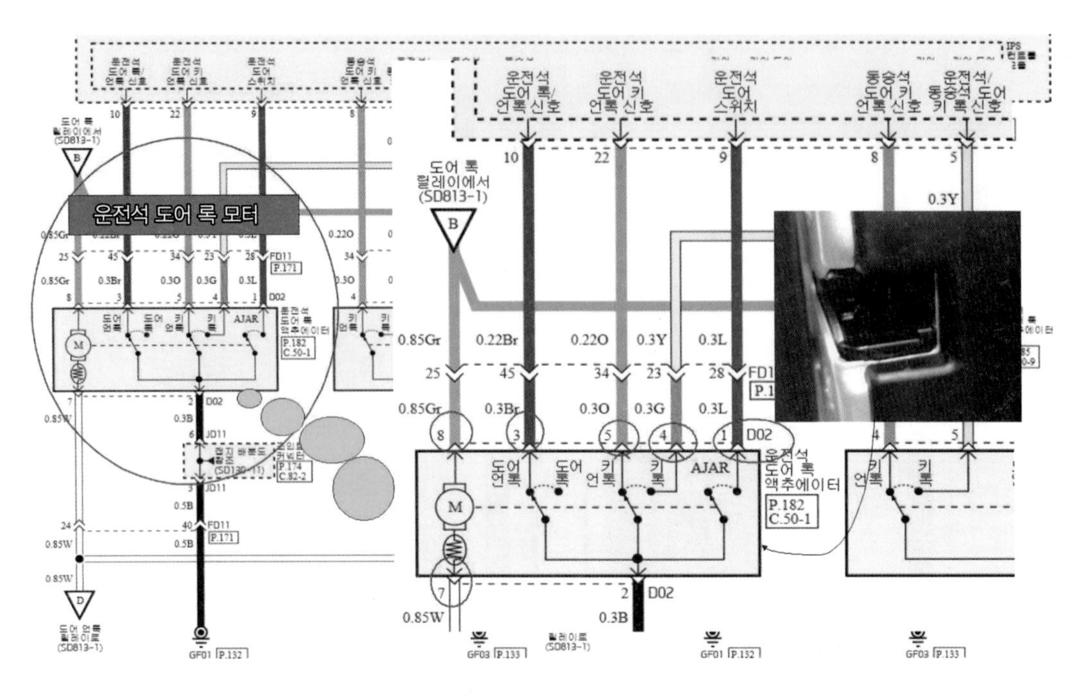

그림 11-7. 최근 자동차 도어록 액추에이터

진단 장비를 연결하고 바디전장제어(BCM)로 들어가 입/출력 모니터링 파악 후 지원되는 스위치 신호를 선택 작동하여 변화치를 가지고 원인을 파악한다. 먼저 단품을 분해하여 작업을 선택한다면 시간적 낭비가 될 것이다. 점검 결과 실 차에서 입, 출력 변화가 없다면 그때는 해당 자동차의 회로를 분석 점검하여 어디를 분해하여 점검할지 결정해야 한다. 다음은 운전석 도어록 액추에이터 D02 커넥터 1, 3, 4, 5, 7, 8번 커넥터 작동 파형을 나타내었다.

그림 11-8. 트림 분해 시 도어 (Door)

그림 11-9는 도어록 액추에이터 오실로스코프 파형을 측정하여 실었다. 최근의 도어 스위치는 도어록 액추에이터에 내장되었으며 도어를 열면 0V로 떨어져 계기판에 도어 열림 문구를 표시한다. 그리고 도어록 작동 시 D02 커넥터 3번 단자 핀 단자 전압이 11V 이상의 전압이 검출되며 언록 시에는 전압이 0V 가까운 전압이 검출된다. 모터 록 작동 시 연동하여 움직이며 이 신호는 스마트 정션 블록으로 입력되어 모터의 작동 상태를 피드백 받는다.

만약 이 전압이 잠김 시 12V 열림 시 0V가 스마트 정션 블록으로 입력되지 않으면 잠금 신호를 여러 번 출력하여 도어 잠금 상태로 유지하려 한다. (주행 중 처억 처억 하는 소리가 난다.) 이때 D02 커넥터 4번과 5번은 스마트키의 기계식 키(Key)를 이용하여 도어 열 때 사용되므로 현재는 10.6~10.7V가 측정되었다. 만약 기계식 키를 이용 아웃사이드 핸들 키 홈에 키 록 하면 12V에서 0V 신호를 출력하여 모든 도어를 록(Rock) 시킨다.

키 록과 언록의 모터 전압 부근에서 서지 전압 약 21.11V~22.75V가 측정되는데 모터 작동에 의한 내부 서지로 보아야 한다. 그리고 모터 록(Door lock)과 언록(Door Unlock)은 모터의 극성이 바뀌면서 모터가 잠금 상태와 열림 상태로 변한다. 다시 말

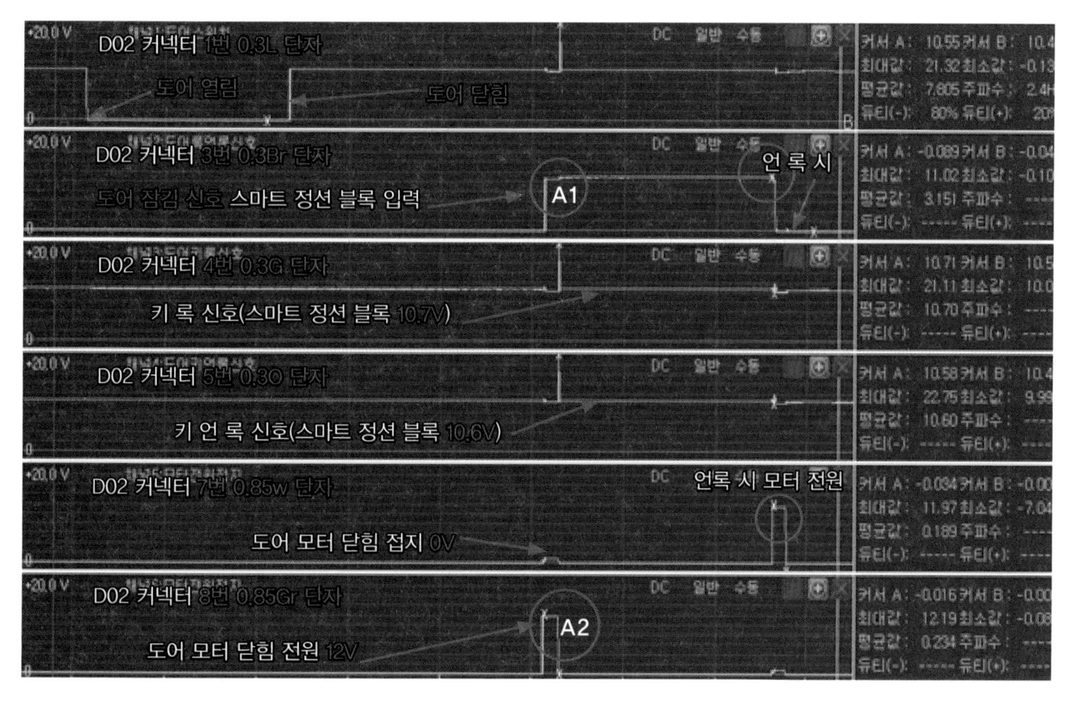

그림 11-9. 도어록 액추에이터 회로 파형 측정

해 전원 방향을 바꾸는 것으로 이해하면 될 것이다. 그림 11-10, 11은 운전석 도어 액추에이터와 커넥터 형상을 그림으로 나타내었다.

도어(Door) 액추에이터(actuator) 어셈블리((Assembly) 탈거 시 많은 시간이 걸리고 정확한 진단과 명확한 진단 기술을 통하여 고객 만족을 할 수 있는 자동차 정비 진단연구가 필요하다. 다음은 모터가 작동되기 위해서는 그림 11-6에서 D01 커넥터 4번 0.85 W 반대쪽 극성은 접지 제어를 해야 하므로 역삼각형 모양의 C, D는 접지 제어이다.

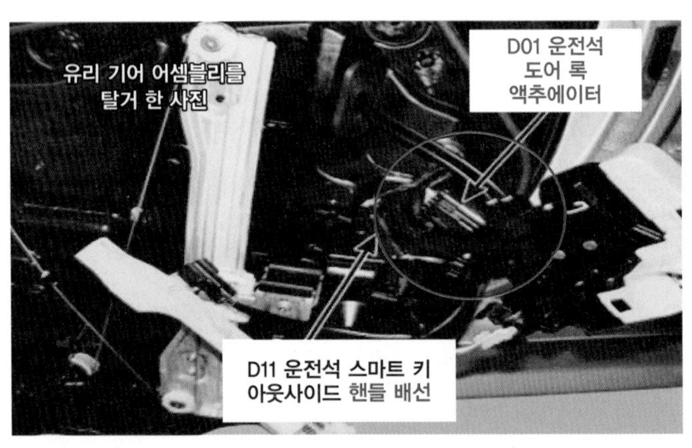

그림 11-10. 운전석 도어록 액추에이터

그림 11-2의 파워 도어록 회로와 그림 11-6을 보면서 설명하고자 한다. 역삼각형 C, D는 그림 11-2의 회로와 같이 도어 언록(Door Unlock) 릴레이는 현재 접점이 붙어 있는 쪽 접점(IPS 모듈이 현재 언록 릴레이를 제어하지 않음)으로 전류가 흘러 실내 정션 박스 내부 회로 기판을 지나 전류는 외부 배선 GM01 접지로 흘러 도어(Door)가 잠기게 된다. 이처럼 실차 정비에 있어 차근차근 회로를 분석하여 모터 고장뿐만 아니라 배

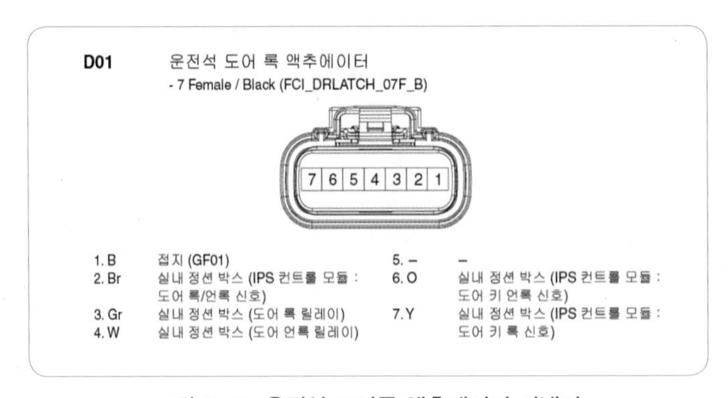

그림 11-11. 운전석 도어록 액추에이터 커넥터

선의 끊김, 파손, 수분에 의한 핀 부식, 배선의 암, 수 커넥터 접속 불량 등과 같은 원인이 대부분이므로 철저한 회로분석으로 배선진단의 달인이 되자! 이처럼 자동차에서는 모터와 배선 어느 하나 중요하지 않은 부분이 없다. 조금이라도 놓치게 되면 엉뚱한 진단을 내리게 된다. 그림 11-12는 접지 포인트를 나타내었다.

주행하면서 자동차의 배선은 스트레스(Stress)를 받고 그로 인하여 배선의 접속 불량이 발생하며 단품이 정상임에도 작동이 불량해진다거나 작동 자체가 되지 않는 경우가 발생하게 되는데 대부분 고장이 배선의 트러블(Trouble) 때문에 발생한다. 더욱이 현장에서 가장 많이 사용하는 편의장치로 고장이 많아 회로를 잘 이해하여 정비하는데 많은 도움이 되도록 학습하길 바란다.

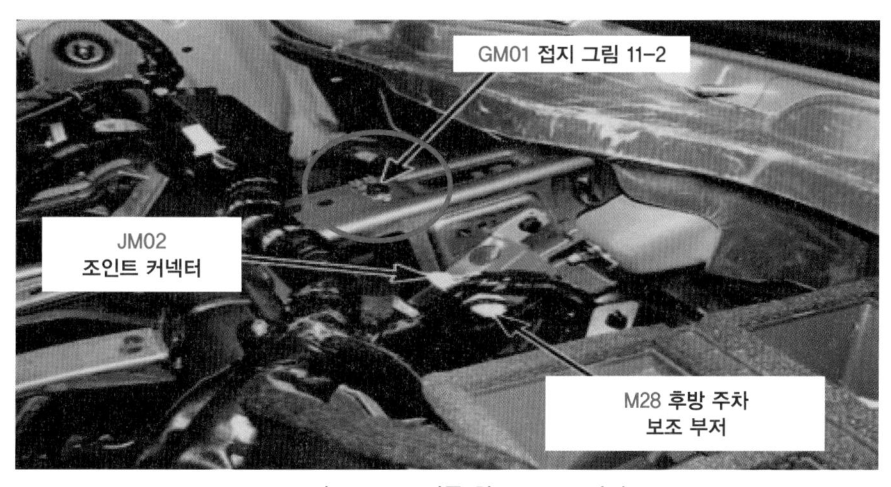

그림 11-12. 도어록 회로 GM01 접지

이쪽 계통은 운행하면서 도어를 여닫는 상황이 많고 간섭에 의한 배선의 스트레스를 많이 받아 오래된 자동차에서 배선의 핀 문제가 현격히 많다. 대부분 내부 배선이 단선되거나 붙었다 떨어지는 현상들이 많은데 예를 들어 도어를 열었다 닫을 때 정상 작동되다가 순간 갑자기 도어를 닫을 때 도어의 충격으로 모든 도어가 잠겨 낭패를 본 경험이 한 번쯤 있을 것이다. 도어가 열리고 나서 열거나 닫을 때 충격에 의한 모든 도어가 닫히는 경우이다.

현장에서 자주 발생했던 경우인데 자동의 원리는 같으므로 언록(Unlock)은 반대의 상황으로 설명하지 않겠다. 모터 내부는 그림 11-7과 같이 도어록/언록 스위치가 내장되어 있으며 이는 모터가 작동될 때 연동하여 움직인다. 최근 실내 정션 박스나 BCM

은 현재 도어의 잠김 열림 상태를 피드백 받아 신호가 입력되지 못하면 변동이 없는 경우 조건에 따라 BCM은 도어록/언록 명령을 여러 번 다시 내린다. 차종에 따라 다르지만, 실내 정션 박스가 3~5회 LOCK 명령을 제어한다. 이는 운행자의 안전운행을 도모하기 위한 I/P의 의지이다.

과제 1 파워 윈도우 메인 스위치 점검, 진단하시오.

표 11-1. 실습

항 목	점검조건	측정 전압(v)	판 정
파워윈도우 매인스위치 (도어 록 스위치)	도어록 작동 시		양, 부
	도어 언록 작동 시		양, 부

과제 2 운전석 도어록 액추에이터 점검, 진단하시오

표 11-2. 실습

항 목	점검조건	커넥터 번호	전압 값(v)	판 정
운전석 도어 록 액추에이터	IG/OFF (키 탈거 상태)	1번		양, 부
		2번		양, 부
		3번		양, 부
		4번		양, 부
		5번		양, 부
		6번		양, 부
		7번		양, 부

과제 3 운전석 도어록 액추에이터 점검, 진단하시오.

표 11-3. 실습

항 목	점검조건	커넥터 번호	전압 값(v)	판 정
운전석 도어 록 액추에이터	IG/OFF (키 탈거 상태)	1번		양, 부
		2번		양, 부
		3번		양, 부
		4번		양, 부
		5번		양, 부
		6번		양, 부
		7번		양, 부

과제 4 센트 롤 도어 록 스위치 점검, 진단하시오.

표 11-4. 실습

항 목	점검조건	센서 데이터 값	판 정
센트 롤 도어 록 스위치			양, 부
			양, 부

11-2 스마트키 인증 통한 도어록/언록 회로분석

그림 11-2-1은 스마트키를 이용한 도어록/언록 회로도이다. 최근 자동차는 대부분 스마트키를 사용하며 반복하여 구독하고 숙지해야 한다.

Passive Door Lock/Unlock 이란 등록된 스마트키를 소지하고 양쪽 도어에 설치된 도어 아웃사이드 핸들에 버튼을 누르면 스마트키 시스템과 연동하여 BCM(바디전장제어)을 제어하여 도어록과 언록을 자동으로 작동하는 것을 말한다. 순차적 과정을 이해하여 고장 점검 진단이 될 수 있도록 차종별 숙지하길 바란다.

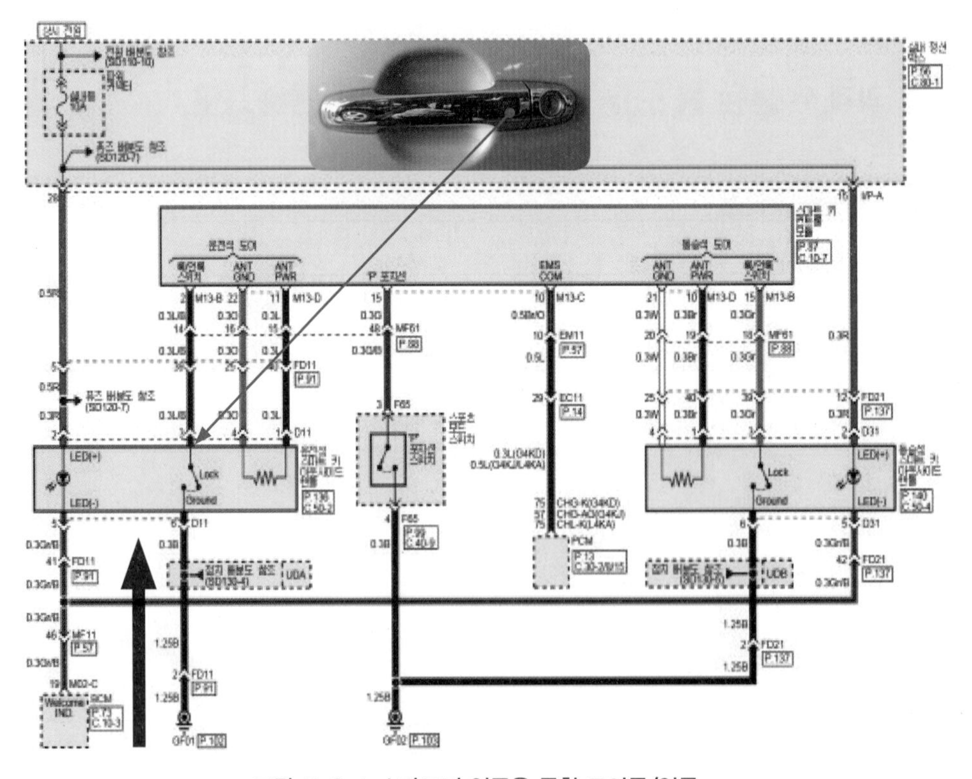

그림 11-2-1. 스마트키 인증을 통한 도어록/언록

그림 11-2-1 회로도를 보면서 설명을 하고자 한다. 스마트키를 소지하고 아웃사이드 핸들에 설치된 버튼 D11 커넥터의 3번과 6번 핀 단자가 그림과 같이 있다. 6번 단자는 접지 단자이고 3번 단자는 스마트키 모듈로 입력되는 입력단자이다. 아웃사이드 핸들 버튼을 누르면 ON/OFF 신호가 스마트키 컨트롤 모듈로 입력된다.

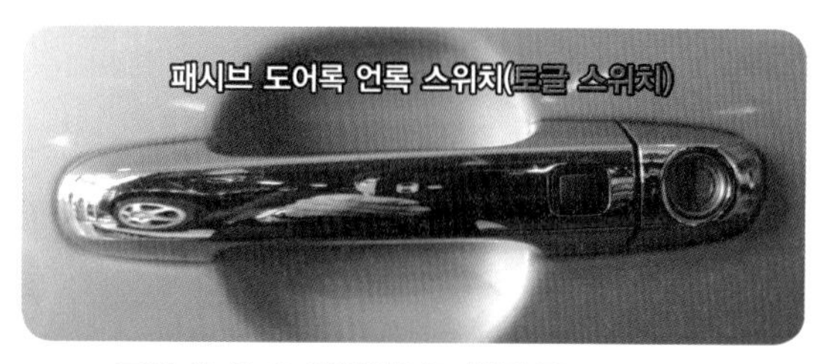

그림 11-2-2. 아웃사이드 핸들 및 패시브 도어록/언록 스위치

그림 11-2-2은 아웃사이드 핸들의 패시브 도어록/언록 스위치를 나타내었다. 최근 고급 차종은 아웃 사이드 핸들 내부가 터치 센서로 토글스위치 버튼을 누르지 않더라도 등록된 스마트키를 소지하고 도어를 잡으면 자동으로 도어가 열린다. 차종에 따라 조금은 상이 하나 잠금장치를 하고 자동차에서 떠날 때는 토글스위치를 눌러야 잠금 상태가 된다. 아웃사이드 버튼 ON(누른다) 시 약 0.6V이고 OFF 시 약 11.9~12.2V가 측정된다. (그림 11-2-3) 이 스위치는 일반적인 스위치가 아닌 토글 버튼스위치이다. 이 신호가 스마트키 컨트롤 모듈로 입력되어야 도어가 잠금 상태에서는 열림 모드로 열림 모드에서는 닫힘 상태로 도어록 모터가 작동된다.

그 후 스마트키 모듈(Smart Key Module)로 입력된 아웃사이드 버튼 ON 신호가 정

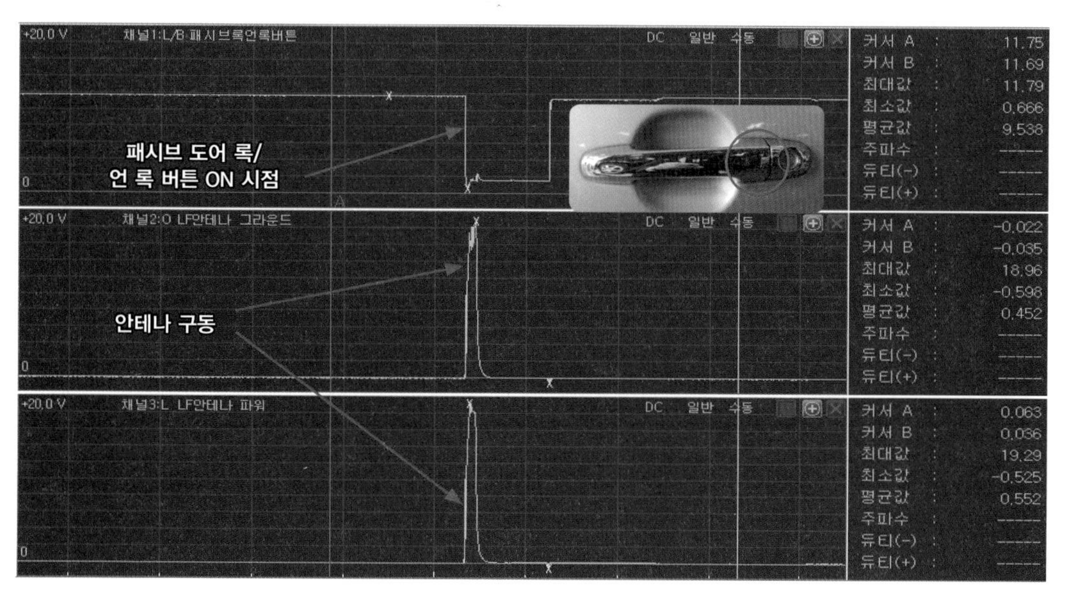

그림 11-2-3. 패시브 도어록/ 언록 스위치 파형 측정

상적으로 입력되면 SMK 모듈은 현재 입력된 버튼의 해당 아웃사이드 핸들 내(內)의 안테나를 구동하는데 스마트키 모듈이 배선을 통해 구동한다. 따라서 핸들에 설치된 LF(Low Frequency) 안테나를 구동한다. 그림 11-2-3은 아웃사이드 핸들의 패시브 도어록 언록 스위치 버튼 신호와 SMK ECU의 안테나 구동 파형이다.

아웃사이드 핸들에 내에 설치된 LF 안테나는 125kHz 대역의 저주파 무선 신호를 송출한다. 차량과 스마트키 작동 거리는 약 1m ~1.5m 이내 등록된 스마트키 소지하고 있어야 하고 스마트키는 무선 데이터를 수신받고 암호화된 자신의 ID(Identity Card) 정보를 차량 실내에 설치된 RF(Radio Frequency) 리시버(외부 수신기)에게 무선으로 송출한다. 물론 최근 신차는 외부 수신기가 스마트키 모듈에 내장되며 과정이 단순해졌다. 현장에서는 이 과정을 알아야 패시브 도어록/언록 제어가 되지 않는다면 빠른 정비를 할 수 있을 것이다.

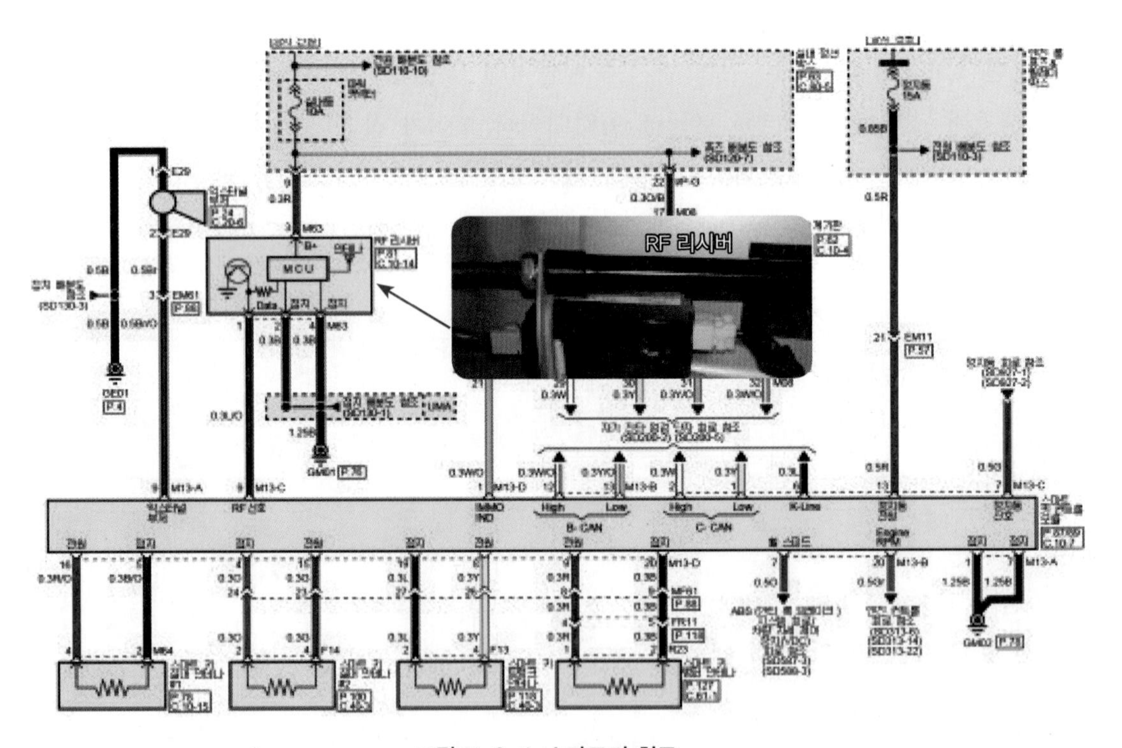

그림 11-2-4. 스마트키 회로

패시브 도어록/언록 버튼을 눌러 안테나를 구동한 주파수를 스마트키가 받아 무선으로 RF 리시버 모듈로 본인의 ID 정보를 송출한다. 그림 11-2-4의 RF 리시버는 스마트키에서 자신의 암호화된 ID 정보를 무선으로 수신받아 RF 리시버와 스마트키 모듈과 연결된 RF 신호를 SMK 모듈로 전송한다. M63 커넥터의 1번 단자가 매우 중요한 배선이며 이 배선 단선 시 도어는 열리지 않는다. RF 리시버는 스마트키 모듈에게 디지털 변조 신호로 바꾸어 배선을 통해 스마트키 모듈로 전송을 한다.

그림 11-2-5는 그림 11-2-4의 RF 리시버 M63 커넥터 1번 핀 단자로부터 도어록 시 측정한 파형이다. 스마트키에 등록된 ID 정보를 스마트키 모듈로 보내지는 파형이다. 이 파형은 차종별 다르며 왜 이렇게 측정 안 되지! 하고 의구심을 갖지 말길 바란다. 차종별 비슷한 파형이 측정되는데 이는 배선의 문제점이 없어야 하고 배선 한 가닥으로 보내지며 이 배선의 문제점이 발생하면 스마트키 인증을 통한 도어록/언록은 물론 시동 또한 불가능하다. 그러나 림폼 시동은 가능하다. (키 홀더(Key Holder) 삽입이나 스마트키 자체를 가지고 엔진 스타트 스탑 버튼 누른다.)

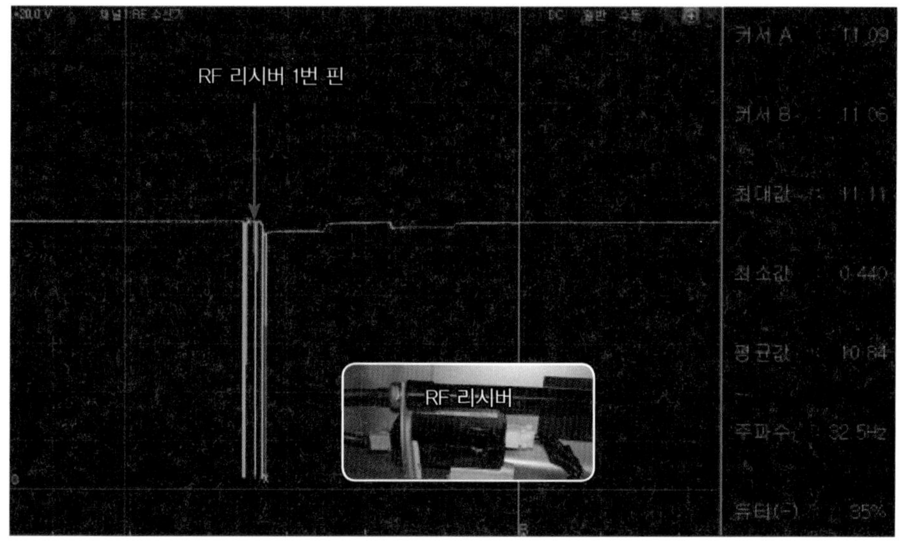

그림 11-2-5. 도어록 시 RF 리시버에서 측정한 파형

여기서 전송 시에 RF 리시버는 분석 능력은 없으며 스마트키 모듈로 정보만을 하고 ID 정보를 받은 스마트키 모듈(SMK)은 스마트키 정보를 분석하기 위해 등록된 ID 정보와 일치하는 여부를 판단한다. 일치할 경우만 바디 컨트롤 모듈(Body Control Module)측으로 도어록/언록 명령을 내려 실내 정션 박스와 서로 B-CAN(Body-Controller Area Network) 통신을 통해 실내 정션 박스(I/P)가 도어록 언록 릴레이

를 제어 도어(Door)를 작동시킨다. 이 기능이 패시브 도어록 언록(Passive Door Lock/Unlock) 기능이라 한다.

그림 11-2-6. 림폼 시동 방법

자동차는 앞으로 많은 변화로 우리를 괴롭힐 것으로 보인다. 최첨단 자동차가 그것이다. 현대자동차와 기아자동차 그룹에 감사함을 표한다. 많은 제작사 도움으로 한국폴리텍대학 강릉은 장비가 충분하고 학생들의 배움에 부족하지 않다. 지난 8년 동안 우리 대학은 블루핸즈 협력사 L-2 교육을 진행하면서 좀 더 폭넓은 배움의 장이 되고 있다. 개인적으로 전 세계 최고의 그룹이 되길 소망한다.

다시 본론으로 돌아가서 그림 11-2-6은 RF 리시버의 문제점이 발생해 림폼(Fail Safe) 시동 과정을 나타내었다. 도어를 기계식 키로 열고 차 내부로 들어가 키 홀더가 있는 차량은 키 홀더에 키를 삽입한다. 키 홀더가 없는 자동차의 경우 신형은 스마트키로 직접 스타트 스탑 버튼(SSB)을 눌러 ID 정보를 RF 리시버를 거치지 않고 스마트키 모듈로 입력된다. 이렇게 하는 과정은 스마트키 시스템의 어떠한 문제 발생 시 스마트키 모듈로 다이렉트 키 정보가 입력하여 자동차 전원 이동으로 시동을 걸 수 있다. 물론 이때도 브레이크를 밟아야 한다는 것은 명심해야 한다.

그림 11-2-7, 8은 RF 리시버 커넥터 형상과 위치를 나타내었다.

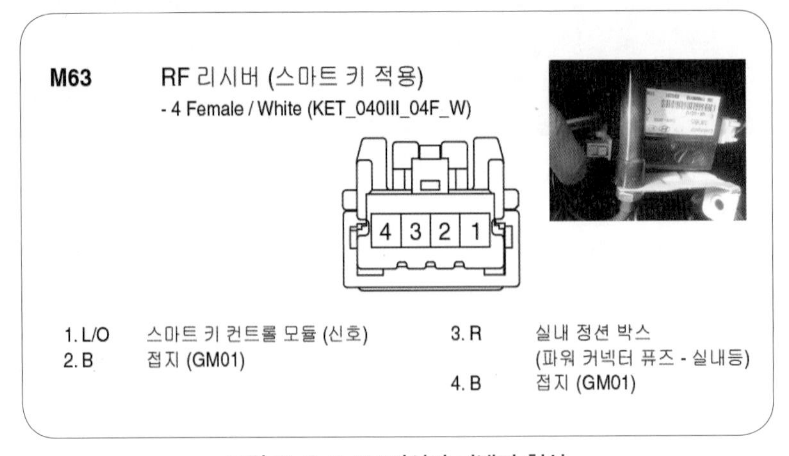

그림 11-2-7. RF 리시버 커넥터 형상

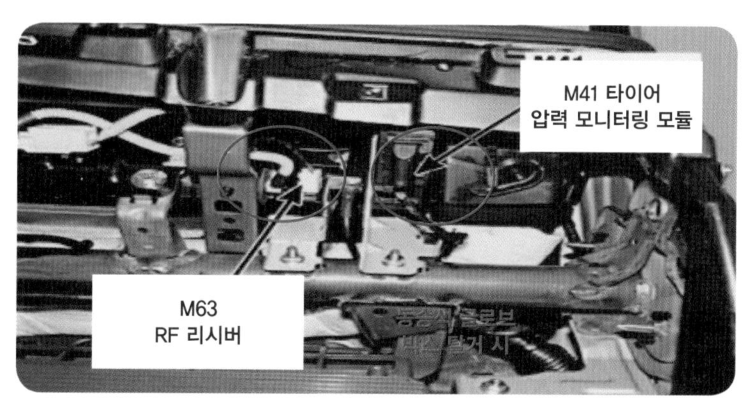

그림 11-2-8. RF 리시버

서두에서 말했듯이 RF 리시버는 차종별로 장착 위치가 다르며 최근에는 스마트키 모듈로 내장되어 외부에는 존재하지 않는다. 과거에는 전원분배 모듈(PDM)이 별도로 존재하였으나 최근에는 스마트키 모듈 내부에서 처리하도록 바뀌고 있다.

그림 11-2-9는 스마트키 모듈이 BCM에 명령을 내리고 실내 정션 박스(I/P)와 CAN 통신선으로 연결된 회로를 나타내었다. 자동차는 이제 많은 변화를 거듭하며 영

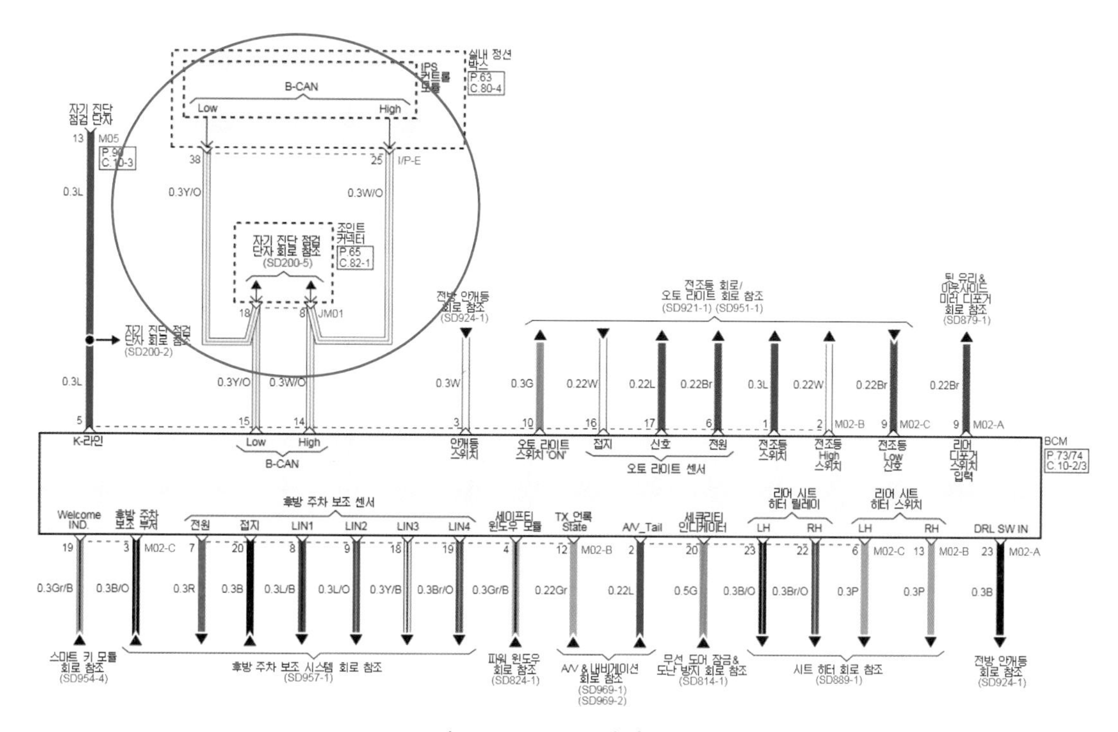

그림 11-2-9. BCM 과 I/P

화에서 볼듯한 행위들이 연출되고 있다. 자율주행 자동차 수소자동차 우리의 변화보다 더 빠른 형태로 다가오고 있어 기대되는 산업이다. 고장이 없는 자동차로 진일보되어 가면서 현장에선 아우성들이다.

그러나 나는 살길이 있다고 본다. 한 예로 고장이 없다면 고장이 아닌 인테리어(Interior) 분야의 소비자 편의성과 감성을 강조한 선호도에 맞춘 리폼 작업이다.

이것이 기본적 정비와 만나 미래 모빌리티(Mobility) 시대를 선도하는 자동차 인테리어 사업. 자동차 산업의 그 핵심이 될 것이라고 본다.

이처럼 지금의 자동차는 회로를 분석하고 진단 장비와 통신하는 모듈이 많이 있고 장비를 통해 입, 출력을 확인할 수 있으므로, 입력이 잘 들어오는데도 불구하고 입력해당 부품 또는 입력 배선을 점검하는 것은 시간 낭비이다.

가는 길이 정해져 있음에도 장비 사용의 적절치 못하여 다른 생각 다른 진단으로 불필요한 시간을 아끼자는 이야기다.

현재 자동차는 중요 모든 부품이 내부 깊숙이 자리하고 있어 실제 부품을 탈거하여 전압 변화를 보는 데 많은 어려움이 있다. 회로를 통하여 쉬운 위치에서 점검하고 판단할 수 있다면, 필자는 그것이 회로분석이 되었다고 본다. 스마트키는 다음 출판에서 더욱 상세한 내용으로 찾아뵙도록 하겠다.

과제 1 스마트키 아웃사이드 핸들 점검, 진단하시오.

표 11-2-1. 실습

항 목	점검조건	커넥터 번호 및 역할	전압 측정(V)	판 정
운전석 스마트키 아웃사이드 핸들	버튼을 누르지 않은 상태	1번		양, 부
		2번		양, 부
		3번		양, 부
		4번		양, 부
		5번		양, 부
		6번		양, 부
	버튼을 누른 상태	1번		양, 부
		2번		양, 부
		3번		양, 부
		4번		양, 부
		5번		양, 부
		6번		양, 부
		특이 사항		
	리모컨 작동 시			

과제 2 스마트키 RF 리시버 점검, 진단하시오.

표 11-2-2. 실습

항 목	점검조건	커넥터 번호 및 역할	전압 측정(V)	판 정
RF 리시버 (있는 타입 버전)	아웃사이드 핸들 버튼 누른 상태	1번		양, 부
		2번		양, 부
		3번		양, 부
		4번		양, 부
	아웃사이드 핸들 버튼 누르지 않은 상태	1번		양, 부
		2번		양, 부
		3번		양, 부
		4번		양, 부

과제 3 등록된 스마트키 소지 후 아웃사이드 핸들 작동/ 비작동 점검, 진단하시오.

표 11-2-3. 실습

항 목	점검 조건	센서 출력 (그래프 모드)	스마트키 멀리 하고 5m 이상	판 정
운전석 아웃사이드 핸들 스위치(누름)	시동off 하고 진단 장비로 SMK ECU 진입			양, 부
동승석 아웃사이드 핸들 스위치(누름)				양, 부

12 실무 세이프티 파워 윈도우 회로정비

12-1 세이프티 파워 윈도 회로분석

세이프티 파워 윈도(Safety Power Window)는 윈도우 모터를 전자적으로 제어하는 컨트롤 유닛을 설치하고 더불어 모터 내부에 윈도 글라스의 위치 및 구속 감지를 위한 센서를 장착하고 있다. 윈도가 오토 업으로 동작 중에 글라스(Glass)와 차체 사이에 물체가 끼어 윈도 모터가 상승하지 못하는 경우 윈도를 하강시켜 운전자로 하여 안전을 확보하기 위한 안전장치이다.

이처럼 기존 유리와 달리 기어 하나도 조작만을 위한 것이 아닌 과거의 편의장치에서 많이 탈피하였다. 우리는 끊임없이 공부해야 하고 진단 기술 연구가 필요한 현 자동차 시스템에서 많은 노력을 기울여야 한다. 세이프티 파워 윈도우 장치는 파워 윈도우 모

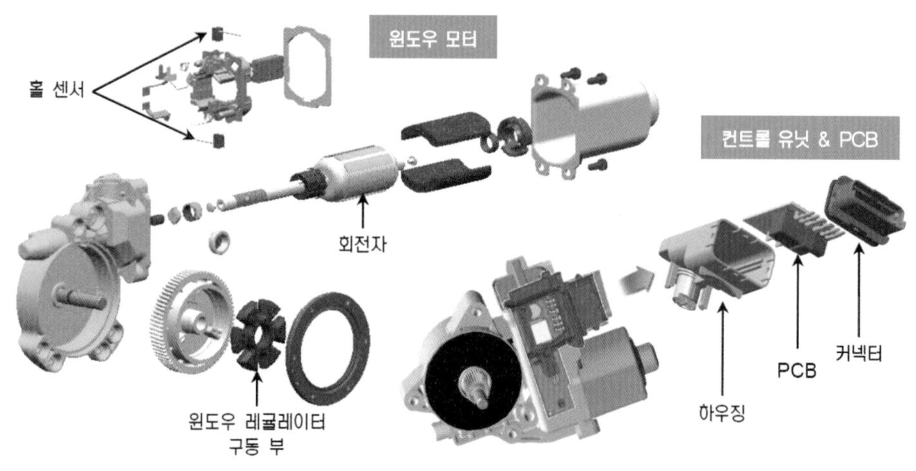

그림 12-1. 단품 이해

터, 세이프티 유닛, 파워 윈도우 스위치, 바디 컨트롤 모듈에 의해 제어가 이루어진다.

운전자의 편의성 및 주행 안전성은 날이 갈수록 향상되어 유리를 올리고 내리는 일부분에 그치지 않고 승차자의 안전을 고려한 파워 윈도우 시스템이다. 그림 12-2는 운전석 세이프티 파워 윈도우 회로도를 나타내었다.

그림 12-2에서 운전석 세이프티 파워 윈도우의 D06 커넥터의 1번, 2번, 5번, 6번 채널 단자의 오실로스코프 파형을 측정하여 회로분석을 하고자 한다. 파워 윈도우 스위치의 이상 유무를 파형을 통해 단품 및 배선의 상태를 알 수 있다. 현장에서 많이 사용하는 편의장치로 고장 또한 다수 발생하는 시스템이다. 정확한 회로분석으로 고장진단이 이루어져야 한다.

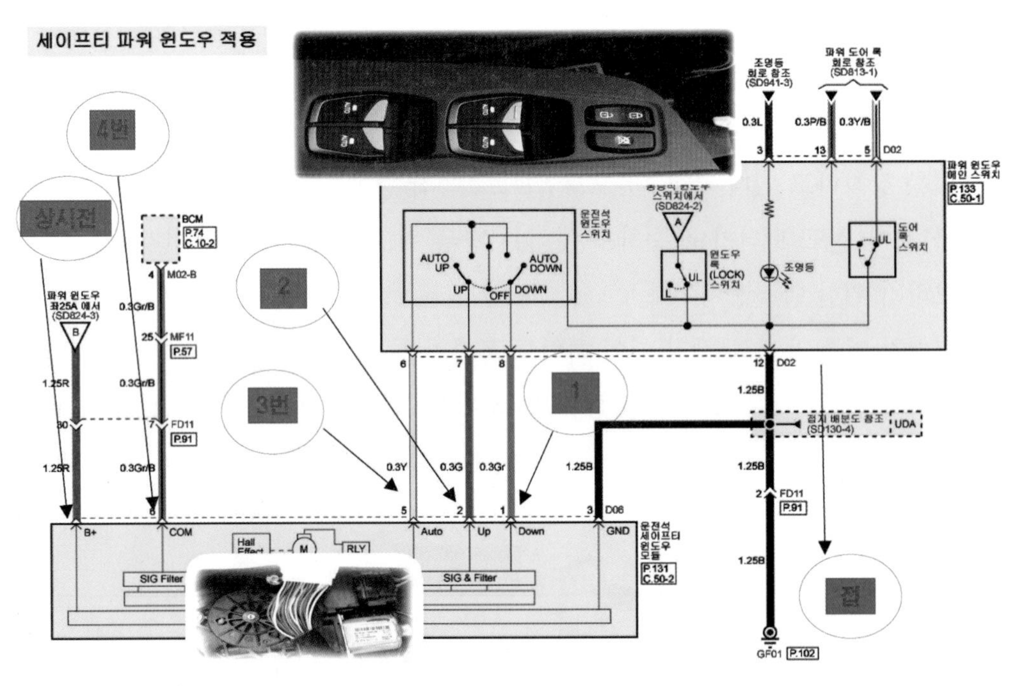

그림 12-2 세이프티 파워 윈도우 회로

그림 12-3은 동승석 파워 윈도 회로를 나타낸다.

그림 12-4은 세이프티 파워윈도우 유닛의 커넥터 형상을 나타내었다. 그림 12-4는 암컷의 커넥터를 나타내며 배선 핀의 배열은 우측에서부터 1번이다. 단품의 경우는 좌측부터 1번이 된다. 그림 12-4는 세이프티 파워 윈도우 D06 커넥터를 나타내었다. 전동모터를 이용한 파워 윈도우 장치가 보편적 적용되면서 조작 편의성이 증대하였다. 세이

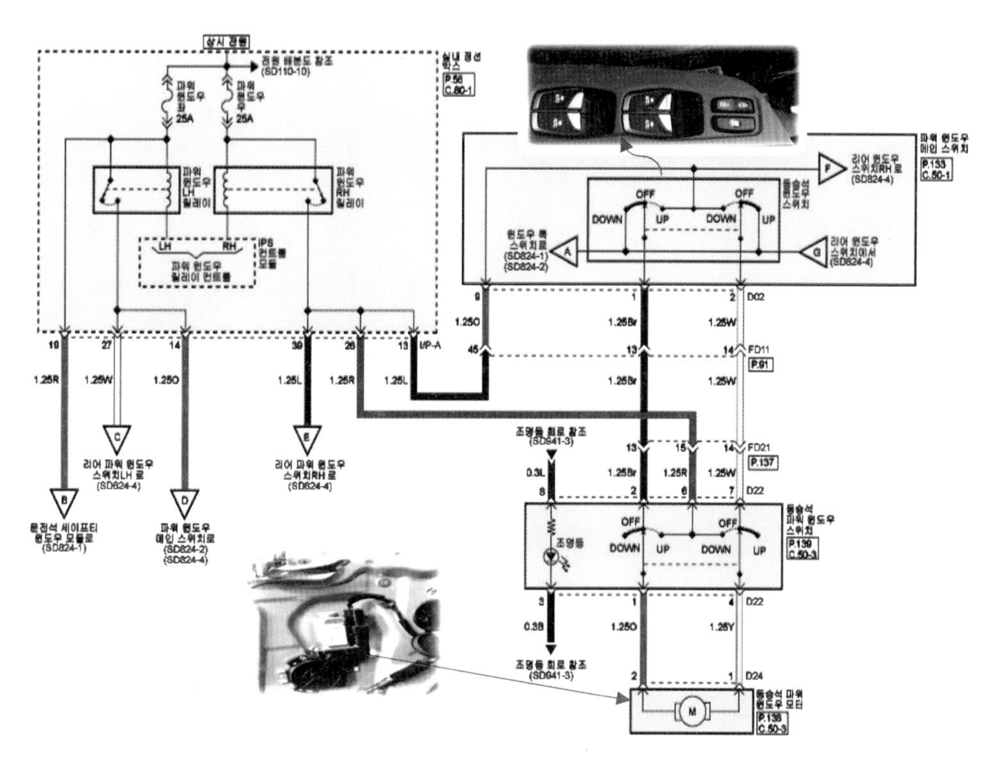

그림 12-3. 운전석 세이프티 파워 윈도 회로도

프티 파워 윈도우는 윈도우 모터를 전기적으로 제어하는 컨트롤 유닛을 가지고 있으며 모터 내부에 윈도우 글라스의 위치 센서와 구속을 감지하기 위한 센서가 장착된다.

윈도우가 오토 업으로 동작 중에 유리와 도어 차체 사이에 물체가 끼면 부하를 받고 윈도우를 즉시 하강하여 승차자의 안전을 확보해 주는 안전장치이다. 특히 어린아이가 자동차 내에서 장난할 때 위험한 상황을 벗어나게 도와준다.

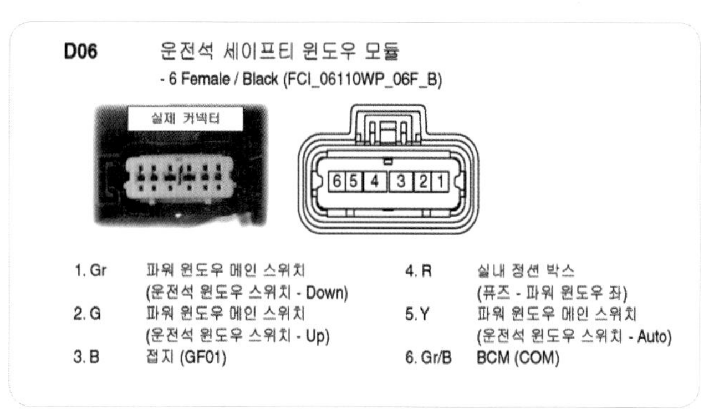

그림 12-4. 운전석 세이프티 윈도우 유닛 커넥터 형상

세이프티 파워 윈도우 장치는 모터와 유닛, 파워 윈도우 스위치 그리고 바디 제어 모듈인 BCM에 의해 작동된다. 파워 윈도우 모터는 윈도우 레귤레이터 구동을 위한 모터와 스위치 신호 입력 처리, 모터를 전반적으로 제어하는 컨트롤 유닛으로 구성된다. 보통 12V 정격 전압을 가지고 있으며 출력 가능 전류는 약 30A로 2개의 홀 센서를 설치하여 모터의 방향성과 유리의 위치 및 구속 여부를 감지할 수 있게 되어있다.

그림 12-5에서 KEY OFF 시 BCM COM 단자는 12V를 유지하고, 나머지 단자 핀 전압도 약 12V로 유지하는 것으로 나타났다. 다시 KEY ON을 하면 BCM COM 신호는 접지로 떨어지며, 나머지 단자 핀 전압은 약 12V로 유지하는 것으로 나타난다.

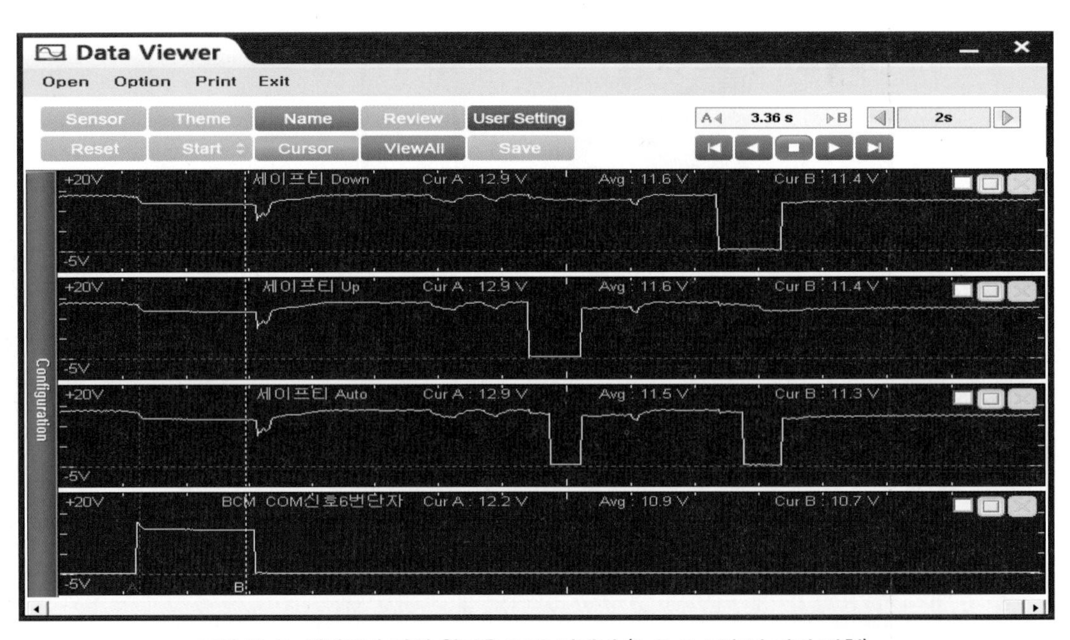

그림 12-5. 세이프티 파워 윈도우 D06 커넥터 (1, 2, 5, 6번 핀 단자 파형)

따라서 회로에서 COM 신호는 0V(접지)일 경우 윈도우 동작이 가능하고 12V 경우 윈도우가 작동할 수 없다. (A 커서에서 B 커서까지) BCM의 COM 신호 단자가 BCM이 모터 & 세이프티 유닛으로 윈도우 모터 동작 금지/허가 신호를 내보내는 단자이다. 이단자는 매우 중요하며 단선되면 윈도우 모터 작동 불가 된다. 물론 COM 신호는 차종에 따라 반대의 전압이 검출되는 자동차도 있으니 년식에 따라 오해 없기를 바란다.

그림 12-6은 KEY ON 후 BCM COM(인에이블(Enable)) 신호는 0V 접지로 떨어지고 있다. 세이프티 파워 윈도우 작동 준비상태가 되는 것이다. (A 커서에서 B 커서까

지 운전자가 KEY ON 후 스위치를 작동하지 않은 대기 상태이다.) 세이프티 파워 윈도우 및 모든 작동 자체가 불량할 때 점검해야 할 중요 포인트가 된다.

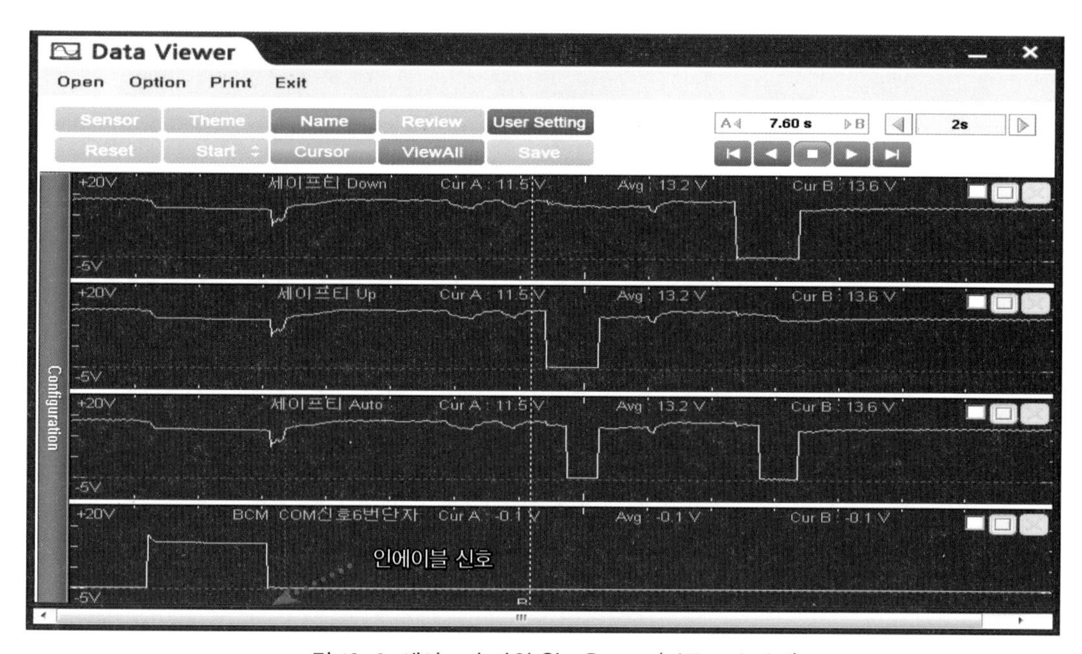

그림 12-6. 세이프티 파워 윈도우 D06 (작동준비 상태)

그림 12-7은 매뉴얼 업(세이프티 업)에서 오토 업(세이프티 오토 업)까지 파형으로 나타내었다. 이는 그림 12-1에서 파워 윈도우 스위치에서 윈도우(window) 업(UP) 작동 시 업(UP) 접지가 먼저 되고 오토 업이 그 이후에 매인 스위치의 기계적 시간 차이에 의해 작동이 되는 것을 알 수 있다. 이것으로 스위치와 세이프티(Safety) 파워 윈도우 모터 BCM 까지 정상임을 확인한 것이 된다.

세이프티 ECU는 업(up) 신호 이후 오토 업이 300ms 이상 중첩되면 오토 업으로 간주한다. 이때 물체가 글라스에 끼게 되면 구속조건(상단과 하단)에 따라 유리의 반전 거리가 달라진다. 세이프티 동작에서 위급 상황이 발생하여 운전자는 스위치를 처음부터 2단으로 잡아당기기 때문에 원치 않은 세이프티 동작으로 인해 외부와의 신속한 차단이 어렵다.

패닉(panic) 기능은 이 경우를 대비하여 1차 구속이 감지되면 약 3cm 하강 후 재차 오토 업 신호가 약 1초 이상 계속될 경우 물체 끼임을 무시하고 윈도우를 끝까지 최상단까지 상승시키는 기능이 추가되었다.

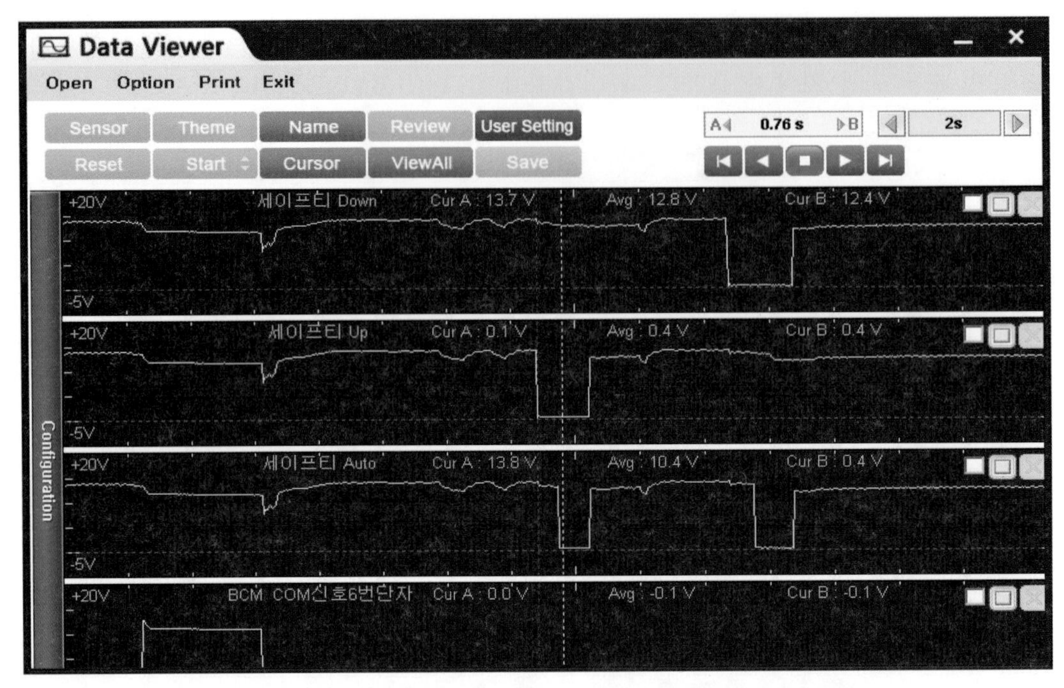

그림 12-7. 세이프티 파워 윈도우 D06 (매뉴얼 업에서 오토 업 상태)

그림 12-8은 매뉴얼 다운에서 오토 다운의 파형을 측정하였다. 이는 운전석 세이프티 윈도우 모듈과 해당 배선 파워 윈도우 매인 스위치의 상태를 한눈에 볼 수 있다. 기본형의 세이프티 파워 윈도우 경우 회로를 보면 진단 장비 연결 후 장비와 통신 서비스 데이터 지원이 되지 않는다. 물론 고급 세단의 경우 통신이 가능하다. 고급 차종의 경우 도어 모듈 제어 방식은 센서 출력을 확인할 수 있다.

따라서 회로분석 후 진단 장비의 서비스 데이터의 미지원 차량의 경우 도어 트림을 분해 후 하나씩 측정을 해야 한다. 이처럼 어쩔 수 없이 분해하여 측정해야만 원인이 나오는 것은 분해해서 측정하고 진단하는 것이 맞을 것이다. 따라서 세이프티 유닛에서 12V 풀업 전원을 BCM 측으로 인가하고, 윈도우 구동 조건 KEY ON 시 BCM이 내부 T/R을 ON 시켜 12V 전압을 0V로 떨어뜨려 준다.

그림 12-2에서처럼 좌측 역삼각형 파워 윈도우 좌 25A에서 상시 전원 공급이 된다면 D06 커넥터 1, 2, 5, 6번 단자는 KEY OFF 시 약 10~12V의 전압이 검출되어야 운전석 세이프티 윈도우 모듈이 정상이다.

세이프티 유닛에서 12V 풀-업 전원을 BCM으로 인가해 윈도우 구동에 맞을 경우

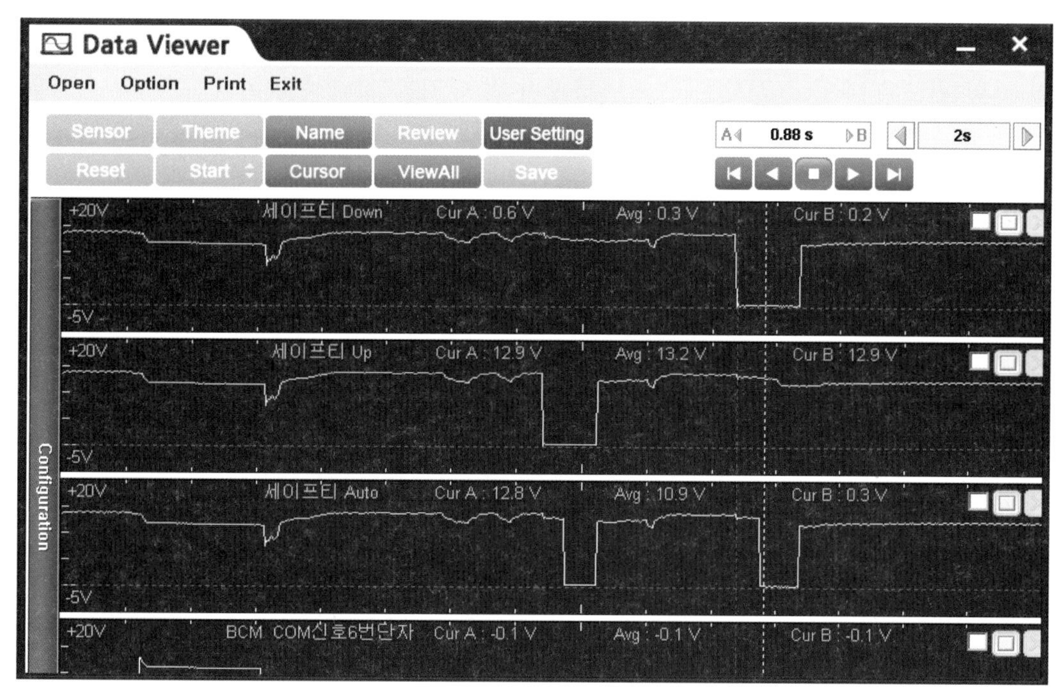

그림 12-8. 세이프티 파워 윈도우 D06 (매뉴얼 다운에서 오토 다운 상태)

BCM 내부 T/R을 ON 시켜 12V 전원을 0V로 떨어뜨려 준다. 따라서 인에블(Enable) 전원이 0V의 경우 윈도우 동작이 가능하고 12V가 나오는 경우 T/R을 OFF 시킨다. (2009년 이전/이후 차량 경우 차이)

그림 12-9는 실내 정션 박스를 나타내었다. 그림 12-2 운전석 세이프티 파워 윈도우 회로도는 실내 정션 박스로부터 KEY/ON 시 각각 파워 윈도우 릴레이를 거쳐 B, C, D, E로 12V 전원이 출력된다. 이 전원은 각 파워 윈도우 스위치의 내부 접점까지 대기한다.

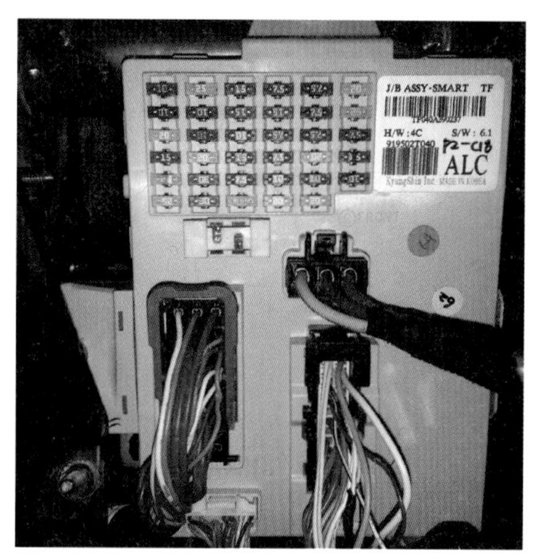

그림 12-9. 실내 정션 박스 (스마트 정션 박스)

운전자가 유리 기어 작동을 UP 시 그림 12-10처럼 내부 스위치 모두는 UP으로 움직이며 UP 작동 시 동승석 파워 윈도우 모터의 D24 커넥터 2번 핀 단자로 12V가 모터로 입력된다. D24 커넥터 1번 핀 단자는 동승석 파워 윈도우 내부 접점을 지나 D22 커넥터 4번 단자를 지나 D22 커넥터 7번 단자를 거쳐 파워 윈도우 메인 스위치 D02 커넥터 2번 핀 단자를 지나서 파워 윈도우 메인 스위치 내의 D02 커넥터 윈도우 언 록 스위치를 거쳐 접지로 연결된다. DOWN은 반대로 생각하면 된다.

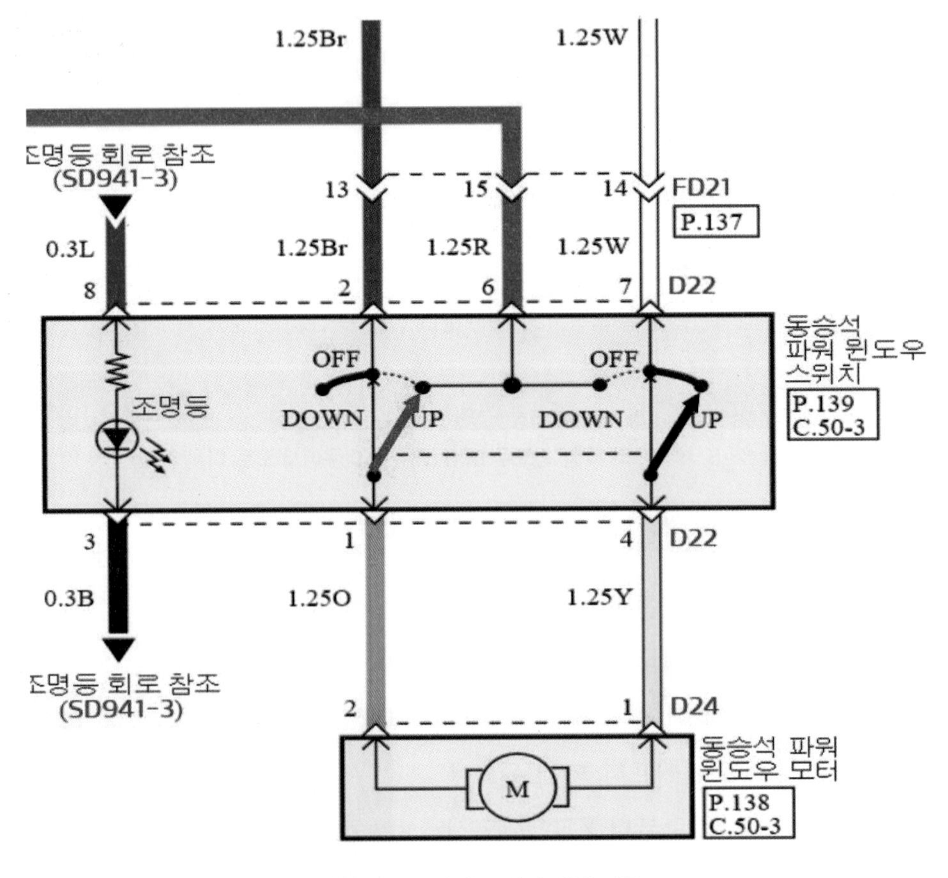

그림 12-10. UP 시 스위치 내부 작동

따라서 전류는 플러스에서 마이너스로 흐르므로 전류의 흐름에 의해 모터는 올라가게 되는 것이다. 이러한 전 과정이 문제가 없어야 모터는 작동된다. 현장에서의 정비는 어디까지 전원이 입력되고 어디까지 접지가 되어 어떤 부위의 접촉 불량이냐. 판단하는 능력이 필요하다. 작동 불량은 전류를 측정하여 원인을 잡기도 하고 전류 얘기가 나와서 말인데 전류란 물의 흐름과 같다. 유리 기어 모터의 정상적 전류를 알고 있다면 정비하는 데 있어 수월하다.

이 전류는 평상시 측정하는 습관을 들여 정상적 모터의 전류 치보다 낮거나 높은 것은 어떤 현상 때문에 전류치가 변하는지 이해하는 것이 중요하다. 자동차에서 유리를 올릴 때 모터가 저항을 받으면 전류는 어떻게 되겠는가? 정상적인 모터의 전류보다 많아지지 않겠는가? 필자가 정비할 때 이런 고객이 있었다.

자동차를 주행하면 신호대기 때 가끔 핸들에 진동이 오고 의자에 흔들림을 느낄 정도로 기분 나쁜 증상이 나타난다고 그래서 점검을 해 보니 자동차 기분 나쁘게 흔들림이 오는 것이 점화 계통과 연료 계통에는 문제가 없었다. 사실 자동차의 년 식은 좀되었는데 그래서 그 진동을 확인하고 보니 참 엉뚱한 곳에서 원인을 찾을 수 있었다. 그것은 다름 아닌 라디에이터 고정 마운팅(Mounting) 고무가 경화되고 찢어져 진동이 발생하였다. 확인 결과 진동 원인의 약 70%를 차지하였다. 그리고 또 하나는 냉각팬 모터 베어링의 문제였다. 사실 라디에이터 냉각팬은 거의 교환하지 않는다.

라디에이터 냉각팬이 작동 안 되는 것도 아니고 냉각팬 작동 시 전류를 측정하였더니 규정치보다 많은 전류가 측정되었다. 회전의 불평등과 소음이 발생할 정도면 모르지만 그것이 미세하다면 잘 나타나지 않는다. 교환해야 하는지 아니면 그대로 쳐내버려 둘지 마지막으로 냉각팬의 원활한 회전이 안 되니 라디에이터 고정 마운팅(Mounting) 고무의 경화와 찢어짐으로 엔진의 진동은 물론 라디에이터 몸체와 차체 간섭으로 냉각팬 작동 시 심하게 실내 진동 유입되고 냉각팬이 작동 안 할 때 조금 덜한 증상이 있더라 하는 것이다.

수리하고 나서 고객은 무척 고마워하며 돌아간 적이 있다. 나로선 무척 기분 좋은 일이었다. 세상 사람들은 저마다 기준과 원칙을 가지고 살아간다. 나는 내가 하는 일에 스스로 최선을 다하고자 했고 고객의 눈높이로 고객이 OK 할 때까지 매사 최선 다하려 하였다.

이제 정비사는 의사가 되어야 한다. 의사 공부가 쉽겠는가! 많이 힘들고 때론 죽고 싶을 정도로 자괴감에 빠져 있을 때도 있을 것이다. 적어도 내가 하는 일에 최고가 되고자 노력하는 삶 그것이면 충분했다. 남들이 인정해 주던, 안 해 주던 말이다.

참고로 파워윈도우 소프트 스탑(Soft Stop) 기능 이란 세이프티 유닛은 윈도우가 정지하는 최 하단 위치를 기억하고 오토 다운 또는 다운 작동 시 윈도우가 최 하단 위치에 도달하기 전에 모터를 정지하여 모터의 작동 부하로 인한 윈도우 레귤레이터

(Regulator) 및 글라스 시스템을 보호하는 기능이다. 모터의 내구성 향상 및 최근 출시되는 차량은 거의 모두 적용되고 있다.

따라서 소프트 스탑 다운에서 다시 한번 다운 스위치를 누르면 완전한 하강으로 도달하는데 이 위치를 하드 스탑(Hard Stop)이라 부른다.

세이프티 유닛은 유리 기어 작동 시 매 10회 윈도우 다운 작동 시 마다 실제 윈도우가 정지하는 최 하단 위치를 학습한다. 학습을 마무리하였다면 이제 실전으로 과제를 통하여 내 것으로 만드는 시간이다. 힘을 내어 보자.

과제1 운전석 세이프티 윈도우 모듈 점검, 진단하시오.

표 12-1. 실습

항 목	점검 조건	커넥터 번호 및 핀 역할	전압 및 파형 측정	판 정
운전석 세이프티 윈도우 모듈	KEY/ON (시동 걸린 상태)			양, 부
				양, 부
				양, 부
				양, 부
				양, 부
				양, 부

과제 2 운전석 세이프티 윈도우 모듈 점검, 진단하시오.

표 12-2. 실습

항 목	점검조건	커넥터 번호 및 역할	전압 및 파형 측정	판 정
운전석 세이프티 윈도우 모듈	KEY/ON (시동 걸린 상태) 에서 매뉴얼 업 작동 시 측정			양, 부
				양, 부
				양, 부
				양, 부

과제 3 운전석 세이프티 윈도우 모듈 점검, 진단하시오.

표 12-3. 실습

항 목	점검조건	커넥터 번호 및 역할	전압 및 파형 측정	판 정
운전석 세이프티 윈도우 모듈	KEY/ON (시동 걸린 상태) 에서 오토 업 작동 시 측정			양, 부

과제 4 운전석 세이프티 윈도우 모듈 점검, 진단하시오.

표 12-4. 실습 (운전석 세이프티 윈도우 모듈 점검, 진단하기)

항 목	점검조건	커넥터 번호 및 역할	전압 및 파형 측정	판 정
운전석 세이프티 윈도우 모듈	KEY/ON (시동 걸린 상태)에서 매뉴얼 다운 작동 시 측정			양, 부

과제 5 운전석 세이프티 윈도우 모듈 점검, 진단하시오.

표 12-5. 실습 (운전석 세이프티 윈도우 모듈 점검, 진단하기)

항 목	점검조건	커넥터 번호 및 역할	전압 및 파형 측정	판 정
운전석 세이프티 윈도우 모듈	KEY/ON (시동 걸린 상태)에서 오토 다운 작동 시 측정			양, 부

12-1 실무 파워 윈도우 정비

다음은 파워 윈도우 회로는 정상이나 파워 윈도우 유리 기어 파손으로 유리 기어가 작동되지 않는 차종을 통하여 교환 과정을 나타내었다.

먼저 실내 인테리어(interior) 작업 시 주의 사항은 정비로 인한 도어 트림 오염과 적절한 공구 사용으로 인테리어 오염을 시키지 말아야 한다.

작업할 운전석 시트는 차량용 보호 시트로 씌우고 스티어링 핸들과 운전석 바닥은 차량용 보호 크린 셋트를 활용하여 실내 인테리어의 오염이 없도록 주의한다.

작업 이후 도어 트림이 오염되었을 때 세차용품을 이용하여 청소하는 습관을 들이도록 한다. 작업도 중요하지만 오염이 되어 고객의 눈살을 찌푸리는 것이 없어야겠다.

그림 12-1-1은 윈도 업 작동 시 모터 작동 소음은 발생하나 파워 윈도우 모터(Power window motor)가 작동되지 않았고 파워 윈도우 레귤레이터 파손에 의한 작동 불량으로 교환 방법을 다루었다. 파워 윈도우 매인 스위치는 AUTO는 매뉴얼 1단과

그림 12-1-1. 윈도우 모터 유리 기어 작동 불가

오토 2단으로 제어한다. 그림에서 보는 바와 같이 스위치를 작동하였으나 유리는 그대로 있음을 알 수 있다.

현장에서는 고장의 유형이 전기적인 고장 즉 배선과 모터 스위치 고장 등 다변화된 현상들로 나타나는데 기계적인 이탈로 간단한 것도 있다. 자동차의 고장은 여러 가지 형태로 나타난다. 천차만별(千差萬別)이다.

그림 12-1-2는 도어 트림 스크류(나사(螺絲)) 볼트 체결 위치를 나타내었다. 정비 시 주의하여 탈, 부착한다. 피스 볼트 1, 2, 3, 4, 5, 6을 그림과 같이 탈거 후 도어 트림 하단부를 당겨 트림을 이격시킨다. 이때 무리한 힘을 가하여 도어 트림의 손상이 가지 않도록 주의한다. 물론 스크류(나사) 볼트의 체결 위치는 차종별로 다르며 차종별로 반복 연습을 통해 숙련공이 될 수 있도록 노력해야 한다.

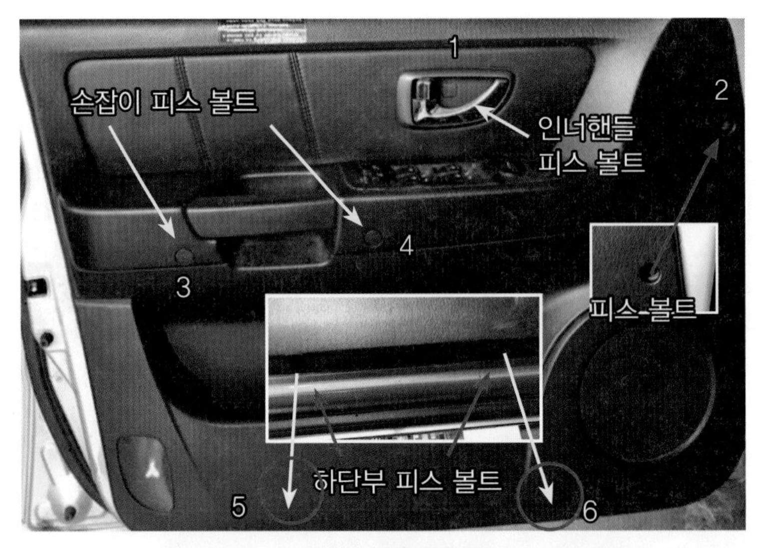

그림 12-1-2. 도어 트림 탈부착 볼트 위치

커넥터 하우징 탈거 시 커넥터 고정키를 누르고 암, 수 커넥터를 탈거하는데 만약 탈거가 잘 안되면 다시 커넥터를 밀고 커넥터 고정키를 눌러 커넥터를 분리하여야 한다. 이때 초보자는 커넥터 설치 위치 환경에 따라 잘 되거나 안 되는 고정 장치가 있어 주의를 기하여야 한다. 따라서 고정키를 해제하는 연습을 해야 한다.

누를 때 손이 아프고 확실히 누르지 못해 터미널 하우징이 잘 안 빠진다. 그렇게 되면 배선 손상을 가져올 수 있다.

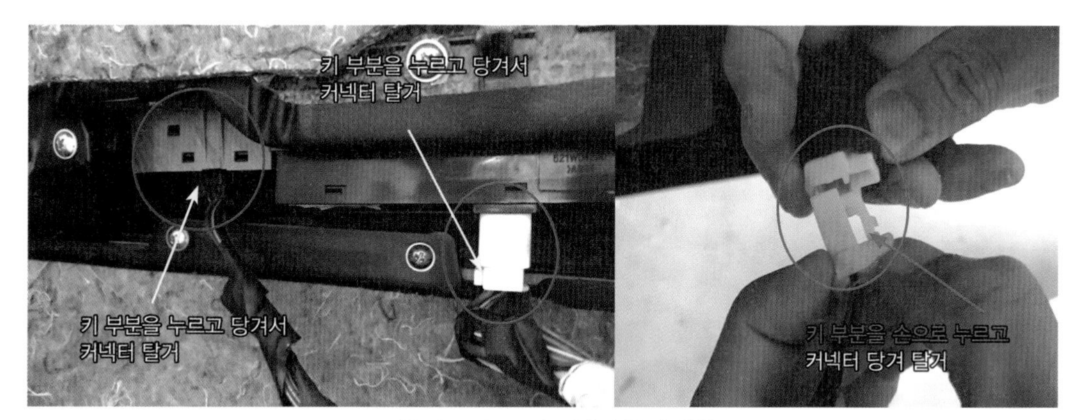

그림 12-1-3. 도어 커넥터 탈거 방법

또한, 그림에서처럼 볼트를 감추기 위한 인테리어 키가 손상되지 않도록 적절한 공구를 사용하여 손상이 없도록 해야 한다. 이는 고객의 요구에 답하는 충실한 이행이다. 예리한 드라이버로 인테리어 키를 분리하여야 손상이 덜하고 미관상 좋기 때문이다. 작업은 깔끔하고 정확하게 해야 한다.

도어의 비닐은 큰 역할 못 하는 부분으로 알고 있지만 외부 이물질 유입을 막고 소음을 줄여 준다. 알고 보면 중요한 역할을 담당한다. 따라서 도어 비닐의 손상이 없어야 한다. (찢어짐 주의)

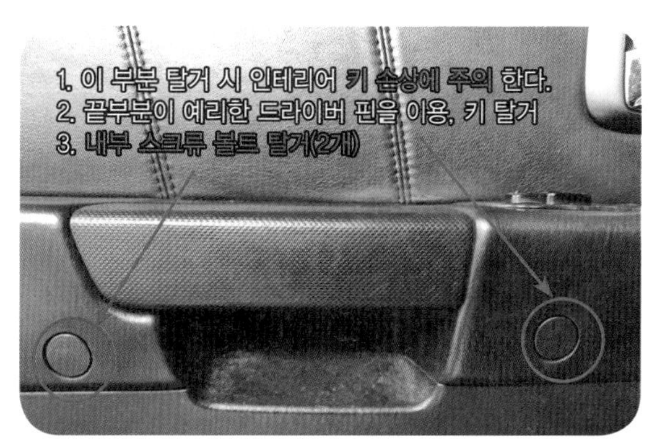

그림 12-1-4. 도어 트림 인테리어 키 탈거

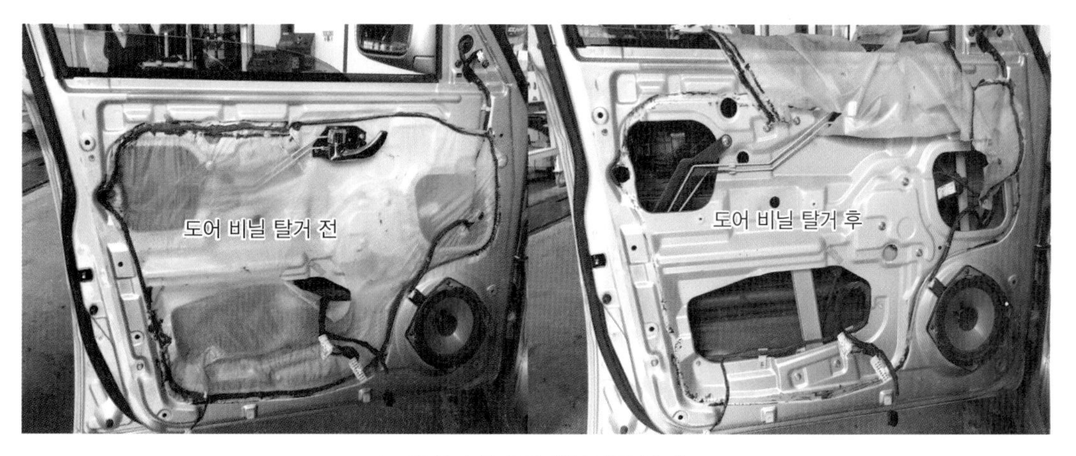

그림 12-1-5. 도어 비닐 제거 전, 후

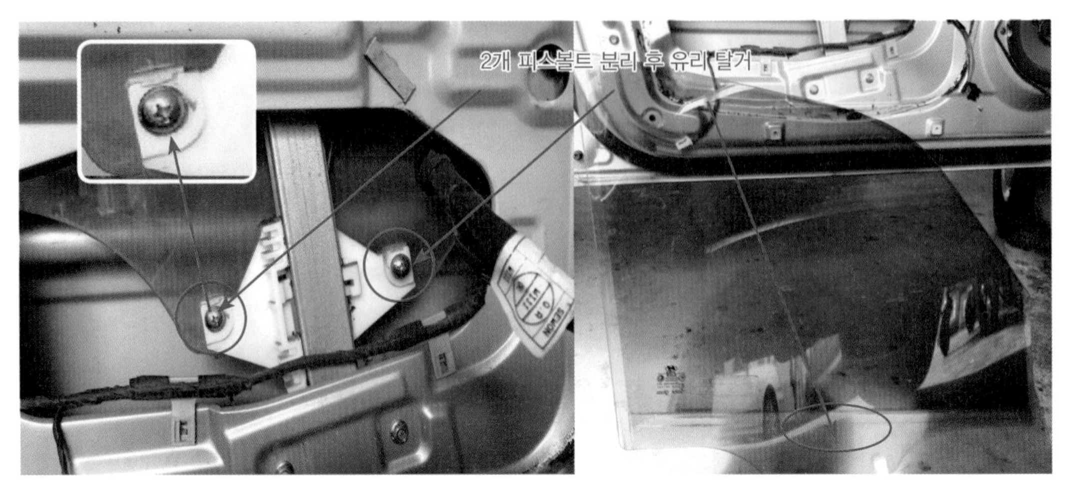

그림 12-1-6. 운전석 도어 유리 탈, 부착

최근에는 이러한 비닐이 없어지고 도어 레귤레이터 어셈블리로 되어 유리 기어 고장 시 작업의 난해함이 있다. 난해함의 주원인은 유리를 탈거해야 유리 기어 어셈블리를 교환할 수 있기 때문이다.

그림 12-1-6은 2개의 나사 볼트를 분리 후 도어에서 유리를 탈거한 모습이다. 2개의 나사 볼트를 탈거 후 유리를 도어에서 분리한다. 유리 손상이 없도록 간극을 확보한 후 많은 연습이 필요한 부분이다. 앞쪽 도어의 경우 뒤쪽 도어 보다 쉬우나 초보 정비사로서는 부담이 가는 일이기도 하다. 많은 연습을 통하여 초보자처럼 보이지 말아야 할 것이다.

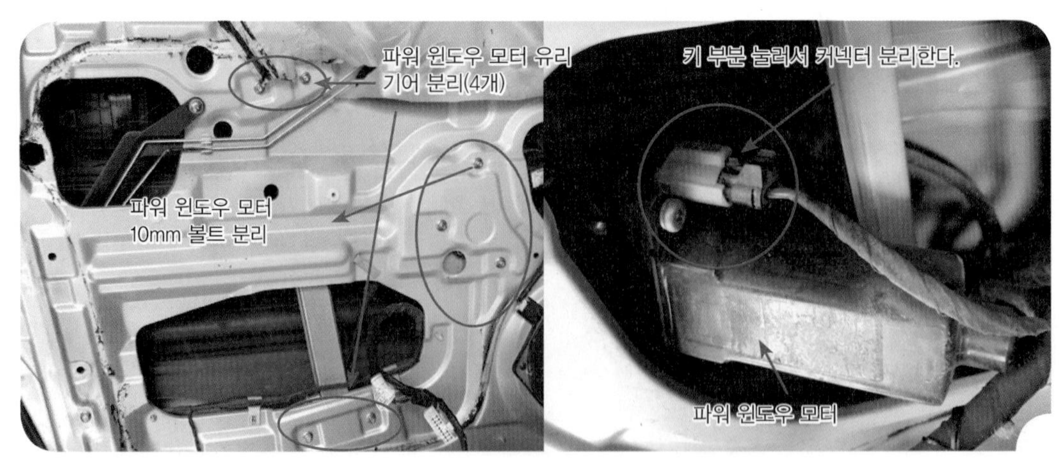

그림 12-1-7. 운전석 도어 유리 기어 및 모터 분리

모터는 정상 작동하나 유리 기어 레일 손상으로 작동 불가이다. 파워 윈도우 스위치 작동 시 동작 소음은 들리나 모터 유리 기어 와이어 소손으로 운전석 유리 UP/DOWN이 안 되는 것이었다.

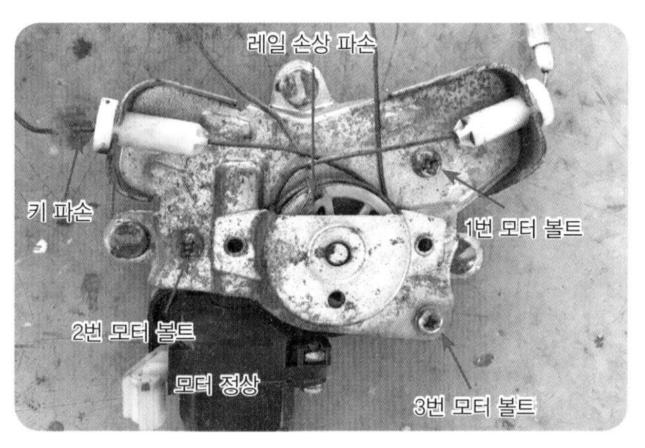

그림 12-1-8. 유리 기어 손상(모터 정상)

그림 12-1-9는 신품의 유리 기어를 나타내고 있다. 모터는 기존 레일 파손 유리 기어에서 분리한 상태이다. 조립 시 주의 사항은 유리 기어에 모터가 장착되는데 볼트가 십자형 볼트이므로 적은 힘으로 돌리면 머리 부분이 소손됨으로 주의하여 분리하여야 한다.

만약 잘못 분리하여 나사 부분의 머리가 소손되면 모터를 분리하는 데 많은 어려움이 있으니 명심해야 한다.

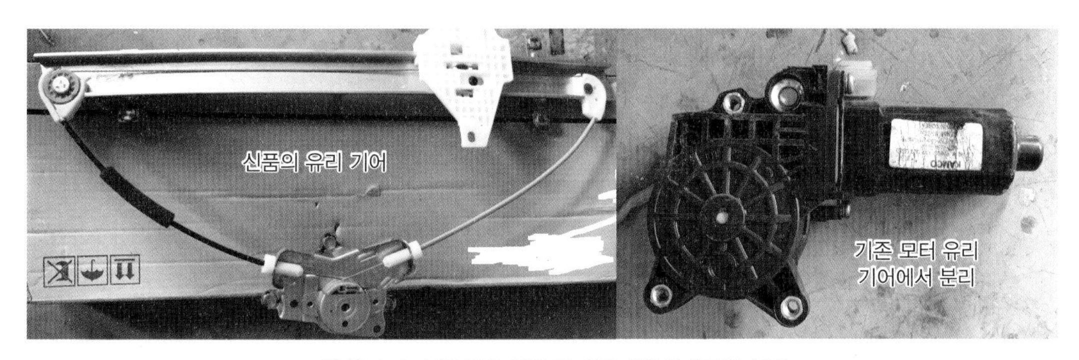

그림 12-1-9. 신품 유리 기어 및 기존 차량의 윈도우 모터

모터 장착 후 유리 기어 작동 시 정상적으로 작동되는 것을 확인하였다. 조립 시 주의 사항은 유리 기어 장착 후 유리 기어 볼트 4개는 완전히 체결하지 않고 손으로 걸어서 업 스위치를 작동시켜 유리가 최상단까지 올린 다음 유리가 제자리를 잡고 나서 유리 기어와 유리가 자리를 잡아 안착(安着)될 때 10mm 볼트를 완전히 체결하여 작동 시 부하를 줄여 줄 필요가 있다. 유리를 탈거하고 장착할 때에는 유리 선팅 부분을 참고하여 손상이 없도록 안정적으로 유리를 장착해야 한다.

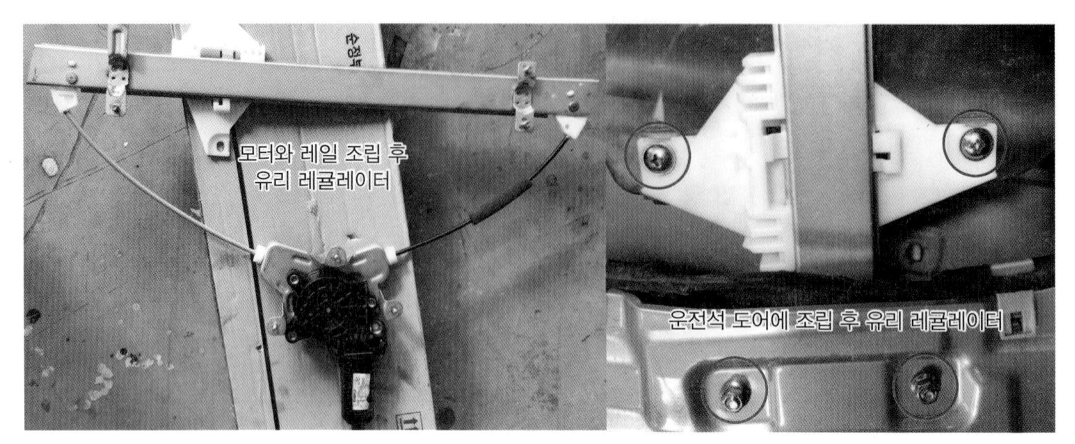

그림 12-1-10. 모터 조립 및 차량에 조립 후 정상 작동

그림 12-1-11. 유리 기어 교환 후 모터 작동 확인

유리 기어와 문짝 틀이 제자리를 잡은 후 유리 기어 고정 너트와 볼트를 체결하는 것이 원칙이다. 교환 후 여러 번 상승 하강을 통하여 문짝 틀 간섭이 있는지 확인하는 것이 중요하다. 정비의 숙련도 가져야 한다. 이처럼 정비의 정확성 기하고 안정적인 부품 교환으로 내구성을 향상하고 유리 작동 시 유리가 좌, 우로 움직이며 부적절하게 움직임이 있다면 모터를 교환하기보다는 유리 기어를 교환하는 것이 맞을 것이다. 물론 이때는 도어 트림을 분해하고 유리 기어의 상태를 확인하는 과정이 필요하다.

내려갈 때는 잘 내려가나 올라올 때는 힘겹다면, 윈도우 레귤레이터와 글라스 런 찬넬 고무를 같이 교환하여 모터 작동 시 저항을 줄여 줄 필요가 있다. 레귤레이터 유리 기어의 유격 과다와 고무의 끼임에 의한 변형으로 유리 모터의 전류 소모가 많아지므로 최대한 저항이 없도록 해야 한다.

그림 12-1-12는 최근 자동차 도어 모듈과 세이프티 파워 윈도우 모터(safety power

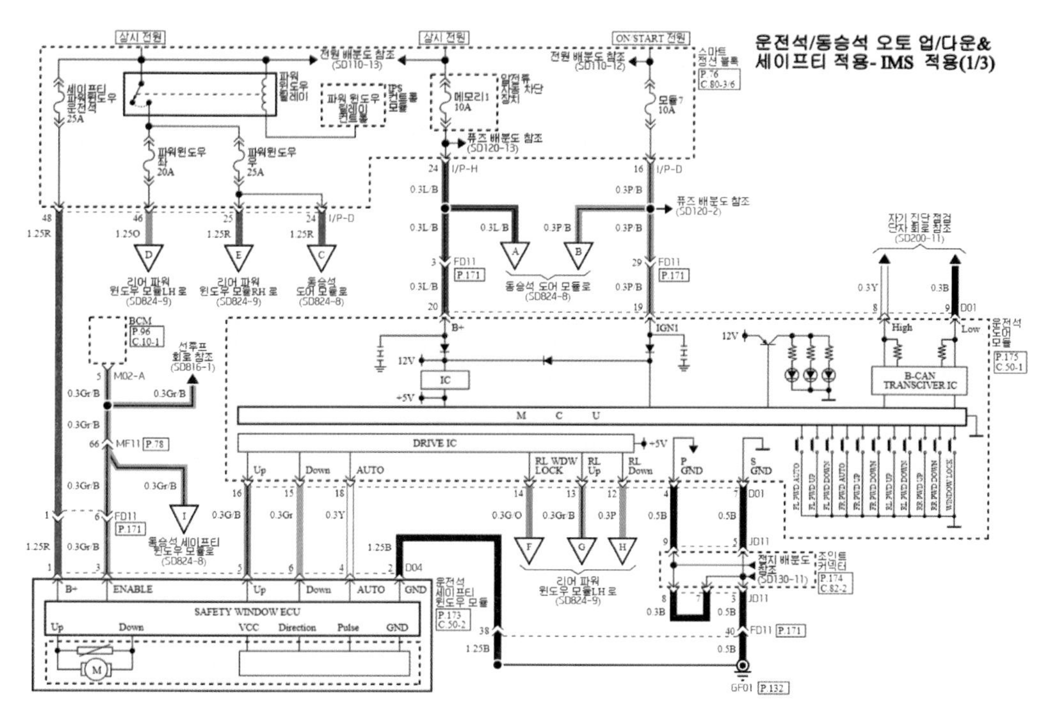

그림 12-1-12. 최근 자동차 도어 모듈 및 윈도우 모터

window motor)를 회로를 나타내었다. 기존의 스위치 제어 방식에서 모듈(module) 제어 방식으로 바뀌어 보다 정밀한 진단 기술이 필요하다. 기본적인 진단 기술을 습득해보다 빠른 정비 기술이 요구된다. 따라서 이번 세이프티 파워 윈도우는 사용자가 자주 사용하는 편의장치이고 고장이 자주 나는 항목이므로 잘 이해하길 바란다. 고장이 잦은 것은 그만큼 많이 사용한다는 의미도 된다.

그림 12-1-13은 운전석 세이프티 윈도우 모듈을 확대하여 나타내었다. 최근에 와서 ENABLE 신호 전압이 차종과 제조사에 따라 달리 나타나고 신차 출고 시에 구형과 신형의 차이를 정리할 필요성이 있다. 특히 과거의 세이프티 파워 윈도우의 패닉(Panic) 기능과 신차의 패닉 기능은 조금의 차이를 보인다. 예를 들어 운행 중 생명의 위협이 되는 침입이 있어 매뉴얼 업(1단)으로 작동시키면 유리 기어가 반전을 안 하지만 운전자는 당황하여 스위치를 끝까지 잡아당기게 된다.

이때는 세이프티 동작으로 인한 유리 기어 반전으로 외부와의 차단이 어려워지므로 추가한 것은 업 신호가 1초 이상 입력되면 패닉 동작 조건으로 인식하고 1차 구속 반전 약 3cm 하강 후 멈추고 다시 운전자가 재차 오토 업 하면 물체의 끼임을 무시하고 그

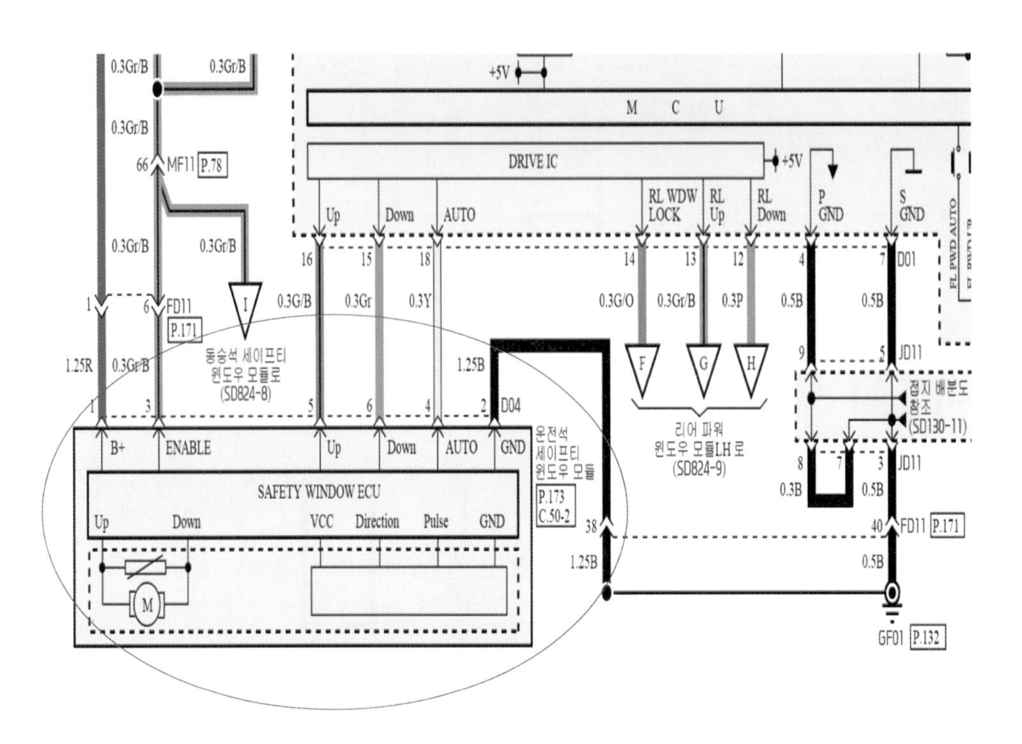

그림 12-1-13. 최근 자동차 도어 모듈 및 윈도우 모터

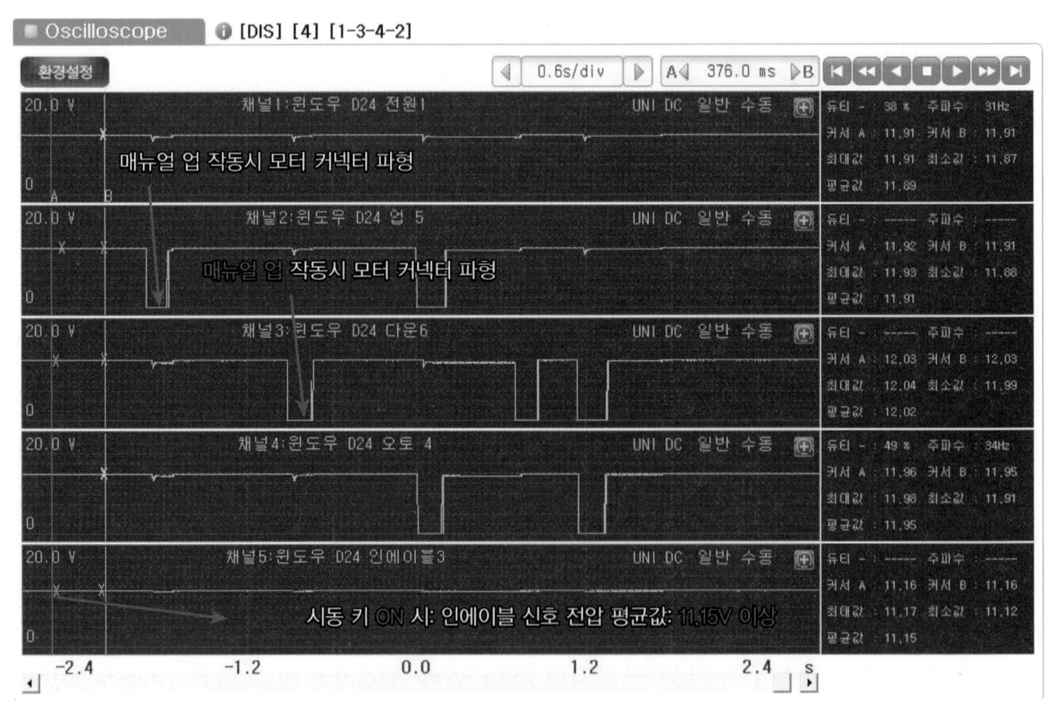

그림 12-1-14. 운전석 도어 모듈 타입의 세이프티 파워 윈도우 전압 파형

대로 유리를 끝까지 상승시켜 운전자를 보호한다.

따라서 유리를 운전자가 올리려 하면 반전되고 하강을 한다면 위협을 받는 상태에서 운전자의 목숨은 책임질 수 없기 때문이다.

운전석 도어 모듈(Driver's Door Module)의 타입에서 정상적인 신차의 경우 IG/ON 상태에서는 D04 커넥터 1, 2, 3, 4, 5, 6번 커넥터에 전원이 11V 이상 출력된다. 상시 전원이 입력되고 인에이블 신호가 입력되고 이 전원은 세이프티 파워 유닛에서 출력한다. 만약 전원과 인애이블(ENABLE) 전원이 모터 측으로 입력됨에도 불구하고 D04 커넥터 4, 5, 6번에 9~12V가 출력되지 않는다면 세이프티 파워 윈도우 어셈블리의 원인으로 작동이 안 되는 것이다.

그리고 인애이블 신호가 세이프티 파워 윈도우에 12V가 입력되지 않으면 아무런 작동도 할 수 없는 상태로 고장이 발생한다. 따라서 모터 커넥터 탈거 전에 각 단자 별 전압을 측정 수치를 수집하는 습관을 들여야 한다.

따라서 매뉴얼 UP이면 스위치 작동 상태에서만 작동하여 UP이 되고 DOWN 또한 스위치 작동 상태에서만 접지가 이루어지는 것을 볼 수 있다. 그러나 오토 업(Up)을

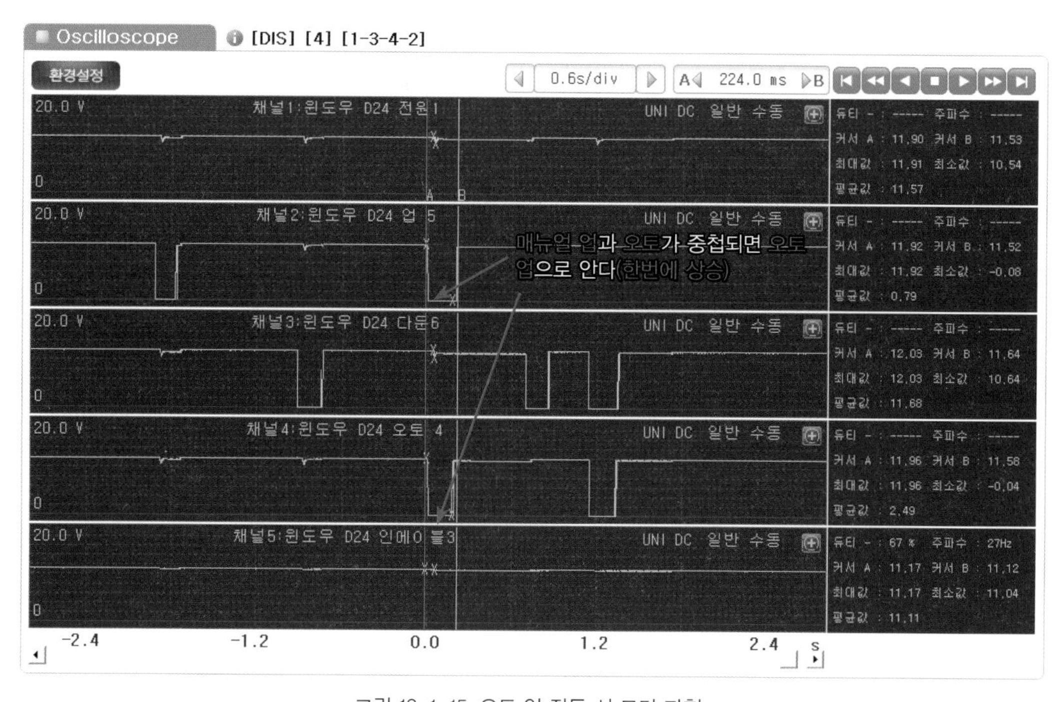

그림 12-1-15. 오토 업 작동 시 모터 파형

보면 파워 윈도우 스위치를 2단으로 작동 시 업(Up) 접지되고 오토(AUTO)가 중첩되어 접지됨으로 세이프티 파워 윈도우 유닛(safety power window Unit)은 이것을 보고 오토 업으로 판단한다.

만약 고장 난 자동차 현상 중 오토 업이 안 되는 자동차가 입고한다면 단품 확인 방법은 D04 커넥터에 테스트(Test) 램프(Lamp) 이용 모터의 해당 핀에 접속하여 배선을 이용해 접지를 직접 5번 커넥터에 연결하고 다시 4번 커넥터에 접지를 인가하면 모터가 오토 업으로 작동하게 된다. 모터 단품 고장이 아니라면 모터는 작동되어야 한다. 그래서 이 과정을 오기 전에 운전석이든 동승석이든 도어 모듈의 센서 출력을 먼저 확인하는 절차가 필요하다. 그래서 스위치 신호가 세이프티 파워 윈도우 유닛으로 입력 안 되는 원인을 찾아야 한다. 스위치 단품인지 판가름할 잣대가 필요하지 않겠는가!

그림 12-1-16은 자동차에서 작동이 안 되는 부분을 확인하고 입력 부분이 문제인지 출력 문제인지 확인하는 과정이 필요하다. 혹 윈도우 업 스위치 신호가 입력되지 않아 작동이 불가하다면, 진단 장비를 통해 스위치를 작동하면서 스위치 단품 이상 유 · 무를 한 번에 알아볼 수 있지 않은가.

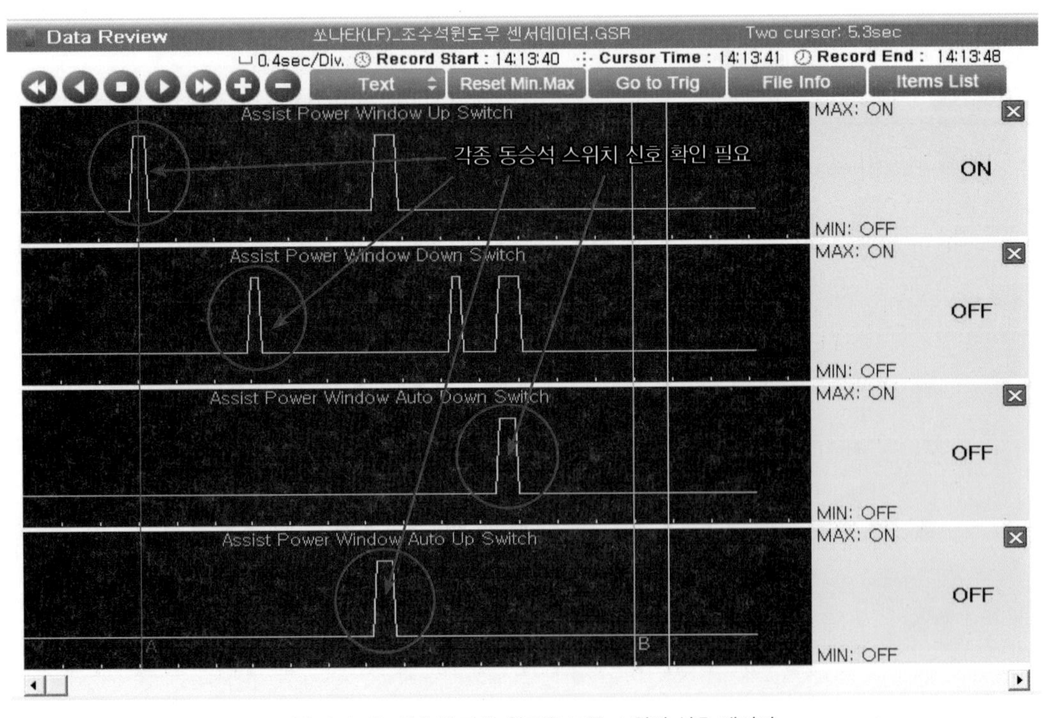

그림 12-1-16. 동승석 파워 윈도우 모듈 스위치 신호 데이터

분석조차 하지 않고 부품을 분해 또는 교환하거나 원인 규명을 하지 아니하고 판단하여 일을 망치는 사례가 이것뿐만 아니라 얼마나 많은가! 귀찮고 힘들어도 이제는 통신을 통한 진단 장비 활용이 곧 미래의 자동차를 고치는 엔지니어(Engineer)가 될 것이라 확신한다.

세이프티 파워 윈도우 초기화 방법은 다음과 같다. 여기서 초기화란 모터의 유닛과 윈도우 최상단을 인식하여 모터의 오작동을 방지하는 목적에 있다. 과거에 세이프티 파워 윈도우는 자동차의 배터리 마이너스 단자를 탈거하면 세이프티 파워 윈도우는 작동하지 못했다. 그러나 매뉴얼 작동은 되어 반드시 초기화를 해 주어야 세이프티 파워 윈도우가 작동을 할 수 있었다. 초기화 방법은 이그니션 ON 상태에서 파워 윈도우 매뉴얼 업 버튼을 누르고 유리가 최상단까지 상승한 채로 스위치를 300ms 동안 잡아당기면 초기화가 완료되어 초기화로 유리 기어가 한 번에 상승 하강하는지 확인하면 되었다.

그러나 현재 신 차량은 배터리 마이너스 단자를 탈거하여도 기존 학습이 지워지지 않아 초기화할 필요성이 없다. 자동차 사고 수리 후 도어를 교환하거나 모터를 탈, 부착하는 과정에서는 현재 학습한 세이프티 모터와 유닛으로 최상단과 최 하단을 인식시켜야 한다. 왜냐하면, 기존의 도어 패널 학습이기 때문이다. 그래서 기존 학습을 해제하고 재학습을 해야 한다.

이것은 차종별로 다르나 보편적으로 학습 해제 방법의 하나는 먼저 이그니션 ON하고 해제하고자 하는 해당 도어를 연다. 윈도우 스위치 하강을 누르고 모터가 하강에서 멈추면 다시 한번 하강 스위치를 작동하여 글라스가 최 하단으로 내려가게 한다. (Hard Stop) 이때 이그니션 OFF하고 약 2초 이내 다시 이그니션 ON 해야 하며 이 시간이 길어지면, 해제가 안 된다.

그 다음 매뉴얼 다운 스위치를 5초 이내 3회 누르면 학습 해제가 완료된다. 그리고 재학습 방법을 숙지하여 세이프티 윈도우를 학습시킨다. 정상적으로 작동하는지 확인한다. 따라서 학습 해제가 되었는지 확인하는 방법은 해당 도어가 오토 업, 세이프티 소프트 스탑 기능 모두 동작하지 않는다. 그러나 매뉴얼 업과 다운은 작동한다. 해제하는 방법은 반드시 학습 해제할 도어를 열고 주어진 시간을 지켜야 한다. 여기서 오토 또는 매뉴얼로 윈도우를 하강시킨 상태를 소프트 스탑(Soft Stop) 이라고 한다. 다시 한번 다운(Down)을 누르면 유리가 완전히 하강 상태가 되어 이를 하드 스탑(Hard

Stop) 구간이라고 한다.

오토 다운 스위치를 작동 후 자동차 도어 유리는 오토 다운으로 한 번에 유리가 내려간다. 이때 운전자가 스위치에서 손을 떼도 유리는 한 번에 하강한다.

하강 도중 스위치를 그림과 같이 업(UP) 하면 유리는 바로 그 자리에서 멈추고 있다. 이때 전압은 D24 다운의 전압이 0V에서 14.30V로 측정되었다.

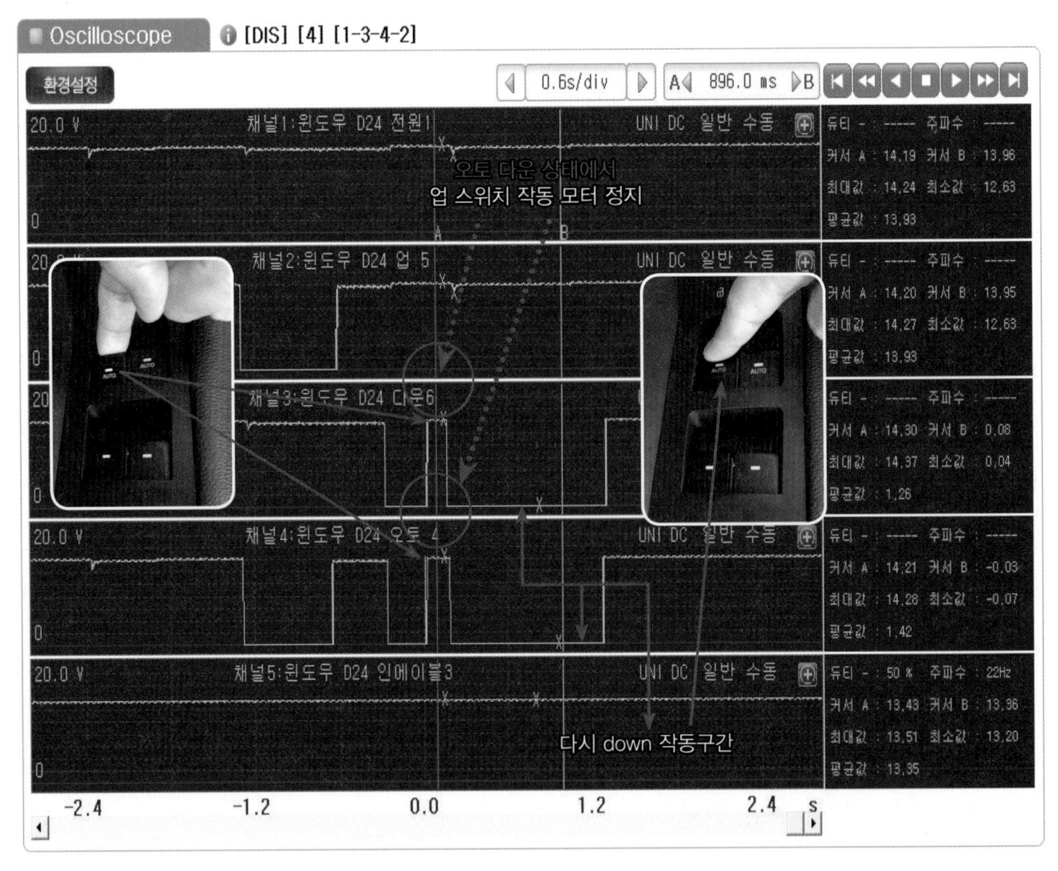

그림 12-1-17. Auto Down 작동 상태에서 Up 작동 시 Glass Motor 그 자리 정지 파형

오토 다운 또한 0V에서 14.21V로 측정되어 유리가 정지되어 있음을 나타낸다. 그 이후 두 부분 모두 접지 제어를 하므로 다시 오토 다운을 작동하였음을 알 수 있다. 과제를 통하여 남은 학습을 하길 바란다.

과제 1 구형 모터를 교환하면서 교환 절차를 서술하시오.

표 12-1-1. 실습

항 목	파워 윈도우 모터 교환 과정을 서술하시오?
1	
2	
3	
4	
5	
6	
7	
8	
9	

과제 2 세이프티 파워 윈도우 모터 핀 전체 파형 측정 점검, 진단하시오.

표 12-1-2. 실습

항 목	측정된 파형 그리기		설 명
운전석 세이프티 파워 윈도우 모터	채널 1번		
	채널 2번		
	채널 3번		
	채널 4번		
	채널 5번		
	채널 6번		

12-2 최근 자동차 윈도우 정비 분해 과정

지금부터 도어 트림과 유리 기어 탈, 부착을 설명하겠다. 유리 기어의 형상은 차종에 따라 다르나 기본 분해 방식은 동일하다. 먼저 도어를 열고 백미러 내측의 삼각 커버를 탈거한다. 이때 중요한 것은 차근차근 이격하여 키 손상 및 바디 손상에 주의하여야 한다.

도어 트림을 분해하기 위해서 먼저 삼각 커버를 분해 후 드라이버로 스크류 볼트를 분해해야 한다. 자동차 인테리어는 실내 커버를 탈거하면 대부분 그 안쪽에 고정 볼트

그림 12-2-1. 최근 자동차 도어 트림 탈, 부착 순서

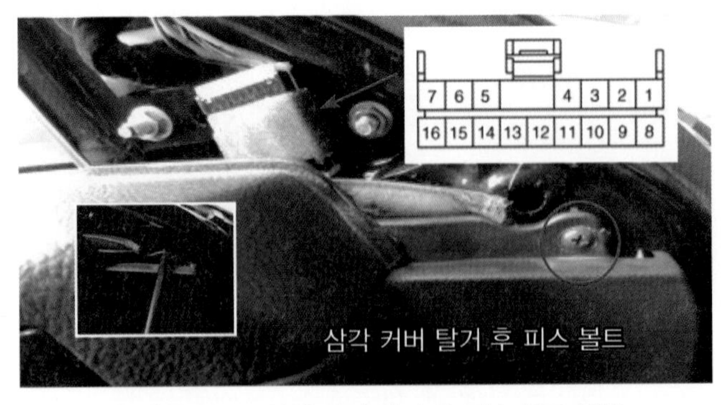

그림 12-2-2. 삼각 커버 탈거 후 피스 볼트 분해

가 존재한다. 그냥 잡아당기면 손상이 있으니 혹 정비 지침서 확인해서 인테리어 어디에 볼트/너트가 있는지 확인하는 절차가 필요하다.

만약 정비 지침서를 볼 수 없는 상황이라면 천천히 볼트/너트가 있을 곳을 눈으로 보고 그 부분을 탈거 후 없다 하여 한꺼번에 무리한 힘을 주어서 탈거하면 내부 키나 부품 등의 손상을 가져온다. 실내 인테리어 작업은 절제의 기술이 필요하다.

그림 12-2-3. 인너 핸들 케이스 탈, 부착

이처럼 뾰족한 앞부분으로 내부 케이스를 손상이 없도록 들어낸다. 이때 주의할 점은 실내 장식의 손상이다. 사람들 모두 흠집을 좋아하지 않으니 말이다.

처음 정비하는 사람은 알 것이다. 고객이 있는 곳에서 작업하기란! 뭐 잘못도 안 했는데 괜히 주눅 들어 작업 못 하는 거 알지 않는가! 우리 학생들은 학교에서 실전과 같은 연습으로 현장에서 승리자가 되겠지만 말이다. 공부하려거든 진정한 공부를 했으면 한다. 부모님 등골 휘게 하지 말고 젊음은 있는데 도전하지 않는다면 그 젊음이 무슨 소용이 있겠는가? 요즘 저자는 열심히 하는 학생들을 보면 참으로 용기를 주고 싶다.

그림 12-2-4. 인너 핸들 케이스 탈거

힘들고 고단한 연속이지만 그 끝은 그대들이 그대로 소중히 가지고 갈 것이기에 진정한 기술인이 되기 위해 우리 서로 노력하자.

인너 핸들 케이스 탈거 시 케이스를 일방적으로 당기지 말고 인너 핸들을 살짝 당긴 상태에서 케이스를 가볍게 탈거한다. 인너 핸들 볼트 커버 탈거 시는 예리한 드라이버를 이용하는 것이 인테리어 손상을 줄이며 안전에 유의하여 작업한다. 만약 인너 핸들을 잡아당기지 않고 케이스를 탈거하면 인너 핸들과 커버가 걸려 파손이 될 수 있다.

인테리어 손상과 안전에 유의하여 커버를 탈거한다. 그림 12-2-5에서 같이 이 스크류 볼트도 힘을 실어서 풀어야 한다. 이유는 도어 트림 내부에 위치하고 스크류 볼트 머리 부분이 넘으면 정말 풀기 어려운 스크류 중 하나이다. 초보 정비사가 가장 실수를 많이 하는 곳이다. 처음으로 취업 나가 도어 트림을 분해하라고 했더니 머리를 넘겨 선배에게 혼나는 곳 중 하나이다.

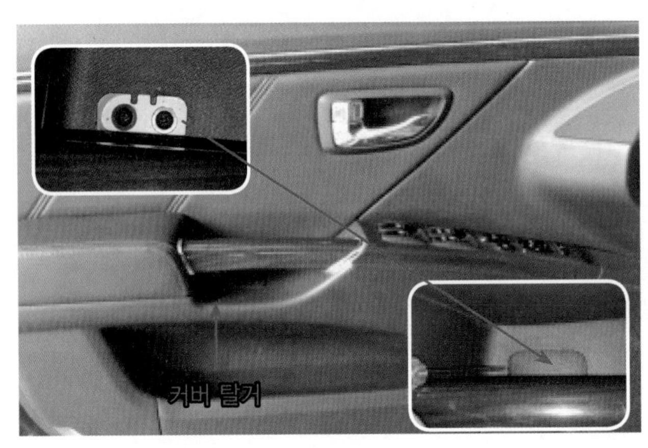

그림 12-2-5. 도어 손잡이 커버 탈거

작업 시 드라이버 앞부분을 좋은 것으로 선택하여 볼트와 드라이버가 일직선 상으로 하게 하되 체중을 실어 풀어야 문제가 없다. 특히 처음 작업하는 자동차라면 더욱더 잘 조여져 있어 실수하지 않으려면 주의해야 한다. 이곳은 숙련자도 실수하는 경우가 많고 주의 또 주의하도록 해야 한다.

여기까지 하면 도어 장착 볼트, 너트는 분리가 되었다. 이제부터는 도어 안쪽 고정키에 의해 도어 트림이 고정되어 있다. 그림과 같이 밀 칼(플라스틱 칼)을 넣어 지렛대 원리를 이용해 트림을 이격시킨다. 물론 여기서는 스틸 밀 칼을 사용했으나 플라스틱 전용 공구 사용을 권장한다.

그림 12-2-6. 도어 트림 이격 탈거

트림 탈거 시 도어 트림의 손상이 없도록 헝겊으로 자동차 차체를 보호하고 안전하게 탈거한다. 그 이후 그 옆으로 이동하면서 탈거한다. 이 또한 손상에 주의한다.

도어 트림을 이격시키고 도어 트림을 위쪽으로 들어서 패널에 걸리는 부분을 해결하고 탈거한다. 그러면 배선을 탈거하기 위한 공간이 나오고 그림처럼 커넥터 록을 손으로 눌러 해제 상태에서 커넥터 탈거한다.

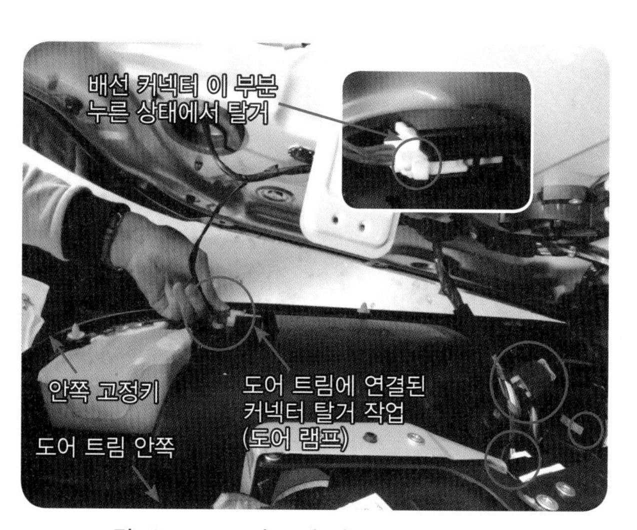

그림 12-2-7. 도어 트림 내부 커넥터 배선 탈거

주의 사항으로는 배선 커넥터의 무리한 힘으로 잡아당겨 배선을 탈거하지 말 것 그리고 좌, 우로 흔들어 탈거하지 말 것 배선을 잡지 말고 커넥터 하우징을 잡은 상태에서 록(Lock)을 해제해야 한다. 배선 커넥터를 좌우로 흔들면 내부 핀이 벌어질 수 있기에 2차 고장의 원인이 될 수 있다.

그림 12-2-8 같이 이 부분 커넥터 록(lock)을 손으로 눌러 해제 상태에서 커넥터 탈거한다. 작업 시 주의 사항으로는 배선 커넥터의 무리한 힘으로 잡아당겨 배선을 탈거하지 말아야 한다. 그리고 좌, 우로 흔들어 탈거하지 말고 배선을 잡지도 말아야 한다. 커넥터 하우징을 잡은 상태에서 록을 해제해야 한다. 그 이야기는 배선을 보호하고자 하는 것이다.

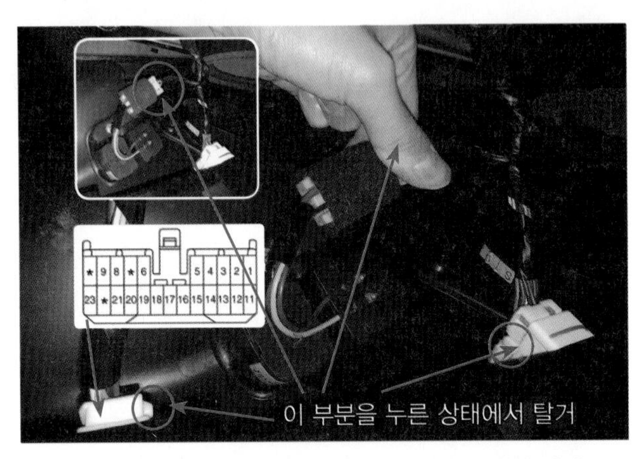

그림 12-2-8. 도어 관련 트림 내부 커넥터 배선 탈거

만약 커넥터 록 장치를 손으로 눌러서 탈거 안 되면 다시 커넥터 핀을 재삽입하고 커넥터 하우징 록 장치를 다시 한번 눌러서 탈거한다. 안 나온다고 무리하게 잡아당기면 배선의 손상뿐만 아니라 손을 다칠 수 있다.

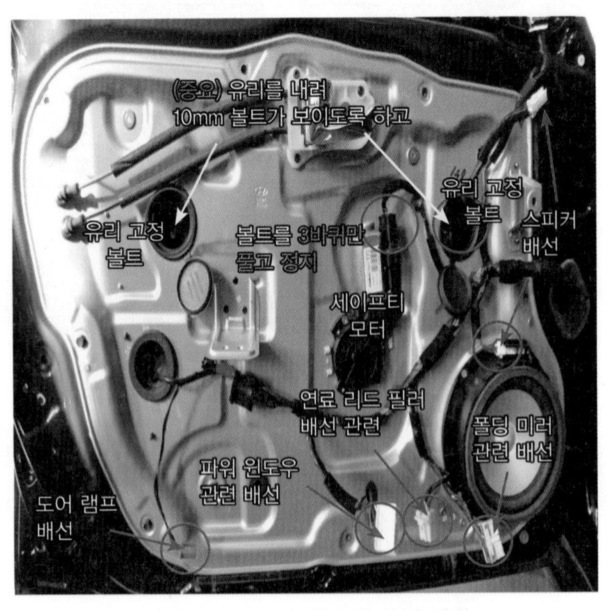

그림 12-2-9. 도어 트림 탈거 상태

도어에서 도어 트림을 탈거 전 공간을 확보하여 도어 매인 스위치를 연결한 상태에서 유리를 내려 유리 고정 볼트가 보이도록 한 후에 도어 매인 스위치를 탈거해야 한다. 유리를 도어에서 분리하여야 유리 기어(유리기어 레귤레이터 어셈블리)를 탈거할 수 있다.

만약 유리가 최상단에서 고장이 발생한다면, 유리 고정 볼트를 탈거하지 못함으로 유리 기어 및 유리를 분리하지 못한다. 하여 이런 경우라면 스피커 볼트를 풀어 스피커를 탈거한 다음 그 공간으로 공구를 넣어 유리 기어 와이어를 절단하거나 와이어 손상이 없는 경우라면 세이프티 모터를 탈거한다. 모터부 수동으로 돌려 유리 고정 볼트가 보이도록 한 후 유리 고정 10mm 볼트 3~4바퀴 왼쪽으로 돌린 후 유리를 분리해야 한다. 유리를 고정하는 볼트는 완전히 풀게 되면, 다시 조립이 어려워짐으로 주의해야 한다.

인너 핸들 탈거 시 래치 와이어 손상을 피하면서 피스 볼트 3개를 탈거한다. 조립은 전동 드라이버로 하지 말 것 이유는 볼트의 고정부위가 플라스틱 재질의 사각 핀으로 핀의 내경이 넓어져 재장착 시 흔들린다. 그러므로 수동 십자형 드라이버로 조인다. 현장에서 주로 파손되는 것이고 자주 교환하고 있다. 왜냐하면, 자주 여닫는 부분이고 많은 사용으로 스트레스를 받는다. 기계는 쓰면 쓸수록 마모가 되니까! 살이 붙지 아니한다. 그래서 사람과 기계 차이가 여기에 있는 듯하다.

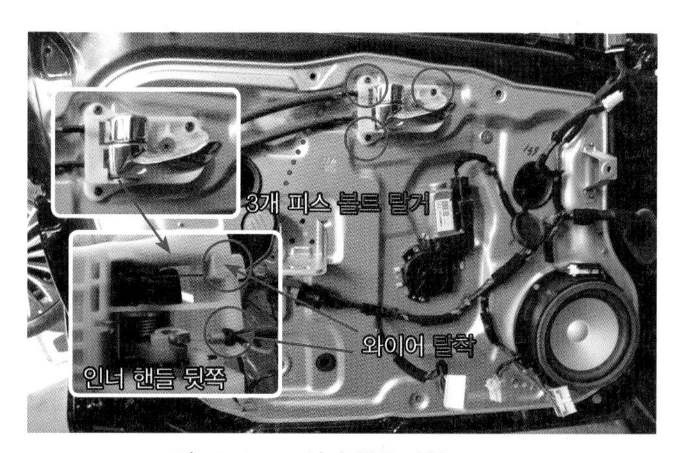

그림 12-2-10. 인너 핸들 탈착

나이가 들어 시간이 지나면 병에 대한 면역력이 떨어지고 아플 수 있는 확률이 높다. 그러나 기계는 새 부품으로 교환하여 쓰니 얼마나 좋은가! 사람이 이럴 수 있다면 얼마나 좋은가! 사랑하는 사람과 그 존재 의식을 같이할 수 있으니 말이다.

와이어 탈거 시 고정 부분의 손상을 초래하며 파손에 주의한다. 와이어는 서로 바뀌지 않도록 주의해서 확인 후 분해 조립한다. 이 부품의 고장 유형으로는 손잡이 부분의 파손을 들 수 있다. 자동차 도어를 안 쪽에서 열거나 닫을 때 인너 핸들을 놓치거나 해서 충격으로 인하여 안쪽 와이어 고정 장치나 인너 핸들 부위 파손이 많다. 과거에는 크롬도금이 벗겨져 손에 손상을 입히는 경우도 종종 있었다. 인너 핸들을 바꾸는 절차는 지금과 같은 과정을 거쳐야 한다.

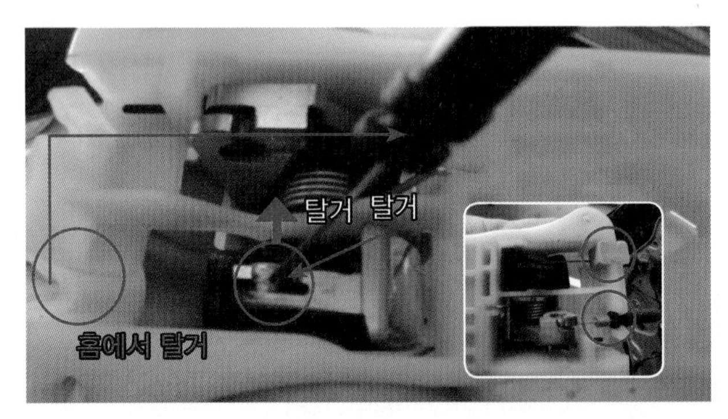

그림 12-2-11. 내측 열림 케이블과 도어록/언록 케이블 탈거

유리 기어에서 배선의 탈, 부착은 그림과 같은 특수공구를 이용하여 고정클립을 탈거한다. 만약 고정클립의 손상이 발생하면 신품으로 교환한다. 이처럼 배선의 고정된 클립과 세이프티 파워 윈도우 모터 커넥터, 도어 램프 커넥터, 파워 윈도우 매인 스위치 커넥터, 스피커 커넥터, 백미러 커넥터, 도어 액추에이터 모터 커넥터 등. 차체 손상이 없이 안전하게 분해한다. 세이프티 모터 커넥터는 암, 수가 서로 빠지지 말라고 Lock 장치가 되어있다. 결국, Lock 장치를 해제해야 커넥터를 탈거할 수 있다. 무리한

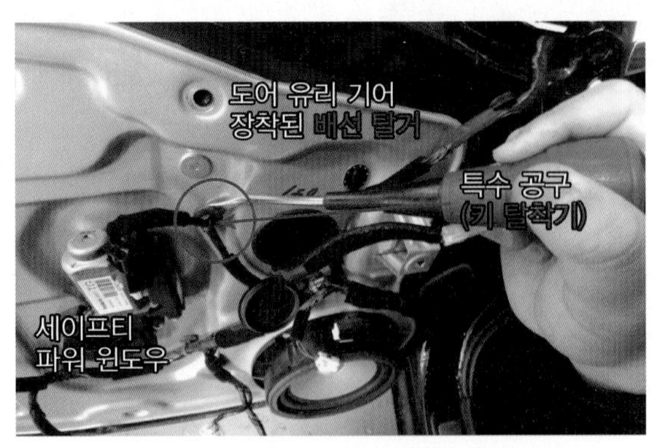

그림 12-2-12. 유리 기어 장착된 배선 탈거

힘을 주어 빠지면 손과 배선의 손상을 초래함으로 주의가 필요하다.

유리를 탈거한 상태에서 관련된 배선 탈거 후 유리 기어를 고정하는 10mm 볼트 9개를 순차적 왼쪽방향으로 돌려 분리한다. 이때 주로 사용되는 것이 현장에는 3/8 에어 라첼 공구를 주로 사용한다. 분해는 빠른시간에 10mm 볼트를 시계 반대 방향으로 풀면 된다. 그러나 조립 시의 주의 사항으로는 10mm 볼트를 9개 모두 손으로 2~3회 조이고 토크 렌치를 이용하는 것이 규정이다. 하지만 숙련된 정비사의 경우 에어 토크 렌지 공구로 모든 작업을 신속히 마무리 한다.

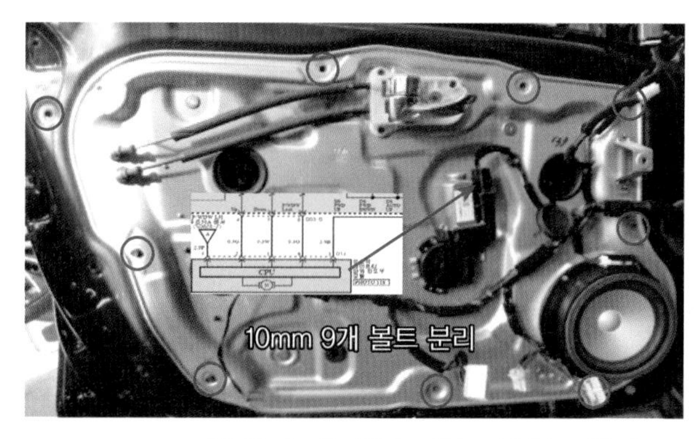

그림 12-2-13. 유리 기어 고정 볼트 탈거

처음 정비를 하는 친구는 바로 이러한 부분에서 10mm 나사 선의 손상을 입힌다. 그 이유는 전체적으로 10mm 볼트를 손으로 걸어야 하나 어느 하나를 완전히 체결하여 다른 부분의 나사 선이 맞지 않아 체결이 불량해지고 차체의 나사 선의 붕괴로 현장에서 많이 혼이 나곤 한다. 항상 규정의 토크를 확인하고 본인의 수동으로 조일 때 토크를 비교하는 습관을 들일 필요가 있다.

그림 12-2-14는 도어 옆면의 인테리어 커버(Cover) 분리하면 구멍 안으로 8mm 볼트가 숨겨져 있다. 이는 아웃사이드 핸들 탈거에 필요하고 유리 기어를 탈거하기 위해서도 필요한 작업이다. 알아 두어야 할 사항은 이 볼트는 완전히 분리형과 8mm 볼트가 나사 선에서 다 빠져도 볼트가 나오지 않는 구조 두 가지가 있다.

분해하면서 내부 구조가 볼트 바깥 부분에 플라스틱 재질이 존재한다면 적당히 풀고 아웃사이드 핸들 키 뭉치를 잡아당겨 안 나오면 여러 번 볼트를 풀어 반복 작업을 하면 된다. 이때 다 풀렸더라도 8mm 볼트는 키 뭉치 8mm 볼트는 홀과 볼트가 물리적으로 외부 플라스틱 커버에 걸려 나오지 않는 경우가 종종 있다. 이때는 볼트 머리를 롱 로

즈 플라이어나 자석 공구를 이용하여 잡아당겨 아웃사이드 키 뭉치를 탈거하면 된다. 때때로 걸려서 안 나오는 경우가 종종 있다.

그림12-2-14. 도어록 액추에이터 고정 볼트와 키 고리 볼트 탈거

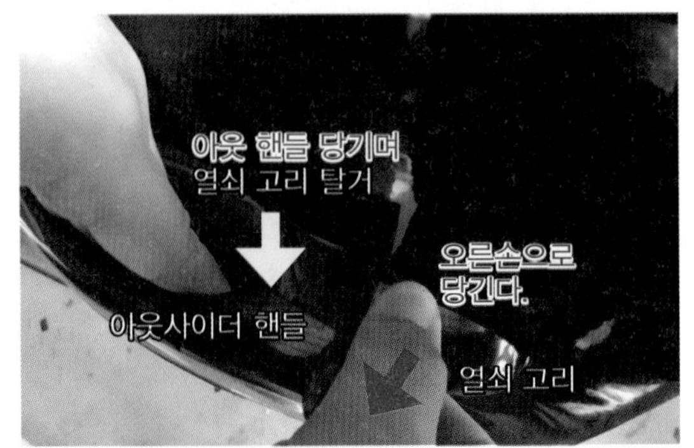

그림 12-2-15. 아웃사이드 핸들의 열쇠 고리 탈거 방법

그 다음으로는 도어 옆면의 도어 액추에이터 T-35(차종마다 다름) 공구를 이용하여 볼트 분리한다. 주의 사항으로는 이 볼트가 잘 풀리지 않음으로 공구를 자기 몸과 일직선 상으로 하고 체중을 실어 시계 반대 방향으로 돌린다. 왜냐하면, 초기 신차의 경우는 이 볼트에 록 타이트를 발라 볼트가 풀리지 않는다. 그래서 어설프게 돌리게 되면 볼트 머리 부분이 훼손되어 풀지 못하는 사례가 있다. 하여 주의를 바란다. 만약 풀지 못하면 결국은 머리 부분을 가 용접하거나 날카로운 일자 드라이버와 망치를 이용하여 쳐내야 한다.

그림 12-2-15는 아웃사이드 핸들의 아웃사이드 키 뭉치를 그림과 같이 탈거한다. 아웃사이드 키 뭉치가 나오지 않는다면 전자에서 설명한 것과 같은 방법 통해 해결한다. 이때 차량 외부의 도장 표면의 손상이 가지 않도록 주의가 필요하다. 아웃사이드 키 뭉치 탈거 후 아웃사이드 핸들은 그림과 같이 우측 방향(아웃사이드 키 뭉치 방향)으로 잡아당기면 핸들을 탈거할 수 있다. 이때 너무 무리한 힘을 가하면 차량 도장 면의 손상을 가져오며 주의가 요구한다. 도어 측은 현장에서 주로 많이 분해함으로 연습을 통하여 실전에서 성공하길 바란다.

아웃사이드 핸들 하니 옛날 정비하던 때가 생각난다. 그때는 지금처럼 이러한 방식의 아웃사이드 핸들을 사용하지 않았다. 사고 차가 처음으로 들어와 아웃사이드 핸들을 분해하려니 어떻게 하는지 난감했었다. 그때 생각하면 웃음이 난다. 누가 알려주지

그림 12-2-16. 아웃사이드 핸들 탈거

그림 12-2-17. 아웃사이드 핸들과 아웃사이드 키(Key) 뭉치

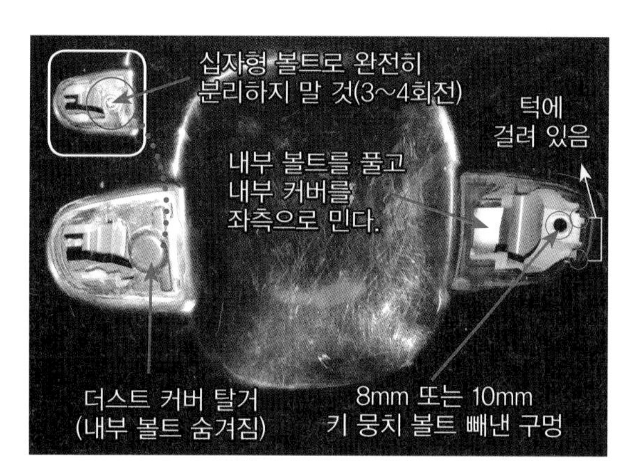

그림 12-2-18. 아웃사이드 핸들 탈거 모습

않았고 그때마다 사물을 관찰하는 능력이 뛰어나야 했다.

그러나 지금은 어떤가! 세월의 변화 속에서 자동차 정비는 공부 아니하면 따라잡을 수 없다. 공학도로서 정비는 이제 우리에게 진단기술 연구라는 과제를 안겨주었다. 공부하는 자와 그러하지 아니하는 자! 아웃사이드 핸들을 나타낸다. 핸들 안(內)에는 안테나가 내장된다. 더스트 커버 내부에 스크류가 숨겨져 있다. 완전히 분리하지 말고 이 부분이 도어 패널과 더스트 커버가 이격 되어야 유리 레귤레이터 어셈블리 및 도어 액추에이터가 분리된다.

유리 기어를 자동차 차체에서 이격시킨 후 도어 액추에이터 커넥터를 분리한다. 이때 유리 기어에 장착된 잠김 록 장치의 파손에 주의하여 도어록 액추에이터를 분리한다. 현장에서 가장 많이 하는 작업으로 숙련된 기능인이 필요하다. 도어록과 언록의 모터 문제와 도어록 액추에이터 암 커넥터 문제라면 반드시 이 작업을 수행해야 도어록 액추에이터 어셈블리를 교환할 수 있다. 처음부터 잘하는 사람은 하나도 없다. 조금 더 잘할 뿐! 안된다고 하지 말고 반복적인 연습을 한다면 누구든 인정받지 않겠는가?

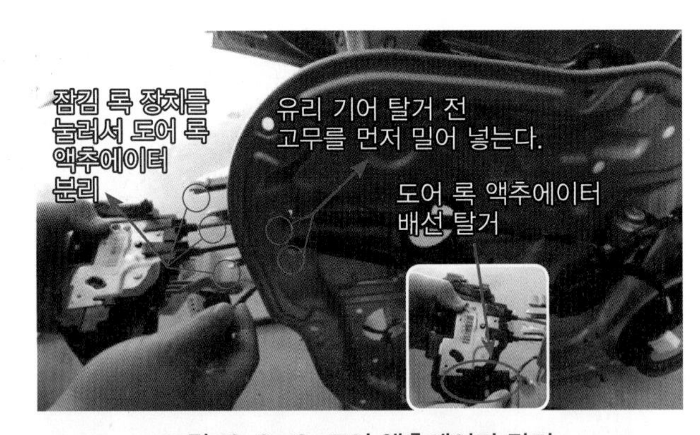

그림 12-2-19. 도어 액추에이터 탈거

이건 개인적인 소견이니 오해하지 말기 바란다. 어쩌면 세대 차이 난다고 할 수도 있고 요즘 젊은이들은 끈기가 없는 건지 이사회가 그렇게 만든 건지. 대한민국의 교육정책은 점점 무언가 이빨 하나가 빠진 듯 남들이 보면 잘 돌아가는 듯 보이지만 교육자로서 요즘은 한숨이 나온다. 어디서부터 문제인가! 학교 교육 이전에 가정교육부터 문제인 듯하지만, 요즘은 학생들을 보면 헛웃음이 나오곤 한다.

오늘은 옛것의 향수에 취하고 싶어진다. 그 언젠가 초등학교 시절로 돌아가 잘하면 칭찬받고 못 하면 혼나기도 하고 그래도 안 되면 회초리로 혼나던 시절 그 시절 선생님! 그 선생님들이 생각난다. 부도덕한 일부의 선생님 때문에 근본이 바뀌고 어떤 문제가 발생하면 교육의 모든 정체성을 바꿔 선생님을 평가하고 그로 하여 선생님이 아닌 월급쟁이로 전락한 이 대한민국의 현실. 젊은이들이 이끌어갈 이 대한민국 나의 조국!

그러나 나는 오늘도 내 자리에서 월급쟁이가 아닌 선생님으로서 살아가려 한다.

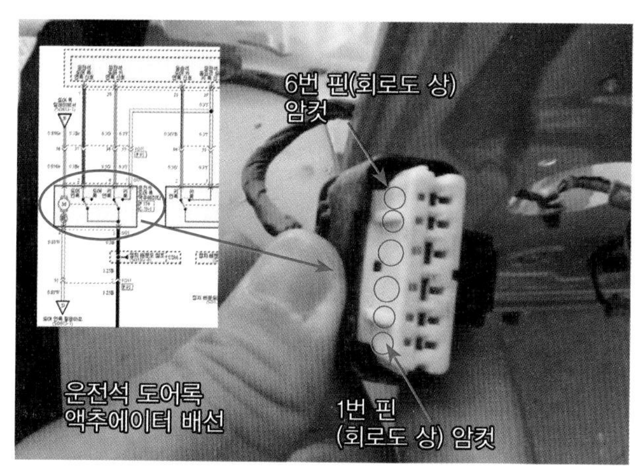

그림 12-2-20. 도어 액추에이터 커넥터 핀 배열

도어록 액추에이터의 모터 배선은 주로 빗물에 의한 부식과 배선 핀의 벌어짐으로 전류 흐름을 방해해 부하 작동 못 하는 증상이 대부분이다. 그리고 잠김과 열림 시 소음으로 인한 고장, 즉 모터 작동은 하나 모터가 방향 전환 시에 "크윽 끼익"하는 소리가 나는 경우이다.

마지막으로 모터 자체 불량을 들 수 있다. 이처럼 배선이 문제인지 단품 문제인지 구분하는 것이 결국은 자동차 정비이다. 현장에서 핀의 벌어짐이나 빠짐은 간헐적 발생하고 이러한 고장을 수리하는 방법은 커넥터 하우징에서 핀을 잘 탈거하여 수리하는 것이다. 핀 탈거 방법을 연습하여 핀의 벌어짐에 의한 고장을 해결하는 능력도 키워야 한다.

만약 고장의 원인이 모터라면 이처럼 유리 기어를 완전분해하지 않아도 도어 트림을

그림 12-2-21. 모터 탈거

탈거 후 작업이 가능하다. 모터 탈거 시 주의 사항은 T-25(사이즈 차종별로 상의)를 이용 모터 볼트를 분리하면 되는데, 작업 공구를 볼트와 일직선 상에서 힘을 주어 볼트의 머리 부분 손상이 없도록 하여 분리해야 한다.(차종별 공구 다름)

이때 와이어 랙이 뒤로 빠지는 일이 없도록 주의해야 하며 작업한다. 중요하다. 와이어 랙이 빠지면 와이어 및 레일이 흐트러지므로 다시 와이어 맞추기란 매우 힘들다. (일부 차종) 모터 탈부착과 같은 교환 정비는 현장에서 많이 진행하고 있으며 상황에 맞는 고장을 확인하여 정확한 진단을 선행하고 분해해야 한다.

자동차를 정비한다고 한다면 본인 차를 만지듯 정성을 다하여 분해하고 조립하며 인테리어 내부 볼트, 너트 확실히 조이고 마지막으로 확인하여야 할 것이다. 덜 조여 운행 중에 소리가 나서 다시 들어온다면 서로가 피곤하지 않은가.

사랑하는 제자들아! 학교에서 충분히 실습하고 현장에서 인정받는 정비사가 되어야 한다. 어느덧 2019년 12월 21일 밤 12시 36분을 지나고 있다. 오늘은 조금 피곤하다. 작년부터 나는 자동차 초보 정비사를 위한 자동차 진단 정비 실무 책을 집필하고 있다. 미래성장동력 학과 개편을 준비하면서 많은 생각에 잠들었다. 이제 모든 것이 완료된 듯하다. 시설과 장비 그 어느 하나 뒤떨어지지 않도록 나는 오늘도 최선을 다했다.

그림 12-2-22와 같이 와이어 랙이 빠지지 않도록 주의하며 작업한다. 한번 빠지면 고생한다. 아마 유리 기어를 새것으로 교환하는 편이 낳을 수 있다. 모터를 새것으로 장착 시에는 모터 기어 부분과 모터 탈거 부위에 소량의 그리스를 도포 해 작업하기 바

그림 12-2-22. 유리 기어 탈거 모습

란다. 마찰 부분은 항시 그리스를 도포하여 소음이 나는 것을 미연에 방지하자는 뜻에서 그리스를 도포 한다.

최근 유리 기어는 이렇게 일체형 윈도우 레귤레이터 형식이다. 그래서 과거보다 소음이나 빗물에 의한 유리의 무거움 불 평형은 줄었으나 모터가 일정 구간에서 고정되어 고장이 발생하면 도어 트림을 분해한다고 하더라도 작업할 손이 들어가지 않기에 작업이 매우 곤란하다. 그래서 오디오 스피커를 탈거 후 작업을 하는데 스피커 고정형 볼트가 최초에는 리벳 형식으로 되어 작업의 어려움이 많았다. 최근에는 그것을 고려한 듯 다시 피스 형 십자 스크류로 바뀐 듯하다.

그림 12-2-23은 윈도우 레귤레이터 유리 기어에서 유리 탈거 시는 유리 선팅 손상이 없도록 주의하여 탈거하고 조립 시에는 유리 삽입하여 좌, 우가 수평이 되도록 내려서 규정 토크로 10mm 볼트를 조인다.

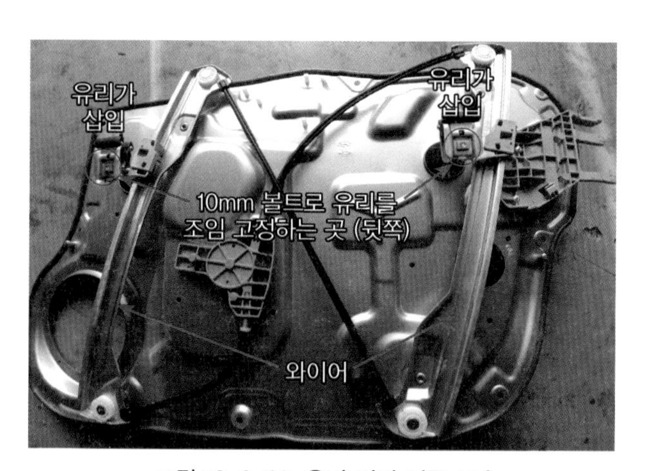

그림 12-2-23. 유리 기어 뒤쪽 모습

이때 좌우가 맞지 않으면 유리를 올리거나 내릴 때 소음이 발생하거나 유리가 천천히 올라간다. 그것도 그럴만한 것이 자동차 문틀은 바뀌지 않는다. 좌우 수평 맞지 않으면 유리를 올리거나 내릴 때 문틀에서 저항이 발생하고 이것은 곧 유리의 좌우 속도 차이로 발생한다. 정상 대비 무거움에 의한 모터의 작동 전류는 정상보다 많이 측정된다. 당연한 이치다. 평상시 사람이 모래주머니를 차고 걷거나 등산하는 것과 같다. 모터 입장에서 힘들 것이다. 당연히 모터는 과부하가 걸리고 오래 사용 못 하는 주원인이 된다.

레귤레이터의 고장으로는 와이어를 감는 도르래 부분이 파손되거나 와이어가 엉킴으로 끊어짐이 많다. 최근에는 많은 개선으로 내구성이 확보되었다. 이런 방식의 유리 기어 레귤레이터는 자동차에서 분해 시 신중하게 작업해야 하며 많은 연습으로 실력자가 되길 바란다. 현장에서 가장 많이 분해하는 작업이니 학교 실습으로 문제원형 실습 시간에 자기 시간을 투자하길 바란다.

유리의 장착은 유리 기어에 장착하는 부위로 유리를 삽입하여 10mm 볼트로 고정한다. 그러므로 과거의 클립과 록 타이트로 고정하던 방식보다 겨울철의 유리가 얼었을 때 유리 이탈이 거의 없다. 나의 경험을 이야기하면, 추운 날씨에 유리를 작동하면 문틀 상단부와 유리가 얼어 유리 하강 시 유리를 잡고있는 부분이 이탈되어 기어와 함께 움직여야 할 유리는 도어와 어긋나 낭패를 본 적이 있었다. 과거 주로 구형 자동차에서 이러한 방식을 썼는데 지금은 기술의 발달로 많은 차이를 보인다.

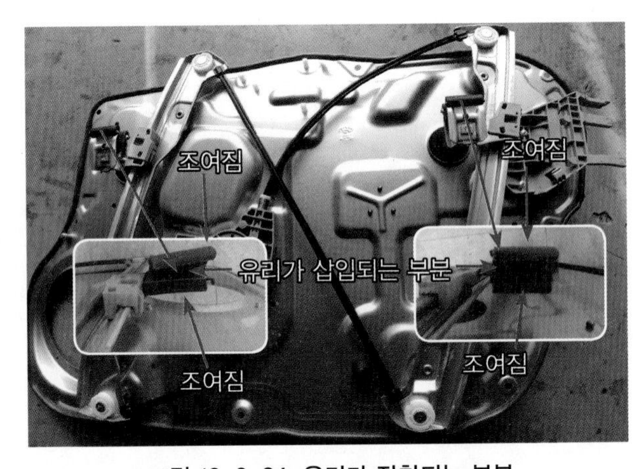

그림 12-2-24. 유리가 장착되는 부분

이 세상은 모든 것이 항상 영원한 것은 없다. 사람의 지휘든 기술이든 좋은 것이 있으면 나쁜 것도 있는 법 편하면 또 한 가지는 불편한 점이 반드시 있다. 신형 유리 기어는 정상적으로 작동하면 문제없으나 어느 한 부위에 고정이 되어 움직이지 않는 고장이 발생하면 정말 힘든 작업이다. 손이 안 들어감으로 결국 이 방법은 스피커를 들어내고 와이어를 끊어 유리 10mm 볼트가 보이는 시점에서 정지하여 수동으로 10mm 볼트가 보이면 이를 분리해야 하는 어려움이 있다. 왜냐하면, 유리를 탈거해야 유리 기어 레귤레이터를 교환할 수 있기 때문이다.

과제 1 신형 모터를 교환하면서 교환 절차를 서술하시오

표 12-2-1. 실습

순서	신형 세이프티 파워 윈도우 레귤레이터 교환 시 본인이 분해할 때 주의 사항을 기재하시오
1	
2	
3	
4	
5	
6	
7	
8	
9	
10	
11	
12	

표 12-2-2. 실습

유리 기어 레귤레이터 분해 조립 순서를 실습하면서 기재하시오	
작업 순서 기재	

13 실무 에어백(Air bag) 회로정비

13-1 에어백 회로분석

에어백은 차량 충돌 시 센서로 부터 차체 충격을 감지하여 이 신호를 컨트롤 유닛이 받아 에어백을 작동시키며 시스템의 효과를 최대화하기 위해서는 시트 및 스티어링 휠을 운전자 위치에 정확하게 맞추어 운전할 필요가 있다. 적당한 위치로 조정하고 시트벨트를 반드시 착용한다. 시트벨트에는 프리텐셔너(Seat Blet Pre-Tensioner)를 장착되고 사고 순간 에어백 시스템과 연동하여 작동함으로 더욱 안전하다.

에어백을 칭할 때 SRS (Supplemental Restraint System : 보조 구속 장치) 에어백이라고 하는데 SRS는 "보조 구속 장치"의 의미로써 시트벨트를 착용한 상태에서 만 그 기능을 발휘할 수 있다는 뜻이다. SRS 에어백은 시트벨트에 의한 승객 보호 기능에 추가하여 충돌로 인한 충격으로부터 승객의 안면 및 상체를 보호해 주기 위한 보조 장치이다.

에어백의 작동은 차량 충돌 시 충돌 감지 센서가 감속도를 검출하여 충돌이 일어났음을 감지하고 동시에 세이핑 센서(안전센서)도 충격이 일어난 방향과 힘을 감지하여 에어백 컨트롤 유닛으로 전송하면 에어백 컨트롤 유닛의 출력 제어회로에서는 입력된 전기신호를 판단하여 인플레이터(기폭장치) 쪽으로 폭발 신호를 출력하게 된다.

현장에서 에어백 고장진단에 많은 어려움이 있을 것으로 생각된다. 에어백 모듈은 고가의 부품이고 고장이 발생하면, 부품을 교환하여 정상 유무를 판단해야 하기 때문이다. 이는 진단하는 데 있어서의 어려움과 고가의 부품을 교환하여 부품 업체로부터 점검을 통한 부품반납이 어려운 것도 사실이다. 자동차 정비에 있어서 회로분석을 하지 않고 부품을 교환하고 원인을 찾는 일은 참으로 어리석은 일이다. 그중에 에어백 장

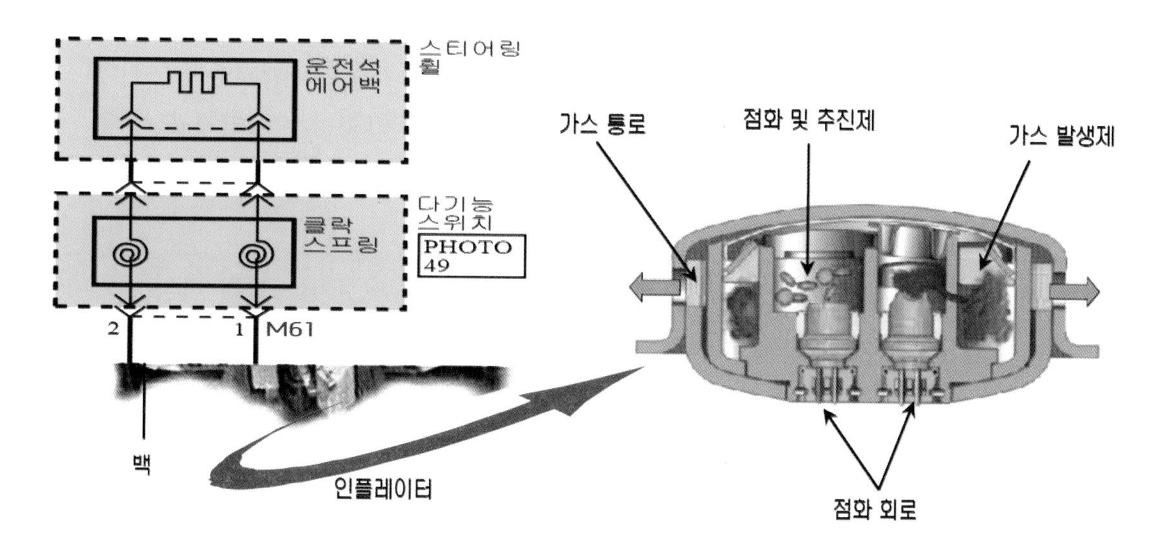

그림 13-1. 운전석 에어백

치가 그러하다. 고가의 제품이고 저항을 측정하지 말라고 했으니 그럴 만도 하다. 그래서 에어백 저항을 측정하여 에어백의 이상 유무를 알 수 있는 방법을 수록하였다.

에어백 모듈 내부는 점화 부(인플레이터)와 백(공기주머니)으로 이루어져 있는데 ACU(Air Bag Control Unit)로부터 전원을 공급받아 최초의 스파그를 발생하는 점화 회로와 화력을 발생하는 추진제 그리고 백을 부풀릴 수 있는 가스 발생제로 구성된다. 백은 조향 핸들 중앙에 플라스틱 커버 안쪽에 접혀 있어 점화 부에서 발생시킨 가스를 공급받아 부풀어 오르게 된다. 부풀어 오른 것은 빠르게 수축하여 수축을 돕기 위한 두 개의 홀이 백 후면에 가공되어 있다.

에어백 진단을 위해 정비사는 진단기를 활용해 진단 결과 고장 코드(DCT)가 운전석 에어백 회로 저항 과다, 과소가 출력되면 점검하는 데 있어 매우 망설여지곤 한다. 점검하다가 에어백이라도 터지면 어쩌나 고민이 한 번쯤 있을 터이다. 여러 가지 방법들로 정비를 하여 문제해결 하겠지만 첫 번째로는 고장 코드 진단 장비로 소거한다든지 소거가 된다면 일회성 고장으로 판단하여 차량을 출고할 것이고 소거되지 않는다면 정비사는 신품 에어백 교환을 통해 정상 유무를 확인하여야 할 것이다. 사실 에어백 고장진단은 좀처럼 쉽지 않아 어려움이 있다. 하여 정비하는 데 있어 그만큼 에어백 관련하여 어려움이 있음을 뜻한다. 그래서 필자는 손쉬운 방법을 통해 에어백 정비에 도움이 되고자 한다.

에어백에 관련하여 자주 고장이 나는 것이 운전석 에어백(Driver Air Bag)과 클럭스프링 일 것이다. 고장 부위는 한 예로 내 경험에 비추었을 때 그렇다는 얘기지 오해 없기를 바란다. 고장 데이터 트러블 코드를 가지고 중점적으로 점검하는 방법을 다루려 한다.

에어백 모듈은 화약에 의한 점화 회로를 내장하여 정비 중 정전기나 외부 전원 인가 시 원치 않은 경우 에어백이 점화될 수 있어 주의해야 한다. 따라서 정비 지침서와 작업 방법을 숙지하고 정비하여야 한다. 에어백 모듈은 화약에 의한 점화 회로가 내장되어 있다고 했다. 만일 어떠한 작업 중 정전기 또는 외부 전원이 인가될 경우 에어백이 터질 수 있다. 에어백 커넥터가 이탈되면 점화 회로 두 배선은 내부에서 두 단자가 서로 붙어 있는 구조이다. 내부 단락으로 정전기나 전기로로부터 회로를 보호하며 이러한 장치를 단락 바라고 한다. 에어백 커넥터를 탈거하기 위해 커넥터 뒷부분에 노란색 커버 2차 록 장치를 뒤로 밀고 분리해야 하는데 바로 이 부분이 에어백 모듈 내부 단락

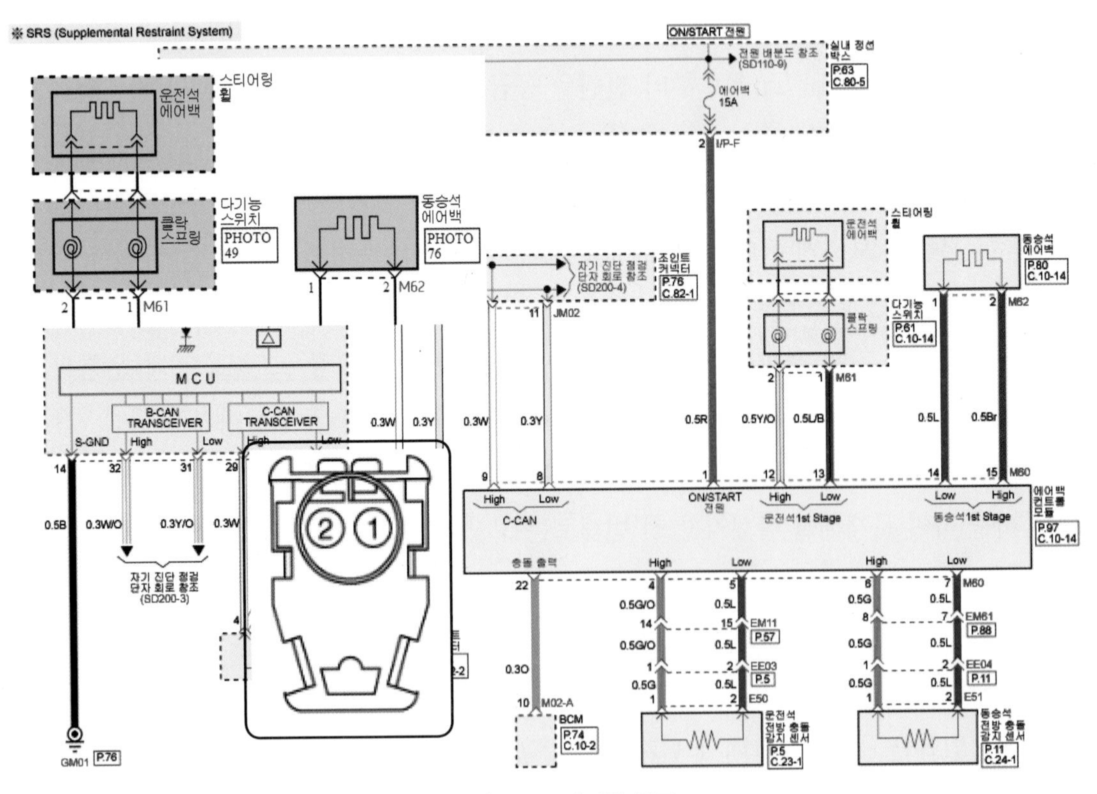

그림 13-2. 에어백 회로

그림 13-3. 운전석 에어백 전면부

을 분리해 주는 장치이다. 그림 13-2는 에어백 모듈 회로를 나타내었다.

에어백 전개는 충돌 감지 후 약 100ms 이내의 시간이 걸린다. 이는 매우 빠른시간에 전개가 되므로 에어백 동작은 사람의 눈으로 확인하기가 어렵다. 안경을 쓴 사람은 에어백이 터지면서 안면 손상에 주의해야 한다. 안전벨트 또한 반드시 착용해야 한다. 다음은 운전석 에어백의 형상을 그림으로 나타내었다. 그림 13-3은 운전석 에어백 전면부를 나타내었다. 에어백의 고장 코드의 대표적인 코드는 운전석 에어백 저항 과다/과소이다. 정비 방법은 다음과 같다. 에어백을 탈거하면 그림 13-3처럼 나타난다. 각 제작사에 맞는 단락 바(Short bar) 커넥터를 준비한다. 다음 그림 13-4는 운전석 에어백 후면부를 나타내었다.

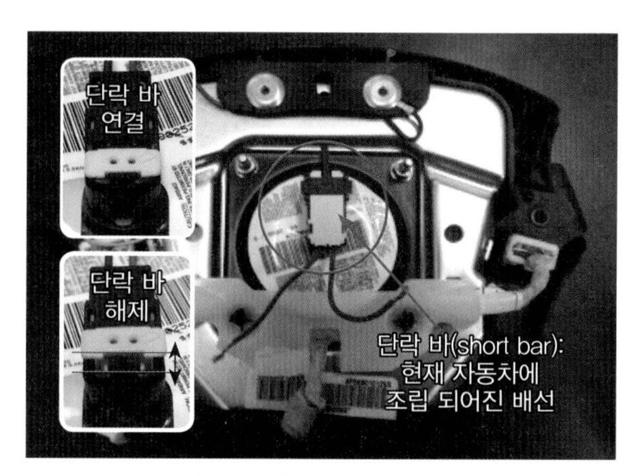

그림 13-4. 운전석 에어백 후면부

이는 실 차에 조립된 자동차 배선이기도 하다. 정비하고 계신 분들은 이런 배선을 찾는 것은 별 어려움이 없을 것으로 생각된다. 진단을 위해서 열정이 중요한 문제 아니겠는가? 먼저 이 고장 코드의 경우 에어백 저항 측정을 한다. 여기서 잠깐 에어백 저항 측정하지 말라고 모든 정비 지침서에 나와 있지만, 에어백 저항을 측정하여도 무관하다. 단 알면 되고 모르면 뭐든 못하는 것이 이치 아니겠는가!

자격증 시험에는 에어백 저항 측정을 절대 불가라고 하지만 조건과 경우에 따라 측정을 하여도 된다. 먼저 반드시 디지털 테스터기를 사용하여야 하고 전류가 50mA 이하의 장비를 사용해야 한다. 에어백 저항 측정을 위해 2개의 디지털 테스터기가 필요하다. 하나의 테스터기는 저항으로 모드로 설정하고 나머지 하나는 테스터기는 전류 측정 모드로 하여 하나의 테스터기는 저류 모드로 나머지 하나는 저항 모드로 선택하고 그 테스터기가 몇 암페어가 측정되는지 측정 값을 보고 결정한다. 측정기에 50mA 이하가 측정되는 장비를 선택하여 에어백 저항을 측정하면 된다.

왜냐하면, 요즘 디지털 테스터기도 고가 흉내를 내면서 속은 저가인 테스터기가 많아 시험 확인 후 사용해야 한다. 주의할 점은 아날로그 테스터기를 사용하면 에어백의 전개가 되므로 절대 사용해서는 안 된다. "분명히 사용해서는 안 된다."

우리가 에어백의 단락 바 분리하여 커넥터 탈거하면, 내부는 High 선과 Low 선이 서로 연결되어 0옴(Ω)이 측정된다. 이는 에어백의 저항이 아니다. 내부는 단락 바가 서로 연결되어 0옴(Ω)이 측정되는 것이다. 그러니까 에어백 내부 코일이 아니라 내부 단락 바가 연결되어 있다는 것이다. 단락 바 분리 커넥터로 2차 록 장치를 체결해야 단락 바가 분리되므로 이때 이 배선을 이용하여 측정 비로소 에어백 저항을 측정하는 것이다. 명심해야 한다. 탈거 후 운전석 에어백에서 단락 바 커넥터를 장착하지 않고 저항을 측정하는 것은 멍청한 짓이다.

에어백 모듈 내부는 점화 부와 백으로 구성되는데 모듈 중앙에 점화 부가 있고, 백은 중앙에 조립된 커버 안쪽에 있으며 에어백이 동작할 때 안경을 착용한 사람은 2차 인체 손상이 있을 수 있다. 그러므로 주의해야 한다. 에어백 모듈은 단락 바, 에어백 점

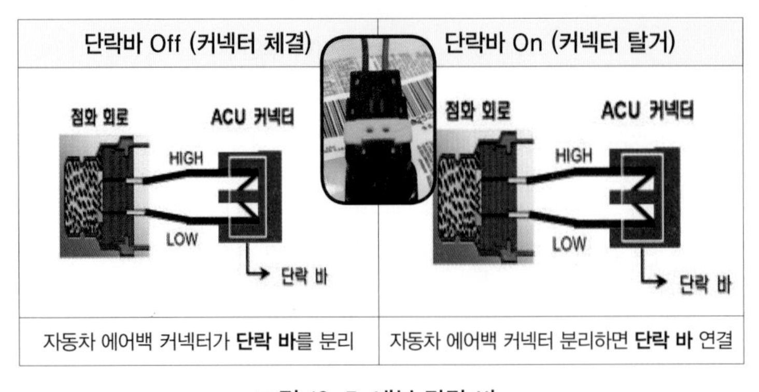

그림 13-5. 내부 단락 바

화 회로, 클럭스프링, ACU 커넥터에 내장되어 있다. 에어백 단락 바의 해제 방법은 그림 13-5처럼 나타낸다. 단락 바를 해제 안 하면 에어백 2차 록을 하지 않는 것과 같음으로 에어백 자체에서 저항을 측정하면 0Ω이 측정된다. 하여 반드시 ACU 커넥터를 체결 후 2차 록을 반드시 하여 저항을 측정하기 바란다.

때로는 우리는 알면서 모르는 척할 때도 있고, 남이 가지 않는 길을 갈 때도 있다. 그것이 우리의 숙명이라면 홀로 가는 길이 외롭고 고독할 수도 있지만, 우공이산(愚公移山) 어리석은 사람이 산을 옮기듯 차근차근 밟아 올라가다 보면 나도 모르는 사이에 프로가 되어있고 먹고사는 데 지장이 없을 것 같다. 그렇지 않겠는가!

빨리 무엇을 이루려는 사람은 끈기가 없다고 본다. 기술을 가진 사람은 그 위치에 있기까지 수없이 많은 노력과 열정으로 올라왔을 것이고 다시 말해 하루아침에 이루어지는 것은 이 세상에 어디에도 없다. 처음의 시작은 미흡하고 보잘 것 없지만 제자들이 프로가 되어 자동차의 명의(名醫)가 되었으면 한다. 우리 학생들과 자동차 정비하는 모든 이에게 위로하며 이 글을 쓴다.

우리는 일상생활을 하면서 알고 있는데도 나도 모르게 또 그렇게 때로는 획일적인 일상으로 그냥 지나가 버리는 것이 많다. 단락 바(Short Bar)의 경우가 그러하다. 자동차 정비를 많은 시간 동안 하지만 어떤 부품에 대하여 그 실체를 모르는 경우가 누구에게나 가끔 있다고 본다. 그것이 에어백의 단락 바가 아닌가 생각된다. ACU(Air bag control Unit) 2차 록 장치 커넥터가 연결 안 되면 조건에 따라 저항 과대, 과소가 고장 코드(Diagnostic Trouble Code)로 발생한다.

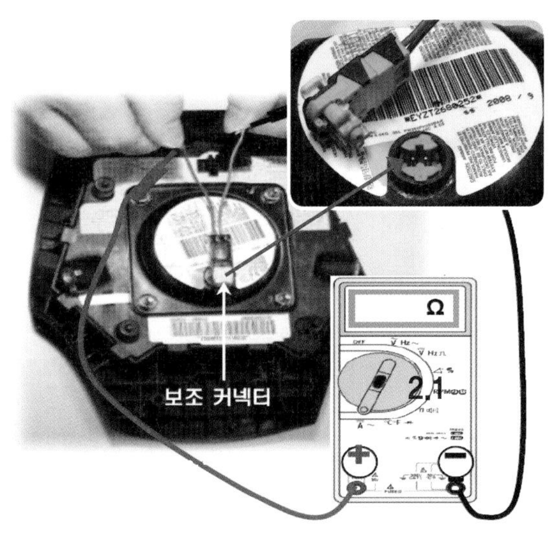

주의: 저항 측정은 반드시 디지털 테스터기로 하되 암 전류가 50mA의 진단기 사용 이처럼 저항 측정 시 보조 커넥터를 만들어 사용 이유는 그냥 측정 시 항상 0Ω 측정됨.

그림 13-6. 에어백 저항 측정

정상의 에어백 저항은 약 1.6~4.7Ω의 저항이 측정된다. 실 차에서 약 2.3~2.8Ω이 측정되었다. 저항은 온도에 따라 민감하므로 kΩ, MΩ 그 이상의 오버 한계(Over Limit)가 측정된다면 저항 과다일 것이고 규정 값보다 작으면 저항 과소가 될 것이다.

만약 운전석 에어백 저항 과다로 고장 코드가 점등된다면, 그리고 에어백 컨트롤 모듈의 자기진단에서 운전석 에어백의 2차 록의 커넥터를 탈거 후 커넥터에 약 3Ω의 저항을 연결하여 자기진단 시 기억 소거가 이루어진다면 이는 100% 운전석 에어백의 고장이지 않겠는가? 이때는 운전석 에어백을 교환하면 된다.

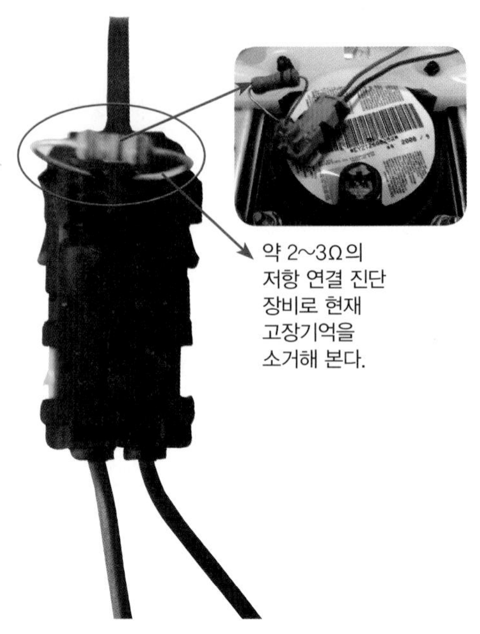

그림 13-7. 2차 록 커넥터
약 3Ω 저항기 연결 기억 소거

운전석 에어백 2차 록 커넥터를 탈거하여 약 3Ω의 저항기 연결하여 진단 장비로 자기 진단하여 현재 고장기억이 소거된다면 현재 고장의 원인은 운전석 에어백의 저항 과다로 인한 고장임을 알 수 있다. 그러므로 운전석 에어백 교환으로 마무리를 하면 될 것이다. 사실 운전석 에어백 부품은 단가가 고가 임으로 정확한 진단이 필요하다.

그렇다면 저항 과다는 규정 저항값(1.6~4.7Ω)에서 높은 저항값이 측정된다는 이야기임으로 저항기를 이용하여 6Ω을 연결하면 저항 과다가 되는 것이다. 이렇게 여러 가지 검증을 거치면 고가의 에어백 장치와 모듈을 교환하지 않아도 점검 진단이 될 것으로 생각된다.

만약 소거되지 않고 제 점등된다면 이는 에어백 관련 배선과 에어백 컨트롤 모듈의 문제점일 것이다.

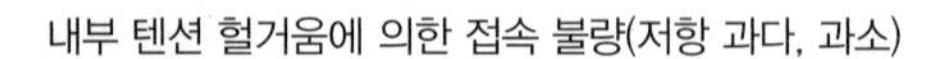

그림 13-8. 커넥터 하우징 탈거 된 터미널 핀

그런데 경험상 대부분 고장은 커넥터 핀 단자 내부의 접촉 불량이 많이 발생한다. 이것은 오로지 필자의 경험이므로 오해하지 않았으면 한다. 단지 배선 문제인지! 단품 인지를 정확하게 확인하자는 것이다. 필자는 이 책을 쓰면서 많은 생각에 잠긴다. 차근차근 경험을 담아 초급 정비사가 정비하는 데 어려움이 없기를 바라는 마음인데 사람은 각자 생각이 다르며 느낌 또한 달라 독자들이 어떻게 받아들일지 설레여진다.

13-2 에어백 클럭스프링 고장진단

운전석 에어백 모듈은 핸들 중앙에 장착되어 있으며, 조향 시 핸들과 함께 회전한다. 만일 일반 배선으로 운전석 에어백 모듈을 연결하면 반복되는 핸들 조향의 영향을 받아 꼬이거나 끊어지고 말 것이다. 그래서 클럭스프링은 조향 핸들과 에어백 모듈 사이에 장착되어 있으며, 내부에 롤 배선(Roll Wiring- 감겨있는 전선)으로 조향 핸들의 회전각도 변동에 대응할 수 있게 했다.

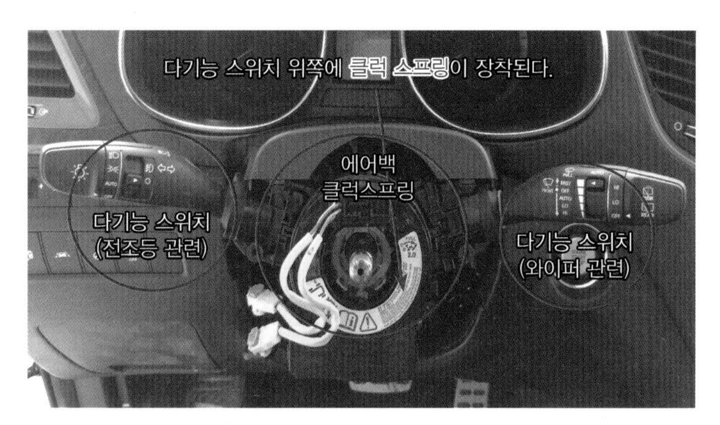

그림 13-9. 멀티 펑션 스위치의 클럭스프링

그러므로 분해 후 조립 시 떨어트리거나 무리한 힘으로 돌려서는 안 된다. 현장에서 주로 고장이 나는 부분이며 고장 코드는 클럭스프링(Clock spring) 저항 과다가 많다. 이는 핸들을 돌릴 때마다 스프링이 좌, 우로 돌아가므로 어느 정도 운행한 자동차에서 많이 나타난다.

차량에서 클럭스프링 탈부착 작업 시 아래 사항들을 준수해야 한다.

1. 클럭스프링 신품일 경우 반드시 차량에 장착 후 중립 핀을 제거할 것.
2. 탈착 후 재조립 시 반드시 중립 위치를 맞추어 장착할 것.
3. 조립 시 에어백 커넥터를 완전히 체결할 것.

클럭스프링 내부에 정착된 롤 배선은 핸들 최대 조향각보다 길이의 여유가 있지만 중립 점을 맞추지 않은 상태로 조립되면 최대 조향 시 한쪽은 롤 배선의 여유가 있지만 다른 쪽은 조향각보다 배선의 길이가 짧아 끊어질 수 있다.

그래서 작업 시 분해를 하였다면, 작업자도 모르는 사이 움직임에 의한 클럭스프링의 좌우의 길이가 틀어져 핸들을 돌릴 때 끊어지게 된다. 그러므로 손으로 같은 방향으로 돌리고 다시 반대쪽으로 몇 바퀴가 돌아갔는지를 카운팅(Counting) 하여 총 여섯 바퀴라고 하면 반대로 세 바퀴를 돌려 중심점에 위치하면 된다. 이로 인해 운전석 에어백 모듈 회로가 단선되고 경고등 점등과 함께 "에어백 저항 과대" 고장 코드가 출력될 수 있으므로 주의해서 작업해야 한다.

그림 13-10은 클럭스프링 장착 방법으로 중립 점을 나타내었다. 클럭스프링 단품의 경우 고장이 발생하면 "에어백 저항 과대"가 출력되는데 클럭스프링의 단품의 고장 유무를 확인하기 위해서는 클럭스프링의 단품의 저항을 측정하는 것이 중요하다 하겠다. 탈거 된 클럭스프링 커넥터에서 바로 저항을 측정하면 단락 바 때문에 저항 측정 의미가 없다. 왜냐하면, 두 회로가 내부에 서로 연결되어 있어서 그림과 같은 보조 어댑터를 이용 단락 바를 해제한 상태에서 저항을 측정해야 한다.

클럭스프링 하단 커넥터를 탈거하면, 단락 바가 연결되어 저항이 낮아진 0Ω에 가까

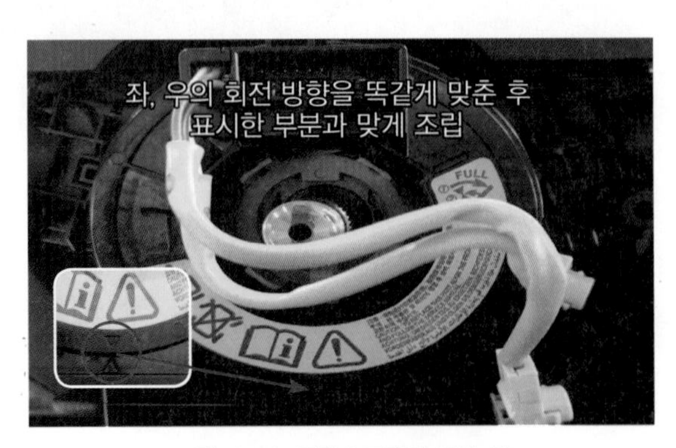

그림 13-10. 클럭스프링의 중립 점

운 저항이 검출되므로 그림 13-11과 같이 단락 바를 해제하는 보조 어댑터를 연결하여 측정해야 한다. 클럭스프링의 규정 저항은 약 1.2Ω 이하이고 실제 필자가 측정한 바로는 0.7Ω이 측정되었다.

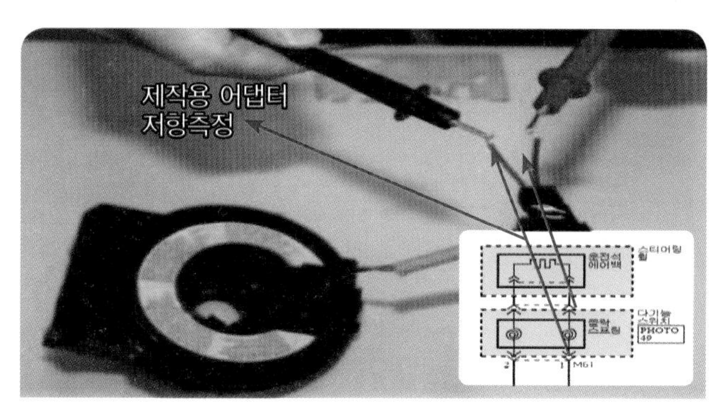

그림 13-11. 제작용 보조 어댑터 클록 스프링 저항 측정

고장이 발생한 자동차에서 진단 장비를 이용하여 자기진단 시 해당 경고등 출력된다면 "저항 과소, 과대" 발생 이유를 과거에는 어렵게 여겼으나 현재의 자동차는 바로 이 데이터를 보면 알 수 있는 내용이다. 물론 과거의 자동차는 대부분 이런 서비스 데이터를 볼 수 없어서 정비하는 데 어려움이 있지만, 지금의 자동차는 각 모듈(Module)마다

Current Data

Standard Display | Full List | Graph | Items List | Reset Min.Max | Record | Stop

센서 명	센서 값	단위
배터리 전압	13.2	V
운전선 에어백 1단계 회로 저항	2.8	Ohm
조수석 에어백 1단계 회로 저항	2.4	Ohm
운전석 벨트조임기 회로 저항	2.4	Ohm
조수석 벨트조임기 회로 저항	2.4	Ohm
운전석 사이드에어백 회로 저항	2.7	Ohm
조수석 사이드에어백 회로 저항	2.7	Ohm
운전석 커튼에어백 회로 저항	0.9	Ohm
조수석 커튼에어백 회로 저항	2.7	Ohm

그림 13-12. GDS 이용 ACU 해당 커넥터 접촉 불량 시

Current Data

Standard Display | Full List | Graph | Items List | Reset Min.Max | Record | Stop

2.7Ω으로 바뀐다면 커튼 에어백 **불량이다.**

센서 명	센서 값	단위
배터리 전압	13.2	V
운전선 에어백 1단계 회로 저항	2.8	Ohm
조수석 에어백 1단계 회로 저항	2.4	Ohm
운전석 벨트조임기 회로 저항	2.4	Ohm
조수석 벨트조임기 회로 저항	2.4	Ohm
운전석 사이드에어백 회로 저항	2.7	Ohm
조수석 사이드에어백 회로 저항	2.7	Ohm
운전석 커튼에어백 회로 저항	0.6	Ohm
조수석 커튼에어백 회로 저항	2.7	Ohm

그림 13-13. GDS를 이용 ACU 해당 커넥터 정상 시

통신하므로 많은 정비 연구가 필요하다.

이처럼 규정 저항값을 통해 여러 가지 진단 방법의 연구가 필요하다 하겠다. 여기에 기본이 되는 것은 또한 회로분석이고 고장 코드 분석 서비스 데이터를 통하여 각 에어백 저항을 확인할 수 있다. 그로 하여 실제 그에 맞는 저항기를 이용하여 해당 에어백의 고장이 저항 과다, 과소로 출력된다면 위 그림 0.9Ω 측정되는데 해당하는 저항기 약 2.7Ω을 이용해 에어백 커넥터 연결하여 해당 에어백 저항이 서비스 데이터상 0.9Ω이 2.7Ω으로 바뀐다면 운전석 커튼 에어백을 교환 후 고장 코드 소거하여 출고하면 될 것이다.

더 확실한 것은 에어백의 저항 과소로 인하여 고장 코드가 발생하였다고 추정할 수 있다. 따라서 교환 전에 저항기를 연결 후 진단 장비를 이용 기억 소거된다면 정확히 에어백 문제이므로 에어백을 교환하면 되지 않겠는가!

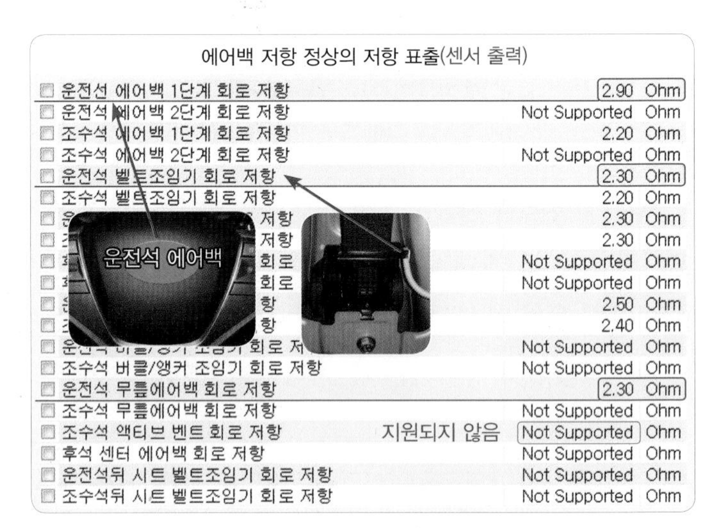

그림 13-14. 센서 출력 및 에어백 저항 부품 정보

이처럼 최근 에어백(Advanced Air bag)은 고장 코드 발생 시 교환할지 말아야 할지 결정하기가 힘들다. 왜냐하면, 고가에다 그동안 점검하기 어려운 부분이 저항을 측정하지 못했기 때문인데 서두에서 말한 것처럼 저항기를 이용 에어백 배선을 탈거하고 저항에 맞는 저항기를 연결 진단 장비를 이용 저항의 변화 치를 보고 저항기의 저항값으로 Sensor 출력값이 변한다면 진단 장비로 고장 코드를 강제 소거하고 고장 코드가 지워진다면 상황 파악이 되지 않겠는가!

이처럼 현재든 과거의 SRS 에어백(Supplemental Restraint System Air Bag)이든 이렇게 점검하는 과정을 통해 에어백을 점검, 진단한다면 별 무리 없이 점검하리라 본다.

과제 1 운전석 클럭스프링의 정위치 중립점 맞추기 하시오.

표 13-1. 실습

항 목	중립점 맞추기 서술하시오	비 고
클럭스프링 중립점		

과제 2 운전석 에어백 진단 장비를 이용 점검, 진단하시오.

표 13-2. 실습

항 목	점검 조건	센서 출력(저항)	판 정
운전석 에어백 1단계 회로 저항	진단 장비 이용 시동 ON ACU 진입 (에어백 유닛)		양, 부
		아날로그 테스터기 절대 사용 금지	
운전석 벨트 조임기 회로 저항	진단 장비 이용 시동 ON ACU 진입 (에어백 유닛)		양, 부
		아날로그 테스터기 절대 사용 금지	

과제 3 에어백 저항기를 이용한 센서 출력 점검, 진단하시오.

표 13-3. 실습

항 목	점검 조건	센서 출력(저항)	고장 코드	판 정
운전석에어백 커넥터	10Ω 연결	저항 측정은 아날로그 테스터기 절대 사용 금지		양, 부
운전석 벨트 커넥터	차체 단락	저항 측정은 아날로그 테스터기 절대 사용 금지		양, 부

13-1 실무 에어백(Air bag) 분해 과정

에어백 관련 배선을 분리하기 위해선 먼저 진단 장비로 고장 코드가 출력되는지 센서 출력에서 각 에어백 저항을 알아볼 필요가 있다. 일단 문제가 있다고 가정하고 운전석 에어백 분해 과정을 설명하겠다. 자동차 배터리를 마이너스 단자를 탈거한다. 이는 안전하게 작업하고자 함이며 고장 코드가 에어백 ECU에 기억되지 않게 하려는 의도도 있다. 마이너스 단자 탈거 후 30초 이후 다음 과정을 작업하면 된다. 백업 전원이 콘덴서에 의해 150ms 유효하다.

그림 13-1-1. 자동차 배터리

운전석 에어백을 그림으로 나타내었다. 핸들을 직진 상태로 위치하고 스티어링 휠을 탈거한다. 핸들을 직진 상태로 놓아야 하는 이유는 여러 가지 이유가 있겠지만 첫 번째 핸들이 틀어짐이 없도록 함이다. 핸들 관련 작업을 하였다면 반드시 진단 장비로 조향각 0점 조정해야 한다. (VDC, MDPS) 0점 조정은 진단 장비에서 조향각 센서 0점 조정 항목으로 들어가면 된다. 차종별로 명칭이 상이함으로 참고로 한다.

그림 13-1-2. 운전석 에어백

만약 신품의 ACU(Airbag control unit)을 교환하였다면, ACU에 진단 장비를 걸어 베어리언트 코딩(Variant coding) 작업을 수행해야 한다. 이 작업은 에어백의 사양을 자동으로 인식하는 과정으로 만약 안 하면 차종에 따라 에어백 경고등 점등이나 점멸되며 고장 코드가 발생한다.

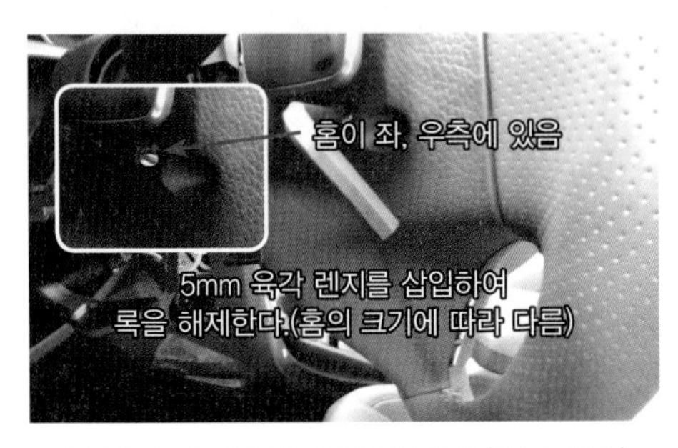

그림 13-1-3. 에어백 고정키 해제 (최근 차량)

그림 13-1-4. 에어백 록 스프링 해제 (최근 차량)

먼저 운전석 에어백을 탈거하려면 그림 13-1-4처럼 과거의 차는 이 부분에 별 각 볼트가 설치되었으나 최근 신차의 경우 그림과 같이 공구가 들어가는 홈이 있다.

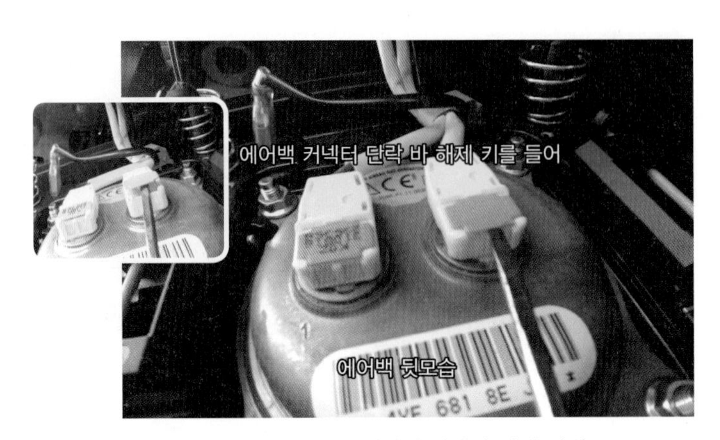

그림 13-1-5. 에어백 커넥터 탈거 방법

차종에 따라 다르나 이 차종의 경우 5mm 육각 레인지가 적정하다. 힘을 주어 밀면 누른 쪽의 에어백이 올라온다. 만약 올라오지 않으면 그 부분에 플라스틱 헤라를 삽입하여 한쪽이 들뜨게 하여 반대쪽도 마찬가지 방법으로 진행하고 안전에 주의하여 작업한다.

좌, 우측 고정키를 밀어 에어백을 스티어링 휠(Steering wheel)에서 떼어내면 그림과 같이 에어백 1차 2차 커넥터가 보인다. 그냥 잡아당겨 커넥터를 분리하는 것이 아니고 그림과 같이 록 커넥터를 들어 올린다.

그림 13-1-6. 에어백 커넥터 순차 탈거

에어백 내부에는 두 단자가 서로 숏트(short)된 상태로 되어있다. 그래서 이 록 커넥터를 눌러야 에어백 두 단자가 떨어진다. 마지막으로 커넥터의 빠짐을 방지한다. 그냥 잡아당기지 말고 반드시 이 방법을 거쳐야 한다.

첫 번째 록 클립을 위로 들어 올리고(완전히 빼는 것 아님) 두 번째 방법으로 에어백 1, 2차 커넥터를 탈거한다. 에어백(DAB: Driver Air bag) 레이아웃 (layout)을 결정하는 배선 클립을 해제 후 운전석 에어백을 탈거한다. 탈거한 에어백은 충격을 가하거나 물리적으로 전원을 인가하면 위험하며 안전한 곳에 두고 재장착을 한다.

에어백 시스템 컨트롤 모듈(Supplemental Restraint System Module) 관련 배선은 자동차에서 노란색으로 되었으며 전 세계 법규이다. 하여 안전하게 작업해야 하며 에어백이 분리된 상태에서 폭발한다면 사람의 인체에 무서운 흉기가 된다. 충돌 안전을 위하여 고안한 제품으로 바르게 사용해야 한다.

그림 13-1-7과 같이 운전석 에어백(Driver Air bag)을 탈거하여 그림처럼 놓지 말고 반대 방향으로 놓아야 한다. (제조사 마크가 보이도록) 2차 피해를 줄이기 위해서이다. 여기까지는 운전석 에어백을 탈거하는 과정을 나타내었다. 원칙적으로 그림처럼 분해한 에어백을 내부까지 해체는 절대 금지한다. (재생하여 사용을 금할 것.)

그림 13-1-8은 운전석 에어백은 탈거하였으나 클럭스프링(Clock Spring)을 탈거하려면 스티어링 휠(운전대) 즉 핸들을 분리해야 한다. 이는 조금 힘들기는 하나 해보면 쉽다. 클럭스프링은 과거에는 저항 과다라는 항목으로 에어백 경고등을 많이 표출하였다. 그도 그럴 만한 것이 핸들을 돌릴 때마다 아이들 장난감 자동차의 테엽처럼 감겼다 풀렸다 반복한다.

그림 13-1-7. 에어백 탈거 모습

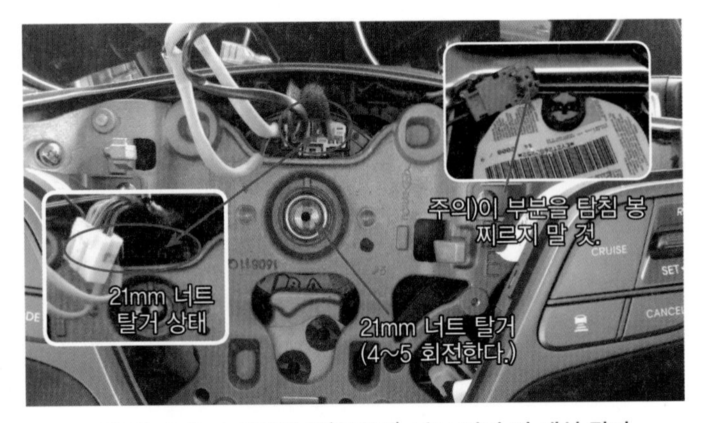

그림 13-1-8. 스티어링 휠(운전대) 너트 탈거 및 배선 탈거

먼저 해당 배선을 분리 후 21mm 너트를 반쯤 분리한다. 모두 분리했다간 핸들을 뺄 때 스티어링 휠(운전대)이 자기 얼굴을 강타할 것이다. 조심해야 한다. 핸들 직진(바퀴 직진 상태) 상태에서 반쯤 분리한 너트를 그대로 두고 핸들을 양손으로 잡고 내 몸쪽으로 힘차게 잡아당긴다. 그러면 칼럼의 스플라인 부에서 떨어지는 소리가 나며 분리된다. 이때 핸들을 좌, 우로 움직이며 내 몸쪽으로 잡아당기는 것이 아니다. 핸들을 양손으로 잡고 그 상태를 그대로 유지하되 내 몸쪽으로 잡아당기는 것이다.

이때 핸들 너트를 완전히 분리하여 핸들을 내 몸쪽으로 잡아당기면 핸들이 빠지면서 내가 내 신체 일부를 손상을 입히게 되는데 이것을 방지하기 위해 너트를 완전히 분리하지 않는다. 왜 너트를 다 분리하지 않았는지 이미 눈치챘으리라 본다. 핸들 너트 제조사마다 다르나 주로 22mm 또는 21mm 이다. 핸들 분리 시 내 얼굴을 강타하는 것을 주의해야 한다.

그림 13-1-9은 핸들(스티어링 휠)을 탈거하면 그림과 같이 클럭스프링이 보인다. 먼저 클럭스프링 몸체에 장착된 관련 배선을 분리하고 세 군데로 걸려서 장착된다. 분리하는 개소는 다음과 같다. 현장에서는 에어백 관련이나 주변 작업을 할 때 필요하다. 숙지하였으면 한다.

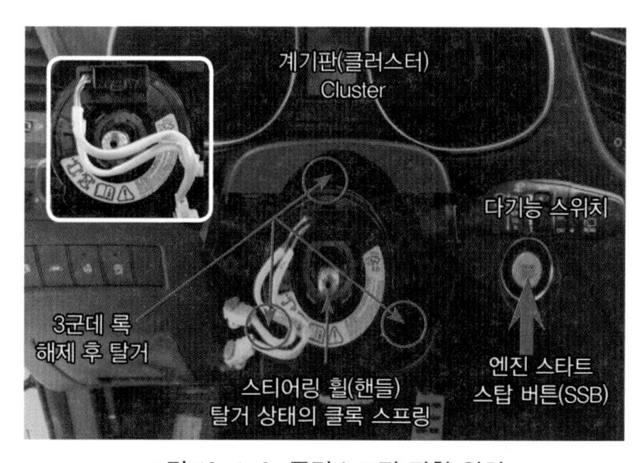

그림 13-1-9. 클럭스프링 장착 위치

핸들(스티어링 휠)을 탈거 후 그림 13-1-10과 같이 이 부분에 클럭스프링이 걸려서 나오지 않음으로 그림과 같은 체결 부분을 순차적으로 들어서 클럭스프링을 분리한다.(차종별 분해 방법이 다름) 조립은 분해의 역순이며 안전 사항을 반드시 준수한다. 특히 클럭스프링에 걸려 있는 키가 파손되지 않도록 주의한다.

그림 13-1-10. 클럭스프링 탈거 방법

마지막으로 그림 13-1-11처럼 조립 시는 클럭스프링의 마크 일치하여 조립하는 것이 중요하다. 조립 마크만을 일치시키는 것이 아니라 한쪽으로 모두 감고 다시 반대 방향으로 몇 회전하는지 예를 들어 총 6회전을 하였다면 반대 방향 3회전 때 정지 마크와 일치하도록 하고 스티어링 휠(운전대)을 조립하면 된다.

그림 13-1-11. 마크 일치와 스플라인 부

중심점은 반드시 지켜야 하며 지키지 않으면 내부 클럭스프링이 끊어져 자동차의 경음기 작동 불가 및 에어백 경고등이 점등되어 자동차 충돌사고 시 에어백 작동 불가하다.

과제 1 자동차에서 에어백 자기 진단실시 후 고장 코드 기록 점검, 진단하시오.

표 13-1-1. 실습

고장코드(DTC) 표출내용	기억 소거 후 DTC 삭제 여부

과제 2 진단 장비를 이용 에어백 유닛 센서 데이터를 확인하여 점검, 진단 기록하시오

표 13-1-2. 실습

센서데이터 항목	데이터 값(현재값)	규정 값(코드 별 진단 가이드 참조)	판 정
운전석 에어백 회로 저항			양, 부
조수석 에어백 회로 저항			양, 부
운전석 시트벨트 조임기 회로 저항			양, 부
조수석 시트벨트 조임기 회로 저항			양, 부

과제 3 클럭스프링 단품 저항 측정 점검, 진단하시오.

표 13-1-3. 실습

기 준 값	측 정 값	양/부 판정
1.2Ω 이하		

과제 4 운전석 에어백 단품 저항 측정 점검, 진단하시오.

표 13-1-4. 실습

기 준 값	측 정 값	양/부 판정
1.6~4.7Ω		양, 부

과제5 운전석 에어백 단품 저항 측정 점검, 진단하시오

표 13-1-5. 실습

고장 재현	고장 코드	고장 코드 발생/소거되는지 확인
운전석 에어백 커넥터 탈거		
운전석 에어백 커넥터 탈거 된 곳에 10옴 저항기 연결		
운전석 에어백 커넥터 탈거 된 곳에 2옴 저항기 연결		

과제 6 클럭스프링 중립 점을 맞추어, 검사하시오.

표 13-1-6. 실습

순 서	이미지	방법 설명
1		
2		
3		
4		

13-2

실무 에어백(Air bag) 고장 진단 과정

여러분은 실전에서 자동차 에어백 경고등이 점등되면 어떤 방법으로 정비를 하고자 합니까? 사람마다 다르겠지만 필자가 어느 정도 정리하여 정비에 도움이 되고자 정리합니다.

그림 13-2-1. 에어백 경고등

먼저 자동차 계기판에 이러한 경고등이 점등된다면 에어백 관련 고장이고 할 수 있다. 따라서 이때에는 자동차 진단 장비를 활용하여 진단하는 것이 좋으며 진단 장비 이용은 다음과 같다.

진단기를 이용하여 차종과 연식을 선택하고 차량과 통신, 고장 코드 진단 통하여 에어백의 고장진단 코드를 확인한다. 그림 13-2-2와 같이 과거 고장이고 B1346 운전석 에어백 회로 저항 과대(1단계)가 출력된다면 이는 과거의 간헐적 고장이고 과거의 저항 과대 고장이다.

에어백 관련하여 앞에서 설명한 것처럼 저항 과대는 과거의 고장이었으나 ACU는 그것을 기억하고 경고등을 표출한다. 따라서 각 배선과 클럭스프링 및 에어백의 저항을 측정하여 고장 부위를 나눌 필요가 있다. 이러한 고장이 어려운 것은 현재는 고장이 아니라는 것이다. 고장에 있어서 지속적인 고장은 그래도 쉬운 편이다. 왜냐하면, 원인 발생하였고 그 원인을 찾는 것은 시간문제이기 때문에 그다지 어려운 일이 아니다. 앞에서 설명한 것처럼 차근차근 문제를 해결해 나가면 될 터!

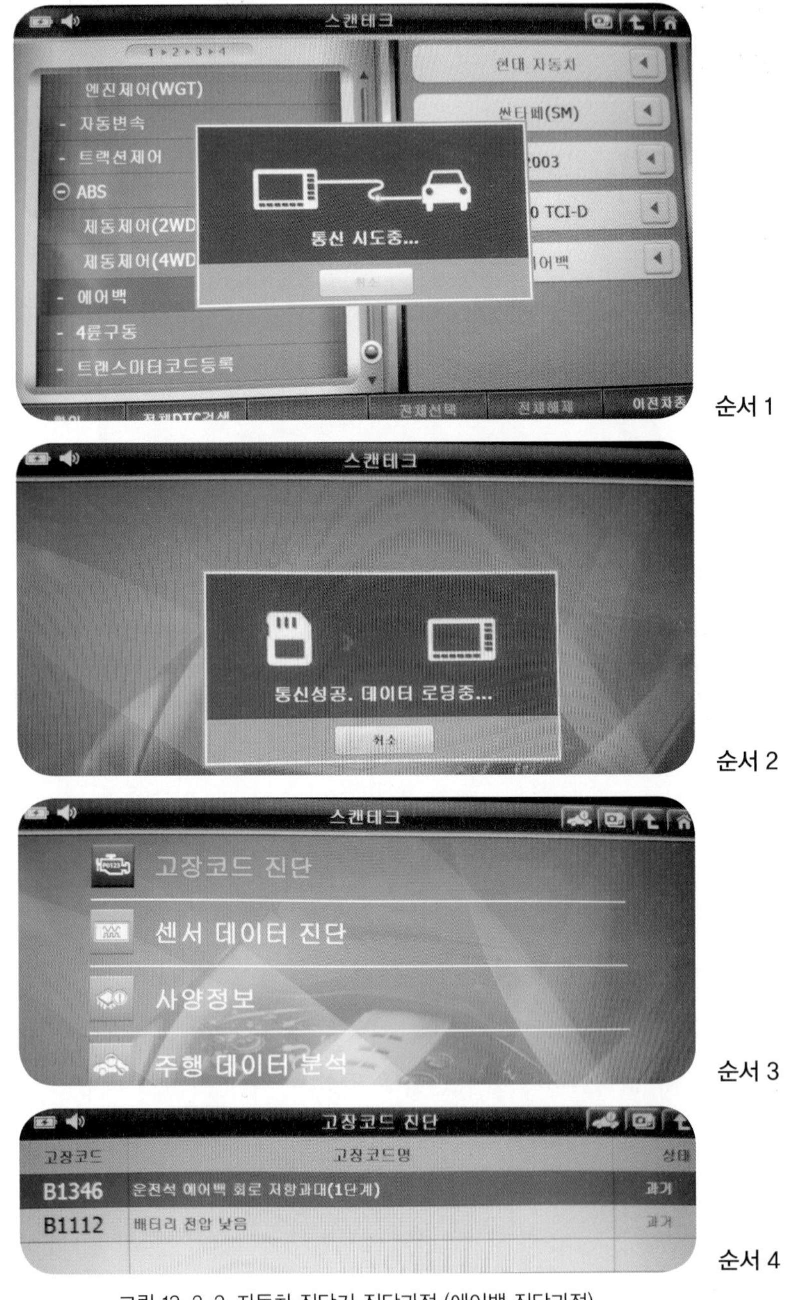

그림 13-2-2. 자동차 진단기 진단과정 (에어백 진단과정)

다음으론 이러한 고장을 진단기를 통하여 고장 항목의 원인이 무엇인지 진단기를 통하여 진단하는 과정을 나타내었다. 해당 진단기는 G-2 스캔으로 현장에 널리 보급된 진단기를 사용하였다. 필자가 말하고 싶은 것은 누구나 진단과정과 절차는 다르다. 이 책을 통하여 공부하고 좀 더 빠른 방법이 있다면 그 방법을 위한 설계 과정이다. 생각해 주면 좋을 것 같다.

운전석 회로 저항 과대라는 측면에서 접근하자면 기존의 에어백 저항보다 저항이 많다는 얘기이고 저항이 많이 걸리는 원인은 에어백 자체 문제와 관련 회로 단품과 배선 문제일 것이다. 저항 측정으로 에어백의 상태를 알아보는 것은 전자에서 확인하였고 여기서는 에어백으로 가는 클럭스프링 회로의 배선과 진단과정 및 배선 분리 방법을 설명하고자 한다.

그림 13-2-3은 먼저 칼럼 커버의 나사 볼트를 주먹 드라이버로 분리한다. 인테리어 부품은 손상이 가지 않도록 주의하여 탈거한다. 클럭스프링 커넥터 탈거 방법은 다음과 같다. 물론 차종마다 다르며 키 부분의 형상을 유심히 관찰하고 록킹을 해제하는 방법을 숙지하고 연습하는 습관을 들여야 한다.

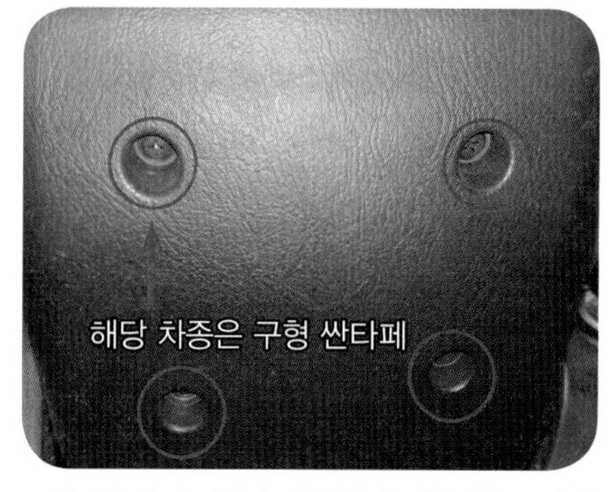

그림 13-2-3. 칼럼 커버 4개 피스 볼트 제거

조립 시는 나사 볼트는 서서히 조이기 시작하여 마지막 힘 받을 때 더 무리한 힘으로 체결하면 안 된다. 그 이유는 내부 잡아주는 키 부분이 손상되어 체결력이 떨어지기 때문이다. 분해할 때는 전동 드라이버보다는 수공구를 사용하는 것을 추천한다.

그림 13-2-4는 클럭스프링에 장착된 배선을 탈거하기 위해서는 먼저 표시된 커넥터의 양쪽 부분을 잡은 상태에서 들어 올려 배선을 탈거한다. (차량마다 다름)

커넥터 하우징 키 부분을 눌러 클럭스프링 커넥터를 탈거한다. 커넥터는 분리된 전선과 혹 단품을 상호 연결하여 통전시키는 연결체이다. 따라서 커넥터의 수 터미널과 단품 그리고 암 터미널의 연결 상태는 전류의 흐름의 중요한 역할을 한다. 자동차는 주행하면서 수없이 많은 진동과 환경 변화에 대한 스트레스를 받고 있다. 하여 고장의 원인 또한 다양하다. 특히 배선의 결합력에 대한 문제를 안고 있다.

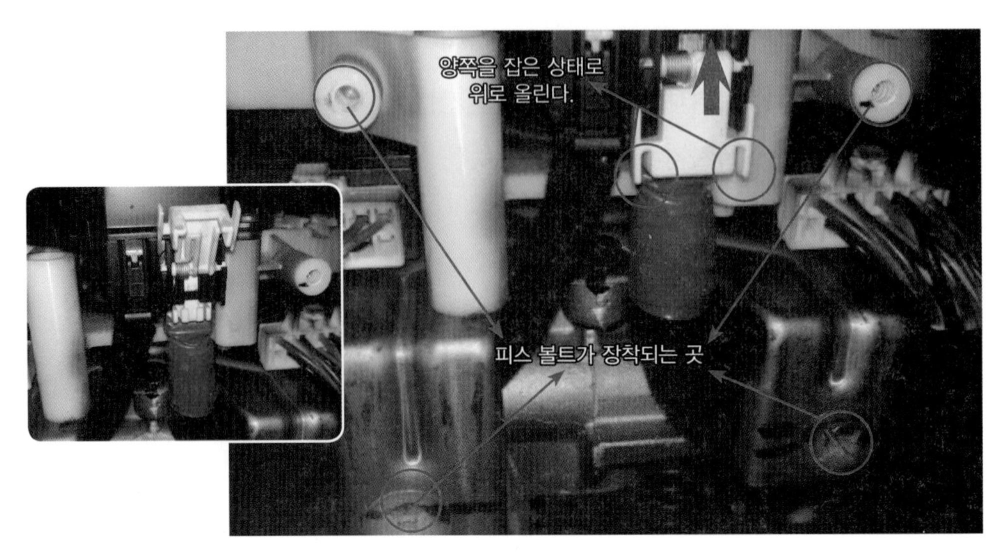

그림 13-2-4. 칼럼 커버 해제 후 모습

최근 터미널의 도금 종류로는 금도금, 주석 도금, 은도금, 니켈 도금이 대표적이다.

금도금의 경우 중요한 제어를 하는 접점에 주로 사용하고 안정적인 접촉을 요구할 때 주로 사용된다. 주석 도금의 경우는 가격이 저렴하고 방청성과 납땜이 좋아 일반적 터미널에 주로 사용된다.

은도금은 기본적인 접촉보다 높은 접촉력을 가지기 위해 사용된다. 니켈 도금은 고온이 발생하는 자동차의 배기 계통에 주로 사용된다. 에어백 배선 커넥터의 경우는 가

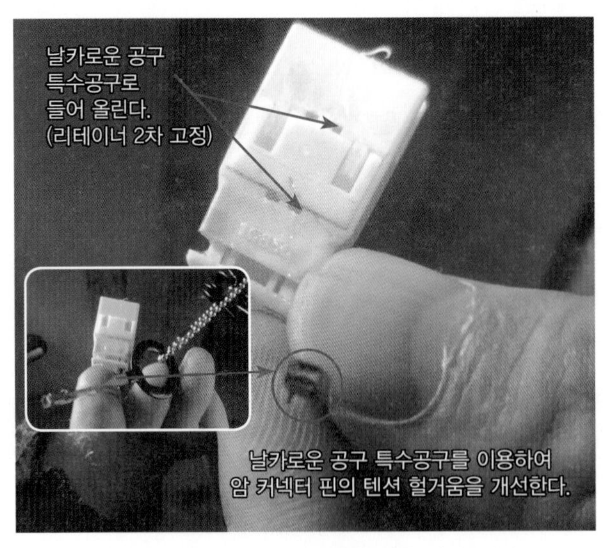

그림 13-2-5. 커넥터 텐션 헐거움 개선 방법

끔 내부 핀 텐션 부족으로 접촉 상태가 불량한 경우이다. 이때 에어백 커넥터 핀을 빼서 수정해야 하는데 수정 방법을 그림에 나타내었다.

에어백의 커넥터의 경우 이중 안전장치가 설치되고 노란색의 배선으로 되어있다. 먼저 필자가 커넥터 하우징(Housing)에서 터미널 핀을 탈거하여 배선의 접촉 상태를 확인하는 작업을 하고자 한다.

그림 13-2-5는 커넥터(Connector)를 탈거 후 2차 고정 삽입 리테이너 잠김을 해제한다. 이때 주의할 점은 리테이너 잠김 키를 완전히 들어 올리는 것이 아니라 약 1mm 정도 들어 올리면 2차 리테이너는 해제가 된다. 손으로 누르지 않도록 주의해야 한다. 이유는 배선 핀이 빠지지 않는다.

그다음 커넥터 타입에 맞는 전용 공구를 이용하여 핀의 정면부에서 핀의 고정 란스(Lance)를 확인하여 란스(핀이 빠지지 않게 하기 위한 돌출된 부위)를 위로 올린 상태에서 배선 핀을 잡아당기면 전선(Wire)이 분리된다. 이때 란스(Lance)가 해제가 되지 않은 상태에서 무리하게 배선을 잡아당기거나 하면 배선과 터미널 란스에 무리를 주어 2차 고장의 원인이 되니 커넥터의 형상에 따른 연습이 필요할 것이다. (전용 리페어 공구 사용할 것)

그림 13-2-6은 만약 B1346 코드가 다시 표출된다면 에어백 고장진단 서두에서처럼, 클럭스프링 자체 저항과 에어백 저항을 측정하여 단품 교환을 통해 문제를 해결해야 할 것이다. 물론 이전에 2Ω과 6Ω의 저항기를 이용하여 표출된 고장 코드는 저항기를 이용 고장이 소거된다면 더 명확한 진단을 내릴 수 있을 것이다.

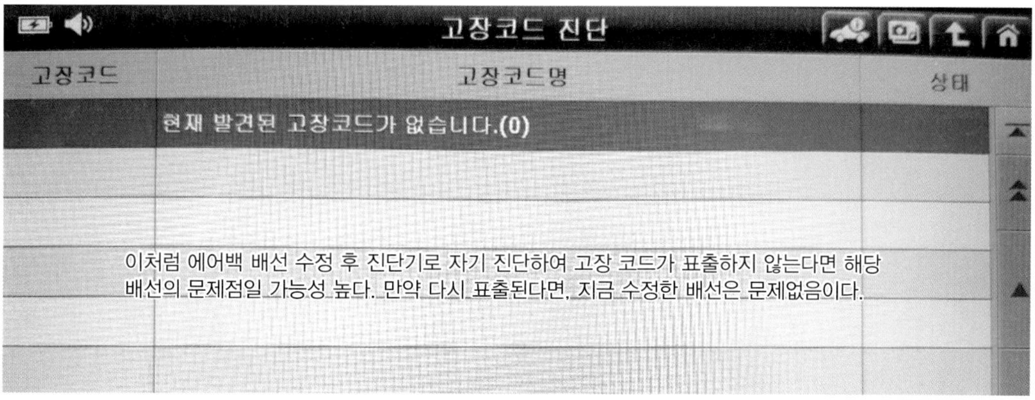

그림 13-2-6. 자기진단 결과

그동안 에어백 고장진단에 어려움이 있었다. 단품의 경우 정비 지침서마다 단품마다 저항이 있다. 그러나 과거는 측정하지 말라고 하였고 잘못하면 에어백이 전개되어 위험하기 때문이라고 하였다. 그러나 잘 알고 접근한다면 무엇이든 해결할 수 있다.

사람의 마음가짐이 중요하듯 현장에서 실무 진단능력 향상되어 정비사의 자부심과 긍지를 고객에게 심어 주어야 한다. 저자는 그렇게 생각한다. 자동차 명칭 및 원리도 모르며 정비한다는 것은 아무래도 무모한 일이다.

준비되어 있지 않은 자세이며 기술인으로서 허락되지 않는다. 내 미래를 위해 준비되지 않은 미설정 단계이다. 생각의 차이가 변화를 이끌어 낸다.

공부란 결국 나를 찾는 일이다. 공부란 즐거운 고생이라고 생각한다. 일은 힘든 재미로 받아들이고 보고 겪고 공부하는 것 변화하지 않으려는 삶은 바뀌지 않는 영원한 삶을 살게 한다.

한국폴리텍대학을 사랑하는 마음으로 자동차 정비 인(人)의 한 사람으로 이 책을 쓴다.

과제 1 에어백 고장개소를 실 차에서 찾아 답안지에 기록하시오.

표 13-2-1. 실습

순 서	고장 코드	고장 부위	정비 및 조치 사항
1			
2			
3			

과제 2 에어백 고장개소를 실 차에서 찾아 답안지에 기록하시오.

표 13-2-2. 실습

순 서	저 항 기	고장 코드 작성	정비 및 조치 사항
1	운전석 에어백 저항 10옴 연결		
2	운전석 에어백 저항 10옴 연결		
3	운전석 에어백 저항 10옴 연결		
4	측정치에 대한 알 수 있는 내용 기재		

스마트 자동차 실무

1-4편

14 실무 폴딩 아웃사이드 미러 회로정비

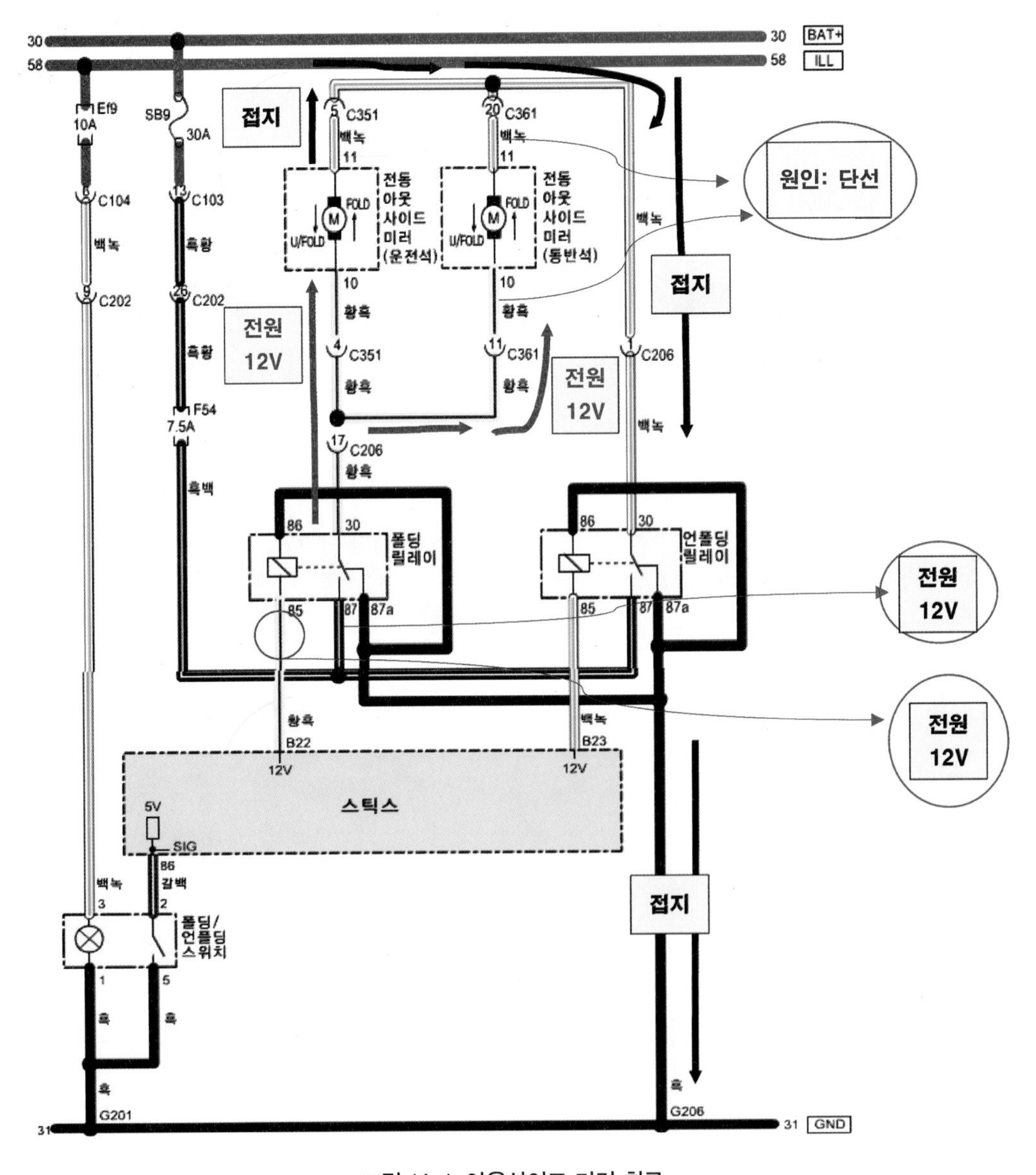

그림 14-1. 아웃사이드 미러 회로

이번 장은 아웃사이드 폴딩(folding) 미러(mirror) 이다. 현장에서 폴딩과 언 폴딩 작동 불량으로 입고되는 차량이 많은데, 사실 많이 사용하면 그만큼 고장이 많은 법이다. 실 차의 고장사례를 통하여 설명하고자 한다. 고장 현상은 운전석 아웃사이드(outside) 미러는 정상으로 작동하나 동승석만 접히거나 열리는 것이 안 되는 현상이다. 먼저 폴딩과 언 폴딩의 상태를 그림으로 나타내었다.

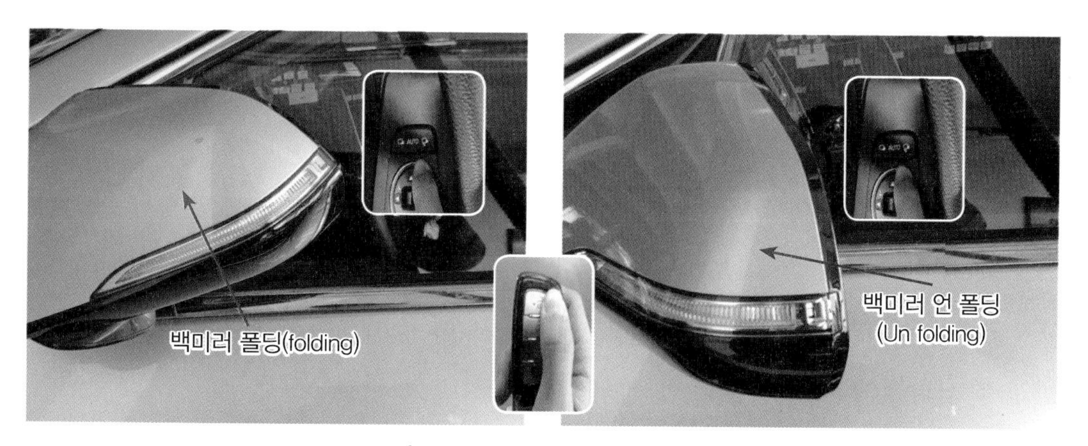

그림 14-2. 백미러 폴딩 언 폴딩 상태

최근의 자동차는 도어록과 언록 시 백미러가 자동으로 접혔다 펴지는 제어를 하고 있다. 이는 별도의 조작 없이 도어의 패시브 도어록 언록 스위치와 스마트키의 도어록/언록 스위치를 이용하여 제어한다. 먼저 그림 14-1과 회로에서 고장 현상은 KEY/ON 상태에서 운전석은 정상 작동되나 동승석은 작동되지 않는 고장이다. 이는 현상을 통하여 어디가 문제일까 회로를 보고 확인해 보겠다.

먼저 운전석은 되므로 동승석이 안 되는 것이므로 폴딩 릴레이(Relay)와 해당 운전석 배선의 상태는 정상이라 볼 수 있다. 릴레이를 나타내었다. 릴레이를 분해하여 내부를 그림으로 나타내었다.

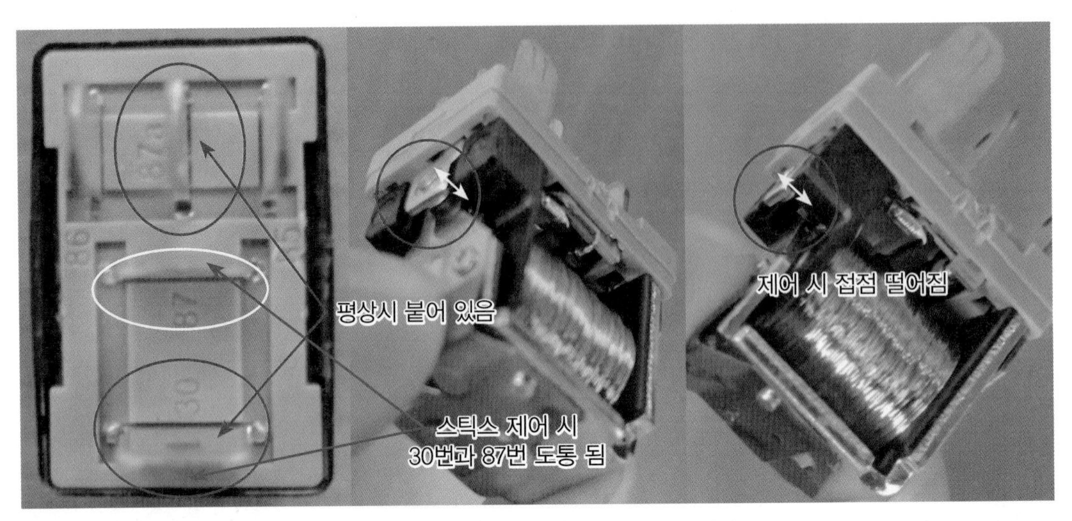

그림 14-3. 릴레이 내부형상 및 5핀 릴레이

작동을 설명하면 KEY/ON 시 폴딩(Folding)과 언 폴딩(Un Folding) 스위치 작동 신호가 스틱스에 각각 입력되면 스틱스는 폴딩 릴레이 코일 단자로 12V 전원을 인가하고 다시 폴딩/언 폴딩 스위치를 누르면 언 폴딩 릴레이 측으로 스틱스는 12V 전원을 릴레이 코일 단으로 출력한다. 릴레이 반대쪽 코일 단자는 상시 접지되어 있어 릴레이는 자화되고 릴레이 내부 스위치 접점은 왼쪽으로 붙어 12V 전원은 전동 아웃사이드 미러 좌, 우측 배선을 타고 12V 전원이 전동 아웃사이드 미러 모터 전단 10번 핀까지 오게 된다.

그런데 이 전원이 전동 아웃사이드 미러 동승석에는 들어오지 않았으며 반대쪽 언 폴딩 릴레이 배선은 정상임을 알 수 있다. 이유는 운전석 폴딩이 정상 작동되는 것은 운전석 전동 아웃사이드 미러는 C351 커넥터 배선, 백/녹색 배선을 타고 언 폴딩 릴레이 내부 접점을 지나 접지로 전류가 흐르므로 정상 작동되는 것을 확인하였다.

그림 14-1의 C361 커넥터 10번 핀 배선 황/흑의 배선과 C361 커넥터 11번 백/녹 또한 단선을 유추할 수 있다. 폴딩/언 폴딩 작동은 모터의 극성이 바뀌어 접지가 전원이 되고 전원이 접지되어야 한다. 그러나 전원이 오지 않았다. 그러므로 도어 패널로 가는 배선 어디인가 단선을 짐작할 수 있다.

그림 14-4는 폴딩과 언 폴딩 릴레이를 나타내고 있으며 폴딩 릴레이를 탈거하여 전원과 접지를 확인하고 있다. 회로에서 스틱스(BCM)의 제어는 릴레이에서 코일 단

85번 단자, 폴딩 언 폴딩 스위치를 운전자가 작동하면 각 릴레이 측으로 12V 전원 출력되면 정상이다. 폴딩 시 전동 아웃사이드 미러 동승석 커넥터 10번 단자 황/흑색 배선에서 12V 전원이 출력되었다. 이는 전원에 문제없음을 뜻한다. 그렇다면 반대쪽 배선의 접지와 백미러 단품 문제로 압축되었다.

그림 14-4. 해당 차종 폴딩과 언 폴딩 릴레이 위치 및 점검

처음 도어 트림(Door Trim) 분해 후 우측 도어 아웃사이드 미러 10번 핀 커넥터 황/흑색에 전원 12V가 들어왔다는 것은 앞에서처럼 전원 배선 정상임을 나타낸다. 마지막으로 접지가 되어야 전동 아웃사이드 미러가 작동된다. 가장 유력한 부위는 C361 도어 커넥터(Connector)일 가능성 높다.

왜냐하면, 도어(Door)는 자주 여닫게 되고 도어에 매달린 배선은 연속적 스트레스(Stress)를 받으며 현장에서 주로 끊어지는 사례가 많다. 배선 단선은 주로 오래된 자동차에서 다 발생하고 신차의 경우는 주로 핀의 벌어짐이나 접속, 접촉 불량에 의한 고장이 주로 발생한다.

백미러 단품의 경우가 이에 해당하겠다. 만약 정비사가 백미러를 교환하고 다음 상황을 대처하려 한다면 인정받지 못하는 정비사로 낙인찍히고 무조건 교환 정비로 이 상황을 마무리하려 한다면 낭패가 아니겠는가?

아래 그림 14-5는 이러한 과정을 통하여 배선의 끊어짐을 확인하였다. 도어의 탈부착은 도어 지그(Jig(tool))를 통하여서 하면 좀 더 손쉬울 것이다. 도어를 어느 정도 이격시켜 배선을 분리하고 지그를 장착하여 도어 배선이 쳐지지 않도록 하고 작업하는 것이 좋을듯하다.

그림 14-5. 동승석 도어 배선 단선

전원 점검은 테스트 램프 사용 시 테스트 램프의 집게는 차체에 물리고 테스트 램프의 바늘 부분은 도어 아웃사이드 미러 10번 핀 커넥터에 연결하였을 때 아래의 그림 14-6과 같이 표현되면 정상이다.

문의 여닫음이 자동차를 운행하면서 반복 작동하므로 배선의 유연한 플렉시블(Flexible) 한 재료로 도어 배선을 만들 필요성이 있다. 정비사가 점검하여 도어 배선의 문제점이라면 도어를 분리/이격시켜 작업해야 하므로 작업 시 도어를 잡아 떨어지지 않도록 주의해야 한다. 도어 배선 작업 시는 도어 지그(Jig(tool))가 필수이다.

그림은 폴딩 스위치 작동 시 회로도의 황색/흑색은 전원이 들어오나 모터가 작동되려면 백색/녹색의 접지가 이루어져야 한다. 필자가 단선으로 확정 지을 수 있었던 것이 바로 이 방법이다. 테스트 램프 접지를 기준으로 전원 핀에 12V가 입력되므로 그림과 같이 접지 배선이 문제가 없다면 램프가 점등된다. 접지를 그림 14-6처럼 테스트 램프의 접지 집게에 수 핀을 만들어 해당 핀에 삽입 후 접지가 문제없다면 테스트 램프는 점등된다.

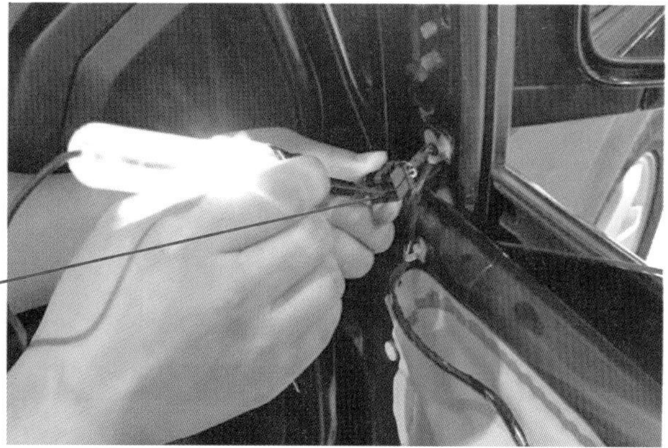

그림 14-6. 폴딩 미러 동승석 배선 연결 후 전원 점검 정상

이때는 테스트 램프 집게의 접지 핀은 해당 배선의 접지 부분에 연결, 테스트 램프의 바늘 부분은 이전 들어 왔던 전원 단자에 물리고 스위치 작동 시 만약 점등된다면 회로에는 문제없다. 따라서 백미러의 교환이 요구된다. 그러나 점등되지 않는다면 접지 배선 어딘가는 단선을 의미한다. 자동차 배선은 안 보이는 곳에 쌓여 있어 전체적 흐름을 알고 회로를 추적해 정비할 필요성을 느낀다.

그림 14-7처럼 테스트 램프가 점등되는 것은 전류 흐름의 연속성을 가져야 점등되므로 이것을 이용해 자동차의 배선 상태 오픈(Open)되었는지, 연결되었는지 확인하는 방법 중 가장 손쉬운 방법이다.그리고 전원 문제인지 접지 문제인지 구분하기에 좋은 방법이기도 하다.

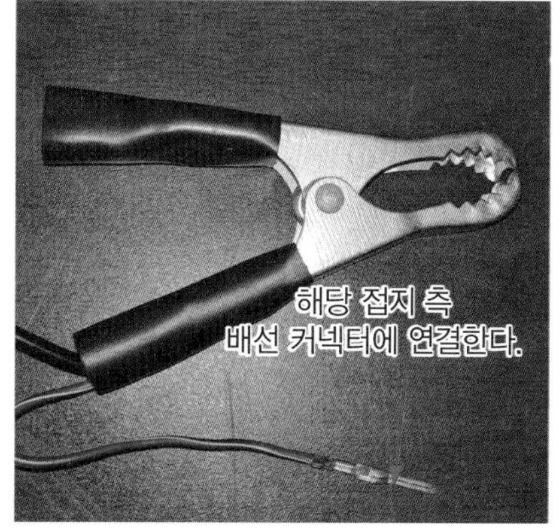

그림 14-7. 테스트 램프를 이용한 전원과 접지 배선 점검

이처럼 회로를 분석하고 전류의 흐름을 이해하여 배선의 문제점과 단품의 문제를 분리하여 점검해야 한다. 전류의 흐름을 점검하는 데 있어 테스트 램프(Test Lamp)를 5W/12V 전구를 이용하면 더욱 쉽게 배선의 상태를 알 수 있다.

해당 차종의 문제점도 이러한 방법으로 찾아내었고 원인이 되는 배선을 납땜하여 연결 후 정상으로 작동하는 것을 확인하였다. 사실 현장에서 배선을 점검하다 보면 전압은 측정되는데 전류가 흐르지 않는 경우가 많다.

그러면 정비사는 문제 있는 부분이 맞음에도 그 부분에 전압이 측정되었다고 하여 다시 그 부분을 보지 않는다. 이것이 정비하는 데 있어 함정이 된다. 사실 전류가 일을 하는데 말이다. 알고 모르고는 백지 한 장 차이니까 말이다.

그렇게 되면 정비사는 많은 시간 미궁 속으로 빠져든다. 배선의 접촉 불량은 정도에 따라 전압은 흐르지만 실제로 전류가 흐르지 못한다. 테스트 램프를 이용 여러 와트(5W/12V)를 바꾸어가며 현재 자동차 배선의 연결 상태를 분해하지 아니하고 점등과 비 점등으로 유추할 수 있다.

전류가 흐르면 전구는 점등된다. 전류에 따라 빛의 밝기도 다르다. 자동차 배선의 끊김은 이 방법이 빠르다. 전구를 이용한다면 LED(Light emitting diode)보다 착오가 없을 것이다. 결국, 전구의 점등으로 배선의 상태를 알 수 있고 부하의 문제점으로 유추할 수 있다. 다음 그림은 커넥터 배선 핀의 암, 수 핀을 나타내었다.

그림 14-8은 커넥터 하우징 배선 핀을 분해한 모양이다. 현장에서 이러한 배선 접속 상태의 문제로 인하여 고장 발생이 종종 생긴다. 특히 암 커넥터의 텐션 약화로 벌어짐과 이물질 유입으로 수 커넥터 핀의 삽입 불량, 접촉 저항 과다로 전류의 흐름을 방해하여 부하의 작동을 어렵게 하는 등 간헐적 접촉 불량 사례도 대부분 여기에 포함된다고 할 수 있다. 전류의 흐름을 잘 이해하여 정비의 정확도를 높이는 도움이 되었으면 한다.

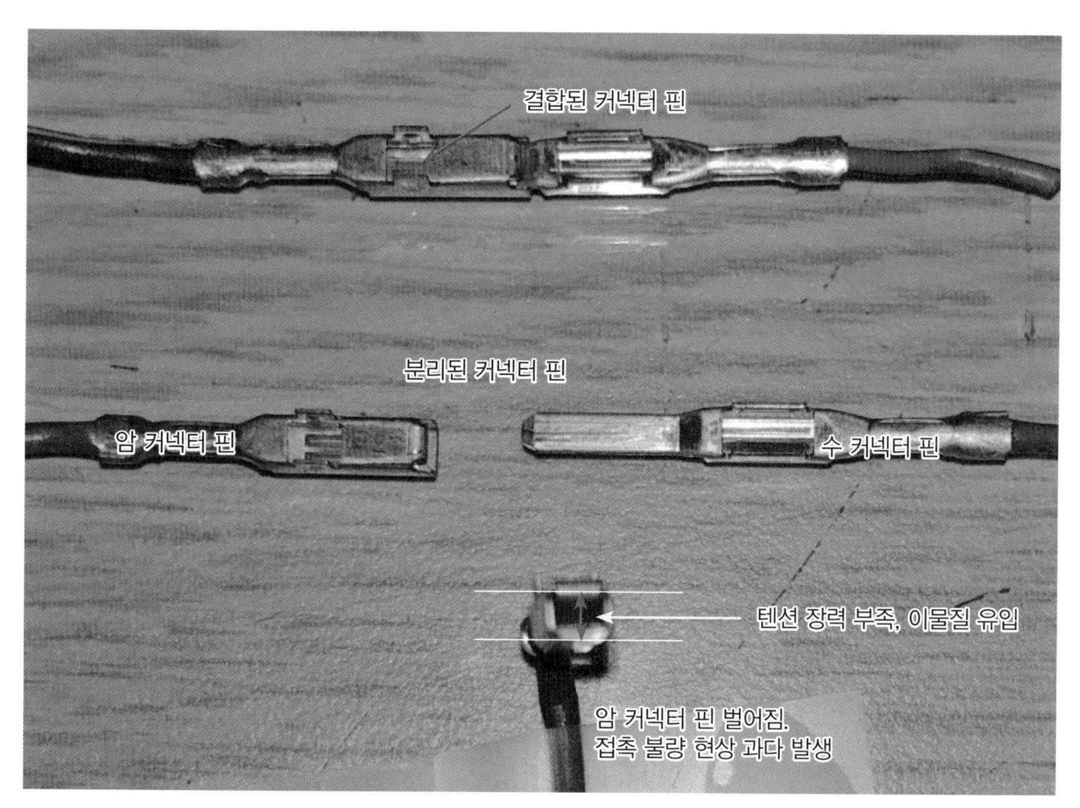

그림 14-8. 커넥터 터미널 핀의 고장사례

그림 14-9는 파워 아웃사이드 폴딩 미러 스위치 회로를 나타내었다.

먼저 스위치를 작동하면, 좌, 우측 폴딩 모터 측으로 D06-2번과 D16-2번 커넥터 측으로 12V 전원을 인가한다. 미러 폴딩 스위치 내부 언 폴딩 접점은 접지와 연결되어 전류가 흐르게 된다. 폴딩 이후 미러 폴딩 내부 스위치 접점은 미러 폴딩 스위치 내부 중간지점에 위치한다. 위의 회로는 언 폴딩 전원 공급 상태이며 반대쪽 2번 단자 배선은 접지로 전류의 흐름은 스위치 작동 시 순간적으로 이루어진다.

이러한 과정에서 작동 불량의 고장 요소는 수없이 많으며 나열하자면 끝이 없다. 따라서 고장의 현상을 파악하고 무엇은 되며 또 무엇이 안 되는지 회로를 통해서 이해한 후 고장 난 자동차에 다가가야 한다. 다음은 이 학습을 통하여 실제 자동차에서 해당 차종에 맞게 실습해 보길 바란다.

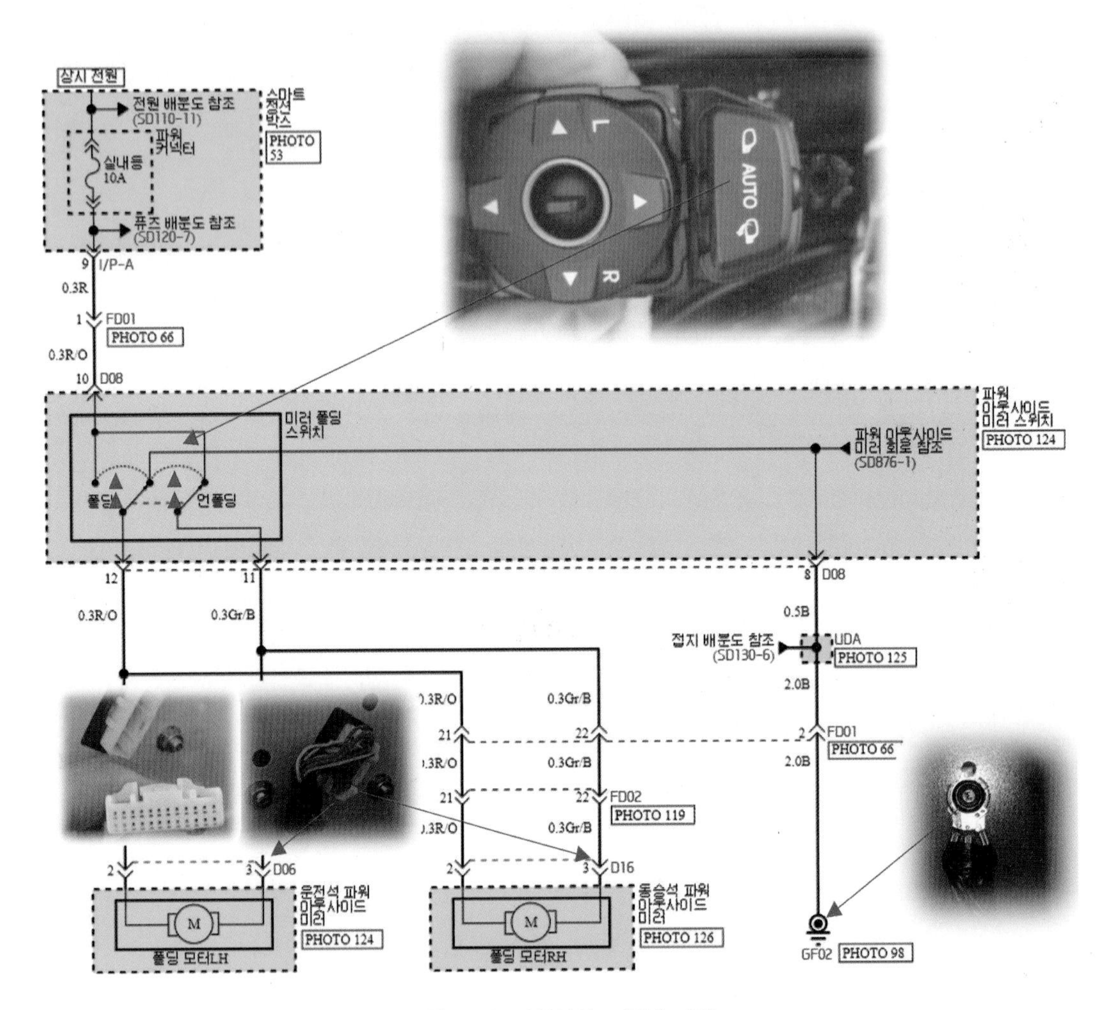

그림 14-9. 아웃사이드 폴딩 미러

과제1 다음 회로를 보고 아웃사이드 폴딩 미러 전압을 측정하시오.

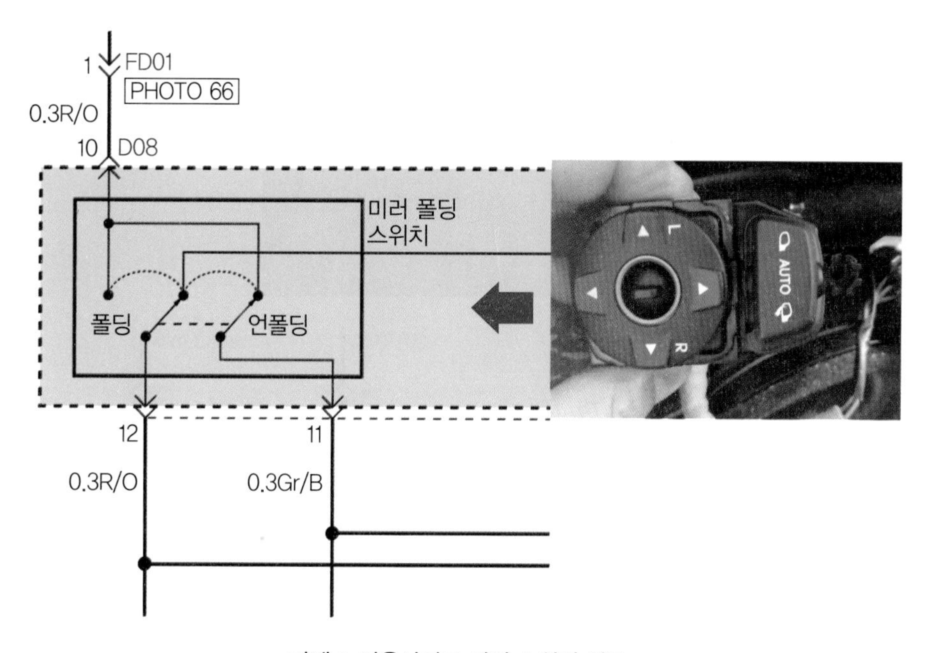

과제 1. 아웃사이드 미러 스위치 회로

표 14-1. 실습

항 목	측정 조건	커넥터	측정 전압(V)	판 정
아웃사이드 폴딩 미러 스위치	시동 ON/ 폴딩 작동 언 폴딩 작동	D08 커넥터 (10번)		양, 부
		D08 커넥터 (12번)		
		D08 커넥터 (11번)		

과제2 다음 회로를 보고 작동 전압을 측정하시오.

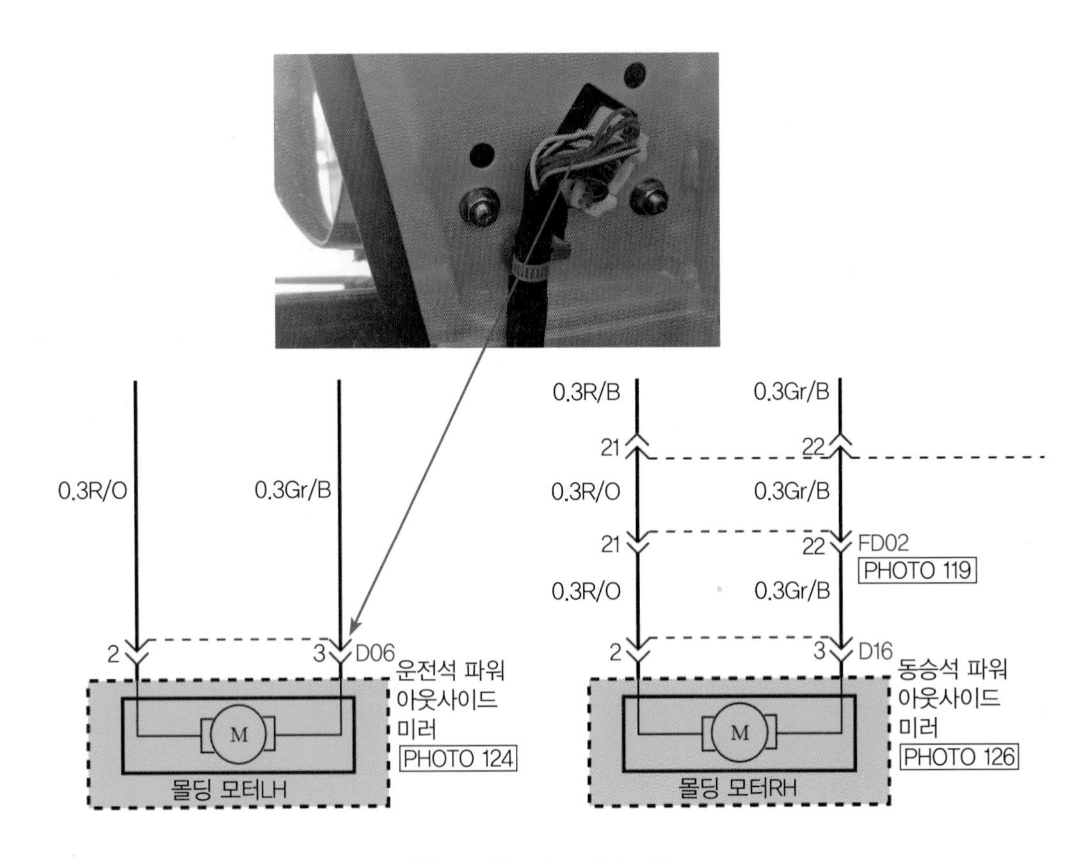

과제 2. 아웃사이드 회로 모터

표14-2. 실습

항 목	측정 조건	커넥터	측정 전압(V)	판 정
아웃사이드 폴딩 모터	시동 ON/ 폴딩 작동 언 폴딩 작동	D06 커넥터 (2번)		양, 부
		D06 커넥터 (3번)		
		D18 커넥터 (2번)		

15 실무 방향지시등 회로정비

자동차를 운행하면서 중요한 것은 제동과 조향뿐만 아니라 방향을 나타내는 지시등 또한 중요하다 하겠다. 자동차가 가고자 하는 방향을 다른 운전자에게 미리 알려주어 자동차 방향 의지를 표현하는 장치이다. 고장이 나면 사고의 원인이 될 수 있다. 회로를 분석하기 전에 먼저 나의 이야기를 하려고 한다.

어느 날 난 전화 한 통을 받는다. 동료 교수님 자동차가 방향 지시등이 잘 될 때는 되는데 갑자기 먹통이 된다는 것이다. 그래서 어디 업체를 가야 잘 정비할 수 있느냐고 묻는 것이었다. 업체가 있으면 소개시켜 달라는 것이었다. 나는 그럼 제가 한번 보고 중차대한 작업이면 정비업소에 소개하고 아니면 제가 한번 보지요. 뭐! 하고 대답을 하였다.

이 차종의 고장 현상은 비상등 스위치 ON 시 간헐적 작동 불량 발생 및 좌, 우측의 방향 지시등 작동 시 오동작이 되는 자동차이다. 정상 작동하다 안 하다. 하는 고장으로 회로 어딘가에 배선 접속, 접촉 불량으로 추정되었다. 먼저 점검은 비상등 스위치 탈거하여 그림 15-1에서 I06 커넥터 5번과 7번 전원을 점검하였다.

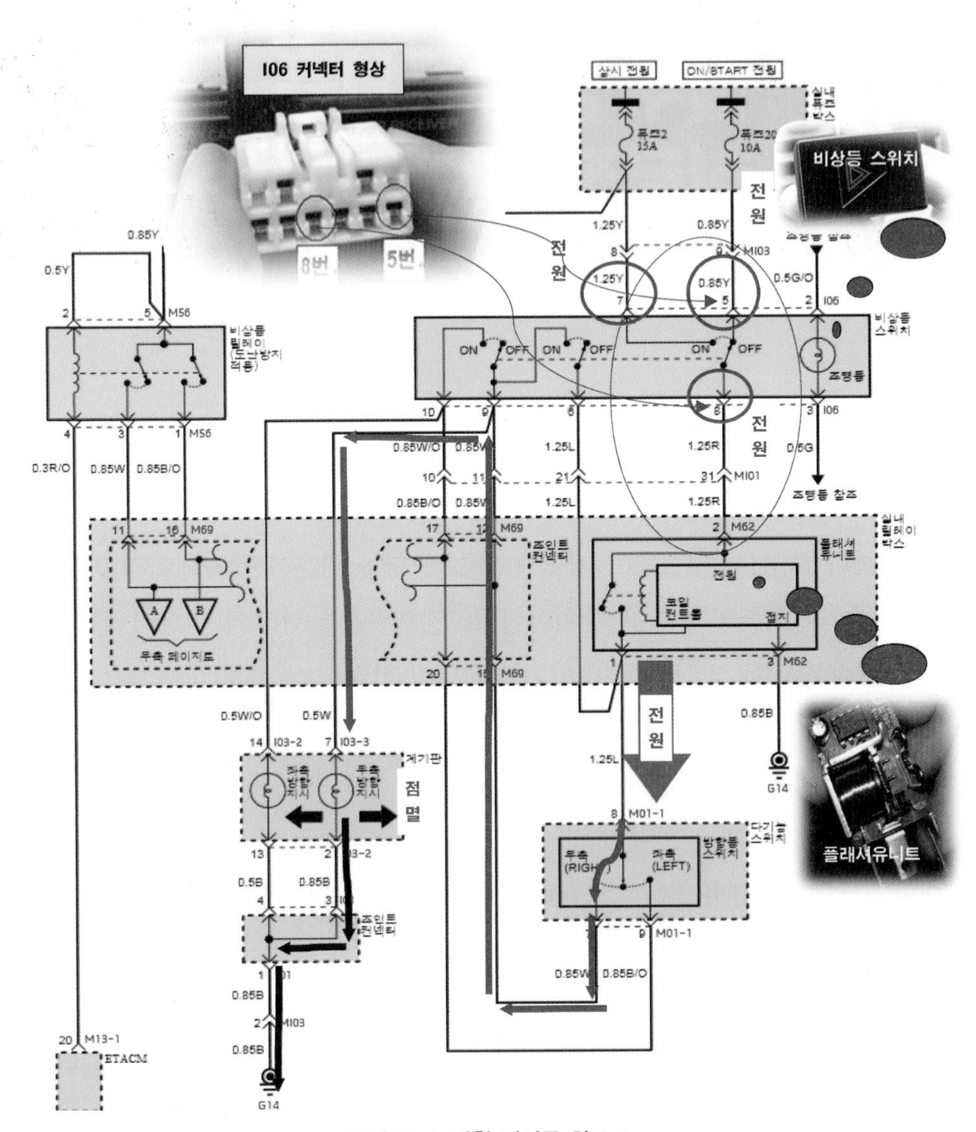

그림 15–1. 방향 지시등 회로 1

회로의 전원 점검에 있어서 문제점은 보이지 않았다. 테스트 램프를 연결하고 주변의 배선을 잡아 당겨보고 흔들어 보아도 전원의 문제는 없었다. 그래서 비상등 스위치 OFF 상태에서 조립 후 I06 커넥터 8번 핀 단자 전압을 측정하였다. I06 커넥터 8번 핀의 전압은 12V 정상 측정되었다.

고장 현상이 간헐적이라 커넥터 순간적 접속 불량이라 생각하여 단품을 흔들어 증상을 보기로 하였다. 그럼에도 고장의 현상은 여전해 비상등 스위치커넥터를 조립하여 흔들어 보고 잡아당겨 확인하였다. 그런데 이때 어떤 조건에서 정상 작동되기도 하고 안 되는 현상이 발생하였다. 사실 이런 고장은 현장에서 종종 발생하는데 정비하기 어려운 고장 현상 중 하나다. 왜냐하면, 지속적인 고장이 아니고 어쩌다 한번 아니면 어떤 특정 조건에서 나타나는 증상으로 정비사로서는 나타나지 않으면 찾기가 무척이나 힘들다. 따라서 이러한 고장은 소비자도 이해해 주었으면 한다. 어찌 되었든 결국 원인은 커넥터 핀 벌어짐에 의한 접촉, 접속 불량이 아닌 비상등 스위치 단품 문제였다.

방향지시등 스위치 작동을 설명하면 다음과 같다. 그림 15-1에서 상시 전원이 비상등 스위치 7번 핀에 대기하고 ON/START 전원이 비상등 스위치 5번 핀을 거쳐 플래셔 유니트(Flasher Unit) 2번 핀으로 입력되어 플래셔 유니트 코일 컨트롤 전원으로 사용된다.

플래셔 유니트의 접지는 상시 접지로 이루어지고 다기능 스위치 우측, 또는 좌측 스위치 신호가 코일 컨트롤에 입력되면 플래셔 유니트 내부 스위치 접점이 붙고 떨어져 전원이 다기능 스위치를 통해 우측, 좌측 전구로 12V 구동 전원 인가한다. 해당 전구 측으로 전류가 흘러 전구를 지나 접지로 흐른다. 이때 전구가 점멸하는 것이다. 의심이 나는 곳을 어떻게 하면 찾을 것인지 점검, 진단하는 과정이 중요하다. 그런데 지속적 고장이 아니라 어쩌다 한번 나타나고 또 나타나지 않을 때는 정상으로 작동하니 시간이 걸리는 작업이었다. 그래서 의심이 나는 곳에서 순차적 점검 과정 중 비상등 스위치 8번 단자를 테스트 램프를 연결하고 흔들어 본 결과 문제점을 포착할 수 있었다.

이때 테스트 램프 전원이 깜박거림을 확인하였다. 테스트 램프 테스터기 전구가 점등되었다 나갔다 하는 것을 확인할 수 있었다. 나는 매우 중요한 단서를 포착하였다. 이것은 내부 스위치 접점 문제………!!

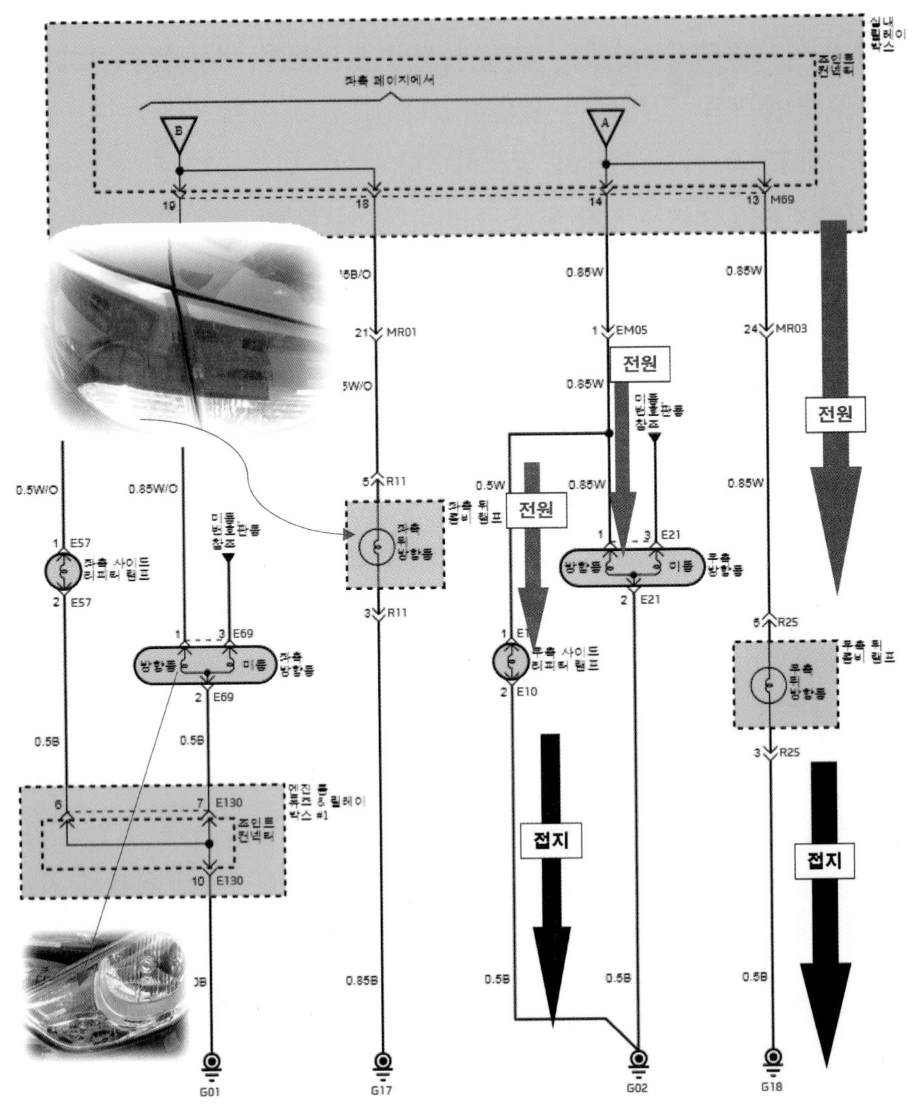

그림 15-2. 방향 지시등 회로 2

그래서 정말로 비상등 내부 스위치 문제인지 확인하기 위해 그림 15-3처럼 I06 커넥터 5번과 8번 핀 배선을 통해 직접 연결 후 다기능 스위치를 조작하여 좌, 우측의 방향등 작동하고 오랜 시간이 경과 후에도 정상 작동함을 확인하였다. 이 차량의 경우 간헐적인 고장으로 주변 관련 배선을 흔들거나 커넥터 부분을 잡아당겨 접촉 불량을 확인하여야 했다.

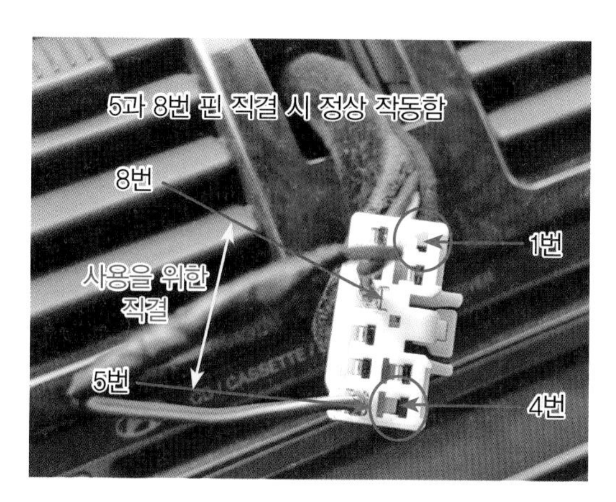

그림 15-3. 비상등 스위치 및 I06 커넥터

그럼에도 단 한 번도 비정상으로 작동하지 않았다. 정상 작동함을 확인하였다. 다른 배선 문제가 아니라는 증거이기도 했다. 그래서 필자는 비상등 스위치 탈거하여 확인하기로 하였다. 처음에는 정상적으로 도통하였으나 저항 측정 과정에서 순간적 무한대 옴이 측정되어 비상등 스위치 탈거하여 5번과 8번 도통 시험한 결과 비상등 스위치 충격을 주면서 위 그림 15-4와 같이 순간 무한대 옴이 측정되었다.(비정상)

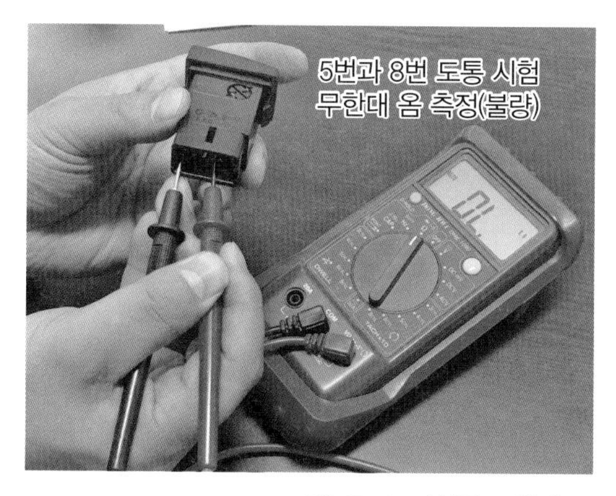

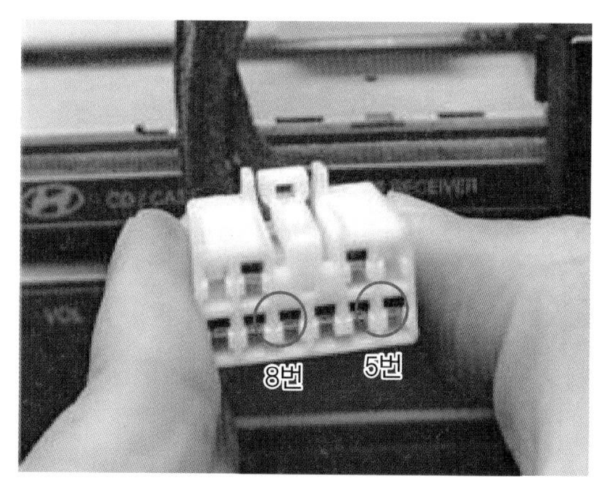

그림 15-4. 비상등 스위치 도통 시험 시 간헐적 무한대 옴 측정

이처럼 회로를 분석하고 정확하게 단품을 교환하기까지 많은 과정을 거치고 그만큼 시간이 걸린다. 과정에 대한 부분은 삭제하고 교환 자체의 공임만으로 수리비를

받는다면 고객 또한 정비사를 신뢰하지 않을 것이다.

사실 작업 현장은 의외로 바쁘게 돌아가고 있다. 하여 그것 때문에 무조건 교환을 목적으로 정비해서는 안 된다. 정비하는 과정을 이제는 고객에게 알려줄 필요가 있고 그를 통해 신뢰 있는 정비사 면모를 보일 때가 된 것 같다.

작업 공임 또한 투명하게 요구하고 진행 과정을 설명하며 진정한 명의로서 신뢰성을 추구하는 정비야말로 우리가 지향해야 할 것이다. 정비사는 진정한 의사가 되어야 한다. 사람을 고치는 심정으로 정비해야 한다. 기술인으로 자존심을 걸고 능력 중심사회, 능력 중심사회 말로만 할 것이 아니라 기술인을 홀대하지 않는 그런 사회 구조가 필요하다. 그렇게 되길 간절히 바란다. 나는 점검을 마치고 동료 교수에게 차를 전달하며 비상등 스위치를 부품 대리점에서 구입하시어 장착하는 방법까지 일러 준 후 감사하다는 말과 함께 자동차를 건네주었다.

그런데 정비하고 그다음 날 한 통의 전화를 받게 되었다. 방향 지시등은 잘 되는데 자동차를 운행하다가 큰일 날 뻔했다는 것이다. 그것은 브레이크가 안 들어 큰일 날 뻔했다는 얘기였다. 사실 브레이크는 손도 대지 않았는데 말이다. 그래서 일단 자동차를 보자고 했다. 마음 한편으로는 아무 일도 하지 않았는데 찝찝하기 그지없었다. 여러분들도 정비하다 보면 이런 일이 비일비재할 터이니 미리 알고 가면 좋을듯하다.

그래서 나는 가져다 달라고 하였고, 자동차를 동료 교수님과 함께 차량 리프트에 올려 확인 도중 브레이크 파이프가 많은 부식 때문에 파손되어 브레이크액이 누출되는 것을 눈으로 확인할 수 있었다. 후드를 열고 브레이크 마스터 실린더에 브레이크액을 확인하였다.

브레이크액이 없는 것이었다. 동료 교수님께 확인시키고 오해를 풀었는데 여러분들도 정비하다가 이런 경우가 발생하면 적절히 잘 대처하기 바란다. 좋은 일 하고 혼나는 격이라 사실 뭐라고 하지는 않았는데 왠지 기분이 좋지 않았다. 이렇듯 입고 시 여러분이 고객 차량을 접객할 때 고객과 한 번쯤 본인 차량을 돌면서 현재 차량의 상태를 고객에게 알려 줄 필요가 있다.

왜냐하면! 오해 살 것이 많기 때문이다. 입고 전(前)에 어젯밤 본인의 자동차를 누군가가 동승석 문을 긁고 도망갔을 수도 있기에… 차주 본인 또한, 동승석을 보지 못하고 입고하였다면 그리고 그것을 수리 이후 방문 시 고객이 자동차 찾을 때 확인한다면 고객 입장과 정비사 입장이 대립되지 않겠는가. 그런 사태가 벌어진다면 서로가 난처한 일이 아닐 수 없다. 정비하다 보면 별의별 일들이 많다. 친절함과 성실 그리고 고객 만족을 넘어 졸도할 정도가 되어야 고객은 만족하니 말이다.

정비사는 이제 의사의 대접을 받아야 한다. 무식하게 주먹구구식으로 정비하는 시대는 지나갔다. 사장님들 또한 마인드(Mind)를 바꿔야 하고 물론 모든 사장님이 그렇다고 단정 짓는 것은 아니니 오해하지 않았으면 한다. 기술인이 인정받는 사회가 되려면 정비하는 우리들의 모습이 변화되어야 한다. 언제까지 90년대 생각에 사로잡혀 가겠는가! 이것은 최근 고객의 성향을 나타낸다.

자동차는 이제 날이 갈수록 진화하고 있는데 우리가 변하지 않는다면, 정비는 이제 손을 놓아야 할지도 모른다. 우리 학생들에게 진정 말해 본다. 제발! 부탁이라고, 기술인으로서의 절실함으로 자동차 공부를 했으면 한다는 것이다. 이거 한번 해볼까! 라는 생각으로 입학한다면 어쩌면 후회할지도 모른다.

필자가 어설프게 정비를 처음 시작하던 어느 날 차종별로 차의 증상을 적어본 적이 있다. 주행 중 이런 소음이 나면 이 부분이 주로 망가져서 나는 소리야! 하고 책 한 권이 다 되어가도록 적어 보았던 기억이 난다. 책을 정리하다가 낡은 노트 한 권을 책장 속에서 우연히 보았다. 혼자서 이럴 때도 있었지 하고 헛웃음이 났다. 그렇다. 그런 시절의 자동차는 이제는 없다.

현재의 자동차는 차종별 고장 현상은 같아도 조건에 따른 원인은 천차만별이다. 물론 과거의 자동차도 마찬가지지만 이제는 시스템을 이해하고 로직(Logic)을 공부하여 현상별 고장에 따른 진단 장비를 가지고 진단기술을 연구하지 않으면 진정한 의사라고 할 수 없다. 발전도 없다.

이처럼 방향지시등의 원리를 이해하고 작동 불량의 현상을 회로 분석 통해 어디를 볼 것인지 정하여야 할 것이다. 그렇다고 해서 여기저기 부품 초토화 시키면서 잡아내는 정비사는 되지 말아야겠다. 다음 그림 15-5는 실제 자동차에서 방향지시등이 간헐적 작동 불량으로 찾아낸 내용이다.

이 자동차의 고장사례는 약 145,000km를 주행한 자동차로 플래셔 유니트의 접점 불량에 의한 방향 지시등 작동 불량으로 정비한 사례이다. 이 차종도 마찬가지로 되었다 안 되었다 하는 간헐적인 방향 지시등 점등 불가한 사례이다. 이처럼 간헐적인 불량으로 작동 불량 시 고객에게 고치기 위한 부연 설명이 필요하고 이해를 구해야 한다. 이는 어쩌다 한번 발생하는 거라 많은 시간과 공이 들어간다.

플래셔 유니트의 내부 접점이 사용하면서 내부 분진과 같은 것이 회로 스위치 접점의 저항으로 존재하고 이것이 바로 부정확한 작동을 만들어 전류의 흐름을 방해하는 원인이 된다. 전자에도 설명한 바와 같이 이 정도의 저항으로 작동 불량하다고 웃어넘기면 안 된다. 필자는 접점(接點) 오염 부분을 제거하고 원인을 해결하였다. 물론 현장에 있었다면 교환을 했을 것이다.

그림 15-5. 플래셔 유니트 내부 접점 작동 오염에 따른 접점 불량

교환이 원칙이며 운행하면서 증상이 다시 발생하면 고객으로부터 신뢰가 떨어지고 곤란하기 때문이다. 부품을 교환해 오버(Over) 정비를 하고자 하는 이야기가 아니다. 요즘은 선행을 베풀고도 혼나는 경우가 많아 이야기하고 싶은 것이다.

기술자로서 의사로서 받아야 할 수고비를 받는 것 그러려면 정비의 패러다임이 바뀌어야 하고 정비사를 바라보는 의식이 변해야 한다. 고객이 먼저 변하기 전에 우리 스스로가 정확한 진단으로 인과관계에 입각한 정비 하이테크(high-tech) 한 정비가 되어야 한다. 이런 것이 앞으로 우리 후배들이 해야 할 정비라 생각한다. 그리하면 우리를 보는 관점은 달라질 것이다.

정비사를 보는 관점 말이다. 우리가 바뀌면 고객들도 다른 시선으로 보지 않겠는가! 모두들 환경에 맞게 변할 것으로 본다. 우리는 고생하며 기술 하나로 살아 오지 않았는가. 우리 모두 기술인의 세상 대우받는 세상이 오길 기대한다. 저자는 그날이 오고 있다는 것을 실감하며 후학(後學) 연구를 위해 한 발자국 한 발자국 걸어가련다. 자 그럼 또 과제를 하면서 자기 것으로 만들어 보자.

과제1 방향지시등 플래셔 유니트 회로를 보고 전압을 측정하시오.

(플래셔 유니트가 있는 회로에서 과제 측정)

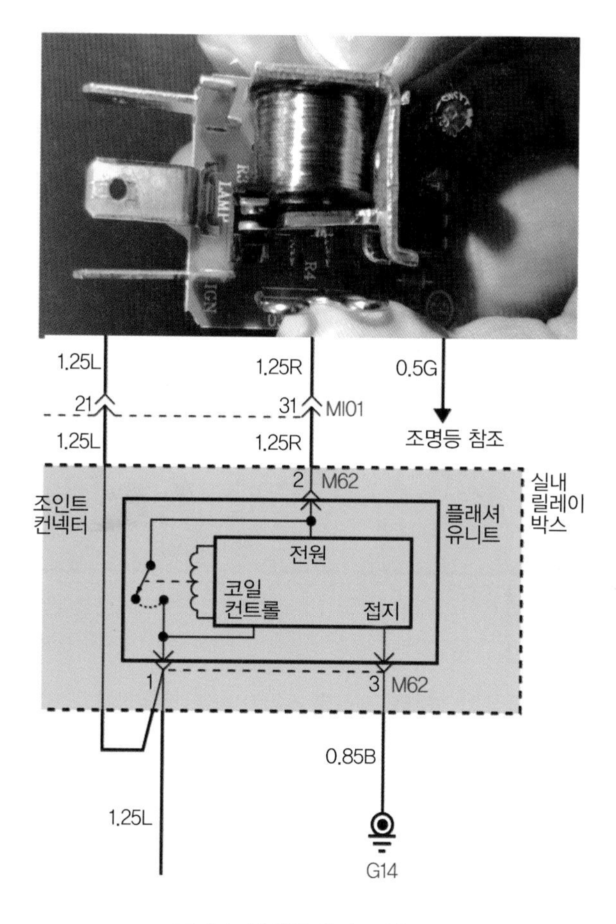

과제 1. 플래셔 유니트 회로

표15-1. 실습

항 목	측정 조건	커넥터	측정 전압(V)	판 정
방향 지시등	시동 ON 좌측 방향지시등 작동	M62-2번 커넥터		양, 부
		M62-1번 커넥터		

과제2 비상등 스위치 회로를 보고 전압을 측정하시오.

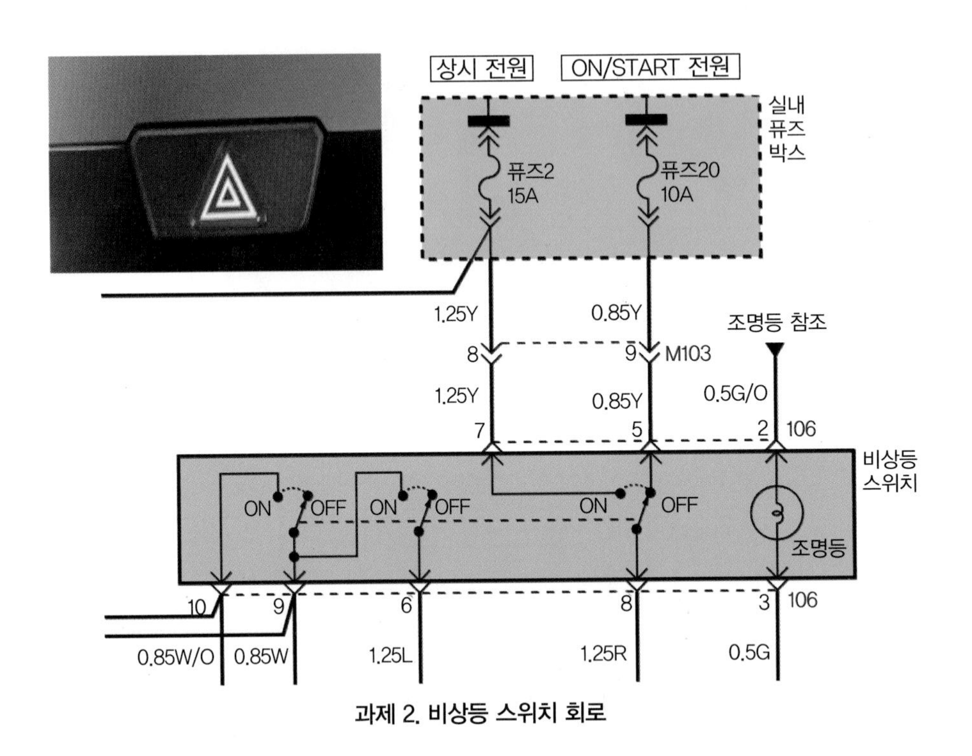

과제 2. 비상등 스위치 회로

표 15-2. 실습

항 목	측정 조건	커넥터	측정 전압(V)	판 정
비상등 스위치	시동 ON 비상등 스위치 비 작동 시	I06 커넥터 8번		양, 부
		I06 커넥터 6번		
	시동 ON 비상등 스위치 작동 시	I06 커넥터 8번		
		I06 커넥터 6번		

16 실무 블로어 모터 회로정비

다음은 현장에서 에어컨 작동 시나 히터 작동 시 블로어 모터 자체 작동 불가, MAX-HI 또한 작동 자체가 불가한 것이었다. 점검 과정을 설명하고자 한다. 사실 이런 자동차가 입고되면 난감하다. 어디서부터 점검해야 하는지 블로어 모터가 작동 안 되어 블로어 릴레이에서 점검해야 하는데 블로어 릴레이 점검은 사실상 인테리어 내부에 있어 점검하기 어렵다. 그렇다. 릴레이가 차량 깊숙한 곳에 장착되어 있으면 차종별 점검이 어렵다. 다음 그림 16-1은 블로어 모터 회로를 나타내었다.

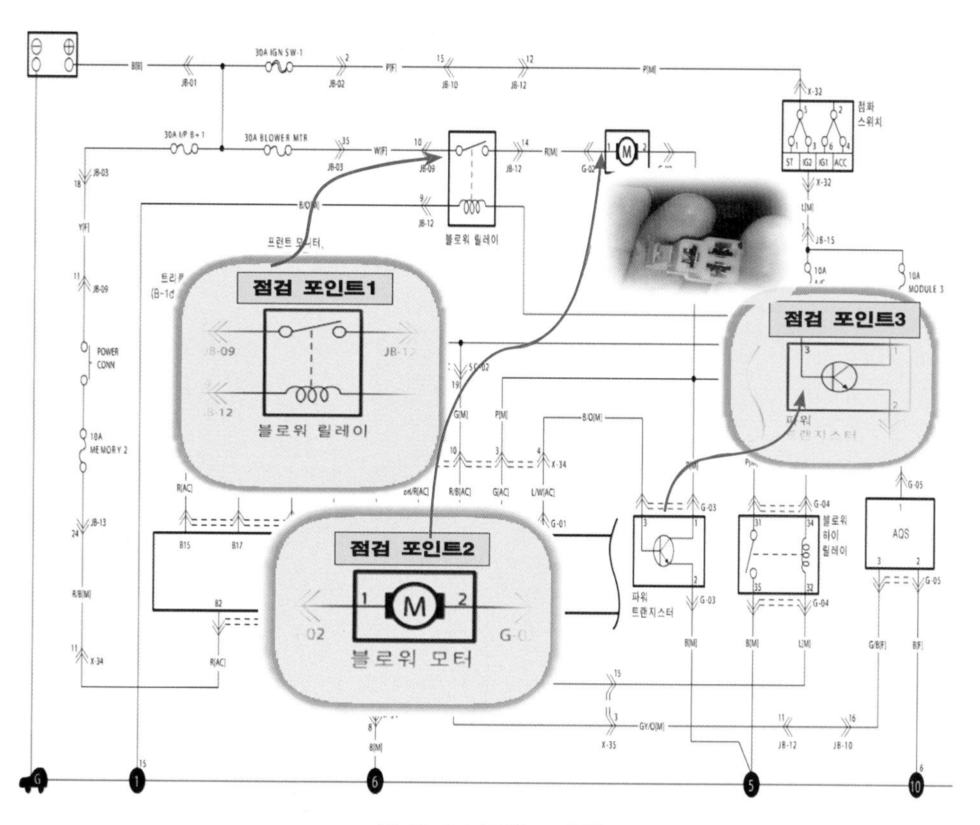

그림 16-1. 블로워 모터 회로

진단 장비와 통신이 안 되고 관련 부품은 내부 깊숙한 곳에 있다면 어디를 보아야 할까. 사실 난감하다. 보기 쉬운 곳에서부터 보아야 할 것이다. 그래서 나는 관련 퓨즈를 점검하였다. 그러나 모두 정상으로 나타났다.

저자의 점검 방법이 옳다고 말하고 싶지 않다. 이유는 좀 더 작업 편한 곳에서 점검하고 유추하면 된다는 것이다. 그래서 저자의 점검 방법으로는 부하 측인 블로어 모터 커넥터에서 점검하였다. 블로어 모터 전단에서 1번 커넥터 히터, 에어컨 작동 후 전원이 출력되는지 점검하기로 하였다. 위 그림 16-2처럼 점검 결과 정상이었다. 이것은 블로어 릴레이 전원과 릴레이 단품 그리고 에어컨 컨트롤 유닛의 접지 제어까지 문제가 없다는 이야기다. 그렇다면 블로어 모터가 회전하지 않는 이유는 무엇일까.

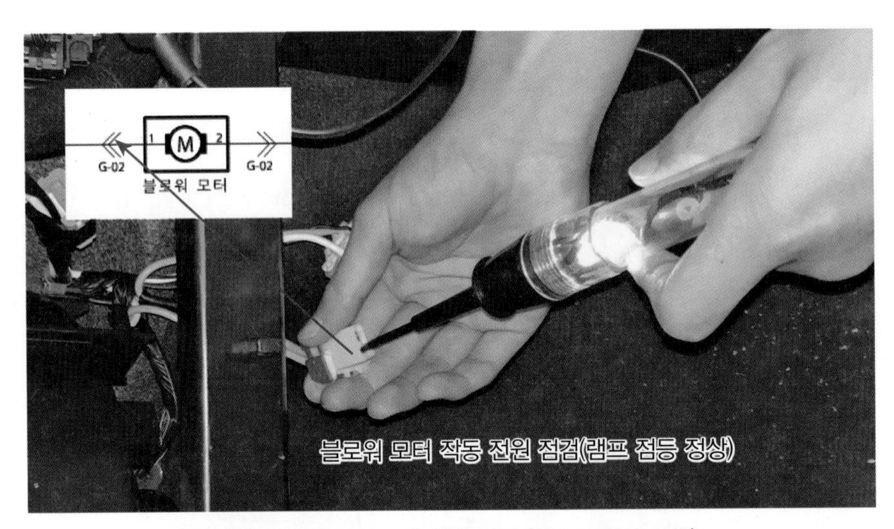

그림 16-2. 블로워 모터 전원 점검 (테스트 램프 사용)

전원은 입력되므로 전원의 문제는 아니고, 회로도 그림 16-1처럼 예상되는 고장을 유추하여야 한다. 하나하나 압축하여 손쉬운 점검 포인트를 정하고 이상 유무에 따라 다음 점검을 할 포인트(Point)를 확인하고 이를 통하여 진단을 내리는 과정이 필요하다. 이것이 정비다. 저자는 다음 점검으로 파워 트랜지스터와 접지 그리고 MAX-HI로 압축할 수 있었다. 사실 MAX-HI는 파워 트랜지스터가 불량이라 하더라도 에어컨 컨트롤 유닛(Air conditioning control unit)이 블로어 HI 릴레이를 제어하여 접지 제어를 곧바로 함으로 블로어 모터는 고속으로 회전한다. 그런데 그 자체도 회전을 못 하고 있다. 여러분들은 어디를 점검하겠는가?

그림 16-3. 파워 트랜지스터

저자가 생각하기에 아까 전원이 입력되었으니 블로어 모터가 문제 있거나 모터 접지가 문제이다. 그런데 모터 커넥터 앞 전원 12V가 출력되는데 모터가 회전 안 한다. 모터는 회전해야 하는데. 나는 이전에 전원을 확인하였으니 접지가 잘 되면 모터가 잘 회전하지 않겠는가! 생각하여 그래서 필자는 그림 16-4에서처럼 파워 트랜지스터 커넥터 탈거하여 그림과 같이 1번과 2번을 테스트 램프 연결하고 바람량을 최대로 하여 램프가 환하게 점등되는 것을 확인할 수 있었다.(FATC 작동 상태 및 파워 TR 작동 상태 확인) 단수별 램프의 밝기 상태는 테스트 램프를 통하여 확인하였고 블로어 모터 접지 배선 상태까지 확인하였으니 그럼 나머지 불량의 원인은 블로어 모터 단품 불량 하나뿐! 이제 나는 모터 탈거하여 모터의 상태를 봐야 했다.

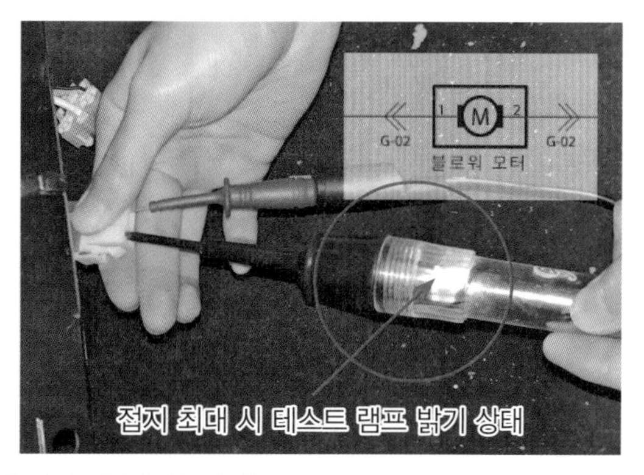

그림 16-4. 풍량 최대 시 접지 제어 (전류제어)

[파워트랜지스터 G- 03 커넥터 탈거 후 1번가 2번 곧바로 연결]

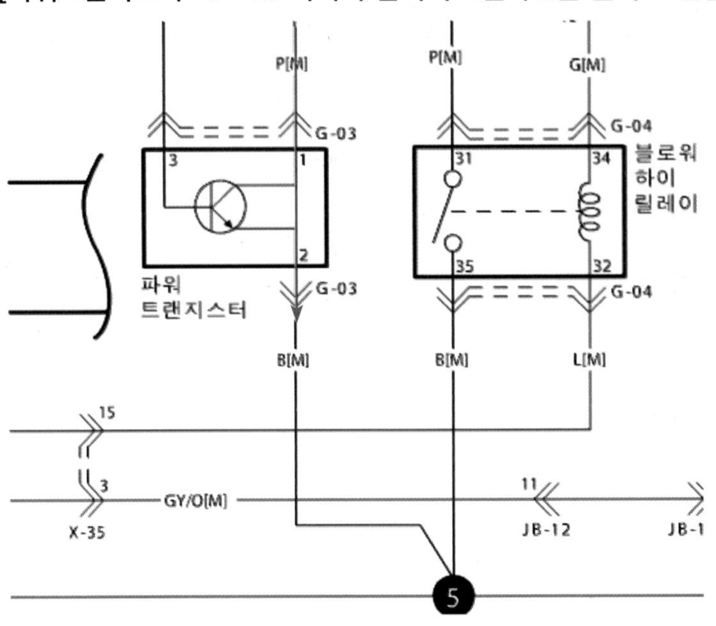

그림 16-5. 파워 트랜지스터 직선 연결 접지 제어 모터작동 불가

사실문제는 확인되었다. 블로어 모터이다. 전원과 접지가 문제없음으로 모터 내부 문제이다. 그렇지 않은가! 모터를 회전시키기 위한 조건은 다 만족시키기 때문이다. 모터 자체가 돌아가지 않으니!

어차피 여기까지 와서 조금 더해 보고자 여러 가지 측면으로 생각해보았다. 만약 단품을 가지고 배선을 직접 모터에 연결하여 곧바로 모터가 고속 회전하는지 점검해 보기로 했다. 그러나 모터는 회전하지 않았다. 블로어 모터 커넥터를 탈거하여 그림 16-6과 같이 연결하고 블로어 모터를 최소에서 최대로 작동하여 접지를 확인하였다.

에어컨 컨트롤 유닛이 파워 TR을 어떻게 제어하느냐에 따라 접지 확인은 그림과 같이 램프의 밝기로 확인할 수 있었다. (그림 16-4, 6)

저속에서는 테스트 램프 전구가 흐려지고 단 수별 고속에서는 테스트 램프 전구가 밝아지는 것을 확인할 수 있었다. 그림 16-6과 같이 바람량에 따라 에어컨 컨트롤 유닛(FATC)은 파워 트랜지스터 접지 제어를 잘하고 있었고 에어컨 컨트롤 유닛의 저단 작동 시 그림 16-6처럼 테스트 램프의 밝기가 흐려지고 고속 시 밝아져 제어

측과 전원과 접지가 정상임을 알았다. 따라서 모터의 회전 속도는 운전자의 선택에 의한 바람의 풍량을 에어컨 컨트롤 유닛이 제어 잘한다는 결론을 얻는다. 이제 남은 것은 블로어 모터의 단품과 모터 커넥터의 접촉 상태밖에 없다.

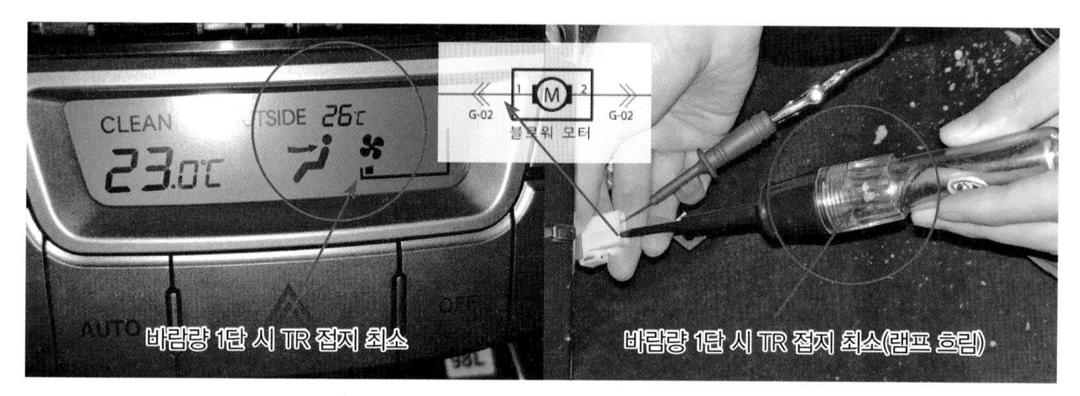

그림 16-6. 바람량 최소 시 램프 밝기 흐림

이 방법은 전류의 흐름에 따른 배선의 상태까지도 알 수 있다.

참으로 빠른 정비 방법이다. 필자는 이 방법을 자주 사용한다. 테스트 램프 활용을 적시 적소 때 잘 사용하면 빠른 정비를 할 수 있다. 전원만 확인하지 말고 접지도 확인하라는 뜻이다. 전원만큼이나 접지도 매우 중요하다.

자녀에게 엄마의 역할도 중요하고 아빠의 역할도 중요 하듯이 누가 더 먼저다 할 수 없다. 전기회로에서는 전원과 접지 모두 중요하므로 결국 전류가 흐를 수 있는 회로를 만들어 모터를 움직인다. 끊어지지 않았다면 전류는 무조건 높은 곳에서 낮은 곳 접지로 흐른다. 물이 높은 곳에서 낮은 곳으로 흐르듯이 말이다.

마지막으로 모터라고 결론이 났으니 모터를 탈거하였다. 학교의 실습 자동차는 운행하는 자동차와 고장 환경 자체가 다르다. 따라서 필자는 현장에서 운행하는 자동차를 상대로 측정 점검하였고 여러 가지 변화를 맛볼 수 있었다.

이 책을 쓰는 과정의 자동차 교보재로는 때로는 학생 차 때로는 교직원 차를 활용하여 작성하였다. 이 책을 집필하는 데 있어 많은 어려움이 있었다. 누가 이렇게 고장을 내려 해도 못 내니 말이다.

그래서 마지막으로 모터 부분을 탈거하여 보니 빗물이 모터에 묻어 있었고 수분에 의한 고장을 짐작할 수 있었다. 불량 모터의 저항은 그림 16-7처럼 10.43MΩ이었다. 고장의 원인은 빗물 유입으로 모터 내부 수분 유입 고장의 원인이었고 빗물 유입의 원인은 밤새 비가 오는데 부주의로 자동차 유리를 내려놓아 빗물이 내부 모터로 들어가 나타난 고장이었다. 여기서 다시 한번 고객의 문진이 중요하다.

그림 16-7. 고장 난 모터와 신품 모터 (고장 원인 실내 빗물 유입)

필자가 점검 이후에 전해 들은 이야기이고 좀 더 빨리 말해 주었다면 점검의 주 포인트가 되었을 것인데 때론 가끔씩 잊어버리는 것이 아쉬운 포인트이다. 정상적인 자동차 블로어 모터 저항은 상온에서 0.3Ω이 측정되었다. 이처럼 점검 방법은 사람마다 다르다. 사람의 얼굴과 성격이 다르듯 정비의 철학 또한 다르다. 어쩌면 처음부터 블로어 모터를 교환하면 더 빠르게 문제를 해결할 수도 있었다.

그러나 그것이 정답일까! 병원에 의사가 짐작과 경험만으로 위 절제 수술을 하고 나서 여기가 아니니까 다시 덮고 다른 곳을 봐야 할 것 같습니다. 라고 말하면 좀 황당하지 않겠는가! 그래도 우리는 사람의 목숨을 다루지 않으니 그 얼마나 다행인가! 이처럼 점검 방법은 여러 가지가 있다고 할 수 있다. 꼭 이 방법이 정답은 아니다. 오해하지 않았으면 한다.

그냥 나는 이 방법을 택하였고 테스트 램프를 활용하였다는 것이다. 그 이유는 배선의 끊어짐이나 접촉 저항은 테스트 램프를 이용하고 본회로 구성으로 전류의 흐름을 전구의 밝기 변화로 배선의 상태를 알 수 있다는 것에 착안하였다. 이것이 테스트 램프를 쓰는 주목적이라 하겠다.

어쩌면 테스트 램프 점검은 첨단기술의 1% 놓치기 쉬운 부분을 고장 난 회로로부터 어느 부위인지 가려내는 것이라 할 수 있겠다. 책을 쓰면서 많은 고민에 빠진다. 자동차의 고장은 무궁무진한 데 가는 길이 정답이 있을까? 고장은 하나지만 원인은 천차만별이니 그 많은 것을 어찌 이것으로 다 하겠는가.

예를 들어 어스 불량, 배선 피복이 벗겨져 합선되고 선끼리 닿아서 단락되고 배선이 끊어져 버리고 습기나 먼지로부터 자유롭지 않으니! 말이다.

내 나이 47살 갑자기 군입대하여 훈련받던 때가 생각난다. 처음 논산 훈련소에서 부모님과 친구를 뒤로 한 채 훈련소의 첫날밤은 이런저런 생각 속에 잠을 설친 것과 같이 군인의 신분으로 아무리 잘하려고 하나 군기만 많이 들어 잘 안 되는 것처럼 정비도 마찬가지이다. 정비를 잘하려면 시간이 필요하다. 모든 것은 하루아침에 이루어지지 않는다.

여러분! 가끔 시간이 흘러 정비하면서 정도에 따라 슬럼프가 오긴 하는데 그것을 이겨내어 저 높은 큰 산에 올라가길 바란다. 힘들 때마다 그럴 때마다 용기 내어 기술인으로 살아가길 바라는 마음이다. 자동차를 처음 시작할 때 읽어보고 싶은 책으로 남았으면 하는 작은 바람 가져본다.

인류 문명과 역사가 발전하게 된 결정적 계기는 이동 수단이다. 더 먼 곳을 빠르게 편리하게 이동할 수 있는 교통수단은 그 대표적인 것이 자동차이다. 자동차는 2018년 말 국내 자동차 수 약 2, 300만여 대를 돌파했고 곧 이어 전기 · 수소 자동차가 인기를 누릴 것으로 보인다. 따라서 자동차 관련 직종은 여전히 유망하다. 모두들 힘내길 바란다.

자 그럼 과제를 통하여 학습하길 바란다.

과제1 블로워 모터의 FET- M33 커넥터에서 전압을 측정하시오.

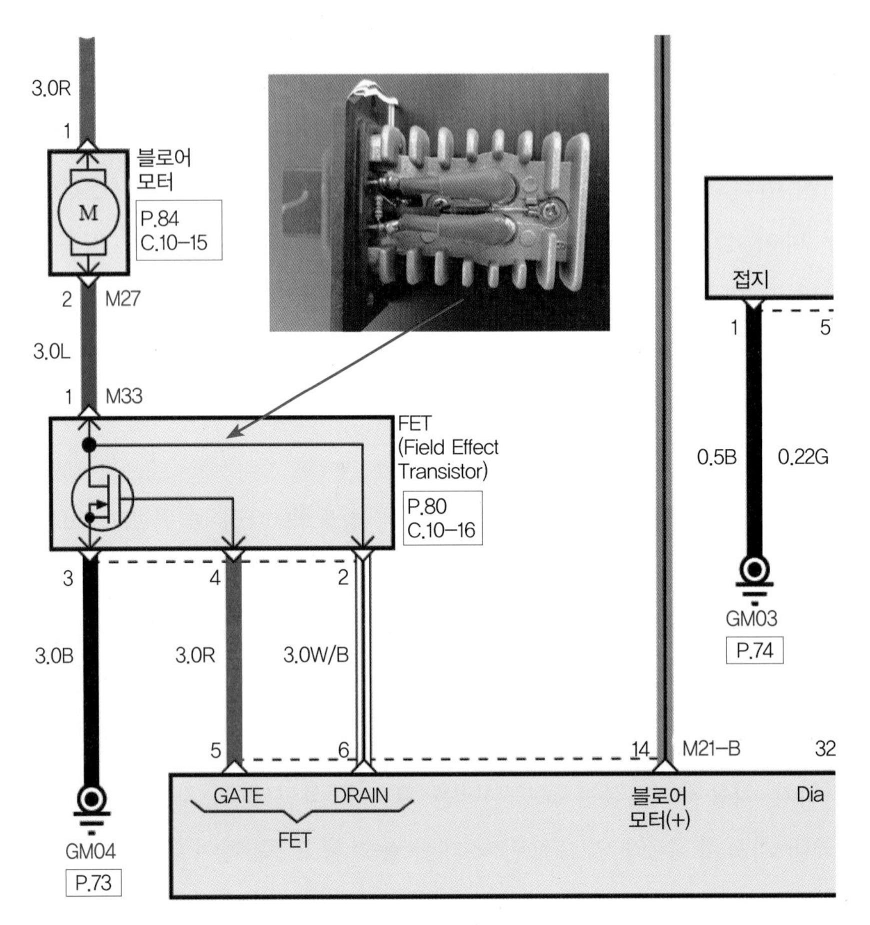

과제 1. 블로워 모터 FET 회로

표 16-1. 실습

항 목	측정 조건	커넥터	측정 전압(V)	판 정
블로워 모터	저단에서 고단 작동	M33커넥터 1번		양, 부
	저단에서 고단 작동(게이트)	M33커넥터 4번		
	저단에서 고단 작동(드레인)	M33커넥터 2번		

스마트 자동차 실무

1-5편

17

실무 사례 오디오 회로정비

이번 장은 오디오 회로 정비다. 우리 학교 전기과 교수님께서 타고 다니는 자동차가 오디오와 시가라이터가 안 되어 나에게 물어보기를 퓨즈가 끊어져도 작동이 안 되지요? 예 그럴 수도 있지요.

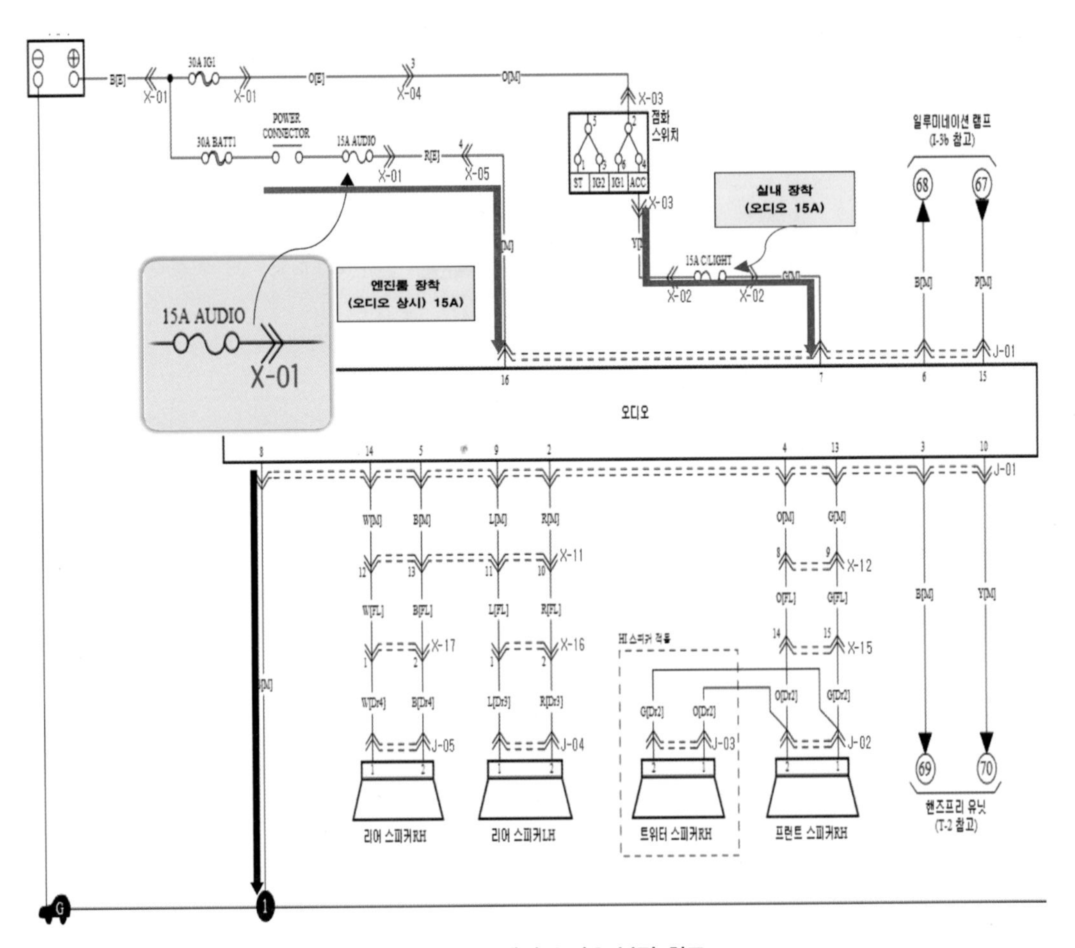

그림 17-1. 문제의 오디오 불량 회로

시간 되면 한번 봐줄 수 있냐고 하기에 한 번 봐주겠다고 말을 건넸다. 그래서 나는 부탁을 하니 자동차학과 정비실로 입고해달라고 하였고 먼저 회로를 분석하였다. 단순히 퓨즈 문제일 거로 생각했고 퓨즈 전원 점검을 하기로 하였다.

이 차량의 경우 오디오 상시 전원 15A 퓨즈는 엔진 룸에 있었고 점검 결과 정상이었다. 물론 오디오 측으로 전원이 입력되는지는 이후 문제지만 위 회로와 같이 실내 장착 시가라이터 15A 퓨즈가 실내에 있으므로 실내 퓨즈를 점검하였다. 점검 결과 아래의 그림처럼 테스트 램프 점등되는 것으로 보아 단선되지 않음을 간주하였고 실내에 있는 오디오를 탈거하여 배선(J01 커넥터) 측에서 전원과 접지를 점검하고자 하였다.

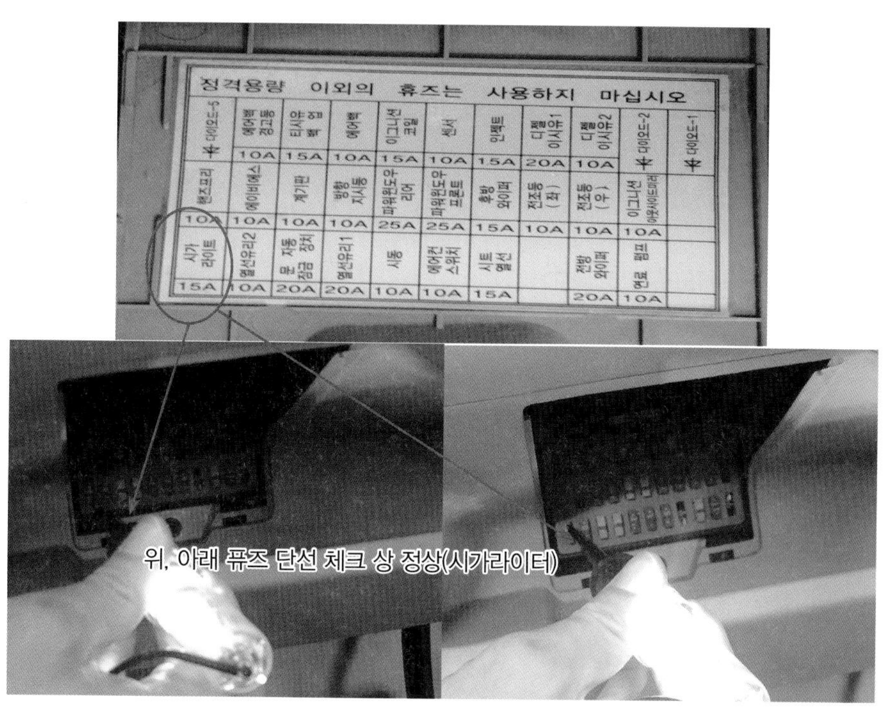

그림 17-2. 실내정션박스 시가라이터 15A 퓨즈 점검
(오디오 입력 ACC 전원 J01 커넥터 7번 Green)

그림 17-2의 시가라이터(Cigarette lighter) 15A 퓨즈 점검 결과 램프 점등하는 것을 확인할 수 있었다. 이제는 오디오 탈거하여 배선 측에서 점검하였다. 점검 과정에서 일상적 점검이므로 문제 될 것은 없었다. 다음으로 보아야 하는 것은 실제로 오디오에 입력되는 전원을 확인하는 것이다. 그래서 필자는 오디오로 가는 배선을 점검하기 위

해 오디오 관련 인테리어 장식을 분해 후 오디오의 배선(J01 커넥터)을 분리하였다. 그림 17-3의 J01 커넥터 16번 R 배선은 12V 전원이 측정되었다.

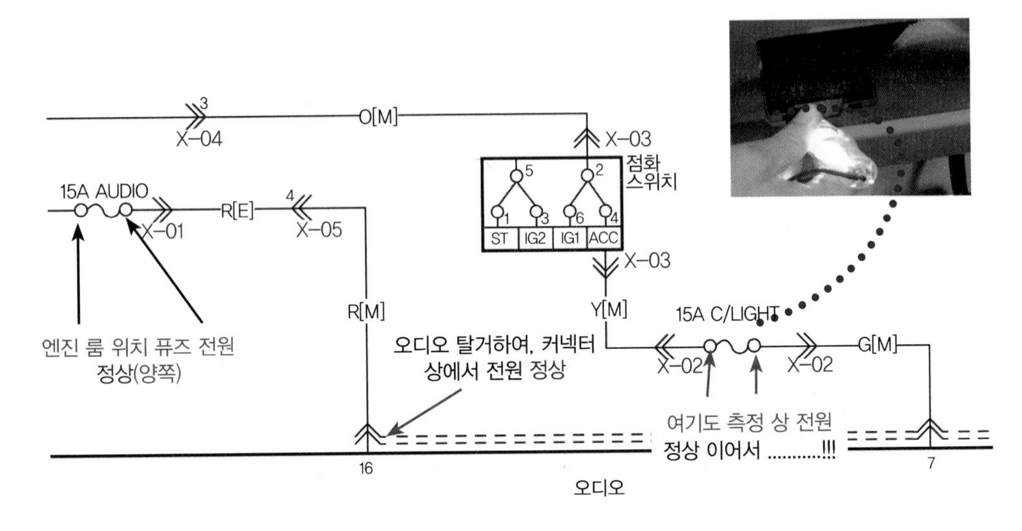

그림 17-3. 문제의 차량 점검 회로도

J01 커넥터 7번 G 선은 실내 정션 박스에서 테스트 램프가 점등되었고 오디오 측의 J01 커넥터 7번 핀에서는 테스트 램프가 점등되지 않았다. 원인은 이 부분에 있다.

시가라이터 15A 퓨즈에서부터 오디오까지 연결된 배선의 단선을 의미한다. 동료 교수님께는 시간이 조금 걸릴듯하니 차를 두고 봐주겠다고 하였다. 퓨즈가 문제가 없으므로 배선의 접촉 불량이나 단선으로 압축되었기 때문이다. 어차피 시작하였으니 성격상 끝은 보아야 하고 학교 강의(講義)가 끝나고 다시 점검하였다.

사실문제를 해결해 가는 과정 이것은 나에게는 참으로 즐거운 일이다. 남들이 보기에 저걸 왜 이렇게 힘들게 하는가! 라고 말할 수 있지만 말이다. 고장 난 것을 고치고 다시 새 생명을 불어넣는 일이 얼마나 존경받아 마땅한 일인가! 세상에 존경받을 사람이 많고도 많지만 나는 작은 것에 감사하고 남이 행복하면 나도 행복하다. 내가 해 줄 수 있는 일이기에 행복하다. 여러분의 마음도 나와 같기를 희망해 본다. 행복한 마음으로 연구하고 일하면 되는 것이다. 아래의 회로에서처럼 오디오 퓨즈 15A 퓨즈는 엔진룸에 장착되어 있고 테스트 램프 진단 통하여 정상임을 확인하였다.

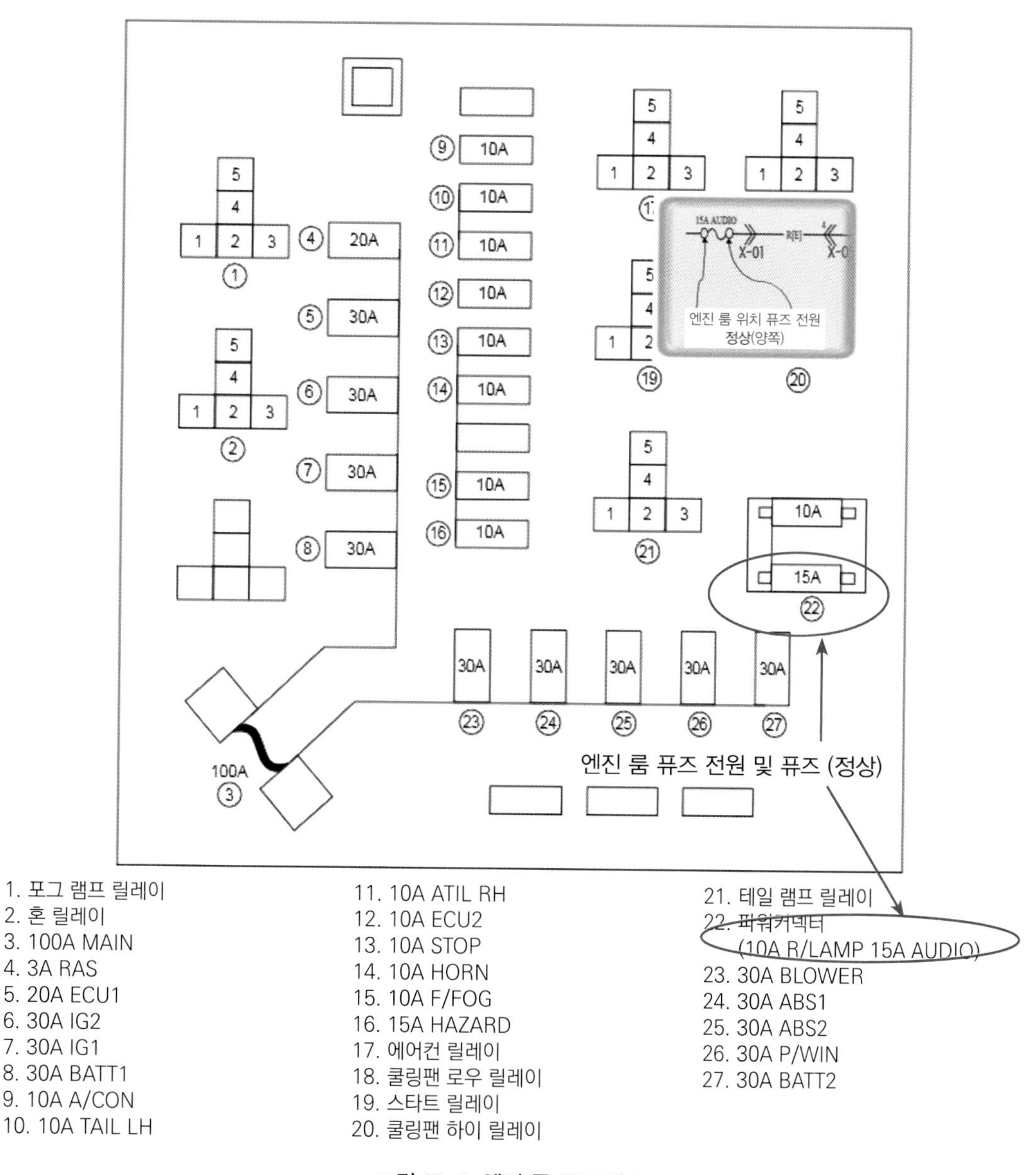

그림 17-4. 엔진 룸 퓨즈 박스

그럼 여러분들은 어디에서 점검하겠는가! 고장의 부위 압축으로는 대략 오디오에서 실내 퓨즈 15A 시가라이터까지이다. 저자는 다시 원점으로 돌아왔다. ACC(Accessory) 전원이 오디오에 들어오지 않는 것. 그리고 그 전원은 시가라이터 15A 퓨즈 전원을 통해 시가라이터의 작동과 오디오 ACC 전원공급을 한다는 것을 그럼 실내 인테리어를 분리하여 배선을 확인해야 하는데 점점 일이 커지게 되었다. 저자는 이런 고장일 때 가장 싫다. 어차피 배선 어딘가는 단선이기 때문이다. 새로운 배선으로 연결하면 쉬운데 꼭 이것을 찾아야지 하나. 그런저런 생각 말이다.

그래서 나는 실내 인테리어를 분해하기 전에 혹 실내 퓨즈 박스 커넥터 핀 시가라이터 15A 퓨즈의 한쪽 핀의 문제점이 있을 수 있다고 확률적으로 어렵지만 보기로 하였다. 다시 말해 퓨즈가 장착되는 암 커넥터 부분이 헐거워져 있다면 퓨즈 발의 다른 한쪽 주 전원은 살아 있어서 퓨즈 반대쪽 또한 전압이 대기하고 있어 퓨즈를 측정하고 있는 테스트 램프 전구에 전류가 흘러 테스트 램프가 점등될 수 있다고 추측하였다. 이전 점검하였을 때 퓨즈 양단에는 램프가 점등되나 오디오 측으로 연결되는 커넥터 배선 헐거워져 접촉이 불량하다면 그럴 수 있겠다 생각하였다.

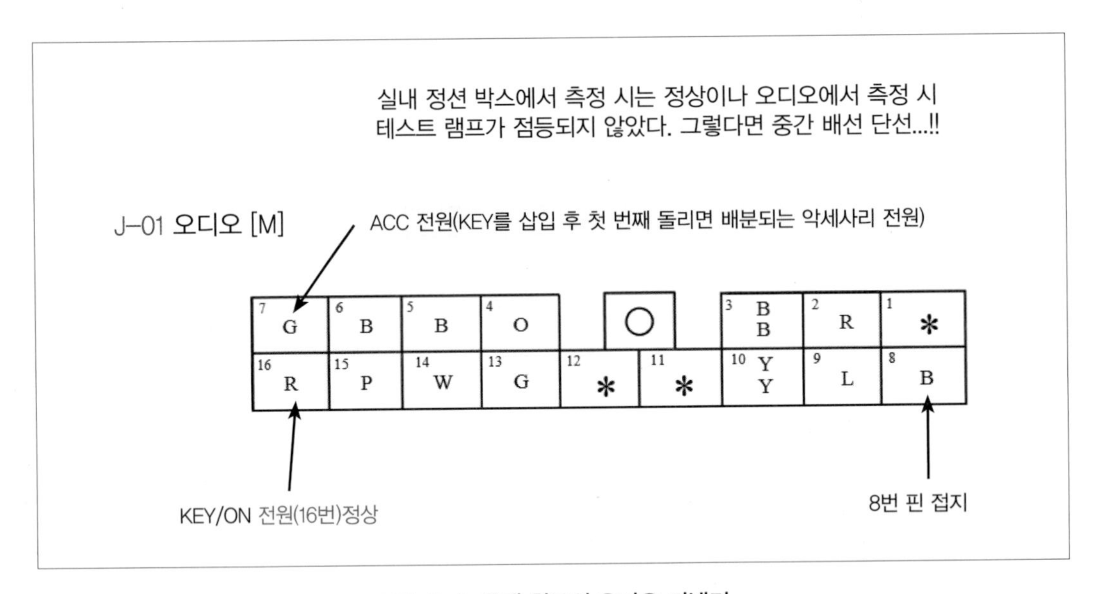

그림 17-5. 문제 회로의 오디오 커넥터

그래서 다시 돌아가 퓨즈를 탈거하여 퓨즈 박스 암 컷의 핀을 보기로 하였는데 원인이 나타났다. 역시 옴(Geory Simon ohm, 1789 ~ 1854)의 법칙이다. 사실 이러한 고장 사례는 보기 힘든 볼거리다. 퓨즈가 단선되면 보통은 완전히 단선되어 도통 불가하다. 무한대 옴(Over Limit)이 측정된다. 그런데 보아라. 실제 운행하는 자동차는 여러가지 변수로 작용하는 것이 많다.

그림 17-6에서처럼 정상의 퓨즈와 실제 고장 차량의 퓨즈는 단선임에도 저항 측정 시 0Ω이 측정되었다. 그러기도 할 것이 테스트 램프 5W 전구를 이용하여 퓨즈의 단선 확인 시 램프가 점등되었다.(그림17-2) 약 5W/12V는 0.41A가 흐른다.

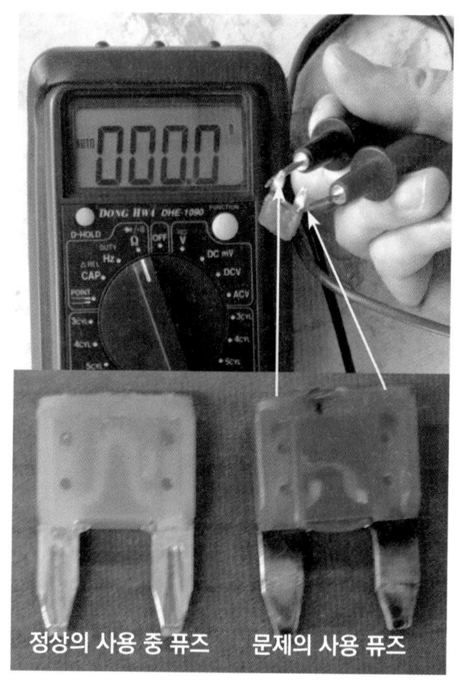

그림 17-6. 문제 퓨즈 상태

이 정도의 퓨즈 단락된 경우라면 테스트 램프 정도의 배선의 길이와 전구로 전류를 흐르게 할 수 있다는 것이다. 전류는 저항에 반비례한다. 저항이 많으면 전류는 잘 흐르지 못하고 저항이 적으면 전류는 잘 흐를 수 있다. 전압 12V가 측정되고 테스트 램프의 전구 또한 점등되었다. 그 누가 퓨즈의 단락으로 보겠는가! 저항 시험 또한 0Ω이 측정되었는데 정비사는 이런 현상 때문에 혼란이 올 수 있고 아무것도 아닌 것에 작업시간이 소요되는 경우다.

테스트 램프로 실내 정션 박스 퓨즈 15A 퓨즈 점검 시 전구가 점등되었다. 정비사로선 퓨즈가 문제없다고 그냥 넘어갈 것이다. 누가 퓨즈가 끊어지면서 단락되었으리라 생각하겠는가.

먼저 그림 17-2처럼 실내 정션 박스에서 테스트 램프 이용 접지 기준으로 측정하였다. 거리상 가까운 곳에서 측정 시 배선의 길이는 저항과 관계되고 배선이 길면 길수록 저항은 많아진다. 이처럼 테스트 램프에 전구가 점등된다면 보통은 정상이라 간주할 수 있다. 문제의 자동차는 퓨즈가 단락되어 전압은 측정되었지만 전류는 자동차의 내부 배선의 고유 저항 과대로 전류 흐름을 방해하고 오디오 측의 J-01 커넥터 7번 핀 G(Green)의 배선에 테스트 램프의 전구는 점등되지 않았다는 사실이다. 단락된 퓨즈로는 오디오까지 오는 선의 배선으로는 전류를 흐르게 할 수 없다는 것이다. 바로 이것이 문제이다.

테스트 램프 전구의 점등은 반드시 어떠한 현상(전자의 이동)이 발생해야 점등되므로 실제 배선의 상태를 점검하는 데 사용된다. 그러나 이 증상의 경우 실내 정션 박스에서 측정 시 퓨즈 양단 모두 테스트 램프로 테스트 시 전구가 점등된 것이다. 퓨즈가 끊어져 내부가 단락되어도 단락되어 진 상태에 따라, 변화무상(變化無常)한 현상으로 이 정도의 퓨즈 단락은 테스트 램프의 전구를 밝힐 수 있다는 것이다. 결국에 J01 커넥터 오디오 측 7번 핀 G(Green) 커넥터에 전류가 흐르지 못한다. 오디오는 켜지지 않았고 이 모든 것은 저항과 관계되었다. 퓨즈 점검 시 자동차 배선의 길이는 테스트 램프의 배선 보다 차량의 배선이 길고 실내 정션 박스 퓨즈에서 테스트 램프까지는 짧아 테스트 램프가 점등되었다는 사실이다. 참으로 중요한 것을 알려 준다. 그래서 정비사는 이러한 현상이 발생하면 충분히 착각할 수 있다. 그러므로 오디오 측에서 측정 시 J01 오디오 커넥터 7번 핀 G(Green) 배선에서는 테스트 램프가 점등하지 못했던 것이다. 이 자동차 경우는 이렇게 오디오 고장은 퓨즈 교환으로 해결하였다.

이처럼 그림 17-6에서처럼 정상의 퓨즈와 문제의 퓨즈를 비교하면, 정상적으로 사용하는 퓨즈는 검게 그을린 부분이 없으나 문제의 퓨즈는 검게 그을려 있다. 이는 핀의 접촉 불량에 의한 서지(Surge)나 시가라이터에 다른 전기장치를 사용하여 쇼트에 의한 과대 전류가 흘러 퓨즈가 단선된 것으로 보인다. 사실 요즘 운전자는 시가라이터에 많은 전기장치를 쓰고 있는데 이것은 퓨즈를 단선시키는 요인이 된다. 별도의 용도에 맞게 설치된 자동차의 파워 소켓(Power socket) 사용을 권장한다. 아는 것과 모르는 것은 백지 한 장 차이 아니겠는가. 아래의 그림은 정상적인 퓨즈 15A를 교환 후 오디오가 정상적인 작동을 하는 것을 확인하였다.

그림 17-7. 수리 후 정상 작동되는 오디오

그렇다. 저항은 배선 한 가닥만 살아 있어도 0Ω이다. 그러므로 디지털 멀티 테스터기에 0Ω이 측정된 것이다. 전류가 반드시 흐른다고 판단해서는 안 된다. 따라서 문제의 자동차에서 J01 오디오 커넥터 7번 핀 G(Green) 전압이 측정되나 그 전압으로 인하여 반드시 그 회로에 전류가 흐른다고 생각하면 정말 큰코다친다.

우리들 모두 경험은 정말 소중한 자산이다. 모든 사물을 안다고 하여 어제와 또 그럴 수 없고 잘 안다고 하여 건방지게 행동해선 안 된다. 사람은 항상 겸손해야 한다. 잘 난 척해서도 안 되는 것이다. 그래서 경험은 아랫사람에게도 배울 게 있다. 겸손하고 또 겸손해야 한다.

직장 생활을 하다 보면 시기 질투하는 사람이 반드시 있으니 넉넉한 마음으로 이해해야지! 그 사람이 뭐 좀 부족하니 질투하는 것이 아니겠는가? 배울 생각 않고 과시하는 사람이 되지 말자는 얘기다. 교육자의 한 사람으로서 우리 학생들이 현장에 나아가 다양한 지식과 경험을 통하여 기술인으로서 자리 잡기를 간절히 바란다. 결국에 단락된 퓨즈는 가속화된 전자에 얻어맞아 피곤한 상태를 나타낸다. 요즘은 시력 저하도 생기고 스트레스도 종종 받으면서 조기 노화 현상이 나에게도 오는 것 같다. 여러분들도 한꺼번에 무언가를 하려 하지 말고 천천히 하루도 빠짐없이 조금씩 해 나가길 바란다.

정비는 우공이산(愚公移山)이다. 오랜 시간이 걸리더라도 꾸준히 노력해 나간다면 결국엔 그 뜻을 이룰 수 있다는 것이다. 요즘 우리 학생들에게 필요한 덕목이다. 그리고 필자도 이 글귀를 많이 좋아한다. 기왕이면 짧은 시간에 돈 많이 벌고 회사로부터 인정받는 사람이 되고자 노력하겠지만 자동차 정비는 결국 실력자가 인정받는 직업이다.

실력을 쌓아 가려면 적어도 뜸 들일 시간이 필요하고 돈에 목말라 조급하게 움직이면 결국은 그 일을 할 수 없음이다. 그런 사람은 다른 직업군과 새로운 직종의 일을 찾아야 할지도 모르겠다. 그런 사람은 자동차 정비 의사가 되고자 하지 말고 차라리 돈을 최 단시간에 많이 버는 일을 택하여야 할 것이다. 기술인은 말 그대로 기술이 최대 경지에 올랐을 때 부와 명예가 같이 뒤따르는 것이라 하겠다. 그러지 아니한가. 감히 생각해 본다. 여러분들은 이 시대를 살아가는 진정한 명의가 되시기를 기대해 본다.

기술인은 4차 산업 혁명 시대에서 어떠한 상태로 직업군이 다가오든 그 환경에 따라 직무수행을 충실히 수행할 수 있을 것으로 생각한다. 하루아침에 명의가 될 수 없고 하루아침에 저 높은 큰 산을 옮길 수 없다. 우직하고 강직하며 자동차 공부 게을리하지 않는 사람 그 사람이 진정 평생 직업을 가지며 누구에게도 간섭받지 아니한 멋진 기술인이 될 것이다.

필자가 정비 입문할 때 단순히 기계를 만지며 그 원리를 이해하는 수준이었다면 지금은 기술의 변화가 생기고 지속적 문명의 발달로 머물러 있으면 도저히 따라잡을 수 없을 만큼 성장하지 않았는가. 그러므로 그 기본이 되는 것이 "회로 판독"이라 할 것이다. 회로 분석을 할 수 없다면 정비할 수 없는 실정에 다 닳았다.

사회가 너무 빨리 돌아가면서 필자가 생각했던 과거의 자동차 정비와 현재의 정비는 너무나 많은 변화를 가져왔다. 그래서 정비 입문하는 초보 정비사로선 너무 많은 트레이닝 (training)이 필요하다. 단순히 자격증을 취득하고 만족할 현장이 아니라는 뜻이다. 저자는 우리 교육 환경이 빨리 바뀌어야 한다는 것에 한 표를 던진다. 사회적으로 초등학교와 중학교는 자기 적성을 집중 탐구 과정으로 바뀌어야 하고 고등학교는 이를 바탕으로 전문 고등학교로 나아가 고등학교 3년간 국, 영, 수하지 말고 전문 직업 교육으로 바뀌어야 한다고 본다.

이는 선진국에서 예전부터 시행하고 있는 정책이다. 정말 그 해당 분야만 집중 연구하고 그로 인하여 더 공부하고자 한다면 대학을 들어가는 것이다. 누구나 대학 입학하는 것이 아니라 물론 국영수 과목을 영특하게 잘하는 학생은 그 방향으로 국가가 나서야 한다. 지난 60년간 대한민국의 먹거리는 교육이었다. 지금의 교육 과정은 선진국으로 나아가 노벨상 하나 타지 못하는 것으로 전락(轉落)하였다. 대한민국의 이러한 현실이 안타깝다. 고등학교 교육을 한번 보면 모든 게 보이는데 정치권은 밥그릇 싸움이나 하고 지금 이 시대가 난세(亂世)가 아닌듯싶다.

앞으로 자동차 기술교육은 현재 운행하고 있는 자동차의 정비 기술뿐만 아니라 미래의 자동차를 연구하고 그 진단 기술을 현장에 뽐내어 우리 학생들이 바로 현장에 투입되었을 때 신기술과 발맞추어 인성을 고루 갖춘 인재 양성이 시급하다고 생각된다. 현장과 동떨어진 교육에 미래는 없다. 정말 기술인으로 살고자 한다면, 전기, 전자, 기계, 재료역학, 금속, 유체역학, 열역학 등도 중요하지만 필요에 따라 공부를 선별적 수준별 학습이 중요하다고 본다.

그것이 현장 직무와 어떠한 관계가 있는지 현재 직무와 연관성이 없다면 득도(得道)한 들 재미없는 책이 되고 이론이 되지 않겠는가! 자 그럼 또 과제를 통하여 여러분 것으로 만들어 보자.

과제1 오디오 회로에서 전원공급 단을 측정하시오.

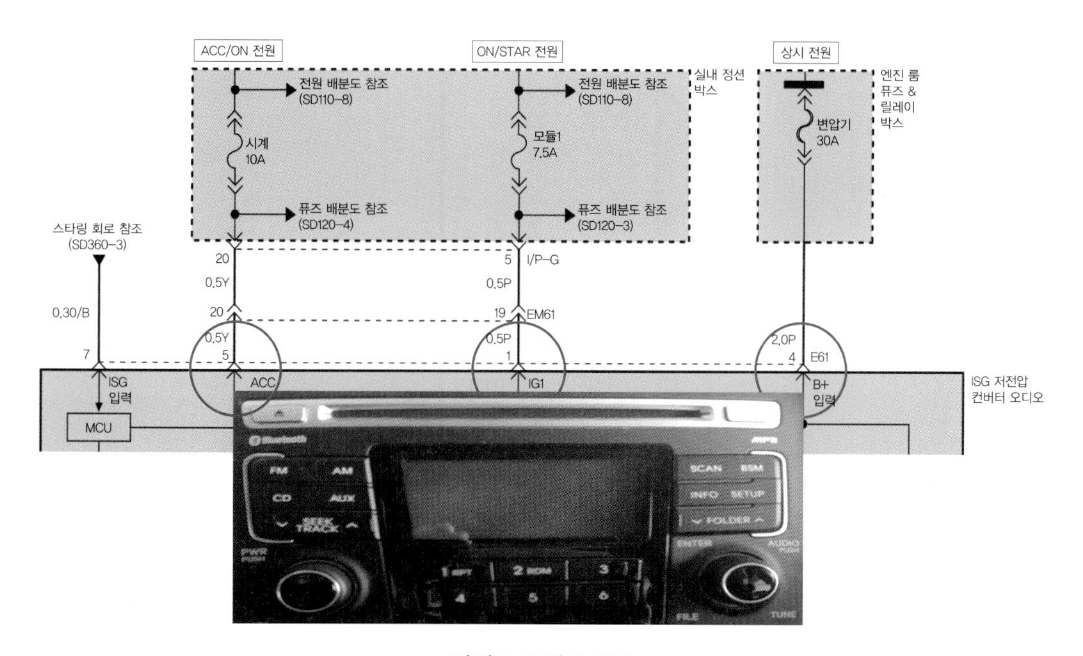

과제 1. 오디오 회로

표 17-1. 실습

항 목	측정 조건	커넥터	측정 전압(V)	판 정
오디오	시동/OFF	5번 핀		양, 부
		1번 핀		
		4번 핀		
	시동/OFF/ACC	5번 핀		
		1번 핀		
		4번 핀		
	시동/ON	5번 핀		
		1번 핀		
		4번 핀		

과제2 오디오 회로에서 스피커 작동 파형을 측정하시오.

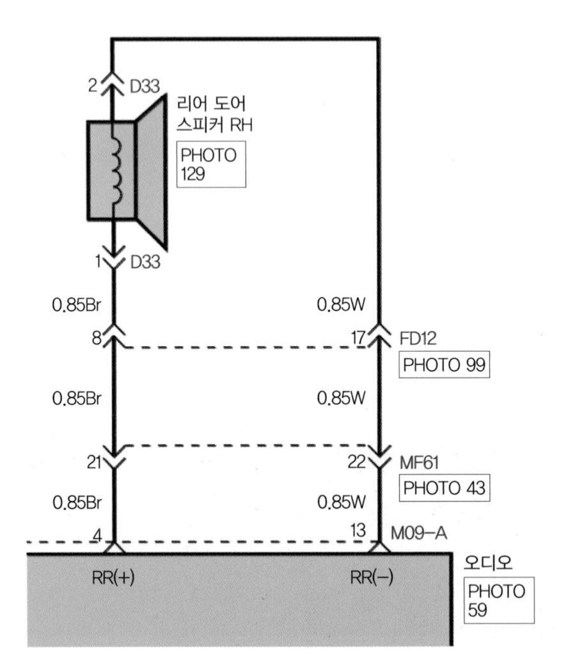

과제 2. 오디오 스피커 회로

표 17-1. 실습

항 목	측정 조건	오디오 커넥터	파형 측정	
오디오 스피커	오디오 작동/ 스피커 ON	M09-A 13번		양, 부
		M09-A 4번		

18

실무 조명등 회로정비

자동차는 실내조명을 선명하게 하고 어둡게 하여 운전자 취향에 맞게 조절하는 스위치가 내장되어 있다. 이러한 곳에 고장이 발생하면 자동차는 밝기 조절이 되지 않는다. 동작 조건에는 미등 스위치와 레오 스탯 스위치(Leo Stat Switch)가 있으며 이 신호 전압은 계기판(Cluster)으로 입력되고 계기판은 CAN 통신을 통해서 스마트 정션 블록(Smart junction block)으로 정보를 주고 스마트 정션 블록은 부하 측으로 전류를 흘려보낸다. 이때 미세 전류를 통해서 램프의 밝기를 조절한다.

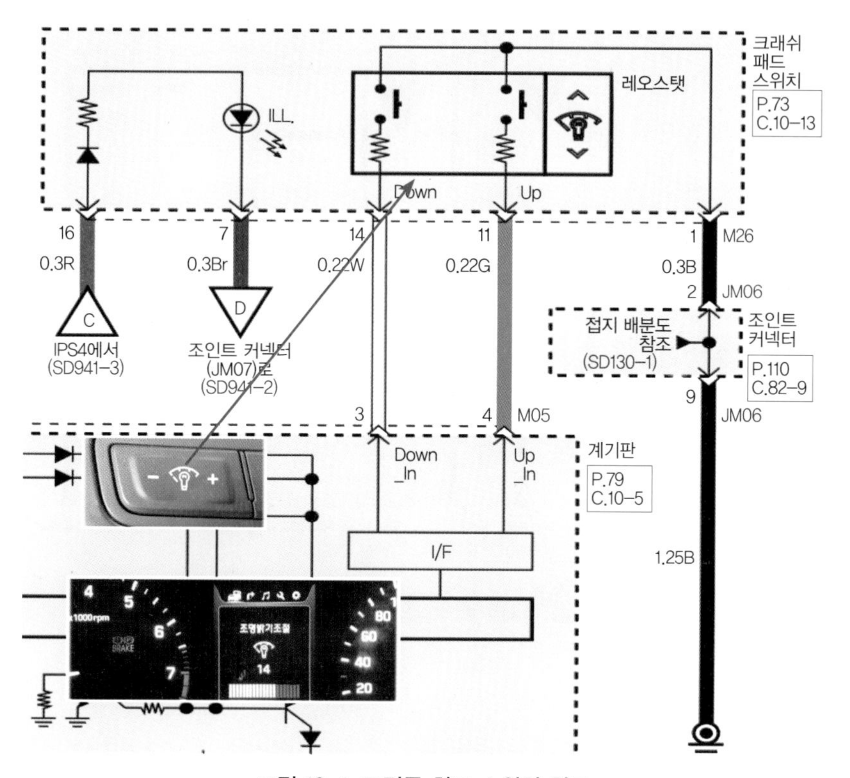

그림 18-1. 조명등 회로 스위치 회로

크래쉬 패드(Crash pad) 스위치를 작동하여 각종 실내 전구의 밝기를 환하게 어둡게 할 수 있다. 아래 그림 18-2는 실내등의 회로를 나타내었다.

실내등 전구는 과거와 다르게 LED(Light-Emitting Diode)를 사용한다. 발광 다이오드 Ga(갈륨) P(인) As(비소)를 재료로 하여 만들어진 반도체로 다이오드의 특성을 가지고 있으며 전류를 흐르게 하는 회로를 만들면 붉은색, 녹색, 노란색으로 빛을 발한다. 전구에 비해 수명이 길어지고 응답 속도(전류가 흘러서 빛을 발하기까지의 시간)가 빠르고 다양한 모양으로 만들 수 있다는 데 이점이 있다. 차량 내외부에 표시를 통한 인디케이터에 사용되며 자동차의 숫자 표시에 적당하다.

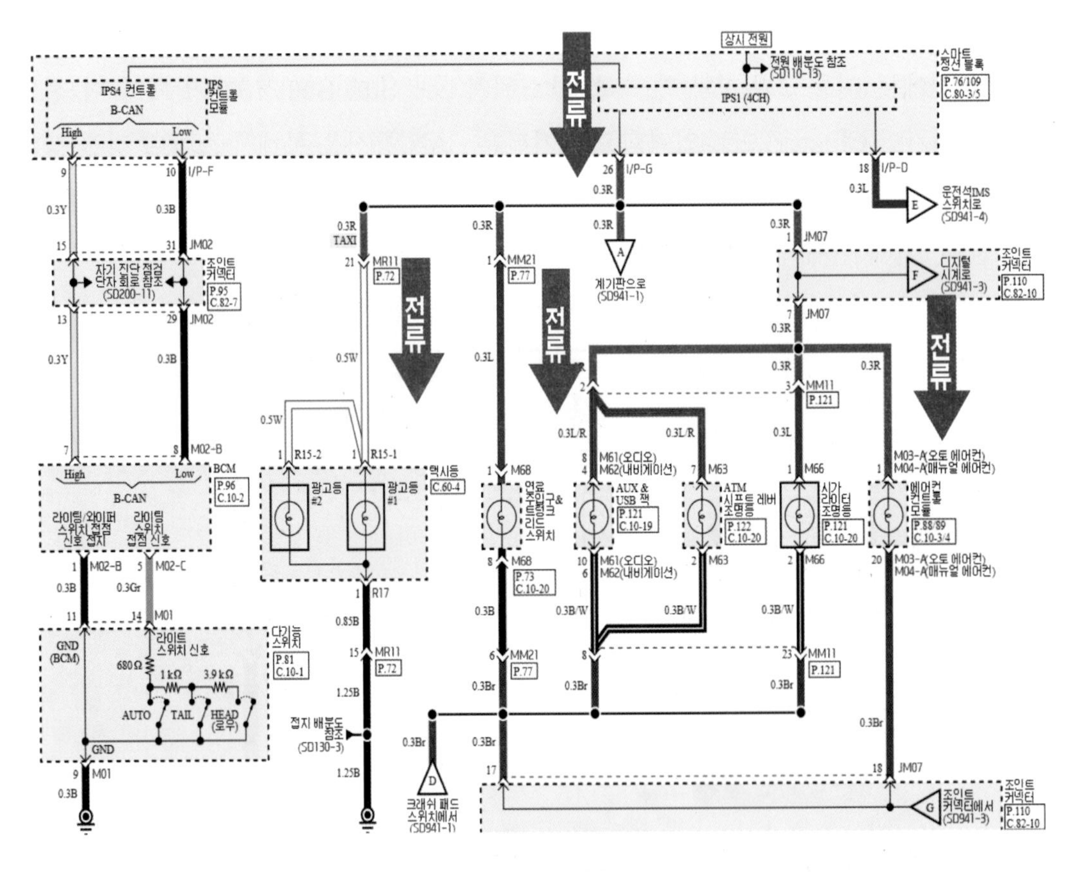

그림 18-2. 조명등 회로

최근 자동차는 퓨즈나 릴레이가 삭제된 스마트 정션 블록(Smart junction block)에서 IPS(Intelligent power switching) 소자를 이용하여 전류 감시와 퓨즈 역할 릴레이 역할을 통하여 부하 측으로 전류를 직접 보낸다. 릴레이 제어를 안 한다는 이야기이다. 따라서 레오 스탯의 스위치 파형을 측정하여 스위치 정보를 알고 이 정보를 통하여 클러스터에 입력되면 클러스터의 양방향 통신으로 스마트 정션 블록으로 정보를 송출(送出)하고 스마트 정션 블록은 전류를 전구(LED) 측으로 보낸다. 스마트 정션 박스의 주요 기능으로는 바디 캔 IC(직접회로)가 적용되었고 암전류 자동 차단 장치와 바디전장 스위치 입력 감지를 주로 한다. 그리고 방향지시등 제어를 차종에 따라 단독 제어하는 차량도 있다.

IPS를 통하여 각종 램프 제어 및 PWM(Pulse Width Modulation) 정 전압 제어를 한다. 이는 벌브 타입 전구에 국한하여 작동된다. 그리고 램프의 단선과 단락을 검출 자기 진단 기능도 차종에 따라 제공한다. 혹 다른 장치의 고장 시 Fail Safe 기능으로 통신 불량 시 전조등과 미등을 직접 제어한다. 스마트 정션 박스 보호 기능 중 PCL(Programmable Current Limit)기능과 OCL(Open Current Limit) 기능 Fail Safe 기능이 있다. PCL의 기본 기능으로는 기존 정션 박스의 퓨즈 기능을 대처하여 배선 와이어를 보호하는 기능이고 램프의 Open 상태를 감지하여 운전자에게 알려 주는 기능이다.

마지막으로 페일 세이프 기능은 통신 고장으로 스마트 정션 박스 고장 예를 들어 내부 MCU/퓨즈 단선/ 전압 조절기 고장 시 자동차 키 상태가 IGN2이상이 ON 할 경우 고장 조건에 따라 헤드 램프 LOW와 외부 미등을 강제로 점등한다. 스마트 정션 박스는 부하 측으로 문제가 없을 시 전류를 보내고 접지로 흘려 전구 (LED) 램프가 흐르거나 밝게 점등되게 한다. 아래의 파형은 다단 별로 작동 시 전류 흐름이 미세하지만 많아지거나 적어지는 것을 나타내었다.

그림 18-1에서 레오스탯의 M26 커넥터 0.22G 11번과 0.22W 14번을 파형 측정을 하였다. 레오스탯 버튼을 UP 스위치를 누를 때마다 업(UP) 전압이 약 5V에서 0.13V에 가까운 전압이 다운 접지되고 다운 스위치 작동 시 다운(DOWN)은 약 5V에서 3.39V로 스위치 누른 시점의 전압이 하강하였다. 레오스탯 버튼을 누르고 난 이후 파형을 나타내었다. 계기판(Cluster)에서는 레오스탯 스위치로 5V 풀-업 전압을 내보내

고 이것을 받아 스마트 정션 블록은 전구 측으로 전류를 흘린다. 그것을 단계별 전류를 측정하였다.

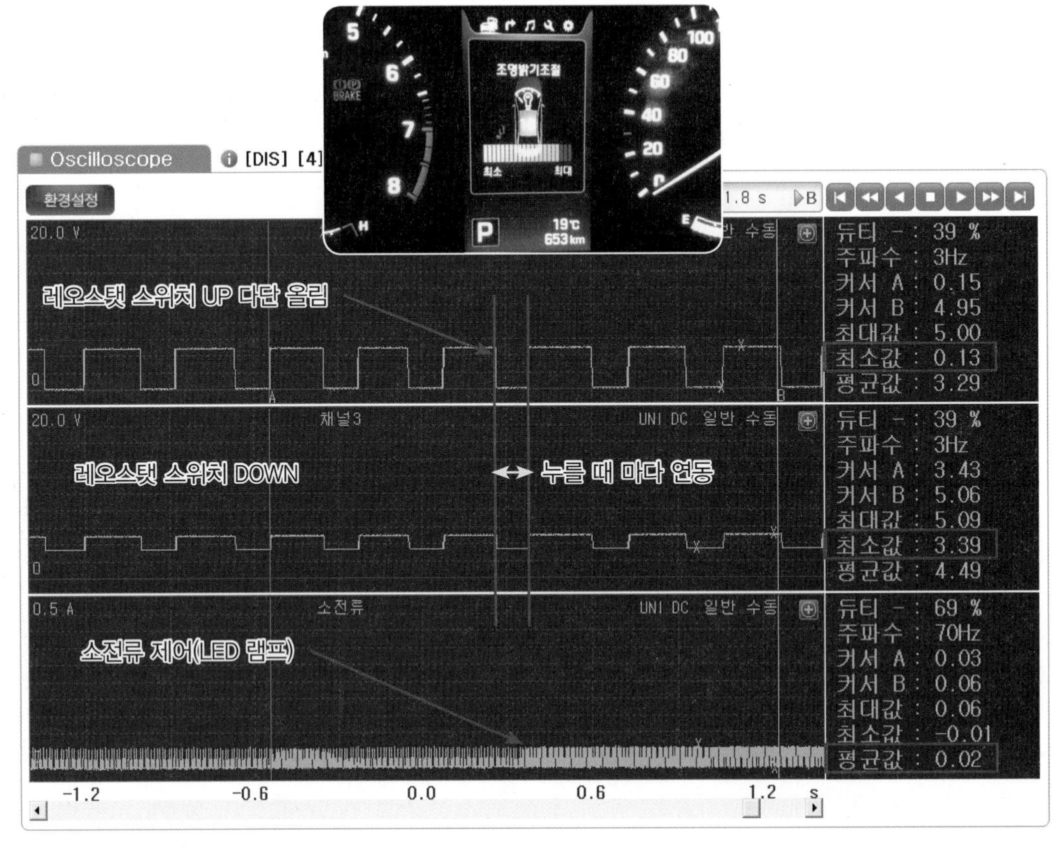

그림 18-3. 레오스탯 스위치 전압과 LED 램프 전류 측정 파형

LED(Light Emitting Diode)는 전류를 많이 먹지 않는다는 장점과 오래 사용한다는 이점 때문에 널리 사용한다. 말이 나와서 말인데 LED는 발광 다이오드라고 하며 전자에서 설명한 것과 같이 전기가 흐르면 전기적 에너지를 빛 에너지로 전환하는데 LED는 빛의 발산이 적색, 청색, 백색, 녹색 등을 이용한 반도체 소자이다.

고효율, 저 전력, 장(長)수명으로 형광등의 1/3 수준이고 백열전구의 1/5이며 수명은 약 3~5만 시간 정도로 보고되고 있다. 수명이 높은 형광등과 비교하게 되면 10배 이상의 반영구적 전구라 할 수 있다. 다른 전구에 비교해 수은과 같은 유해물질을 배출하지 않기 때문에 자동차 회사에서는 시인성과 다양한 색상으로 자동차의 각종 표시등과 조명등에 널리 사용되는 추세이다. 과거에는 헤드램프도 고급 승용 자동차는 HID(High Intensity Discharge) 헤드램프를 사용하였으나 지금은 LED 헤드램프의 적용이 점차 증가하고 있다. HID 고휘도 방전 램프는 고전압을 이용해 전극을 통한 불꽃 방전에 착안하여 개발되었다. 빛을 방출하는 방전 발광 방식의 램프로서 발광관 내에 제논가스와 금속화합물을 넣고 방전관을 통하여 방전되는데 이 전압은 약 2만V 이상의 전압의 특성을 갖는다.

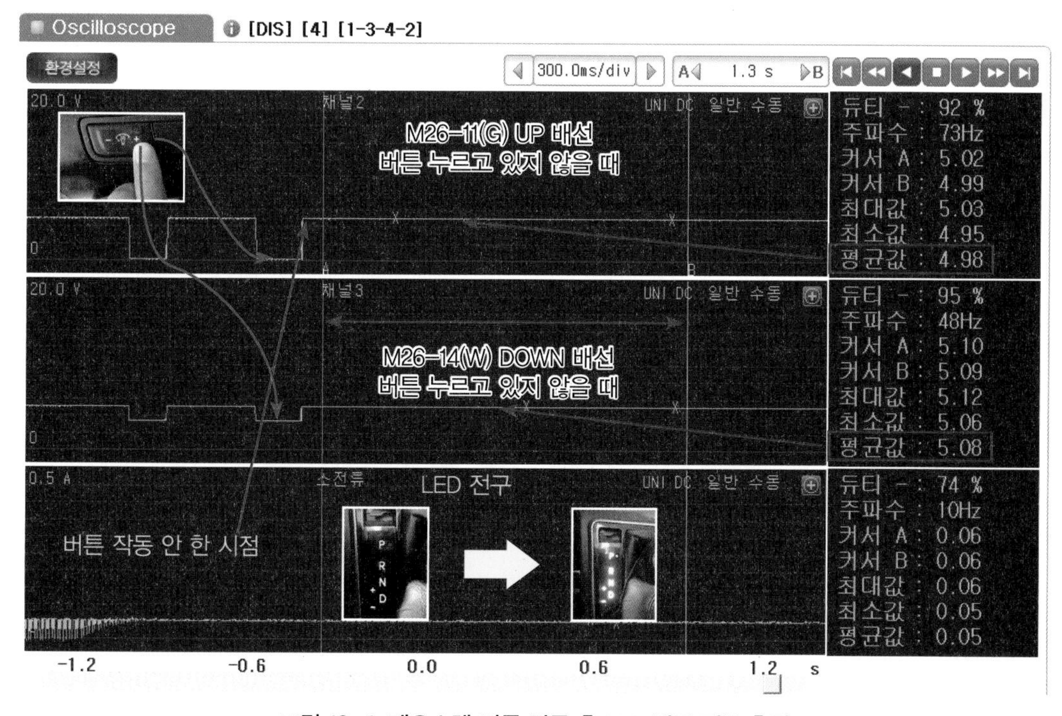

그림 18-4. 레오스텟 버튼 작동 후 LED 전구 전류 측정

할로겐램프보다 광도가 높고 조사 거리가 길며 수명은 5배 이상으로 매우 경제적이다. 특징으로는 자연광에 가까우며 비가 온다든가 전방 시야가 어두운 곳에서 눈의 피로를 줄여 전방 시야를 확보할 수 있고 최근 자동차에 많이 사용한다. 할로겐램프는 작동 온도가 약 250도 이상의 고온 환경이라 석영유리를 사용하고 있으며 필라멘트 재

질은 텅스텐을 사용하며 내부의 가스는 할로겐 가스를 사용한다. 내부의 온도는 약 1,000℃ 이상의 온도 변화에 뛰어난 석영유리를 사용하고 있으며 주로 많이 사용되는 것이 전조등 램프이다. 백열전구는 필라멘트에 약 600℃ 이상으로 가열되면서 빛을 발산한다. 그러면서 필라멘트가 산화되어 산화된 불순물들이 유리관 벽에 달라붙어 빛의 투과율이 낮아지고 필라멘트가 점점 산화되고 가늘어져 끊어지게 된다.

이를 방지하기 위해 진공 상태인 전구 내부에 아르곤과 질소 가스를 혼합한 불활성 가스를 주입하여 산화를 억제한다. 고효율을 기대하기 위해 필라멘트는 볼펜 심 코일 형태로 제조되고 있으며 자동차에서는 브레이크등, 미등, 번호등과 같은 조명등에 사용된다. 따라서 최근에는 실내조명과 외부 표시등을 LED 램프로 적용되어 위의 파형처럼 전류가 적게 흐른다. 아래의 그림은 백열전구와 LED 전구의 사용을 나타내었다.

그림 18-5. 자동차의 백열전구와 LED 전구

스마트 정션 박스의 고장 검출 조건은 차종에 따라 다르나 헤드램프 피드백 전류값은 약 9~13A이고 방향지시등은 약 5~7A이다. 전류를 감지하는 것은 약 12.8ms마다 10회 정도를 체크하고 숏트 상태가 10회 이상 감지를 약 0.3초(300ms) 동안 출력이 되면 전류를 부하 측으로 내보내지 않는다.

비상등 스위치 ON한 경우 방향 지시등 기준으로 램프 4개중에서 3개 이상이 단선되면 방향지시등 점멸을 빠르게 한다.

자. 그럼 다음 과제를 통하여 내 것으로 만들어 보자.

과제1 조명등 회로를 보고 전압 파형을 측정 분석하시오.

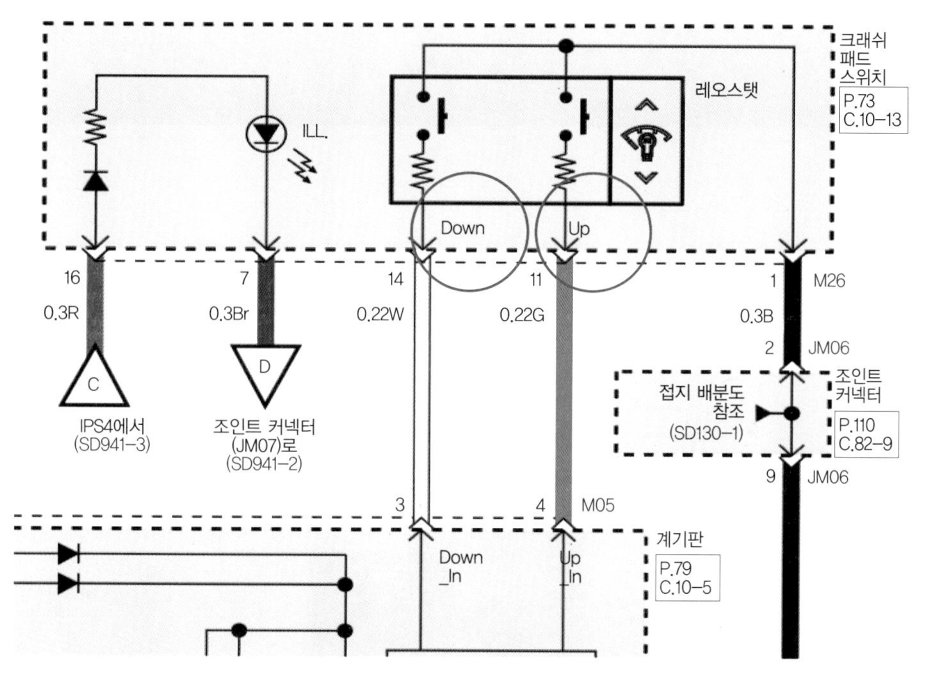

과제 1. 레오 스탯 회로도

표 18-1. 실습

항 목	측정 조건	오디오 커넥터	단수	측정 전압(V)	판 정
조명등	시동/ON 업 작동	M26 11번 핀	1단		양, 부
			2단		
			3단		
			4단		
			5단		
	시동/ON 다운 작동	M26 14번 핀	5단		
			4단		
			3단		
			2단		
			1단		

19

실무 스마트키 시동 회로정비

스마트키는 계속 설명을 해도 지나치지 않는 것 같다. 스마트키(Smart key) 시동 회로 고장진단에 대하여 간략히 설명하고자 한다. 그러기에 앞서 각 부품의 명칭과 설명이 필요할 듯하다.

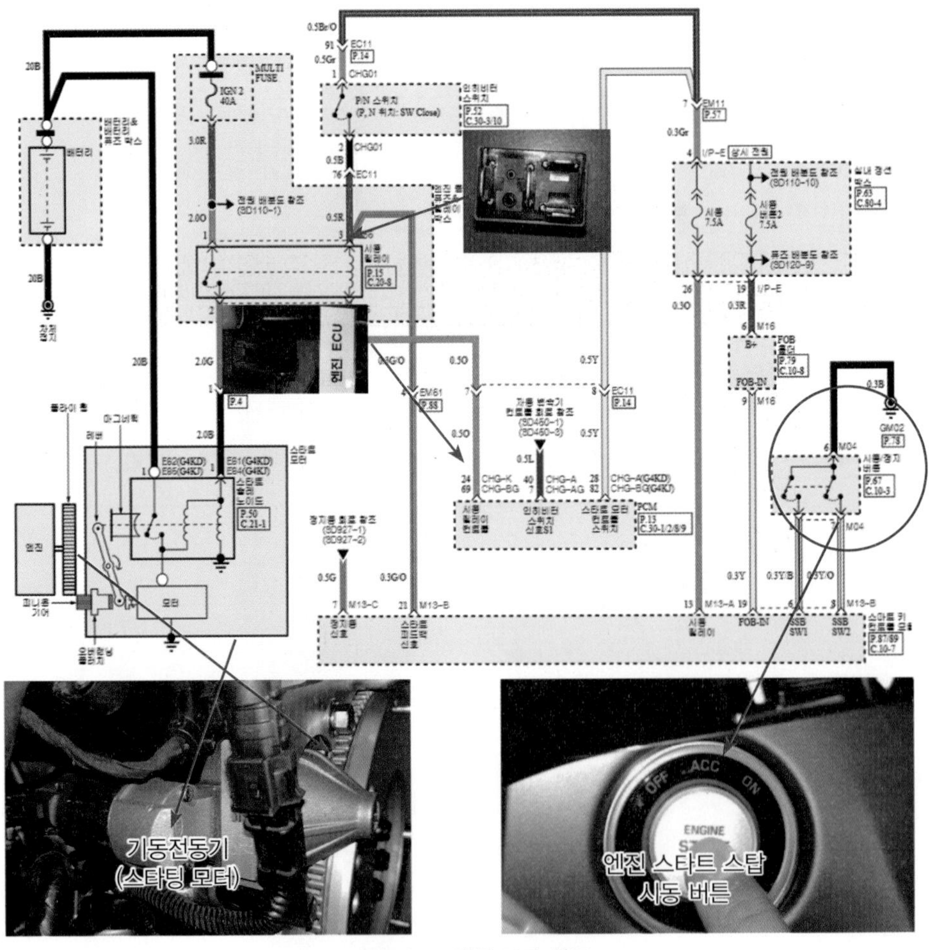

그림 19-1. 시동 모터 회로

그림 19-1회로는 정지된 엔진을 돌리기 위한 기동 전동기 작동 회로이다. 기동 전동기를 다른 말로 스타터 모터(Starter Motor)라 칭하기도 한다. 최근 하드타입의 하이브리드(hybrid) 자동차나 전기자동차(Electric Vehicle Automobile)는 삭제되었다. 모터 시동으로 시작되거나 HSG((Hybrid Starter Generator)시동이 되기 때문이다. 기동 전동기에는 외부에는 ST(자동차 KEY 스위치 단자), B(배터리) 단자, M(모터) 단자로 구성되며 기동 전동기는 회전력을 발생하는 전동기부와 회전력을 기관에 전달하는 동력 전달기구 및 피니언 기어를 섭동시켜 플라이휠 링 기어에 연결하여 엔진을 돌리는 부분으로 구분된다.

여기서는 기동 전동기 내부 자계(磁界)를 발생시키는 장치니, 계철(繼鐵)이니, 전기자니 하는 부분은 설명하지 않겠다. 왜 고장 나면 기동 전동기 어셈블리로 교환하니까. 필드에서는 기동 전동기 단품 고장이 확실한지 아니한지 확인하여 신품으로 교환하고 고장 난 자동차 재입고에 대한 문제를 없애고 다시 재발생하는 것을 줄여 신뢰를 얻고자 함이다. 이제는 분해하여 수리하고 그 수리한 시간적 공임을 받는 시대가 아니다. 혹여 정비사의 실수로 재발생하면 고객이 가만있지 않으니 말이다.

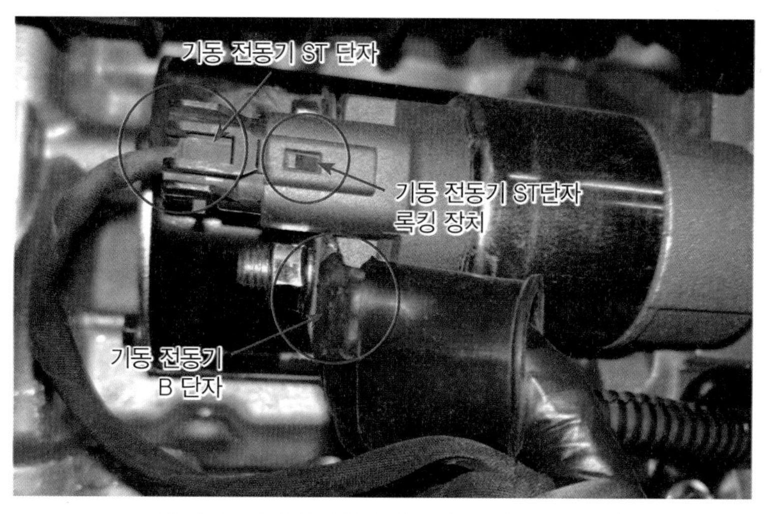

그림 19-2. 엔진에 장착된 기동 전동기 (스타팅 모터)

어찌 되었든 기동 전동기 B 단자에 12V 전원이 대기하고 있다. 기계식 키의 경우라면 키를 ST 측으로 돌리면 ST 단자에 12V 전원이 인가되어 피니언 기어가 튀어 나가고 튀어 나간 피니언 기어는 유지하며 엔진을 돌리는 기능을 한다. B 단자에 전원이 오지 않는다면 배선이 문제지 기동 전동기를 교환하면 되겠는가. 그리고 키를 돌린 상태에서 ST 단자에 전원이 입력되는데 기동 전동기를 교환하는 것 또한 맞지 않는 진단이다.

피니언 기어가 플라이휠 링 기어에 치합되어 내부적으로 전류는 B 단자에서 M 단자로 연결된다. B 단자와 M 단자가 연결되면 B 단자를 통하여 축전지(배터리)의 큰 전류가 M 단자를 통하여 계자 코일로 흐르게 되고 기동 전동기는 회전한다. 따라서 B 단자와 M 단자로 전류가 흐르게 되면 풀인 코일을 거쳐 M 단자로 흐르던 풀인 전류는 전위차가 없어지므로 인하여 더이상 전류가 흐를 수 없게 된다.

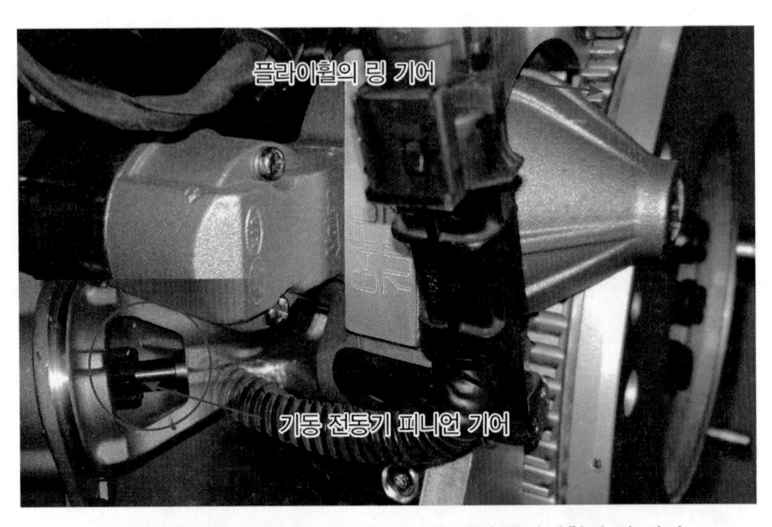

그림 19-3. 기동 전동기 피니언 기어와 엔진 플라이휠의 링 기어

풀인 코일의 전류가 흐르지 못하게 될 때 홀드인 코일의 작용으로 B 단자와 M 단자 연결된 접촉 판은 접촉 상태를 유지하게 된다. 따라서 기관이 시동되어 KEY BOX의 시동 스위치를 놓으면 배터리에서 기동 전동기로 흐르는 전류가 차단되어 자력이 없어지고 플런저가 원위치로 되돌아오게 된다. 그런데 KEY를 놓아도 기동 전동기 피니언 기어와 플라이휠 기어가 떨어지지 않아 계속 돌아서 가는 것이 문제고 처음부터 KEY를

돌려도 움직이지 않는 고장이 있다 하겠다. 그 외에도 작동하면서 소음과 진동을 들 수 있다. 다음 그림 19-3은 자동변속기 장착된 인히비터(Inhibitor) 스위치를 나타내었다.

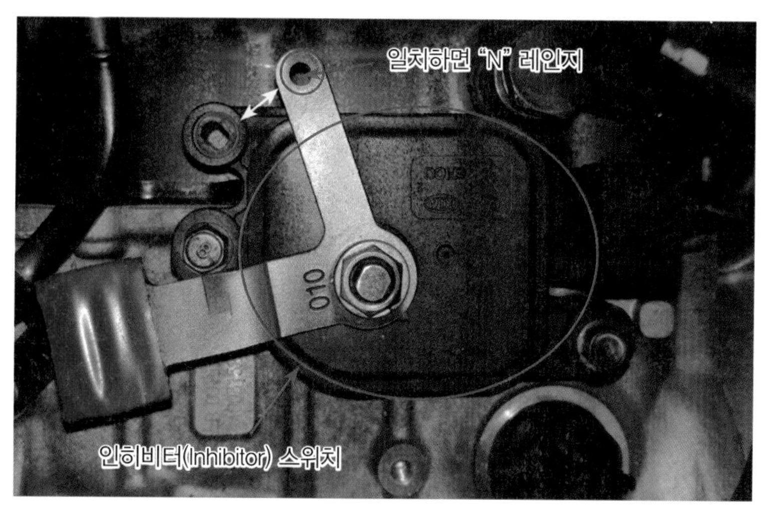

그림 19-4. 밋션 장착된 인히비터 스위치

인히비터(inhibitor) 스위치는 변속기 상단에 장착되거나 트랜스미션 내부에도 장착되어 있다. 운전자의 변속 의지를 전기적인 신호로 자동변속기 TCM(Transmission Control Module)에게 전달하는 기능을 갖는다. 운전가가 변속 레버를 움직이면 연결된 레버의 와이어에 의해 인히비터 스위치 내부 접점이 연결되어 현재의 변속 위치 정보를 TCM으로 전송한다.

최근에는 SBW(Shift By Wire) E- Shifter 내부의 ECU가 레버의 위치를 인식하여 TCM과 CAN 통신하여 변속하는 것을 적용하였다. 고급승용차에 적용되었으며 조작의 편의성이 기대된다. 그래서 이제는 인히비터 스위치도 없어지고 있다. 하지만 지금 대다수 운행 차종이 이것을 통하여 변속 레버로 운전자 의지와 시동과 같은 작동을 할 수 있도록 작동 조건을 만족 시키기 위한 수단으로 사용된다. 그러므로 알아두어야 할 것이다.

인히비터 스위치는 시동 릴레이로 전원을 공급하는 역할을 하는데 시동을 거는 데 있어서 인히비터 스위치의 역할은 다음과 같다. 최근 인히비터 스위치는 접촉식과 비접촉식으로 구분한다. 일반적으로 접촉식은 인히비터 스위치 내의 커넥터가 회전하면서 변속 단의 접점과 접촉하는데 4개의 코드조합에 의한 방식으로 위치를 검출한다.

인히비터(inhibitor) 스위치 회로를 보고 설명하고자 한다.

코드조합 표는 다음과 같다.

표 19-1 접촉식 인히비터 스위치

조합 구분	P	R	N	D
시그널1	12V	0V	0V	0V
시그널2	0V	12V	0V	0V
시그널3	0V	0V	12V	0V
시그널4	0V	0V	0V	12V

비접촉식은 일반적인 인히비터 스위치와 작동은 같다. 그러나 내부 비접촉식 홀 소자를 사용하여 듀얼 PWM 신호로 변속단 정보를 TCU에게 전송한다.

표 19-2 비접촉식 인히비터 스위치

조합 구분	P	R	N	D
시그널1	18.3%	47.5%	64.6%	81.7%
시그널2	81.7%	52.5%	35.4%	18.3%

따라서 기존 인히비터 스위치는 접점 문제가 발생할 수 있고 하여 비 접촉식 인히비터는 신호 조합이 아닌 홀센서를 이용하여 인히비터 스위치가 움직인 각도에 따라 PWM 신호를 TCU로 전송한다. 그래서 지금의 인히비터 스위치 보다는 더 월등한 내구성을 자랑한다. 인히비터 스위치도 이렇게 변천하고 있다.

최근 우리의 자동차를 보면 시동할 때 P와 N 레인지가 아니면 시동키를 돌려도 아무런 반응을 하지 않는다. 그 이유가 무엇인지 이 글을 보면서 설명하겠다.

먼저 P, N 위치 밖에 시동 KEY를 돌려도 기동 전동기 스타트 릴레이로 전원 공급하지 못한다. 인히비터(inhibitor) 스위치가 P, N 위치에서 접점이 붙어 스타트 릴레이 측으로 전원 이동하여 스타터 릴레이를 자화시킨다.

시동키를 돌릴 때 시동 릴레이 측으로 전원을 인가하지 못하게 된다. 위 회로를 보면 시동 릴레이 E65 커넥터 3번 단자에 시동키를 돌릴 때 전원 12V가 인가되면 E65 커넥터 5번 핀 측의 배선은 접지 제어한다. 이 E65 커넥터 5번 핀의 배선은 회로를 따라가서 보면 아예 그 배선은 차체에 볼트로 체결되어 접지되어 있다.

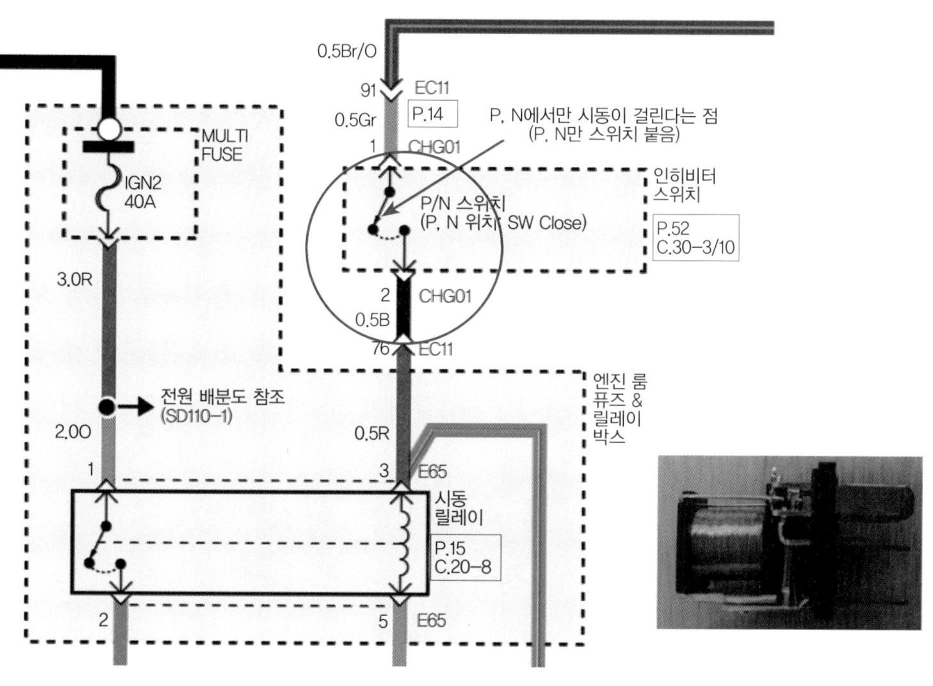

그림 19-5. 인히비터 스위치 시동 접점

그래서 시동키를 돌리면 내부 시동 릴레이 코일에 전자석이 발생하고 좌측에 있던 시동 릴레이 스위치는 우측으로 연결되어 대기하고 있던 배터리 상시 전원(IGN 1)은 릴레이 코일의 자화로 전류는 멀티 퓨즈 IGN2 40A 퓨즈에 12V가 기동 전동기 ST 단자에 연결되고 B 단자와 M 단자가 서로 연결된다. 축전지(배터리)의 큰 전류가 M 단자를 통하여 계자 코일로 흐르게 되고 기동 전동기는 회전한다.

다시 말해서 인히비터 스위치가 P, N이 접촉 불량이거나 배선에 문제가 생기면 시동 릴레이를 제어하지 못함으로 기동 전동기로 가는 배선 ST 단자 전원공급에 문제가 되기 때문에 시동키를 돌려도 무반응이 되는 것이다. 만약 R 레인지에서 기동 전동기가 돌아간다면 갑자기 후진으로 자동차가 튀어 나가 위험한 상황이 되지 않겠는가. 그러니까 어쩌면 P, N에서 시동되는 것은 일종의 안전장치라 할 수 있다.

먼저 스마트키에서 시동을 걸기 위해서는 브레이크를 밟고 시동 버튼을 눌러야 한다. 그림 19-1에서 브레이크 신호는 M13-C 7번 핀의 배선(0.5G)으로 브레이크 밟은 신호가 스마트키 모듈로 입력된다. 입력되지 않으면 전원 이동은 가능하나 시동이 되지 않는다. 물론 브레이크 신호가 미입력되면 페일 세이프(Fail safe) 시동은 가능하다. 만약 브레이크 신호와 스마트키 버튼 신호가 입력되는지 확인하기 위해서는 진단 장비를 이용하여 스마트키 모듈을 선택하고 서비스데이터 브레이크 스위치와 시동 버튼 1, 2를 선택하고 필요에 따른 여러 스위치 신호가 스마트키 모듈로 입력되는지 확인해야 한다.

만약 정상적인 스마트키의 인증이 된 상태라면 스마트키 모듈의 그림 19-1의 M13-A 13번(0.3O) 배선을 통한 12V 전원이 실내 정션 박스 시동 7.5A를 거쳐 PCM의 스타트 모터 컨트롤 내부 접지되고 전원은 인히비터 P, N 스위치를 거쳐 시동 릴레이 코일 단자의 작동 전원으로 쓰인다. 이때 이 배선 어디에 접촉 불량이 존재하면 시동 불량이 생긴다. 다음은 시동 버튼과 시동 릴레이 스마트키 모듈 회로를 나타내었다.

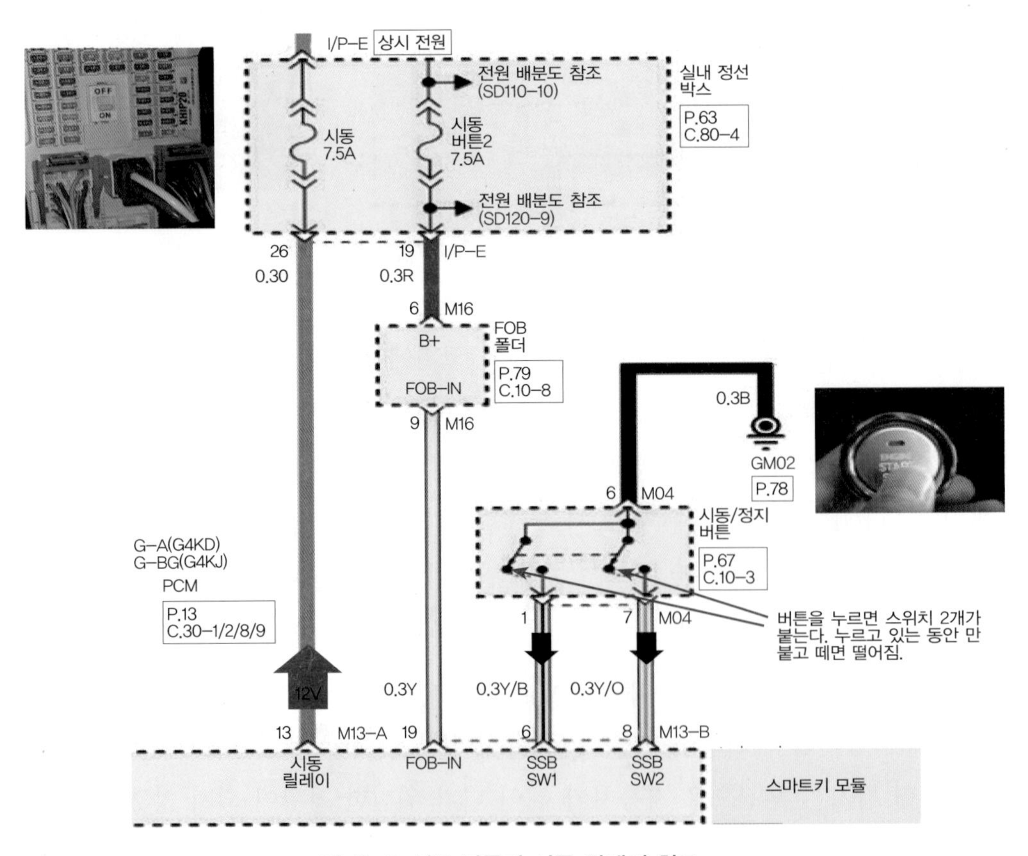

그림 19-6. 시동 버튼과 시동 릴레이 회로

회로에서처럼 시동 버튼 신호가 스마트키 모듈로 입력된다. 입력되지 못하면 시동자체가 되지 않는다. 만약 정상적으로 스마트키 인증이 성공하였다면 시동 릴레이 측으로 12V 전원을 인가하고 그림 19-1에서 병렬로 연결된 배선이 스마트키 모듈로 입력되는데 이 전원이 스마트키 모듈로 입력되지 않으면 스타팅 자체가 되지 못한다.

중요한 것은 PCM 측으로 접지되지 않거나 스마트키로 전원이 입력되지 않으면 스타팅 자체가 되지 않는다. 이 이야기는 그림 19-1과 19-6의 실내 정션 박스 시동 7.5A가 단선되어도 동일(同一)한 현상이다.

그림 19-7에서 스타트 피드백 신호가 스마트키 모듈로 입력되지 않으면 스마트키 모듈의 M13-A 13번 단자 시동 릴레이 제어 단에 나타난 전압 파형이 나타난다. 파형을 그림 19-7과 같이 오실로 스코프로 나타내었다. 그 결과는 다음과 같다.

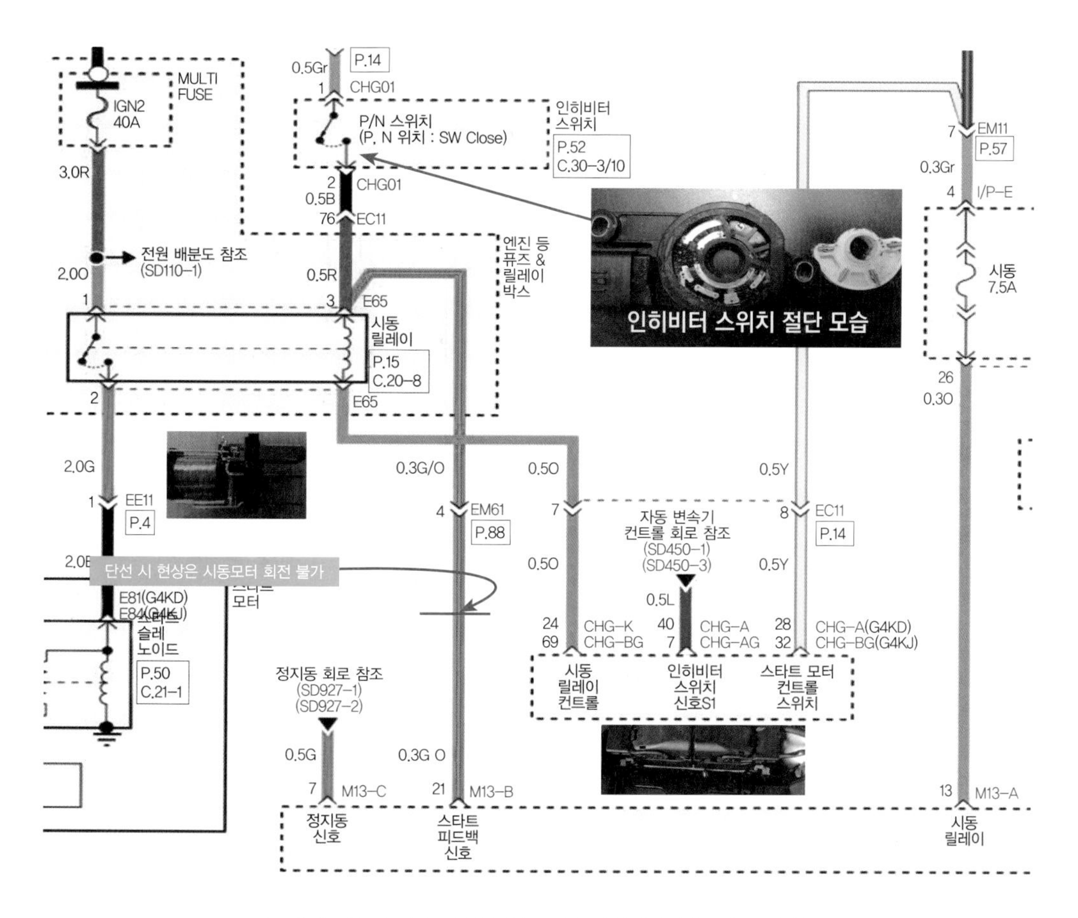

그림 19-7. 스마트키 모듈의 스타트 피드백 신호 배선 단선

스마트키가 정상적인 인증이 완료되면 운전자가 브레이크 밟고 시동 버튼을 누르면 시동 버튼 신호 1, 2가 스마트키 모듈로 입력되고 스마트키 모듈은 이런 의지를 반영하여 운전자가 시동하는 것으로 알고 시동 릴레이 측으로 스마트키 모듈은 12V 전원을 출력한다. (보낸다.)

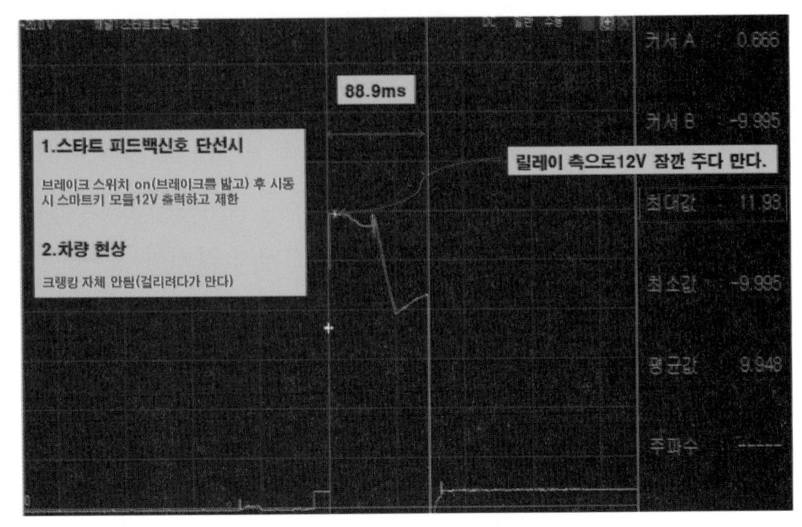

그림 19-8. 스마트키 모듈로 입력되는 스타트 피드백 신호(단선 시)

따라서 이 전원은 P, N 인히비터 스위치를 거쳐 시동 릴레이의 코일과 하나는 스마트키 모듈의 M13-B의 21번(0.3G) 배선으로 12V 전원이 입력된다. 필자는 이 배선을 임의적으로 단선시켜 현상을 관찰하기로 하였다. 그림 19-8의 오실로스코프 파형에서 측정된 것과 같이 약 88.9ms 동안 평균값 약 9.9V를 출력한 다음 끊어 버리는 것이다.

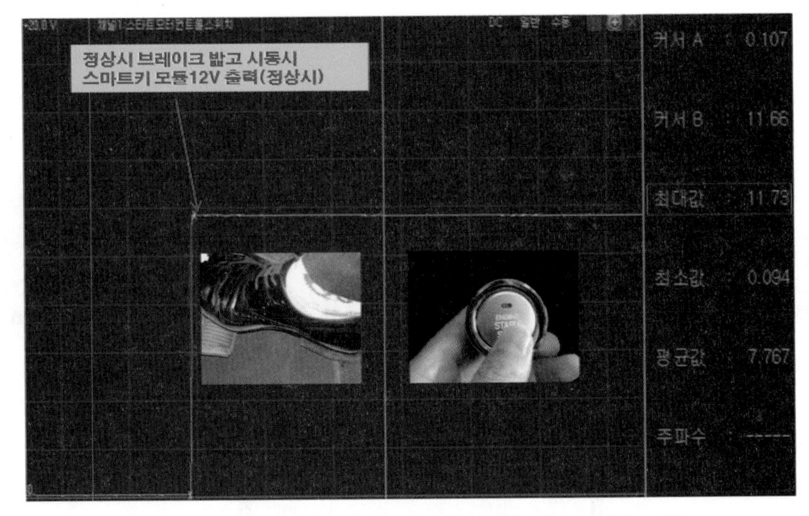

그림 19-9. 스타트 피드백 신호 정상 입력 시 12V 전원 파형

이런 현상은 많지 않으나 현장에서 배선의 접촉 불량에 의한 고장이라면 찾기가 난감하므로 표현하였다. 따라서 스마트키에서는 스타트 피드백 신호에 12V가 입력되어야 스마트키 모듈은 시동 릴레이를 제어한다는 의미가 된다. 모든 차량이 다 그런 것은 아니니 현장에서 정비하면서 현상을 비교해 보기 바란다. 이런 고장의 현상은 기동 전동기는 "틱" 하고 돌려다 만다.

다음 그림 19-9의 오실로스코프 파형은 스마트키 모듈로 스타트 피드백 신호가 정상 입력될 때 입력 전압을 측정하였다. 참고하길 바란다. 정지등 신호 입력 후 스타트 스탑 버튼(Start stop button) ON 하면 시동 릴레이 제어용으로 사용되는 전원이다.

다음은 시동 릴레이 코일 단의 접지 제어를 설명하고자 한다. 모든 전원이 입력되었다 하더라도 그림 19-10에서 엔진 ECU로 가는 시동 릴레이 컨트롤 배선이 단선되면 시동 불가는 당연한 일이다. 이유는 시동 릴레이 제어 못 하고 기동 전동기(Start motor) ST 단자 측으로 전원 12V를 출력하지 못하기 때문이다.

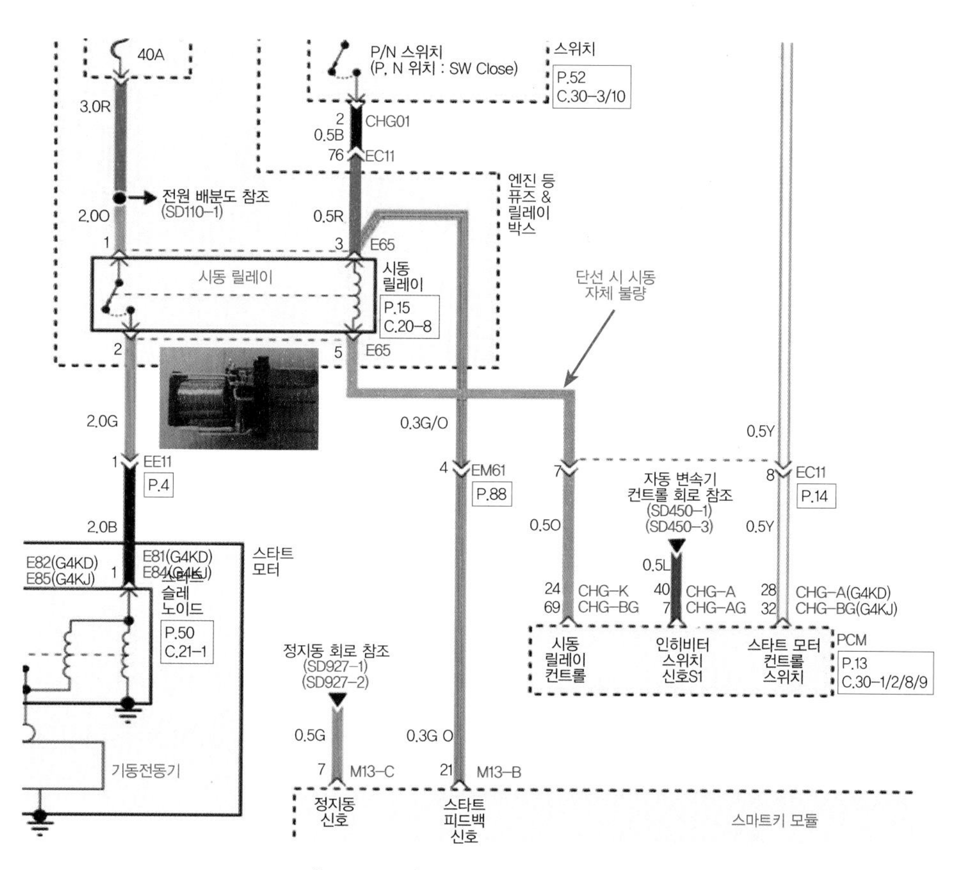

그림 19-10. 시동 릴레이 엔진 ECM 제어

그리고 엔진 RPM이 약 500 RPM 이상 되면 크랭크 각 센서 신호를 받아 엔진 ECU는 즉시 접지를 끊어 시동 모터 회전을 금지한다. 다음은 전체적인 사항을 나타내었다.

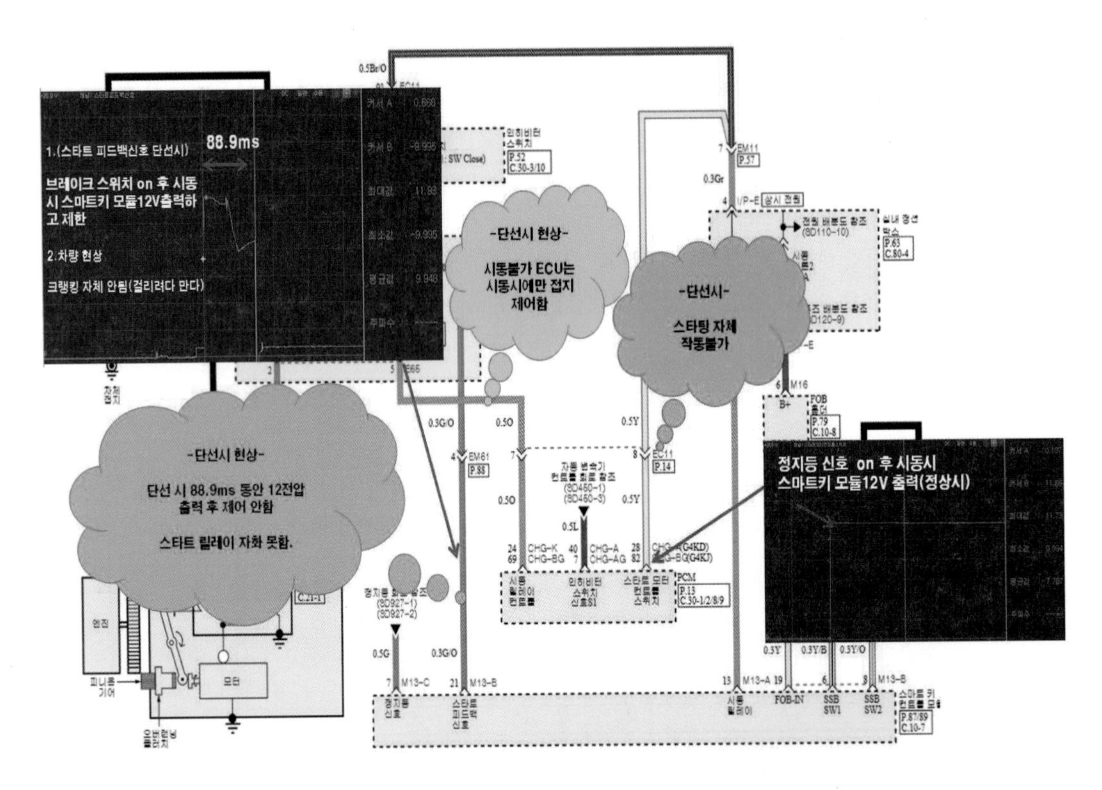

그림 19-11. 해당 배선 단선 시 현상

이처럼 새로운 시스템이 나오면 차종별로 측정하여 본인 스스로가 정리하고 있어야 진정한 정비사라 할 것이다. 이러한 내용은 차종별로 다르며 제조사별 정리가 필요하다 하겠다. 먼저 노력하고 준비하는 사람이라면 언제든 가능성은 있어 보인다.

그러나 노력하지 아니하고 공부하지 않으면 지금의 자동차를 정상적으로 만들기 어려워 보인다. 오히려 고장을 내는 과정에 가까울 것이다. 다음은 시동 릴레이 내부 스위치와 모터 전류 흐름을 설명하고자 한다.

그림 19-12의 시동 릴레이 E66 커넥터 3번에 12V 전원이 입력되면 릴레이(Relay) 코일 반대쪽 E66 커넥터 5번 핀 배선(0.5 오렌지색) 엔진 ECU에 의해 접지가 되고 전류는 스마트키 모듈에서 실내 정션 박스 시동 7.5A 퓨즈를 지나 인히비터 스위치 P, N 레인지를 거쳐 시동 릴레이 코일을 지나 엔진 ECU로 흐른다.

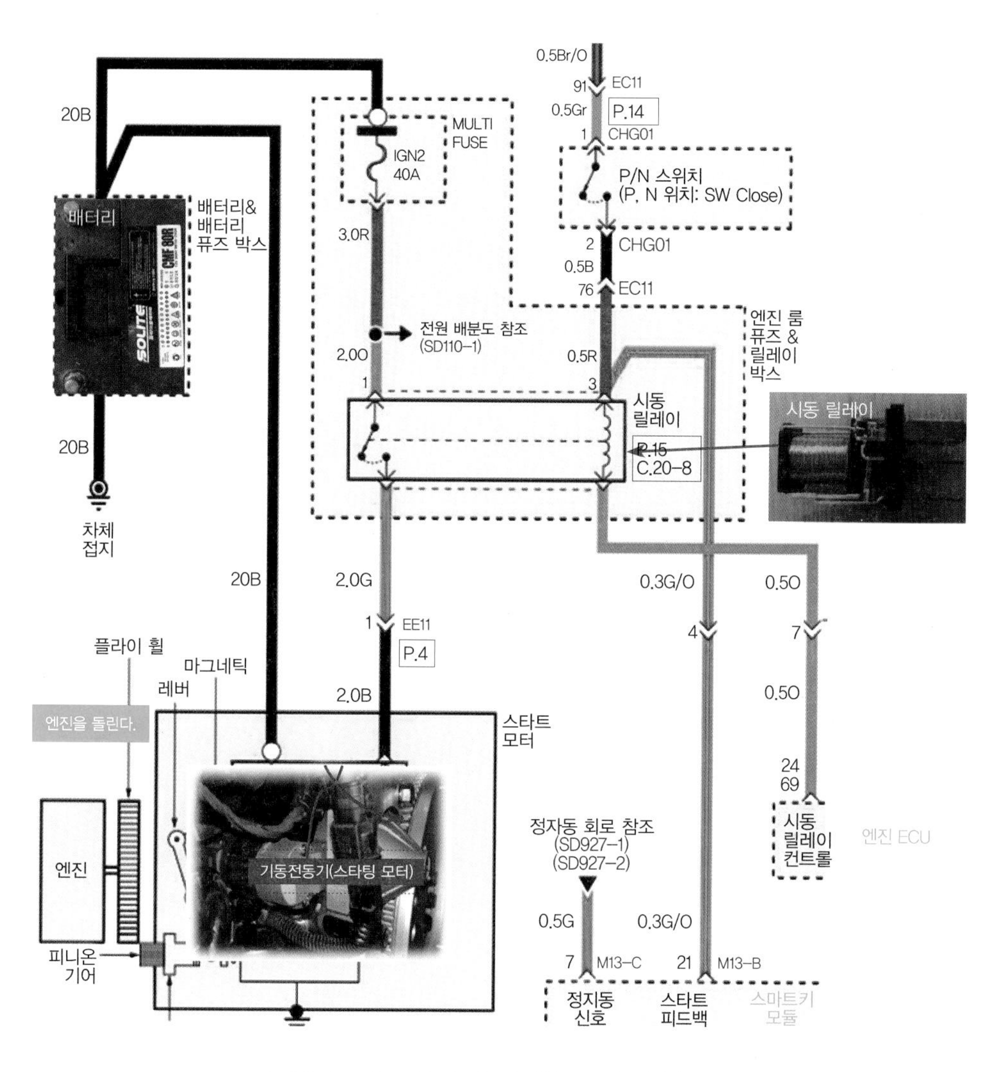

그림 19-12. 시동 릴레이와 모터 작동

배터리에서 시작된 12V 전원은 평상시 Ignition(IGN) 2는 40A 대용량 퓨즈를 지나 시동 릴레이 스위치 내부 접점까지 와 있다가 시동 릴레이 코일에 흐르는 소전류(小電流)로 인하여 릴레이 내부는 전자석(電磁石)이 된다. 따라서 릴레이 내부에 대기한 12V 전원은 E66 커넥터 2번 핀 배선으로 12V를 인가하고 기동 전동기 ST 단자(Start motor)로 전류가 흘러 접지로 흐르게 된다. 하여 모터는 회전하여 엔진을 돌리고 멈춘 자동차 심장(Engine)은 뛰게 된다. 사실 이것만으로 자동차는 점화(Spark)가 되는 것은 아니다.

이것은 필자가 차기 집필 2편에 자세히 설명하도록 하겠다. 만약 크랭킹(Cranking)이 안 되는 자동차가 입고한다면 이러한 부분을 한 군데도 놓치지 않고 점검해야 할 것이다.

그림 19-13은 인히비터 스위치를 절개한 모습이다. 자동변속기(Automatic transmission)에 장착되며, 인히비터 스위치가 궁금할 것 같아 절개한 그림을 추가로 나타내었다.

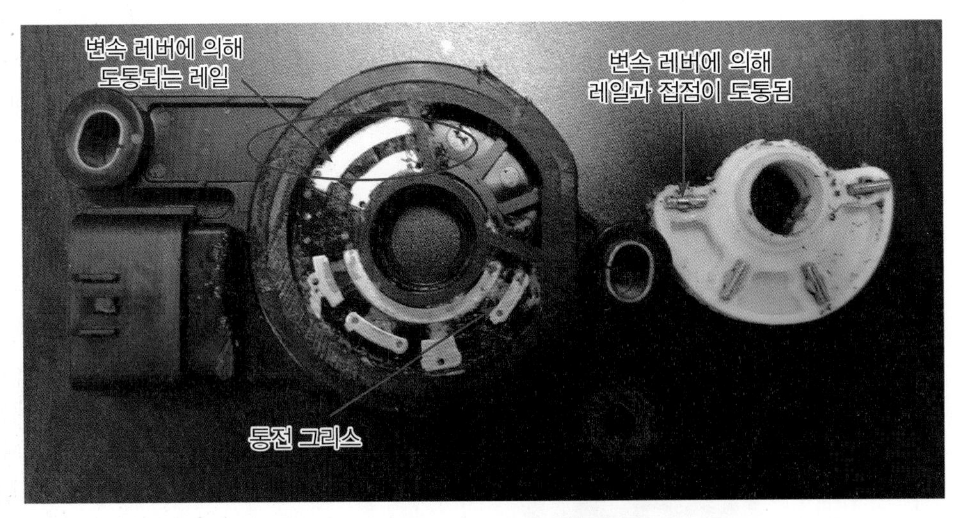

그림 19-13. 인히비터 스위치 절개하여 본 모습

변속 레버 케이블에 의해 P-R-N-D 위치와 레일 접점을 통한 현재의 변속 단을 자동변속기 ECU로 전달하고 시동에 필요한 위치 P와 N 레인지(Range)는 스타트 모터 릴레이 측으로 12V 전원 인가하여 현재 변속 위치를 자동변속기 ECU로 알려주는 다리 역할을 하게 된다.

인히비터 스위치는 자동차를 운행하면서 빈번히 사용하게 되는데 대부분 고장은 빈번한 사용에 의한 접점의 연결 불량이 많다. 따라서 비접촉식 인히비터 스위치의 개선이 요구된다. (현재 사용하고 있다)

운행하면서 지속적 사용으로 내부 접점의 저항 과대, 접점 손상 및 마모 등이 있으므로 여러 번의 검증을 통하여 고장진단을 내릴 필요성이 있다. 그리고 케이블의 유격이나 "N" 위치 조정 불량으로 각 레인지 위치가 맞지 않아 고장 나는 사례가 종종 있다.

따라서 인히비터 스위치 고장은 접점의 간헐적 고장으로 평소 저항 측정으로는 잘 나타나지 않는다. 인히비터 스위치는 최근에 4 단자 신호 조합형으로 중간 위치 또한 가능하다.

운전자 요구에 따라 변속 레버의 작동 위치 정보를 TCM(transmission Control Module)으로 전송 4개의 신호 조합(S1, S2, S3, S4)으로 출력하는 방식으로 시동 및 후진등 단자가 없어 인히비터 스위치로부터 코드조합을 TCM이 받아 P/N 릴레이와 후진등 릴레이를 각각 제어 했다.

최근 변경된 인히비터 스위치는 시동 및 후진등 단자가 추가되어 직접 제어가 가능해졌다.

과제1 시동 회로를 보고 자동차에서 전압을 측정하시오.

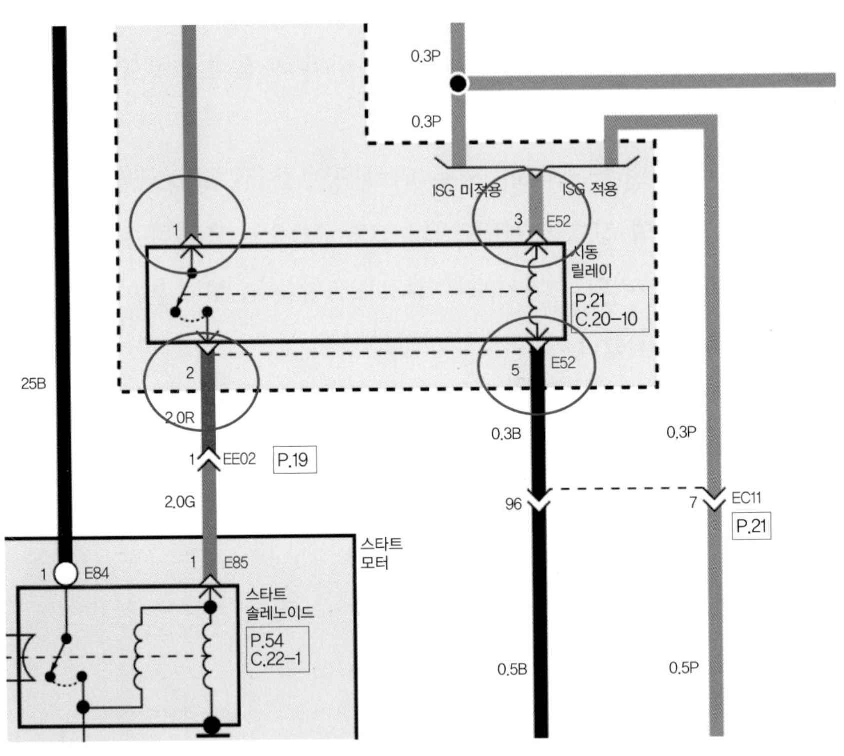

과제 1. 시동 회로

표 19-1. 실습

항 목	측정 조건	커넥터 핀 번호	역 할	측정 전압(V)	판 정
시동릴레이	KEY/ON 시동 OFF 시동 릴레이 탈거 후 각 핀에 배선 삽입 릴레이 장착	E52 1번			양, 부
		E52 2번			
		E52 3번			
		E52 4번			
	KEY/ON 시동 ON 시동 릴레이 탈거 후 각 핀에 배선 삽입 릴레이 장착	E52 1번			
		E52 2번			
		E52 3번			
		E52 4번			

과제1 시동 회로에서 전압을 측정하시오.

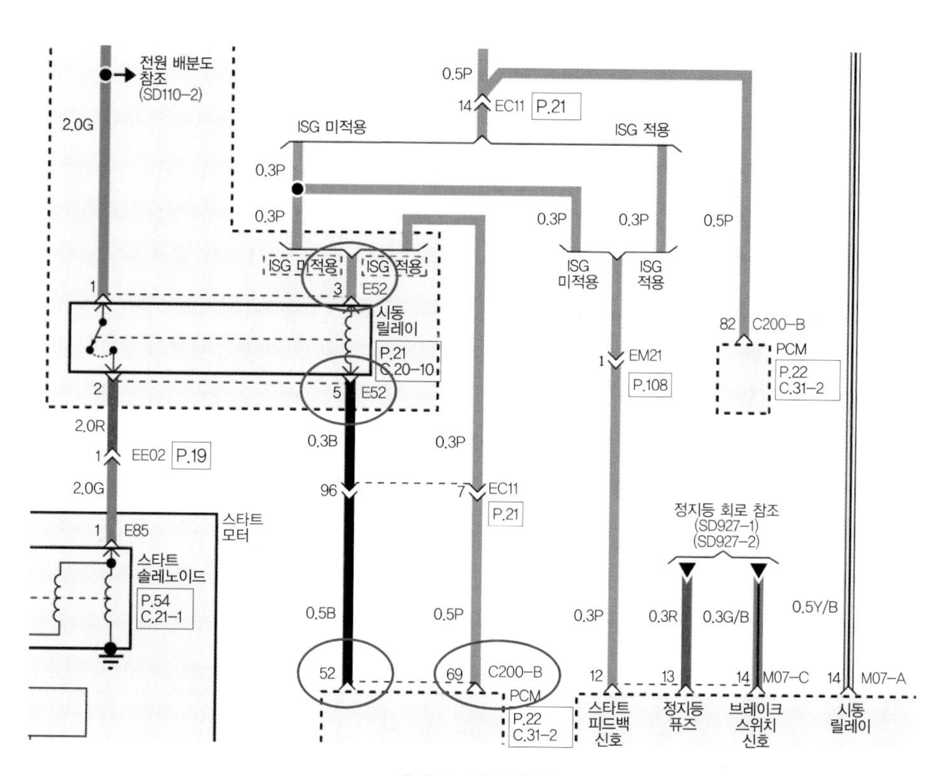

과제 2. 시동 회로

표 19-2. 실습

항 목	측정 조건	커넥터 핀 번호	역 할	측정 파형 (평균 전압)	판 정
시동릴레이	KEY/ON 시동 OFF 시동 릴레이 탈거 후 각 핀에 배선 삽입 릴레이 장착	E52 3번			양, 부
		E52 5번			
	KEY/ON 시동 ON 시동 릴레이 탈거 후 각 핀에 배선 삽입 릴레이 장착	E52 3번			
		E52 5번			

과제3 인히비터 7핀 타입 스위치 전압을 측정하시오.

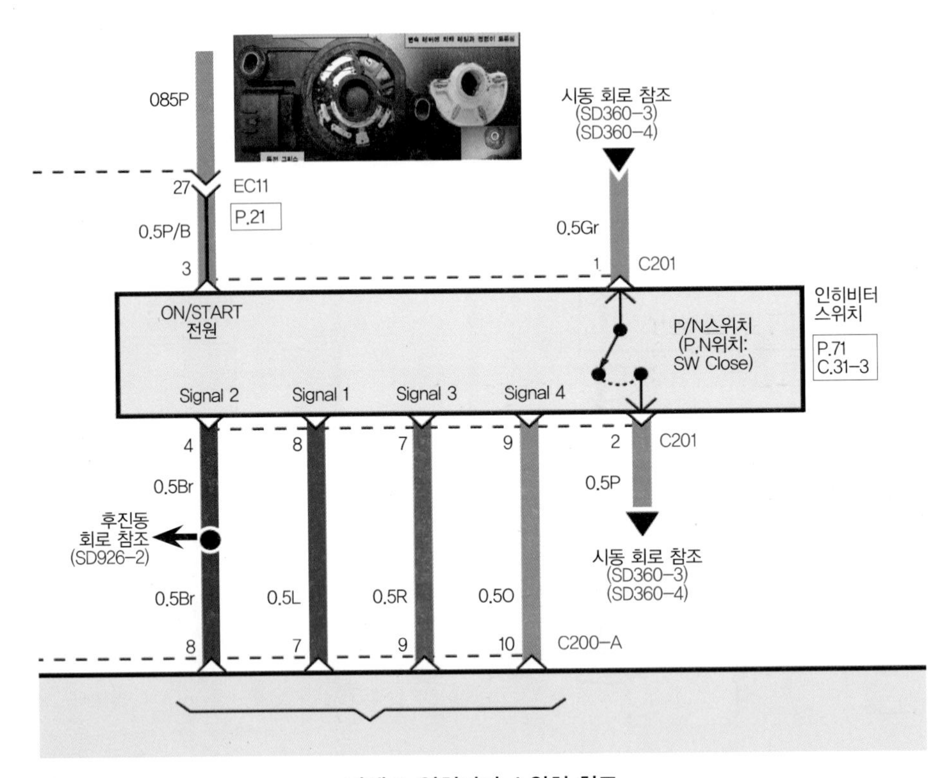

과제 3. 인히비터 스위치 회로

표 19-3. 실습

구 분		P 레인지 (전압V)	R 레인지 (전압V)	N 레인지 (전압V)	D 레인지 (전압V)	판 정
7핀 타입	S1					양, 부
	S2					
	S3					
	S4					

과제4 5핀 타입 인히비터 스위치 전압을 측정하시오.

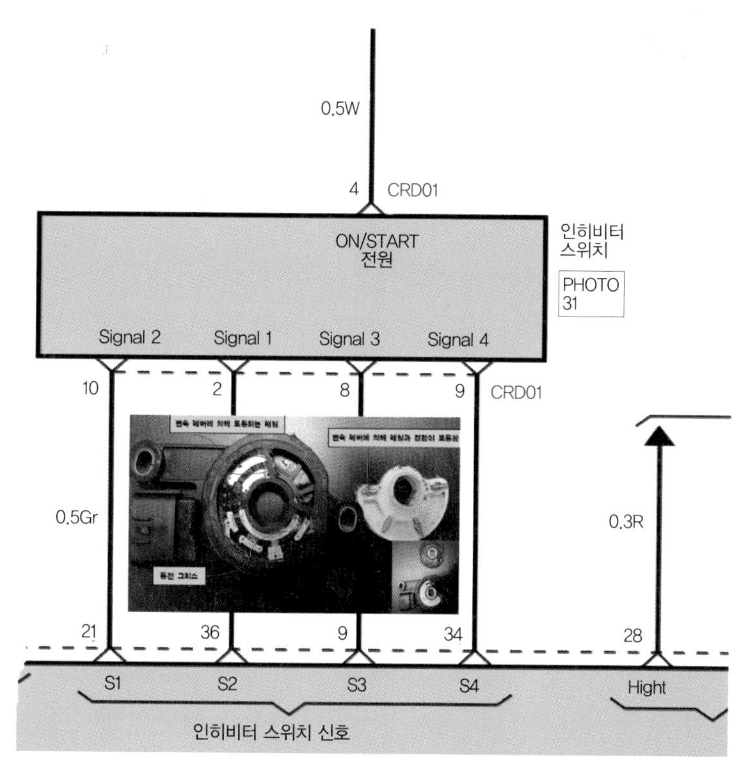

과제 4. 인히비터 스위치 회로

표 19-4. 실습

구 분		P 레인지 (전압V)	R 레인지 (전압V)	N 레인지 (전압V)	D 레인지 (전압V)	판 정
5핀 타입	S1					양, 부
	S2					
	S3					
	S4					

20

TPMS 실무 정비(1)

이번 장은 TPMS(Tire Pressure Monitoring System) 로우-라인(Low-Line)의 경고등 점등 시 점검 방법을 기술하였다. TPMS는 제조사별로 차종에 따라 다르며 공급업체 및 적용방식에 따라 타이어 위치 표시등과 이니시에이터(Initiator) 유, 무를 가지고 하이 라인(High-Line)으로 나뉜다. 이니시에이터는 타이어 압력 센서를 깨우는 역할을 한다. TPMS는 타이어 내부의 휠에 장착되어 내부 센서로부터 공기압을 감지하여 로직의 설정된 압력 이하로 떨어지면 운전자에게 알려 타이어 공기압 부족으로 인한 사고를 미연 방지 타이어 공기압 경보장치이다. (최근 이니시에이터 삭제)

압력은 타이어 내부의 온도와 압력을 모니터링하고 적절히 타이어 공기가 빠져 있어도 운전자는 현재 타이어 상태를 알기가 쉽지 않았다. 하여 자동차는 타이어 상태가 중요하다 하겠다. 국내 법규상 총 중량 3.5 t 이하 차량의 경우 2013년 1월 1일 의무 적용하고 있으며 2015년부터는 유럽의 법규와 동일하게 적용되고 있다. 적용 업체로는 현대모비스, 리어코리아, TRW, 콘티넨탈, 현대 오므론 등등이 있다.

고장은 그림 20-1처럼 시동을 걸어 출발하려는데 타이어 경고등이 점등된 사례이다. 로우-라인에서는 4개의 타이어 압력 센서 압력을 하나의 리시버가 받기 때문에 어느 타이어가 문제인지 알 수가 없다. 로우- 라인은 저가라 볼 수 있고 하이-라인의 타이어 압력 센서는 과거에는 이니시에이터라는 별도의 장치가 있었으나 최근에는 기술의 발달로 삭제되었다. 그림 20-1의 경고등 점등은 로우-라인 타입의 고장 현상이다.

그림 20-1. 타이어 TPMS 시스템 (Low-line) 경고등 점등

그림 20-2의 현재 고장이 난 차량은 센서2 압력이 1.8 bar로 출력된다. 약 1 PSI는 6.9 Kpa 이고 1 kg/㎠은 14.2 psi이다. 이는 1.8 bar는 약 14.2×1.8은 25.5 psi가 된다. 경고등 점등 공기압은 규정 공기압 220.8 kpa/6.9 kpa는 32psi이다. 규정 공기압 32psi에서 히스테리시스 5psi이다. 결국, 27psi 이하에서 경고등이 점등된다. (차종별 상이함.)

센서 데이터 진단

센서명	센서값	단위
센서 1 ID	8CFF3878	-
센서1 압력	2.3	bar
센서 2 ID	8CFF3826	-
센서2 압력	1.8	bar
센서3 압력	2.3	bar
센서 3 ID	8CFF3632	-
센서4 온도	9	℃
센서4 전송상태	Timed	-
센서4 배터리	Normal	-
TPMS 램프	OFF	-

항목해제 고정출력 전체출력 그래프 일시정지 기능선택

운전석 뒤쪽 타이어

배터리 상태 불량 시 (unknown)

그림 20-2. 경고등 점등 차량의 서비스데이터

해당 차종의 센서 프레임을 보면 1.8bar는 결국 약 25bar임으로 타이어 공기압이 부족하여 경고등이 점등됨을 알 수 있다. 그림 20-3의 위 데이터는 해당 타이어 공기를 충전 후 2.4 bar의 압력으로 변동 타이어 공기압이 적어 나타나는 증상이다. 다음은 진단 장비를 통한 차량 진단과정 순서를 작성하였다.

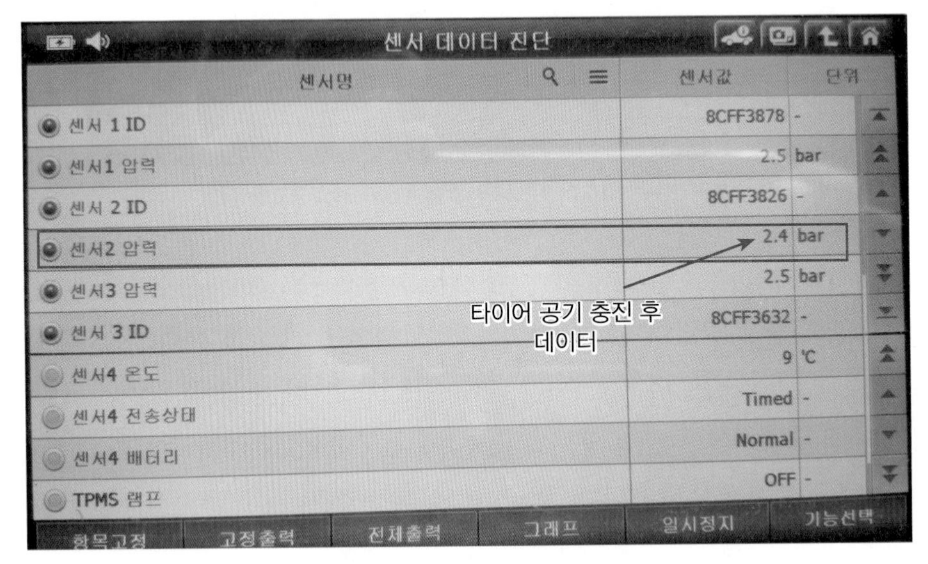

그림 20-3. 타이어 공기 충전 후 데이터

표 20-1. 진단 장비 활용한 진단 순서

1. 전원 on

2. 제조사 선택

3. 차종 선택

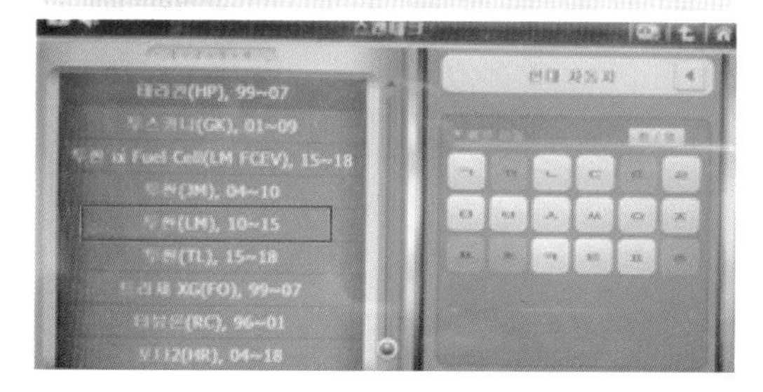

4. 차종 연식 선택

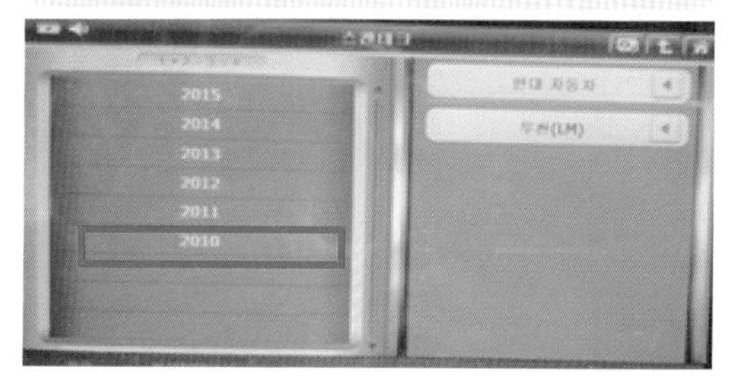

5. 차종의 기관 형식 선택

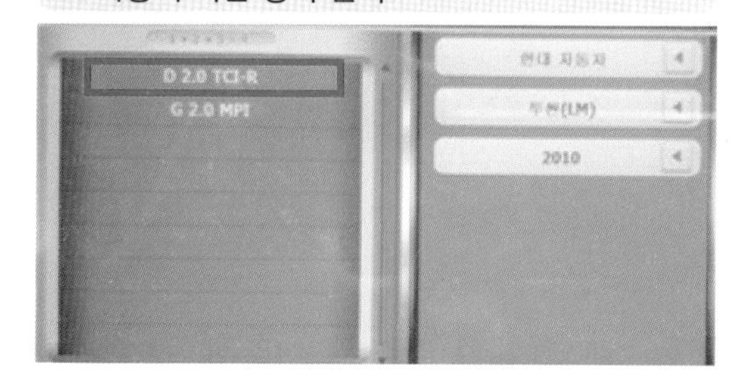

6. 해당 옵션 선택

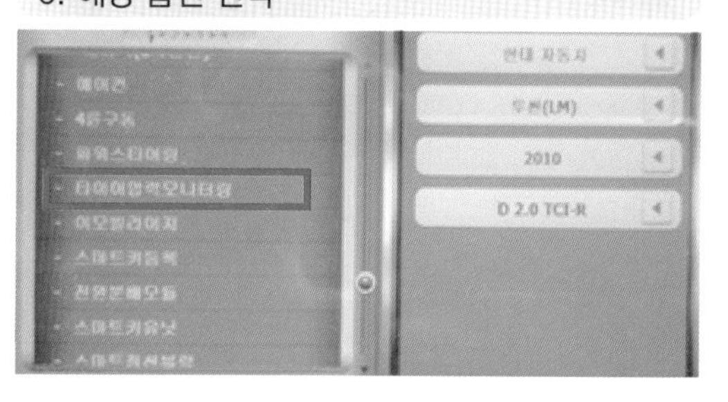

5. 차종의 기관 형식 선택

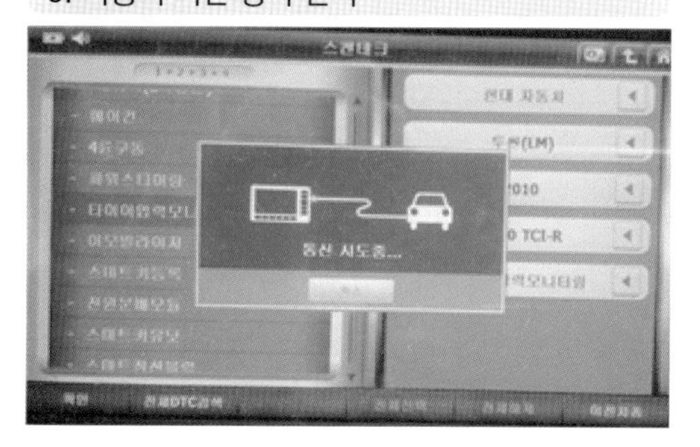

6. 해당 옵션 선택

최근 압력 센서는 타이어 압력, 온도, 가속도, 내부 배터리 상태를 감지하여 무선 데이터(Radio Frequence)를 TPMS ECU(Receiver)로 정보 전달한다. 내부 배터리는 3V이며 수명은 약 10년으로 알려져 있다. 경고등 점등 유형을 정리하여 알 필요성이 있다.

센서의 종류로는 클램프-인(Clamp-in) 타입과 스냅-인(Snap-in)으로 센서 ID는 8개 숫자로 센서 교환 시 센서 ID 정보를 장비로 입력(TPMS-ECU)해야 한다. 계기판(클러스터) 점등 조건은 압력 센서 고장 시 60초간 TPMS 경고등 점멸 후 점등되며 RF 통신 불량과 데이터 오류일 때 점등된다.

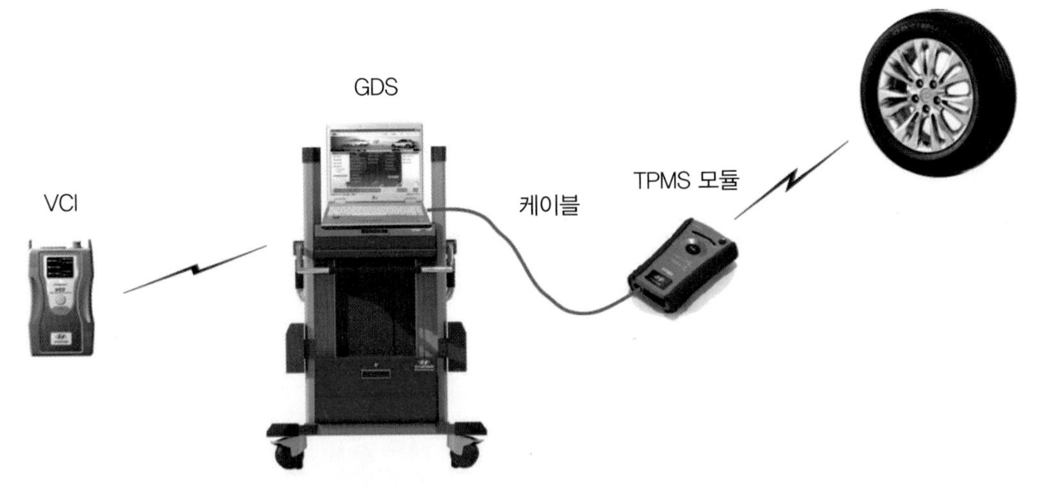

그림 20-4. 진단 장비 센서 교환 시 점검 방법 (출처: GIT)

시스템 방식에 따라 차이가 있으나 TPMS 시스템 고장 시 60초 점멸 후 점등되며 TPMS ECU 교환 후 차명과 센서 ID 미등록 시 점멸한다. 만약 타이어 압력 센서 교환 후 조치 사항으로는 진단 장비를 통해 ID 입력 및 차명 입력하고 주행을 통한 자동학습을 하려면 차 속도 약 25km/h 이상에서 7분 이상 운행하면 가능하다.

타이어 위치 교환 후 조치 사항은 하이-라인의 경우는 센서 ID 입력 및 차명 입력 후 자동학습이 이루어지며 로우-라인은 공기압이 저하된 위치 표시를 하지 않으므로 학습 필요 없다고 하겠다. 위 진단 장비를 이용하여 센서 ID 및 차명을 입력하기에 필요한 장비를 그림 20-4에 나타내었으며 타이어 탈, 부착 시 압력 센서 파손에 주의하여 타이어 교환 작업을 해야 한다. 자. 그럼 또 과제 실습으로 내 것을 만들자.

과제1 다음 주어진 TPMS 모듈을 차종에 맞는 센서 정보를 기록 표에 기록하시오.

표 20-2. 데이터

항 목	데이터	기준 값	비 고
ID 정보			
압 력			
온 도			
배터리 상태			
센서 옵션			
무선 전송 상태			
타이어 유형			
센서 상태			
가속도			센서모드 변경필요

과제2 회로도를 보고 각 조원별 자동차의 제조사별 리시버의 장착 위치 및 커넥터 배선 구성을 기록하시오.

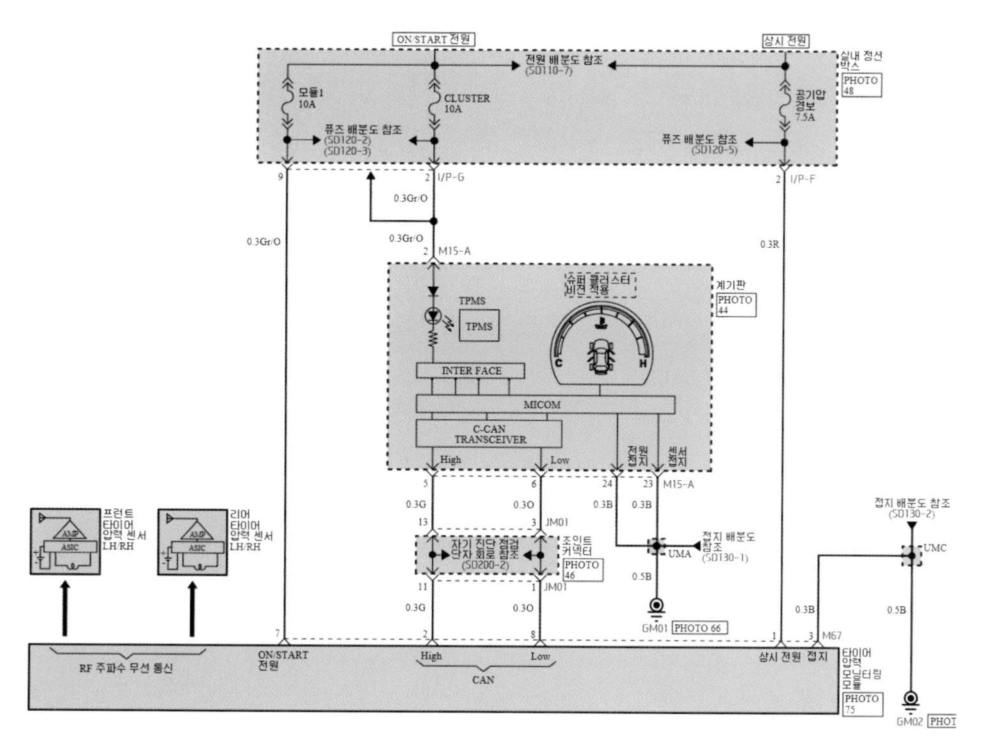

과제 2. TPMS 회로

표 20-3. 데이터

M67 커넥터	배선 색상	역 할	비 고
1번 핀			
2번 핀			
3번 핀			
7번 핀			
8번 핀			

과제3 위 회로를 보고 M67 커넥터 상시전원 퓨즈 단선 시 통신 유, 무와 고장 코드를 작성하시오.

표 20-4.

고장 코드 유, 무	진단 장비 통신 유, 무	비 고

과제4 위 회로를 보고 M67 커넥터 ON/START 전원 퓨즈 단선 시 통신 유, 무와 고장 코드를 작성하시오.

표 20-5.

고장 코드 유, 무	진단 장비 통신 유, 무	비 고

과제5 위 회로를 보고 각각의 상시전원 및 ON/START 전원 단선 시 CAN Low와 High 파형을 측정하여 분석하시오.

표 20-6.

파형 측정	측정 파형 최대 최소 전압 그리기	비 고
1. CAN Hi		
2. CAN Low		

20-1 TPMS 실무 정비(2)

이번 장은 TPMS(Tire Pressure Monitoring System) 타이어 압력 모니터링 시스템의 로우-라인(Low-Line)경고등 점등 시 점검 방법을 기술하였다. 현장에서 이렇게 경고등이 점등되면 참으로 난감하다. 운행 중 경고등 점등은 운전자를 당황하게 만든다.

타이어 공기압 부족인지 시스템의 문제인지 확인해야 하고 그로 인한 스트레스가 이만저만이 아닐 테니 그도 그럴만하다. 자동차 정비를 처음 접했을 때 어떻게 진단해야 좀 더 편할지 저자가 생각하는 관점에서 기술하였다. 여러 개인차는 있는 듯한데 그것은 점검하는 방식의 차이로 받아들이길 바란다. 우리는 살면서 많은 사람을 만나고 그에 따라 저마다 조금씩 생각의 차이가 있다. 이 책을 읽으면서 공부하기보다는 그저 소설책 한 권을 읽는다는 기분으로 자연스러운 만남이었으면 한다. 이 책을 보고 이보다 더 나은 방법이 있다면 본인 스스로가 개척해 나가길 바란다.

저자가 공부할 때는 이렇게 정비 실무를 풀어서 이야기한 서적이 없어 어려웠는데 시간이 흘러 독자들이 정비할 때 낡은 서적이라도 한 번쯤 되돌아보는 서적이길 바라는 마음으로 이 글을 쓴다. 그림 20-1-1은 나의 사랑스러운 거의 10년을 같이한 애마(愛馬)이다.

TPMS(Tire pressure monitoring system)는 제조사별로 차종에 따라 다르며 제작사 및 적용 방식에 따라 타이어 위치 표시등과 이니시에이터(Initiator) 유, 무를 가지고 하이-라인(High-Line)과 로우-라인(Low-Line)으로 나뉜다. 그러나 최근에는 이니시에이터 삭제된 형태로 나오는데 이것은 차종마다 다르다 할 수 있다. 압력은 기준 공기압 대비 약 25%는 32psi 기준 25.75psi 이하일 경우 경고등이 점등된다.

그림 20-1-1. 타이어 TPMS 시스템 (Low-line) 경고등 점등

TPMS의 타이어 압력 센서(Tire pressure sensor)는 내부의 휠에 장착되어 내부 센서로부터 공기압을 감지하여 설정된 압력 이하로 떨어지면 운전자에게 알려 타이어 공기압 부족이 되면 타이어 압력을 TPMS 유닛으로 보내 주는 역할을 한다.

그림 20-1-2. 타이어 압력 센서

그림 20-1-1처럼 운행 중 경고등이 점등되면 진단과정을 나타내었다. 먼저 진단기를 자동차 진단 케이블에 연결하고 전원을 ON 한다.

그림 20-1-3. 차량용 진단 커넥터

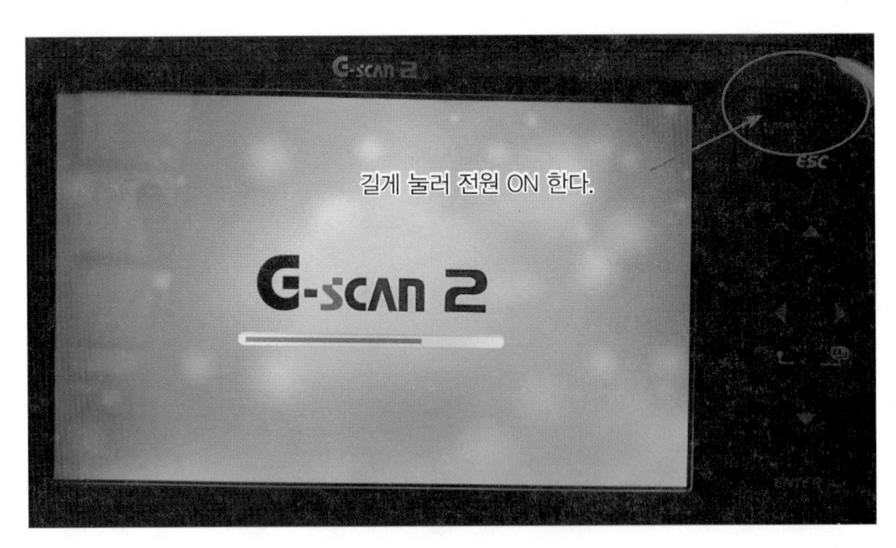

그림 20-1-4. G 스캔 2 진단기

다음 화면에서 3번째 자동차 진단을 선택한다.

그림 20-1-5. 진단 장비 자동차 진단 선택

다음 화면에서 해당 제조사를 선택하여 터치한다.

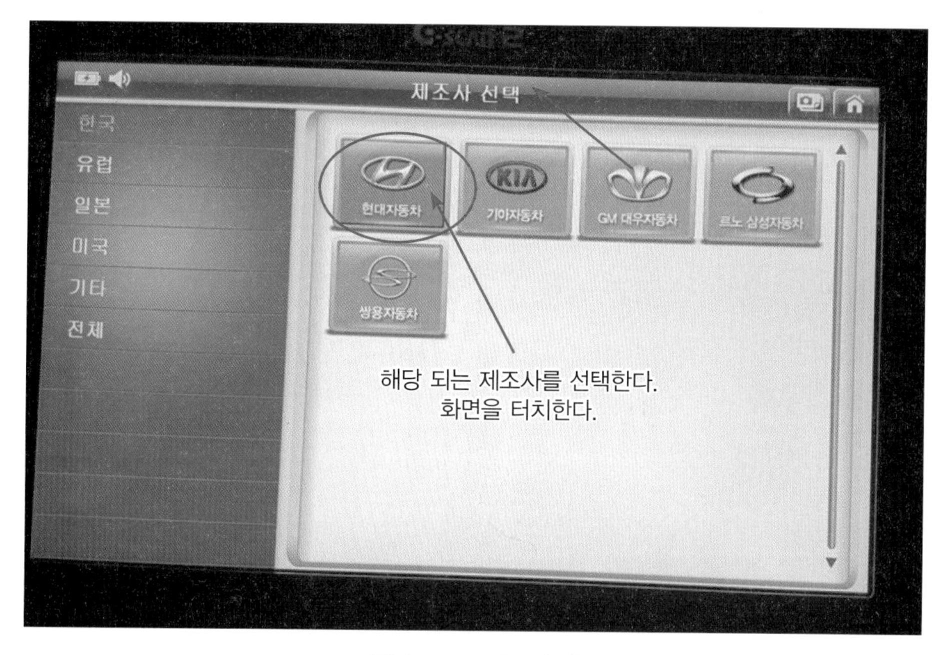

그림 20-1-6. 제조사 선택

다음 화면에서 진단할 차종을 선택한다. 빠른 검색을 위해 해당 첫 자음을 클릭하면 해당 차종이 빠르게 검색된다.

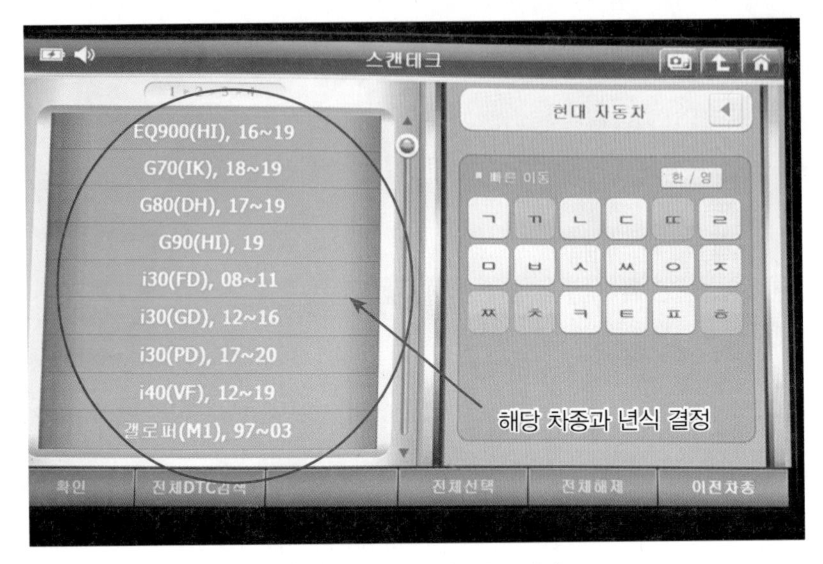

그림 20-1-7. 진단할 차종 선택

다음 화면에서 타이어 압력 모니터링을 터치한다. 차종 선택을 마친 후 모니터 좌측 하단의 확인 버튼을 클릭한다.

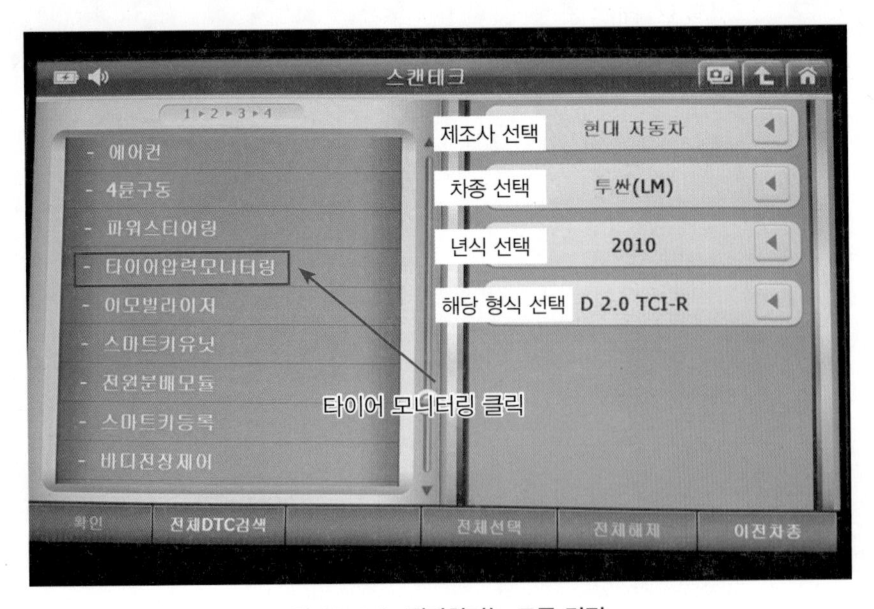

그림 20-1-8. 진단하려는 모듈 결정

다음 화면은 해당 장비와 차량이 통신하는 모습을 나타낸다. 여기서 차종 선택 시 년식과 사용 옵션이 상이하면 통신이 불가하니 자동차 년식과 옵션을 숙지 후 진단장비로 진입해야 한다.

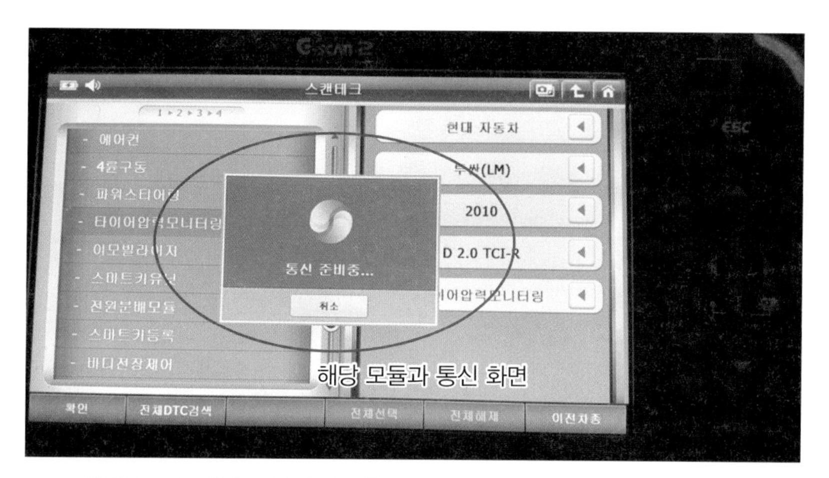

그림 20-1-9. 해당 모듈과 통신 (TPMS:Tire Pressure Monitoring System)

다음 화면은 계기판의 타이어 경고등 고장 코드를 확인하기 위해 고장 코드 진단을 클릭한다. 이렇게 타이어 압력 모니터링뿐만 아니라 현재 자동차는 각 시스템 별 진단장비 통신이 가능함으로 데이터가 표출(말하는)되는 의미를 알면 정비하는 데 많은 도움이 된다.

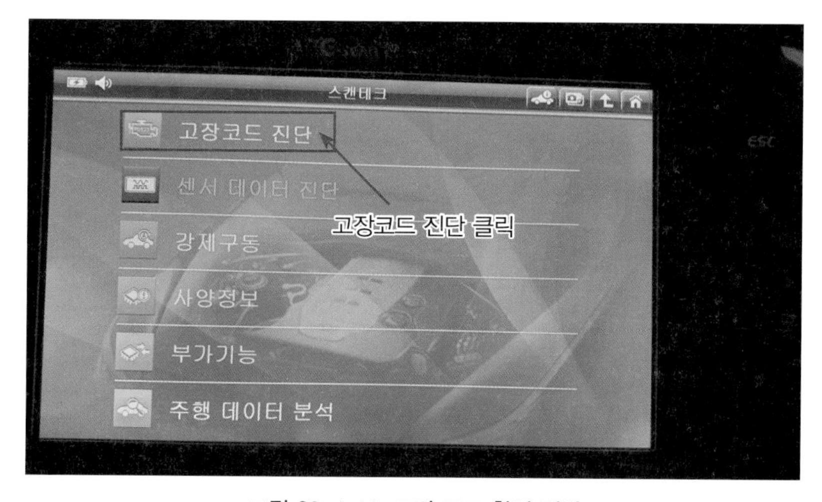

그림 20-1-10. 고장 코드 확인 절차

아주 옛날 어른들께서는 배우고 싶어도 집안 형편이 어려워 글을 배우려 해도 못 배웠던 시절이 있었다. 나의 할머니도 지금은 돌아가셨지만 그러했다. 글을 아는 것과 모르는 것이 얼마나 답답하겠는가. 이것도 마찬가지 이치인듯싶다.

다음 화면은 고장 코드 검색 화면이다. 자동차에서 이 코드 때문에 경고등이 점등되었고 그럼 이 코드가 왜 점등되는지 확인하는 절차 남았으며 진단 점검하는 과정을 실습 통하여 정비하길 바란다.

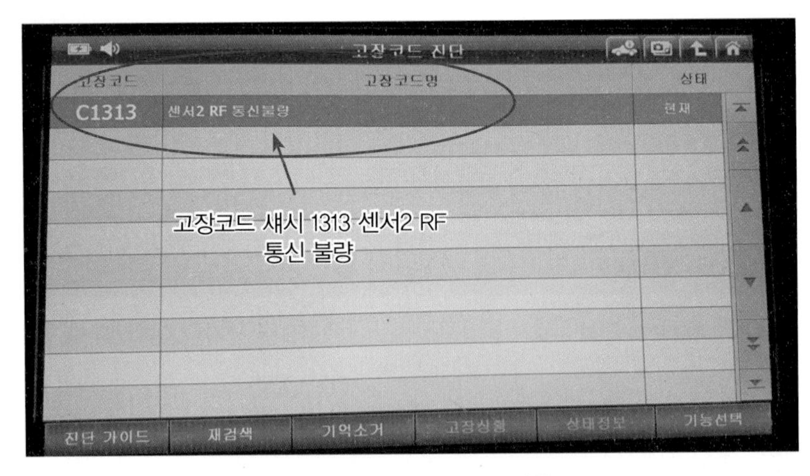

그림 20-1-11. 고장 코드 검색

먼저 코드별 진단 가이드를 통하여 이 코드가 점등되는 조건을 알아본다. TPMS ECU(리시버)는 센서로부터 RF 신호를 수신하지 못하였을 경우 이 고장 코드를 발생시킨다. 고장 코드 및 일반 정보를 살펴보면 다음과 같은 내용을 알 수 있다.

표20-1-1 출처 현대, 기아자동차 코드별 진단 가이드

항목	내용	고장 예상 원인
진단 방법	WE 센서의 RF 신호 모니터링	1. 센서 ID 미등록 2. 이종 센서 장착 3. WE 센서 결함 4. TPMS ECU(리시버)
진단 조건	1. 12분 동안 4~40KM 주행했을 때 2. 수신기 저전압 또는 고전압 불량이 없을 때 3. RF 내부 간섭이 없을 때 4. 센서의 다른 고장이 없을 때	
고장 판정	1. 센서 학습이 실패했을 경우 2. 학습된 센서로부터 RF 신호를 수신하지 못하였을 경우	

다음 화면은 고장 코드 진단 확인 이후 센서 데이터 진단 항목이다. 센서 데이터 클릭한다.

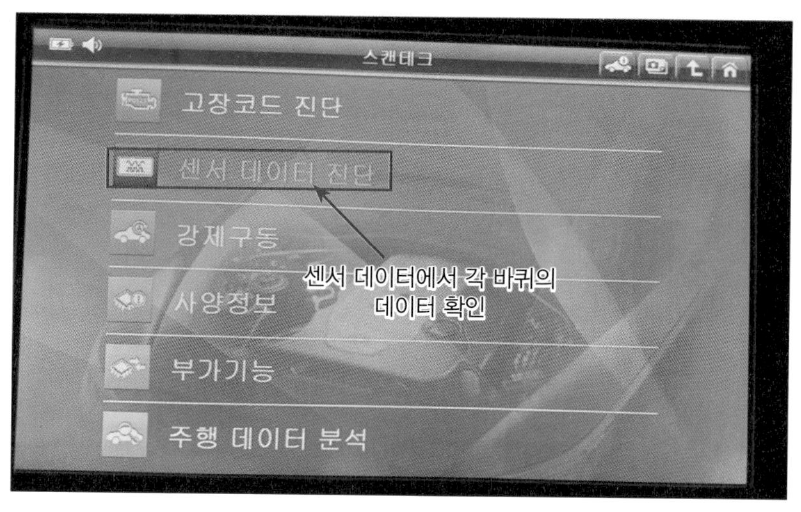

그림 20-1-12. 센서 데이터 진단 과정

다음 화면은 현재 고장 코드 C1313 RF 통신 불량의 원인이 현재 배터리의 상태가 알 수 없다는 항목으로 나타남에 따라 압력 센서는 타이어 안쪽에 설치되어 타이어 압력과 온도, 가속도, 내부 배터리 전압을 측정하고 리시버 모듈로 데이터를 전송하는데 현재 RF 통신 불량은 압력 센서가 발산하는 전파는 433MHz로 이 신호가 리시버로 입력되지 않는다는 애기다.

센서 데이터 진단

센서명	센서값	단위
센서 1 ID	8CFF3878	-
센서1 압력	2.8	bar
센서1 배터리	Normal	-
센서2 배터리	Unknown	-
센서3 배터리	Normal	-
센서4 배터리	Normal	-
센서4 압력	2.8	bar
센서4 온도	28	℃
센서4 전송상태	Timed	-
TPMS 램프	ON	-

문제점 발견
(알 수 없다.)
각 바퀴의 센서와 배터리 상태 그리고 온도압력 확인한다.

항목고정 고정출력 전체출력 그래프 일시정지 기능선택

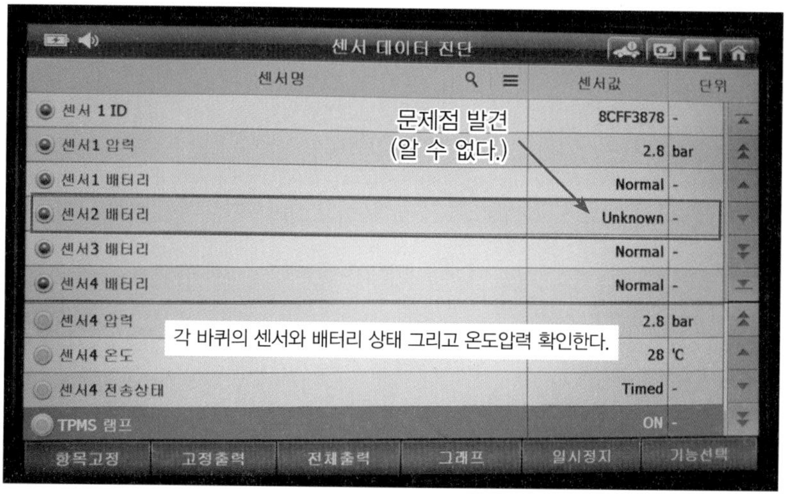

그림 20- 1-13. 문제의 센서2 배터리

그래서 자동차 진단 점검은 여러 가지 변수로 진행되므로 많은 것을 판단하고 문제의 원인을 압축할 필요가 있다 하겠다. 여러분들은 어디를 보아야 하겠는가? 한 번씩 잘못된 방식으로 점검하거나 실수를 범한 적도 있을 것이다. 그러나 방법을 과학적이고 현명한 조치로 진단하는 습관을 들인다면 우리는 의사가 되는 것이다. 직업을 선택하고 노력하는 것은 누구나 한다.

나를 사치스러움과 게으름을 포장하지 마라! 우리는 무언가 할 때 흥미가 떨어지면 적성이 안 맞아서라고 말한다. 스스로 노력해 보지 않고 그 일을 포기하면서 항상 포기하는 나를 또 멋진 사람으로 만들고 포장한다. 공부해서 남 주지 않고 내가 가지고 간다는 것을 우리 학생들에게 나를 포함한 모든 독자에게 표현하고 싶다. 나는 타이어 압력 센서가 의심스럽다고 생각했고 여러분도 그럴거라 생각한다. 그래서 힘들지만, 타이어 탈착하여 타이어 탈착기 위에 올려 정비과정을 보여 주고자 한다.

그림 20-1-14. 타이어 이격

다음 화면은 타이어 이격 상태를 보여 주며 타이어 공기를 빼고 타이어를 장비로 이격 하는 과정이다. 다음 화면은 타이어 압력 센서를 보여 주고 있다. 장비를 통해 이격 시 타이어 압력 센서 15cm 이상 떨어져 장비로 눌러야 하고 누를 때 압력 센서 파손에 주의해야 한다. 현장에서 많이 실수하는 센서이다. 타이어를 교환할 때 타이어를 장비를 통해 회전시켜 타이어를 떼어내는데 장비가 센서 위치 오기 전 15cm 이전에서 모든 작업을 마무리해야 한다. 센서 파손에 주의하여 작업한다.

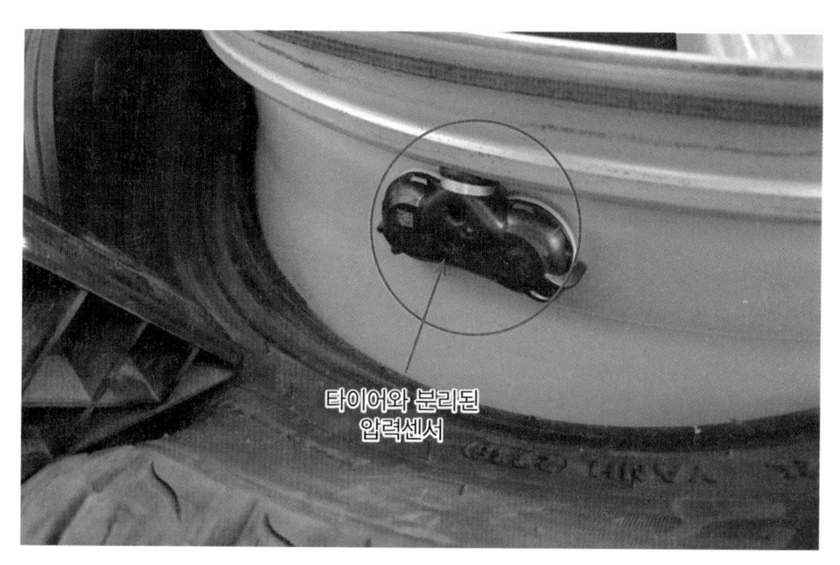

그림 20-1-15. 타이어 압력 센서(Clamp-In 방식)

다음 화면은 타이어 압력 센서 분리 과정이다. 조임 시 규정 토크(1.4 Nm)를 반드시 준수하여 조립한다. (자동차마다 규정 토크 준수)

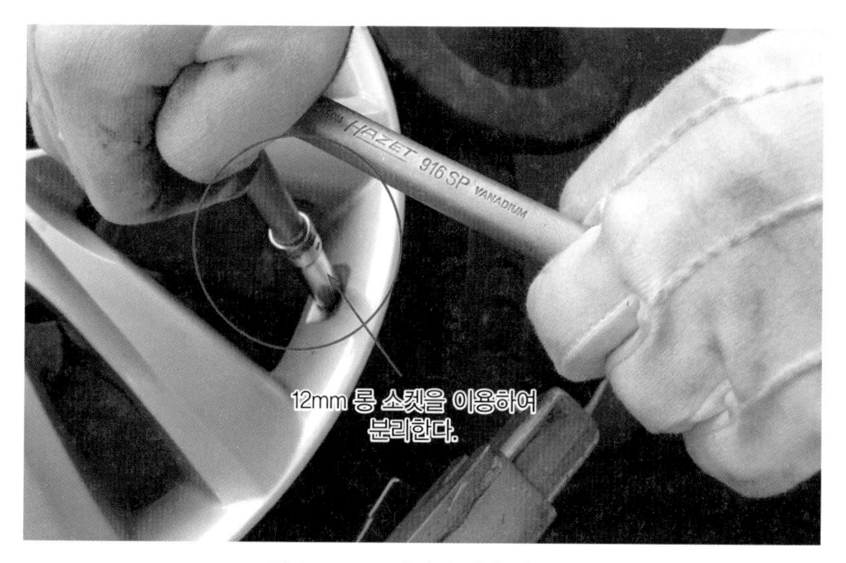

그림 20-1-16. 타이어 압력 센서 분리

다음 화면은 타이어 공기를 빼고 타이어 압력 센서 너트 12mm를 분리한다. 이때 12mm 소켓은 롱 소켓을 이용하여 작업한다. 숏 소켓은 타이어 압력 센서 나사선 마모로 이어진다. 주의하여 작업한다.

그림 20-1-17. 압력 센서 탈거 과정(Clamp-In 방식)

다음 화면은 압력 센서 너트를 분리한다. 이때 센서의 손상이 가지 않도록 주의하여 분리하고 타이어 이격 작업 시 압력 센서 레이아웃(공간 확보)을 확보 후 점검한다.

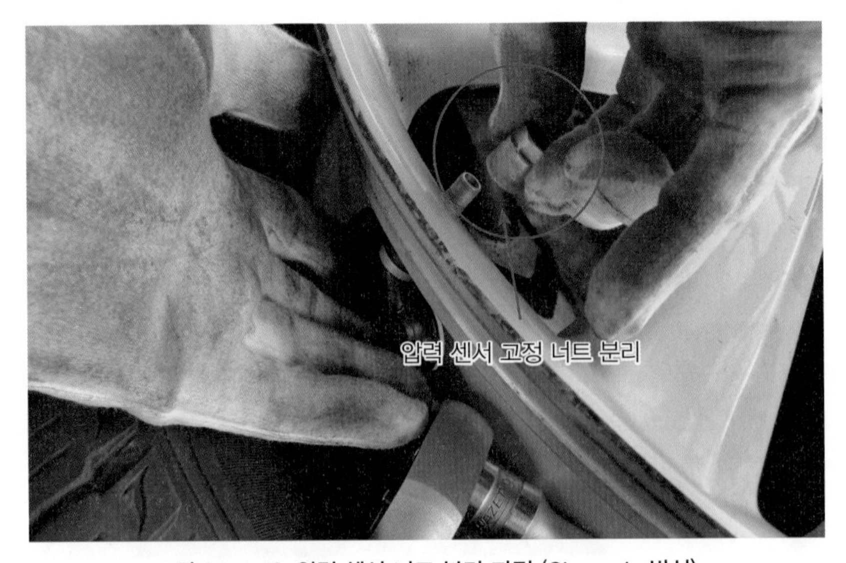

그림 20-1-18. 압력 센서 너트 분리 과정 (Clamp-In 방식)

다음 화면은 압력 센서 분리 과정을 나타낸다. 압력 센서 배터리의 사용기한은 약 9년에서 10년으로 배터리만을 교환할 수 없고 현재는 교환이 원칙이다. 센서 데이터에 배터리 상태가 나타나며 압력과 온도 센서 ID가 표출된다.

그림 20-1-19. 압력 센서 분리 과정 (Clamp-In 방식)

다음 화면은 작업 시 주의사항을 그림으로 나타내었다. 이는 반드시 준수해야 하며 준수하지 않을 경우 압력 센서 파손의 원인이 된다.

그림 20-1-20. 작업 시 주의사항

다음 화면은 문제의 압력 센서이다. Clamp-In(클램프-인 방식)을 나타내었다. 압력 센서는 제조사별 공급업체(현대모비스, 리어코리아, TRW, 콘티넨탈, 현대오므론) 및 적용 방식(하이 라인과 로우 라인)이 있다. 하이 라인과 로우 라인 구분은 타이어 표시등과 이니시에이터 있고 없음을 가지고 결정하는데 과거에는 이니시에이터가 하이 라인에만 적용되어 압력 센서 장착 위치를 알 수 있었다. 하지만 최근에는 이니시에이터를 사용하지 않고 TPMS 압력 센서 장착 위치를 식별할 수 있는 TPMS ECU 내부에 소프트웨어를 적용하였다. 압력 센서는 모양의 형태에 따라 크게 두 가지로 구분된다.

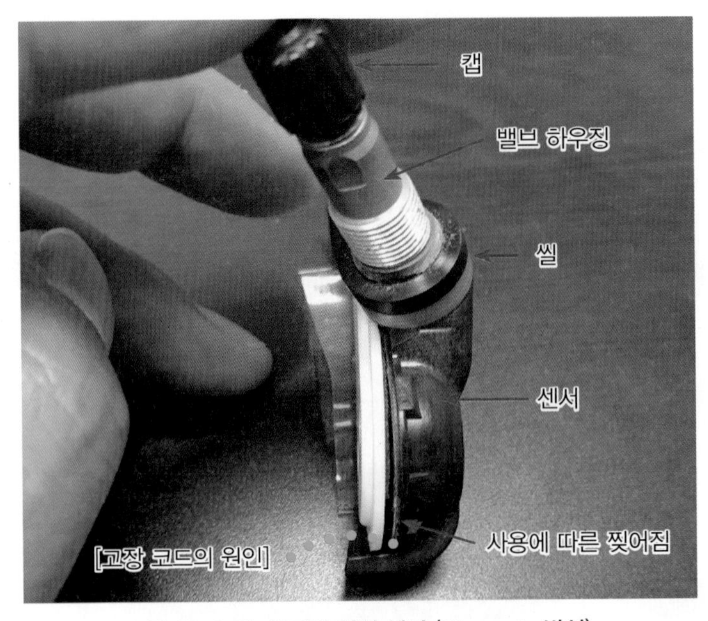

그림 20-1-21. 문제의 압력 센서 (Clamp-In 방식)

Clamp-In(클램프-인) 방식과 Snap-In(스냅-인) 방식이 있다. 무게는 약 80g으로 타이어 휠의 림(Rim)에 장착되며 TPMS ECU로 보내는 송, 수신부가 센서 내부에 내장되어 있다.

타이어 위치 감지를 위해 LF(Low Frequency) 신호를 통해 이니시에이터(Initiator) 타입의 경우 RF 신호를 전송한다. 최근 타이어 압력 센서 모드에는 비작동 모드, 정차 모드, 주행 모드, 정차/주행 모드가 있다. 비작동 모드는 부품 공급 시 설정되어 서비스 현장에서 TPMS 모듈로부터 LF 명령을 받아 정차 모드로 변경, 현재 압력을 TPMS

ECU에 전송하지 않는다. 정차 모드는 비작동 모드에서 TPMS ECU의 센서 ID가 인식되어 타이어 공기압이 19 psi 이상 주입 시 변경되고 정차 모드에서는 측정된 공기압을 TPMS ECU에 전송하지 않는다.

주행 모드는 정차 모드에서 자동차 속도가 25Km/h이상 주행 시 변경되어 타이어 압력을 약 15초마다 측정하여 측정된 데이터를 60초 주기로 ECU에 전달한다. 정차/주행 모드는 차량생산 라인에서 센서의 RF(Radio Frequency) 송신과 LF(Low Frequency) 수신을 자주 하도록 허락하는 모드로 생산 라인의 빠른 응답성을 위해 적용되고 있다. 이것은 생산라인에서 사용하여 공장 모드 라고 한다. 다음 화면은 압력센서 내부를 분리한 모습이다.

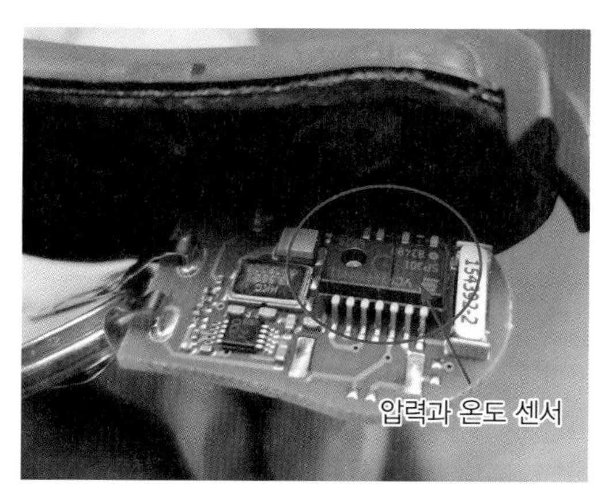

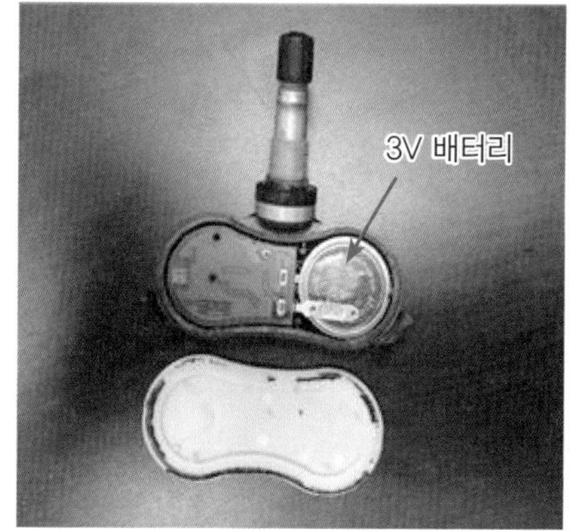

그림 20-1-22. 압력 센서 내부클램프-인 (Clamp-In 방식)

TPMS ECU(Receiver) 모드에는 초기 모드, 정상 모드, 테스트 모드가 있다. 초기 모드(Virgin Mode) 어떤 ID도 저장되지 않은 상태로 압력 센서로부터 RF 신호를 받더라도 데이터가 저장되지 않으며 경고등 제어 못 한다. 자동학습 및 자동위치 학습 기능도 수행하지 않는다. 이 모드는 TPMS ECU 교환 후 진단 장비를 가지고 차종, 센서 ID, 휠 사이즈를 입력하면 사용할 수 있는 모드이다. 만약 TPMS ECU를 교환 후 장비가 없어 정보 미입력 시 계기판 경고등이 약 2Hz 주기로 정보 입력 전까지 또는 자동학습 전까지 점멸된다.

정상 모드(Normal Mode)는 차량이 출고되어 운행 모드로 정상적 기능을 수행하는 모드이다. 이 모드가 정상 모드인지 아닌지 구분하는 방법은 시스템 경고등을 통하여 판단할 수 있다. 이때는 IG/ON시 3초간 경고등 점등 후 소등된다. 단 문제시 계속 점등되어 있다.

테스트 모드(Test Mode)는 제조사 생산라인에서 사용하는 모드이다. 테스트 완료 시 자동모드로 변경된다. 저압 모드는 규정 공기압 대비 20~25% 미만이면 공기압 저하 상태를 클러스터에 알려 주며 트레드(Tread) 램프 라고도 한다. 시스템 고장 시 타이어 저압 경고등이 60초간 점멸 후 점등되어 진다. 이때 고장이 지속되면 시동 ON 후 지속적 반복된다.

저압 경고등 설정 압력은 온도가 보상된 압력(Pwarm)×0.8+2 Psi로 계산된다. 최근 온도 보상 로직의 에어컨 컨트롤 모듈의 외기온도와 타이어 압력 센서의 내부 온도를 연산하여 온도 보상된 압력을 저압 경고등 설정 압력으로 변화된다. 하여 만약 저압 경고등이 점등되는 경우 특히 여름철과 겨울철 압력의 변화가 발생한다. 주행 직후 공기압을 보충하지 말고 일정 시간 운행한 다음 대기 후 표준 공기압으로 보충하는 것이 맞을 것이다.

최근에는 스마트한 센서와 로직으로 클러스터 중앙에 "공기압이 낮습니다."라는 문구가 운전자에게 알려 주니 얼마나 좋아졌는가. 클러스터 사용자 모드 중 주행 보조 모드에 공기압 단위도 변경 가능 하고 DTC(Diagnostic Trouble Code) 발생 시는 4개 타이어 압력은 표시 못 한다.

이처럼 문제의 압력 센서를 교환 후 센서 ID 입력 방법을 수록하여 정비 시 참고를 하면 좋겠다. 초보 정비사는 이 책을 통하여 실습하고 정비 시트를 적용 적절하게 학습하고 과제 제출을 만들어 학습하게 하였다.

다음 화면은 타이어 압력 센서 교환 후 TPMS ECU 센서 ID 등록 방법이다. 먼저 부가기능을 선택한다. 부가기능에서 ID 등록과 데이터 설정으로 구분되는데 ID 등록에는 사양 정보, 센서 ID 입력, VIN 입력, 차명 입력이 표현된다. 데이터 설정에는 센서 정보, TPMS ECU 모드 변경, 센서 ID 등록(무선) 등이 있다.

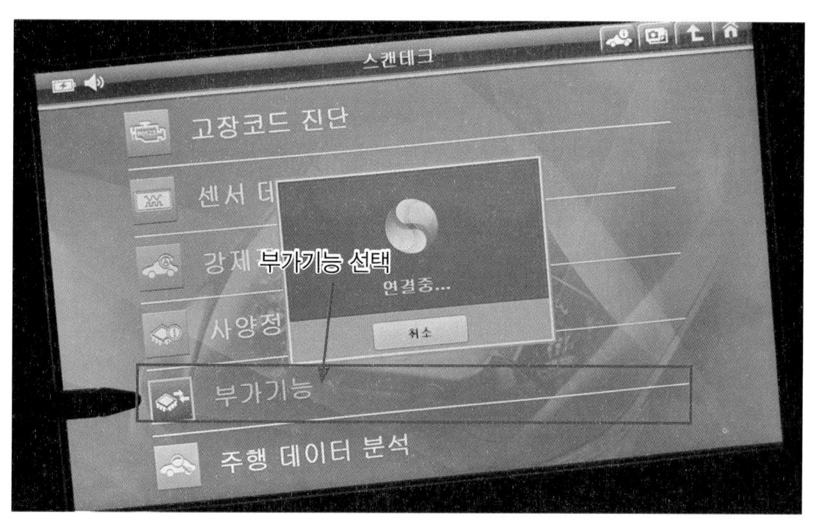

그림 20-1-23. TPMS ECU 센서 ID 등록 방법

그림은 분해된 타이어 압력 센서를 나타낸다. 사실 분리가 되는 것이 아니며 분리된 센서를 다시 재사용하지 않도록 한다. 센서 외부는 센서, 밸브, 너트, 씰, 캡 등으로 구성되어 센서 내부에는 압력과 온도를 측정하여 신호를 송신하는 MCU와 내부에는 3V 배터리가 있다. 최근에는 이니시에이터가 없어졌고 압력 센서 내(內) 가속도 센서와 코일 센서가 적용된 방식도 있다.

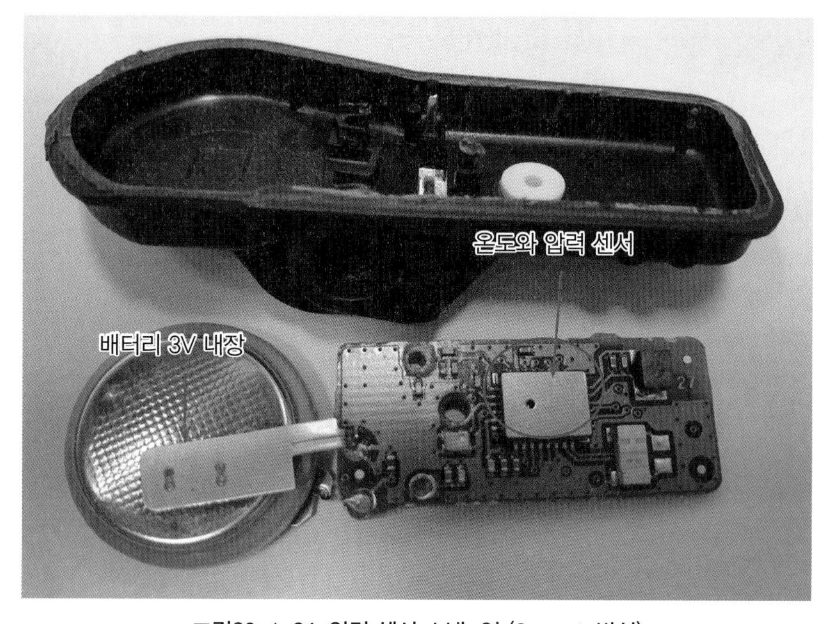

그림20-1-24. 압력 센서 스냅-인 (Snap-In방식)

압력 센서의 분류로는 클램프인 방식과 스냅인 방식으로 클램프 방식은 알루미늄 재질로 스크류를 고정 삽입하는 방식이 주류를 이루고 스냅인 방식은 밸브가 고무로 되어 센서에 스크류로 고정하는 방식이다. 최근에는 밸브를 교환하여 사용되므로 탈부착 작업 시 장착 도구를 사용해야 한다. (Push Tool) 다음 화면은 센서 ID 등록 메뉴를 클릭한다.

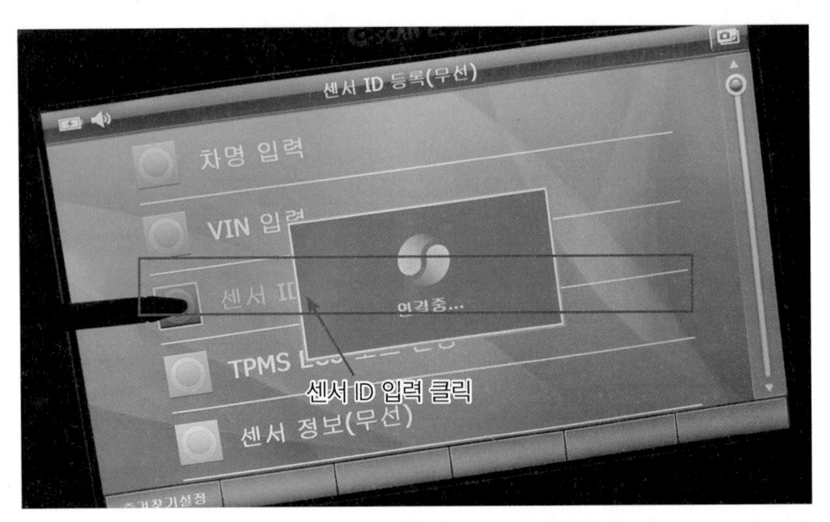

그림 20-1-25. TPMS ECU 센서 ID 등록 방법1

다음 화면에서 확인 버튼 클릭이다.

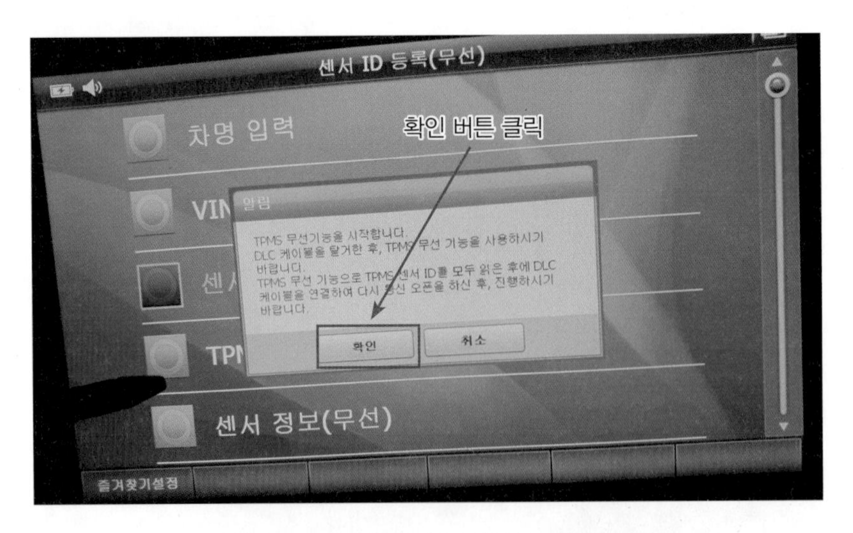

그림 20-1-26. TPMS ECU 센서 ID 등록 방법2

다음 화면은 센서 ID 등록 기능설명이다.

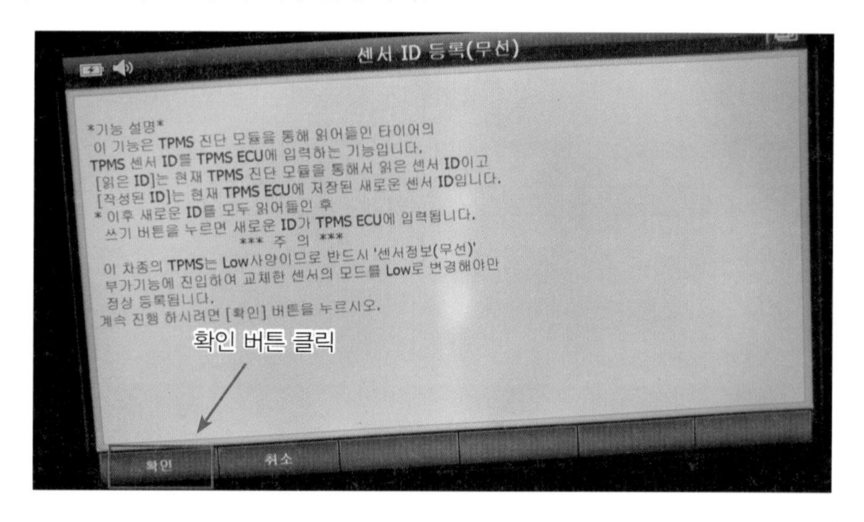

그림 20-1-27. TPMS ECU 센서 ID 등록 방법3

다음 화면은 센서 ID 등록 시 알림을 읽고 확인 버튼을 클릭한다. TPMS 압력 센서는 고유 ID를 가지고 있으며 센서를 현장에서 교환하거나 타이어 위치를 변경할 경우 변경된 ID를 TPMS ECU에 등록하여야 한다. 센서 단품을 기존 멀티미터나 오실로 스코프 파형을 측정하여 점검할 수 없다.

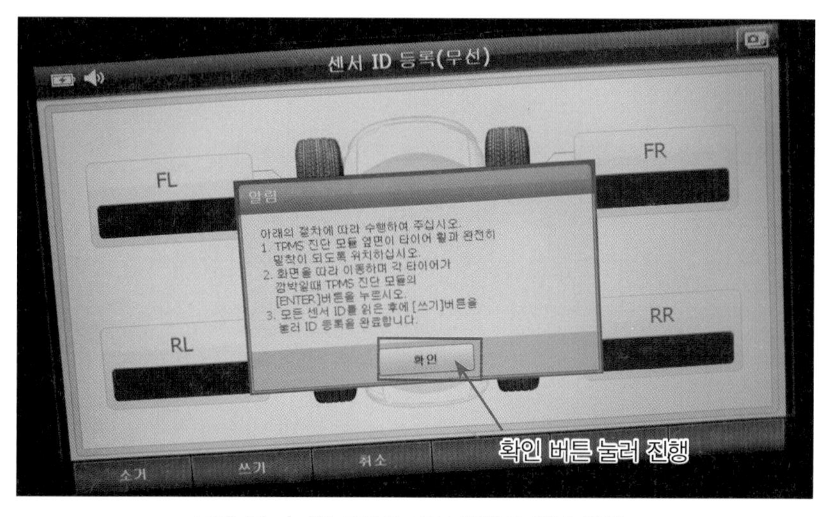

그림 20-1-28. TPMS ECU 센서 ID 등록 방법4

TPMS ECU와 무선 통신을 진단 장비로 센서 ID를 읽거나 센서가 측정한 데이터를 확인하여 센서의 고장 유, 무를 확인하여야 한다. 센서 정보를 보면 센서 ID, 압력, 온도, 배터리 상태, 센서 옵션, 무선 전송 상태, 센서 상태, 타이어 유형 등이 있다. 센서 ID는 영문 및 숫자 8자리이다. 타이어 공기압은 기준 공기압 대비 약 20% 이하 시 경고등이 점등된다. (예: 32psi 기준으로 27psi 이하)

다음 화면은 진단 장비를 타이어 압력 센서 근접하여 놓고 신품의 타이어 압력 센서를 교환하고 센서 ID 등록하는 방법이다.

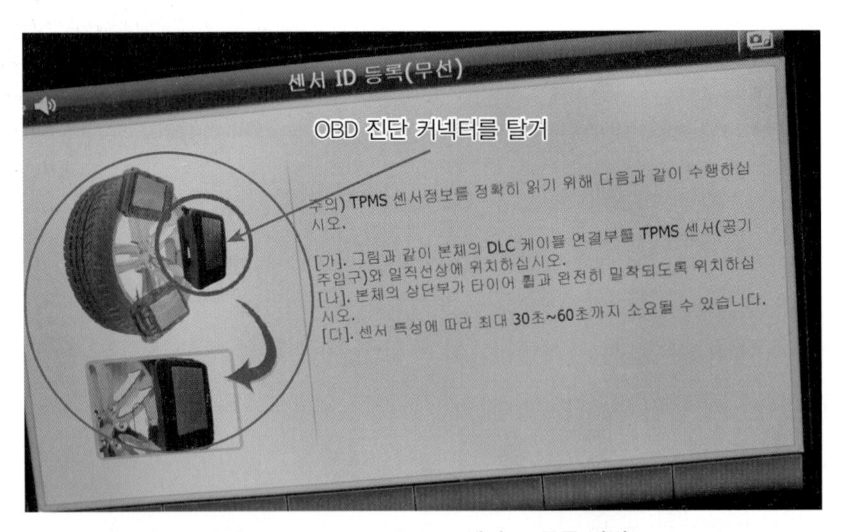

그림 20-1-29. TPMS ECU 센서 ID 등록 방법5

화면은 왼쪽 앞바퀴에 압력 센서를 장비와 근접하게 하여 4개 바퀴를 모두 등록하고 OBD(On-board diagnostics) 진단 커넥터 연결 후 쓰기를 클릭한다. (이 방법은 센서를 모두 등록 후 쓰기 모드는 마지막 작업에 수행하면 된다.) 그림과 같이 진단 장비 종류는 제조사마다 모양과 종류가 여러 가지이다. 하여 현장에서는 진단 장비가 시키는 대로 과정별 진행을 하면 큰 무리가 없을 것이다. 중요한 것은 읽은 ID를 가지고 마지막 쓰기 작업을 하여 작성된 ID 정보가 떠야 한다.

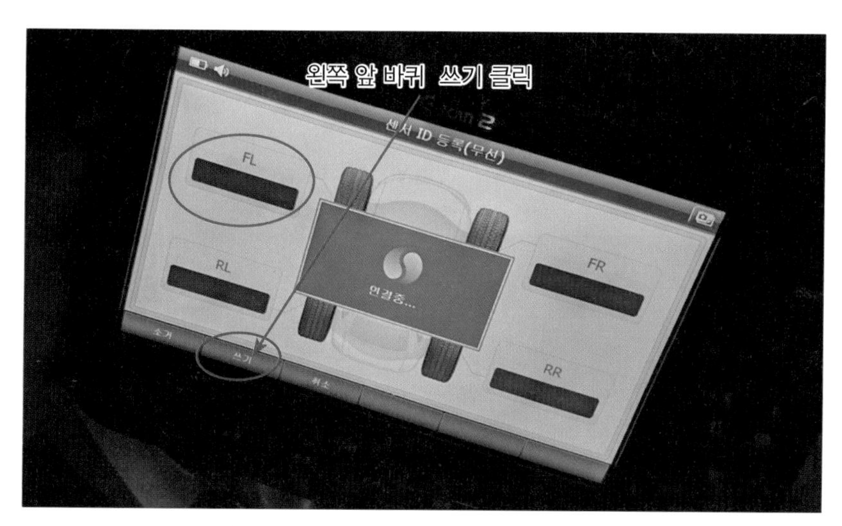

그림 20-1-30. TPMS ECU 센서 ID 등록 방법6

화면은 1개의 타이어 공기 압력 센서 ID 입력 상태를 나타낸다. 센서 ID 입력은 진단 장비를 센서 측에 가져다 대고 있으면 자동으로 읽어지며 이때 장비의 엔터(Enter) 버튼을 누르고 기다린다. 숫자와 영문 조합으로 방향키를 바꾸어 입력한다. 정확한 입력이 되도록 하기 위해서는 장비를 급하게 센서와 멀어지는 일이 없도록 해야 할 것이다.

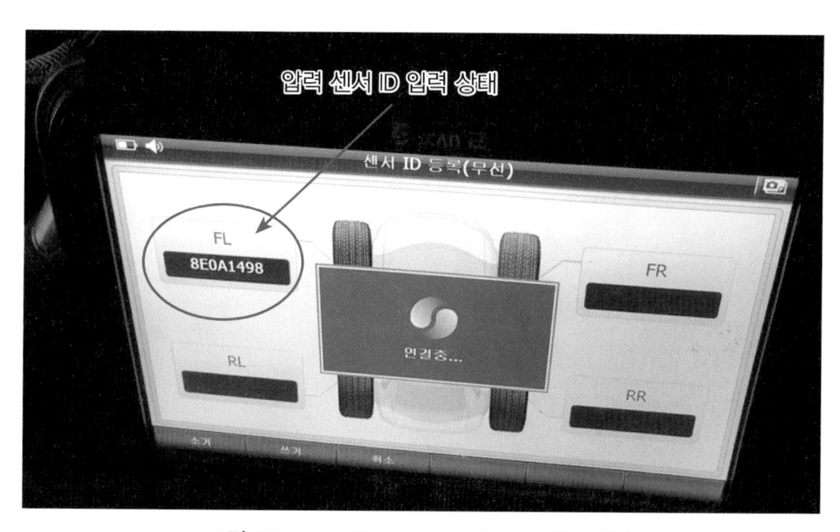

그림 20-1-31. TPMS ECU 센서 ID 등록 방법7

나머지 바퀴의 압력 센서를 동일한 방법으로 ID 입력한다. 순차적으로 작업하며 입력 시간은 대략 15~30초의 시간이 소요된다. (장비와 센서 간의 격차가 없도록 최대한 밀착 시킨다.)

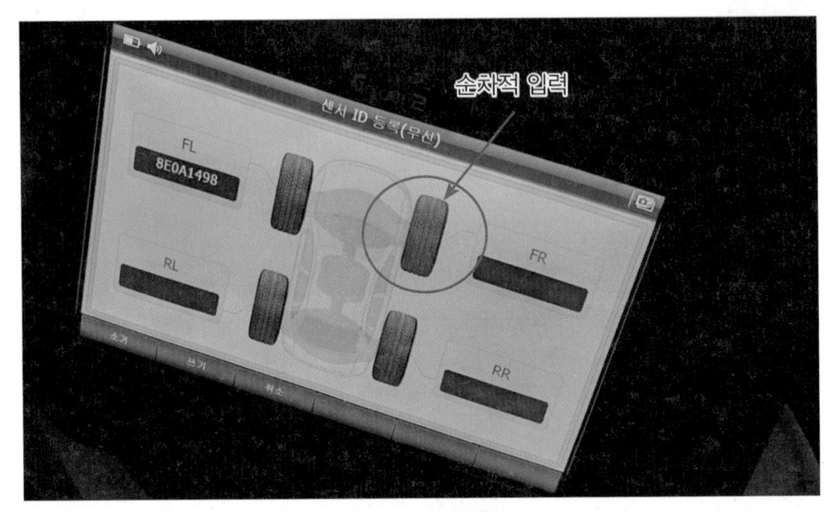

그림 20-1-32. TPMS ECU 센서 ID 등록 방법8

화면은 4개의 센서 ID 입력된 화면이며 OBD 진단 커넥터 연결 후 쓰기 이후 확인 아이콘을 보여 준다.

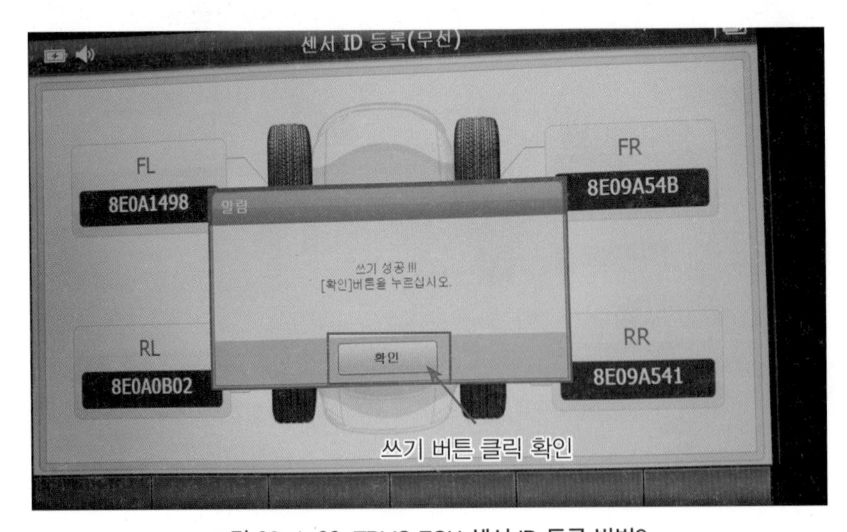

그림 20-1-33. TPMS ECU 센서 ID 등록 방법9

화면은 4개의 압력 센서를 동일한 조건으로 입력한 ID 값이 보여 주고 있다.

쓰기에 성공하면 센서 데이터에 들어가 센서 정보 확인이 필요하다. 타이어마다 한계공기압이 설정되어 있다. 예를 들어 한계공기압이 350kpa(50psi) 이상 초과할 경우 센서 고장의 원인이 될 수 있다.

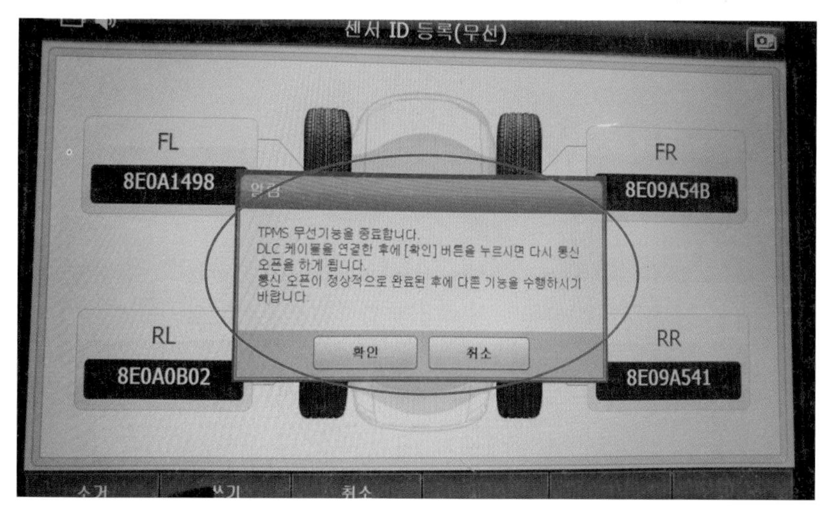

그림 20-1-34. TPMS ECU 센서 ID 등록 방법10

그리고 시스템 고장 시 약 60초 점멸 후 경고등이 점등된다. 하이 라인과 노우 라인은 센서가 급격한 공기 누출을 감지하면 주행 중 약 1분 이내로 공기가 빠지면(약 2~3psi) 점등된다. 공기가 없으면 기준 압력으로 보충하고 기준 압력 보다 올라가면 소등된다.

화면은 알림 확인을 클릭 후 4개 바퀴의 ID 정보 값이 그림과 같이 나타난다.

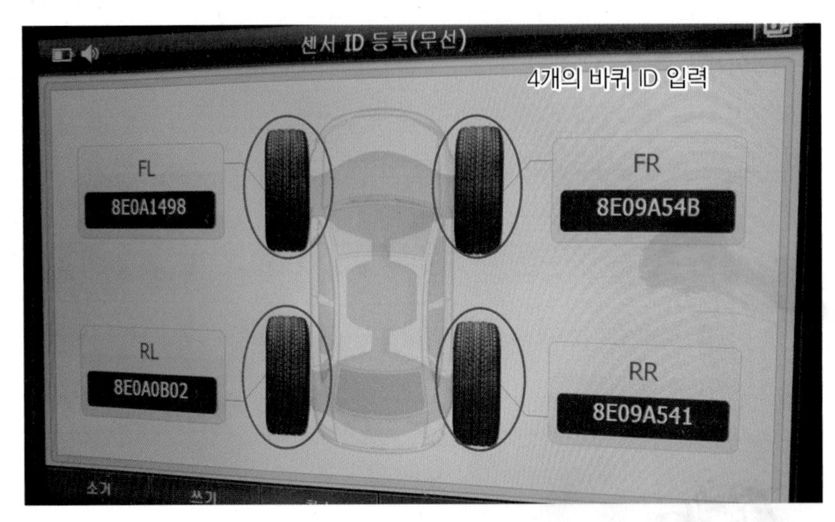

그림 20-1-35. TPMS ECU 센서 ID 등록 방법11

고장 코드 원인으로는 배터리 방전으로 타이어 공기압 정보를 TPMS ECU가 읽지 못해 경고등 점등된 사례이다. 현장에서는 입고된 자동차가 약 10년 정도 운행한 자동차라면 압력 센서 내부 배터리 방전으로 교환을 서두르는 것이 좋을 듯하다. 정비를 마무리 후 진단 장비를 이용하여 기억 소거 후 다시 자기 진단 시 경고등 소등과 함께 고장 코드 없음을 확인하였다. 다음 화면은 센서 2 RF 통신 불량(C-1313)의 원인으로 계기판 경고등 점등 상태를 해결하였다.

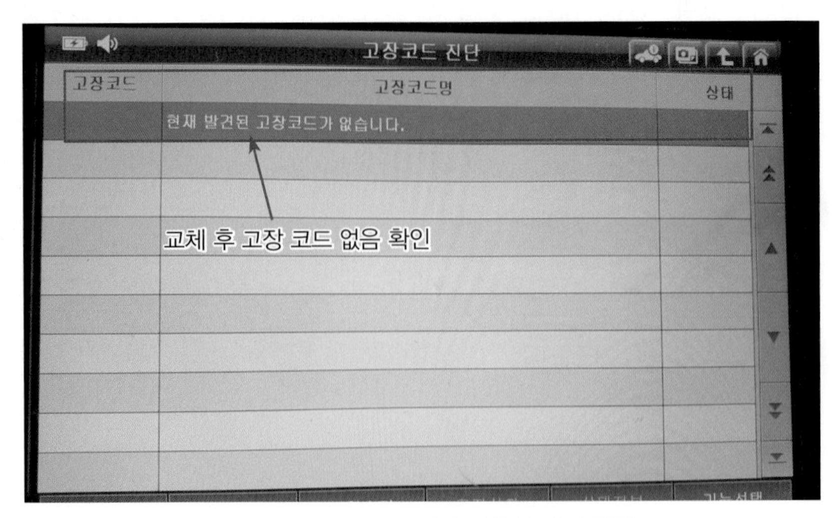

그림 20-1-36. TPMS 센서 교환 후 자기 진단

이처럼 TPMS 센서를 기반으로 타이어 압력 센서 점검을 해 보고 실제 ID 등록을 해 보았다. 일선에서 시트를 활용하여 학습하고 정리하여 데이터를 기반으로 정비, 점검이 중요하다 하겠다. 다음은 TPMS 회로를 구성하였다. Low-Line으로 현대자동차 투싼의 회로이다. 마지막으로 이장에서 주의사항은 타이어 압력 센서의 사용되는 주파수는 국내, 유럽은 433MHz 동일하다. 그러나 북미 사양은 315MHz를 사용하여 다르다.

호환성이 없으니 주의하여 교환하며 진단 장비가 없는 곳에서 센서 교환 시 센서 교환 후 ID 자동학습 기능이 있는데 High Line의 경우 약 25km/h 주행으로 7분 이상 주행하면 자동 ID 학습이 이루어진다. 그러나 학습되기 전까지는 경고등은 점등되며 달린 만큼 누적 거리를 기억한다.

Low Line의 경우는 어느 부위의 타이어 공기가 빠졌는지 알려 주는 것이 아니므로 타이어 위치 교환 시는 ID를 다시 입력할 필요는 없다. 그러나 센서 신품으로 교환하는 과정에서는 ID 입력작업이 수행되어야 한다.

전자에도 설명한 것과 같이 TPMS의 타이어 압력이 1초에 3 Psi 정도 이상의 급격한 공기가 빠지면 타이어 압력이 빠르게 압력 빠짐으로 인식한다. 이때는 센서 데이터를 확인하여 작업한다.

다음 그림은 TPMS ECU 장착 위치와 그에 관련된 회로를 나타내었다. 제조사별 회로는 다르며 차종에 따른 제어 로직도 조금씩 다를 것이다. 일반적인 사항들을 집필하였으며 각 제조사별로 시스템을 익혀 공부하길 바란다.

스마트 자동차 실무 진단 기술은 현장 실무로 현장에서 필요한 전장에 관련된 부품과 제어에 관한 진단 기술을 소개하였고 향후 더 유익하고 좋은 자료로 다시 만날 것을 약속한다.

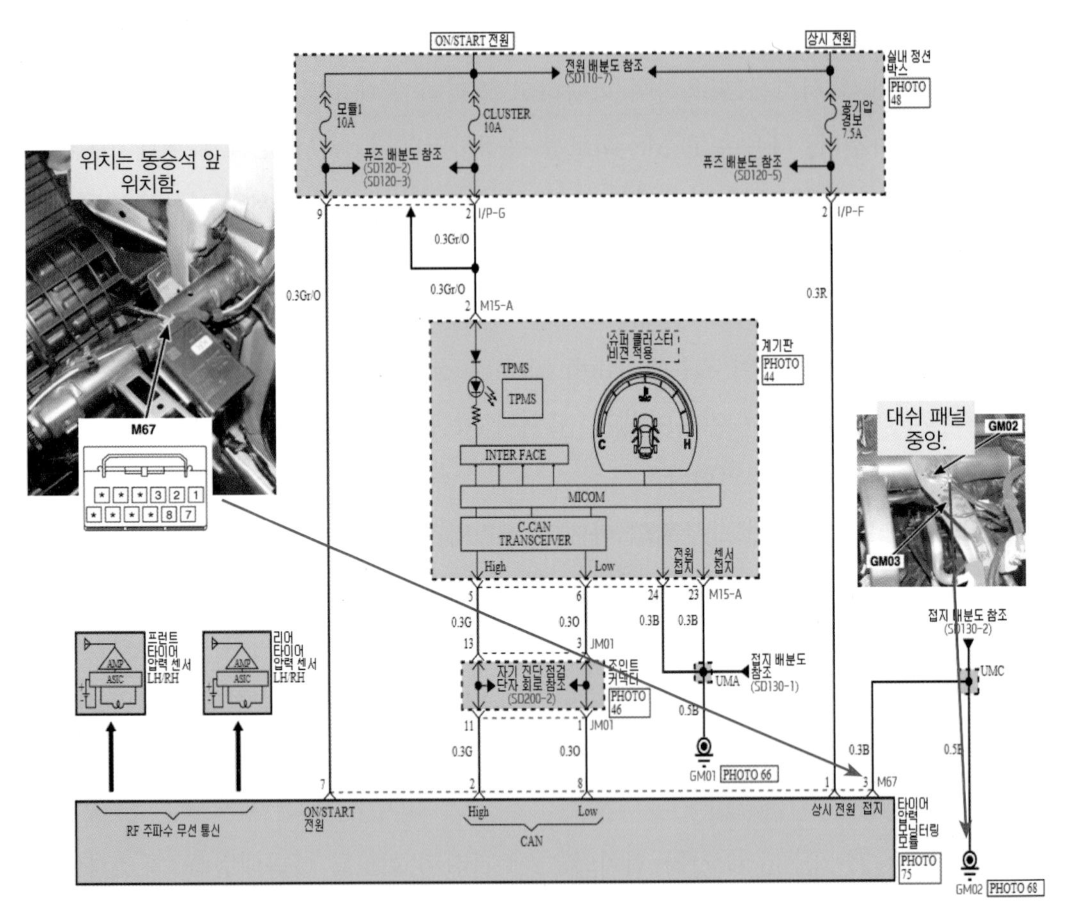

그림 20-1-37. 투싼(LM) TPMS 센서 회로 구성

마지막으로 초보 정비사가 읽어 학습하고 현장에서 일부 빠른 회로 분석으로 인정받는 기술인이 되었으면 한다. 감사합니다.

과제1 센서 ID 등록 절차를 각 항목에 맞게 컴퓨터 화면 캡처하시오?

표- 20-1-1

센서 ID 등록(무선) 선택	기능 설명	비 고
지시된 타이어 TPMS 모듈 인식	센서 정보 인식	비 고
모든 센서 ID 인식 후 쓰기 선택	센서 ID 등록 완료	비 고

과제2 타이어 공기압을 임의로 빼내고 공기압을 약 20psi 수준으로 맞춘 후 데이터를 측정하시오?

표- 20-1-2

항 목	데이터 정보	비 고
뒤 우측 센서 정보 기록		
뒤 우측 센서 타이어 압력(psi) 기록		
저압 경고등 점등 기준 공기압 기록		
저압 경고등 점등 시 변화되는 센서 데이터		
타이어 압력 센서 교환 후 조치사항 기록		

참고문헌

- 현대·기아자동차 GSW(Global Service Way)
- 현대·기아자동차 전기단품 진단교육교재
- 현대·기아자동차 코드별 진단 가이드
- LF 쏘나타 진단 기술 프로그램
- LF 쏘나타 현대·기아자동차 GSW
- GIT

스마트자동차실무

초 판 발 행 | 2020년 3월 5일
개정신판1쇄발행 | 2024년 1월 15일

저 자 | 지 인 근
발 행 인 | 김 길 현
발 행 처 | (주) 골든벨
등 록 | 제 1987－000018호 ⓒ 2020 GoldenBell Corp.
I S B N | 979-11-5806-420-4
가 격 | 28,000원

편집 | 이상호
표지 및 디자인 | 조경미 · 박은경 · 권정숙
웹매니지먼트 | 안재명 · 서수진 · 김경희
공급관리 | 오민석 · 정복순 · 김봉식
제작 진행 | 최병석
오프 마케팅 | 우병춘 · 이대권 · 이강연
회계관리 | 문경임 · 김경아

(우)04316 서울특별시 용산구 원효로 245(원효로 1가 53-1) 골든벨 빌딩 5~6F
• TEL : 도서 주문 및 발송 02-713-4135 / 회계 경리 02-713-4137
내용 관련 문의 02-713-7452 / 해외 오퍼 및 광고 02-713-7453
• FAX : 02-718-5510 • http : //www.gbbook.co.kr • E-mail : 7134135@naver.com